中等职业学校以工作过程为导向课程改革实验项目

动画设计与制作专业核心课程系列教材

三维创作

王红蕾　主　编

姚　明　主　审

机械工业出版社

本书是北京市教育委员会实施的“北京市中等职业学校以工作过程为导向课程改革实验项目”的动画设计与制作专业系列教材之一，依据“北京市中等职业学校以工作过程为导向课程改革实验项目”动画设计与制作专业教学指导方案和《三维创作》核心课程标准编写而成。

本书内容主要包括岗前培训、初识建模、道具制作、场景制作和角色制作5个学习单元，详细讲述了三维建模岗位工作流程、Maya基础入门、NURBS建模基本操作、编辑界面详解、场景与角色模型制作流程、Polygon模型编辑相关命令、材质与渲染等知识。在企业真实任务的引导下，提供具体操作指导，帮助读者逐步掌握Maya建模的一般规律和工作技巧。书中提供的任务评价来自企业标准，便于读者进行自我学习评估。本书还配有随书光盘，其中包括每个单元的源文件、拓展任务的素材、补充阅读材料及任务单样张，供读者更好地使用学习，也可以作为教师授课的素材。

本书可作为各类职业院校动画设计与制作专业三维动画制作方向的教材，也可以作为动漫、游戏类三维制作培训用书，还可以作为三维动画制作爱好者的自学用书。

图书在版编目（CIP）数据

三维创作/王红蕾主编. —北京：机械工业出版社，2014.4

中等职业学校以工作过程为导向课程改革实验项目

动画设计与制作专业核心课程系列教材

ISBN 978-7-111-45836-4

Ⅰ. ①三…　Ⅱ. ①王…　Ⅲ. ①三维动画软件—中等专业学校—教材　Ⅳ. ①TP391.41

中国版本图书馆CIP数据核字（2014）第037685号

机械工业出版社（北京市百万庄大街22号 邮政编码100037）

策划编辑：梁　伟　　责任编辑：李绍坤

版式设计：常天培　　责任校对：张　力

封面设计：鞠　杨　　责任印制：乔　宇

北京汇林印务有限公司印刷

2014年6月第1版第1次印刷

184mm×260mm · 18.5印张 · 295千字

0001—2000册

标准书号：ISBN 978-7-111-45836-4

ISBN 978-7-89405-320-6（光盘）

定价：72.00元（含1CD）

凡购本书，如有缺页、倒页、脱页，由本社发行部调换

电话服务　　网络服务

社服务中心：（010）88361066　　教材网：http://www.cmpedu.com

销售一部：（010）68326294　　机工官网：http://www.cmpbook.com

销售二部：（010）88379649　　机工官博：http://weibo.com/cmp1952

读者购书热线：（010）88379203　　封面无防伪标均为盗版

北京市中等职业学校工作过程导向课程教材编写委员会

主　任：吴晓川

副主任：柳燕君

委　员：（按姓氏拼音字母顺序排序）

程野冬　陈　昊　鄂　甜　韩立凡　贺士榕

侯　光　胡定军　晋秉筠　姜春梅　赖娜娜

李怡民　李玉崑　刘　杰　吕良燕　马开颜

牛德孝　潘会云　庆　敏　苏永昌　孙雅筠

田雅莉　王春乐　王　越　谢国斌　徐　刚

严宝山　杨　帆　杨文尧　杨宗义　禹治斌

动画设计与制作专业教材编写委员会

主　任：王春乐

副主任：王雪松　花　峰　刘国成

委　员：姜玉声　王红蕾　杨上飞　戴时颖　张　萌

编写说明

为更好地满足首都经济社会发展对中等职业人才需求，增强职业教育对经济和社会发展的服务能力，北京市教育委员会在广泛调研的基础上，深入贯彻落实《国务院关于大力发展职业教育的决定》及《北京市人民政府关于大力发展职业教育的决定》文件精神，于2008年启动了“北京市中等职业学校以工作过程为导向课程改革实验项目”，旨在探索以工作过程为导向的课程开发模式，构建理论实践一体化、与职业资格标准相融合，具有首都特色、职教特点的中等职业教育课程体系和课程实施、评价及管理的有效途径和方法，不断提高技能型人才培养质量，为北京率先基本实现教育现代化提供优质服务。

历时五年，在北京市教育委员会的领导下，各专业课程改革团队学习、借鉴先进课程理念，校企合作共同建构了对接岗位需求和职业标准，以学生为主体、以综合职业能力培养为核心、理论实践一体化的课程体系，开发了汽车运用与维修等17个专业教学指导方案及其232门专业核心课程标准，并在32所中职学校、41个试点专业进行了改革实践，在课程设计、资源建设、课程实施、学业评价、教学管理等多方面取得了丰富成果。

为了进一步深化和推动课程改革，推广改革成果，北京市教育委员会委托北京教育科学研究院全面负责17个专业核心课程教材的编写及出版工作。北京教育科学研究院组建了教材编写委员会和专家指导组，在专家和出版社编辑的指导下有计划、按步骤、保质量完成教材编写工作。

本套教材在编写过程中，得到了北京市教育委员会领导的大力支持，得到了所有参与课程改革实验项目学校领导和教师的积极参与，得到了企业专家和课程专家的全力帮助，得到了出版社领导和编辑的大力配合，在此一并表示感谢。

希望本套教材能为各中等职业学校推进课程改革提供有益的服务与支撑，也恳请广大教师、专家批评指正，以利进一步完善。

北京教育科学研究院

2013年7月

前言

《三维创作》是北京市中等职业学校课程改革动画设计与制作专业的一门专业核心课。本书秉承服务于三维制作岗位职业人才培养的目标，立足于影视动画中三维模型制作能力的培养，内容组织严格遵从《三维创作》课程教学标准的知识与职业能力要求，以公司实际工作任务作为学习载体，由学校专业教师和企业技术人员共同编写。

本书将专业知识、技法学习与制作案例紧密结合，学习内容贴近企业实际，学习过程符合工作过程，叙述由浅入深，通俗易懂。本书的特色表现在：

1）学习任务选自企业真实项目，带领读者了解影视动画公司学习三维制作实战技术。本书采用影视动画公司成熟的动画形象作为学习载体，精心筛选学习素材，学习任务真实、具体，案例难度循序渐进。书中力求突出实际操作过程，融入三维制作实战经验与技巧。

2）行动导向内容设计，帮助读者在完成任务的过程中学会模型制作的知识与技能。本书任务选取突出工作的真实性和完整性，每个任务有详细的“任务描述”和“任务分析”，介绍制作模型的艺术要求和故事背景，便于读者理解任务制作中的设计要求，逐渐培养读者学会分析模型结构、理清制作层次，形成制作思路；“制作流程”和“知识归纳”，引导读者在实践中学习知识、积累经验；任务评价要素取自企业质量评价标准。“单元知识总结与归纳”为读者提供本学习单元的关键知识、技能要点。

3）提供丰富的学习材料，帮助读者在友好、便捷的环境中轻松愉悦地提升综合职业素质。本书提供了学习与制作素材资源配套光盘，包括全部实训任务的材质素材、工程文件、补充阅读材料及任务单样张，以便读者了解更多国内动画公司的工作流程和岗位要求，开展学习、实训。

本书内容主要包括岗前培训、初识建模、道具制作、场景制作和角色制作。各单元学习内容及学习时间建议如下。

岗前培训（2课时）：认识三维创作的专业领域，认识动画制作流程及岗位分工，初步认识三维制作软件——Maya的界面和基本操作方法，对三维制作形成初步概念。

单元1 初识建模（16课时）：介绍Maya软件的基本操作界面和制作方法。本单元以一组桌面静物为例介绍简单物体的制作方法，帮助读者初步认识NURBS建模。

单元2 道具制作（24课时）：通过“道具”特色分析，了解道具制作的基本要求。本单元重点完成3个小道具制作任务。在制作过程中，逐步掌握Maya基本型的建模方法，学习Polygon（多边形）的编辑方法，以及Maya编辑面板的快捷调用方法等。

单元3 场景制作（34课时）：通过完成室内场景、室外场景的制作任务，学习三维建筑结构比例关系，感知室内外物体之间的空间位置关系，学习利用摄像机视图准确地编辑场景中多个模型的方法。

单元4 角色制作（68课时）：本单元主要分析角色模型布线规律，在实践中掌握角色头部、肢体、服装、头发等常规制作方法。对于有一定美术基础和三维制作基础的读者，在本单元中增加了玩偶制作、角色制作等实训任务。

本书由王红蕾任主编，姚明主审，参加编写的还有张磊、敖建卫、王青、李明、张杰、周荥和沈建峰。其中，岗前培训由敖建卫编写；单元1和单元2由沈建峰和张磊编写；单元3由王青和李明编写；单元4由张杰和周荥编写。本书在编写过程中得到动漫企业的大力协助。在此，向为本书提供学习资源及技术支持的若森数字科技有限公司表示衷心感谢。

由于编者水平有限，书中难免有疏漏和不足之处，恳请广大读者批评指正。

编　者

CONTENTS 目录

目录 CONTENTS

岗前培训

GANGQIAN PEIXUN

三维动画又称3D动画，就是利用计算机进行动画的设计与创作，产生真实的立体场景与动画，是现代动画技术与艺术的结合，是高科技的集中体现。通过图像仿真等多种学科的整合，充分给予动画制作者想象的空间；其强大的空间镜头表现力、变幻光影的体现，细节与质感的表达，使得三维动画制作技术近年来被广泛应用于影视动画创作、多媒体网络游戏、电影特技等相关衍生品的文化产业领域中，其高灵活性、便捷性都得到了业内高度赞扬和认可。如今，三维动画产业已逐渐成为全球经济中具有举足轻重影响力的产业。

作为本书开篇，将向读者展示三维动画在诸多可视化多媒体数字影像领域中占据的重要地位，同时为读者剖析三维动画制作的基本流程，帮助读者初步了解三维动画各个部门岗位的工作职能并对目前动漫行业中常用的三维制作软件有一定的认识。

学习目标

1）了解三维制作的应用领域。

2）认识动漫公司三维制作岗位及主要工作流程。

3）了解动漫行业中常用的三维制作软件。

一、三维制作的应用领域

随着计算机三维影像技术的不断发展，三维图形技术越来越被人们看重，它不仅包含了二维动画的所有基本技巧，而且在空间表现力等方面，三维动画具有空前的展示能力，为动画艺术和技术发展提供了极大的空间，给观赏者以身临其境的感觉。

下面来领略一下三维动画技术在数字媒体领域带给用户的视觉体验。

1．游戏开发

近几年三维网络游戏成为热门焦点。越来越多的游戏开发公司在游戏制作流程中使用三维软件。软件的强大工具包能让游戏制作公司更方便地制作出道具、场景、角色模型，也可以制作绝佳的“电影艺术”镜头，作为游戏中的过场动画，以增强游戏的故事效果。《魔兽世界》场景图如图0-1所示，《三国战魂》角色图如图0-2所示，《蜀山剑侠传》场景图如图0-3所示。

图　0-1

图　0-2

图　0-3

2．可视化设计

因为拥有强大建模、材质、动画、特效及高质量的渲染技术，三维软件为产品设计师、图形艺术家、架构师等可视化设计专业人员和工程师提供了超凡的创造性表达式，使每个从业人员都可以从中获益。汽车模型和建筑效果图分别如图0-4和图0-5所示。

图 0-4

图 0-5

3．电影

三维动画技术高度结合了电影艺术的渲染手法，将电影语言进行扩展，利用虚拟空间的纵深和虚拟摄影机的制作方法，实现了现实摄像机不易实现的场景拍摄效果，从而使动画技术成为电影拍摄的一种补充形式。从2004年开始，三维动画进入鼎盛时期，华纳兄弟出品的《极地快车》、福克斯出品的《冰河世纪》、梦工厂出品的《马达加斯加》《功夫熊猫系列》《怪物史瑞克系列》等都成为经久不衰的经典作品，同一时期的《变形金刚》《阿凡达》《星球大战》《指环王》等影视作品也不断刷新全球的电影票房。电影《怪物史瑞克》《冰河世纪》《阿凡达》《变形金刚》和《魔比斯环》分别如图0-6～图0-10所示。

图 0-6

图 0-7

图 0-8

图 0-9

图 0-10

4．广播电视制作

三维制作不仅在电影技术领域中占据着重要的地位，而且也能满足广告、广播、电视剧及音乐电视制作行业不断变化的客户需求。通过将三维数字技术在广播电视领域应用和延伸，可以将最新的技术和最好的创意应用于媒体传播中，创造更多价值。栏目片头和房地产广告分别如图0-11和图0-12所示。

图 0-11

图 0-12

二、认识动漫公司三维制作岗位及主要工作流程

与传统的二维动画相比，三维动画除了在制作过程中可以任意旋转摄像机或者虚拟摄像机之外，在制作流程中还存在很多差别。三维动画制作流程如图0-13所示。

三维动画在制作流程上有其特殊性，包括前期2D设计组需要完成的剧本、造型设计及分镜脚本，中期的三维建模、材质、骨骼、动画、特效、渲染等，这些是三维动画制作的关键，也是工作量最大，投入人力最多的环节。后期主要利用后期软件对素材进行剪辑合成，并增添更多的视觉效果。

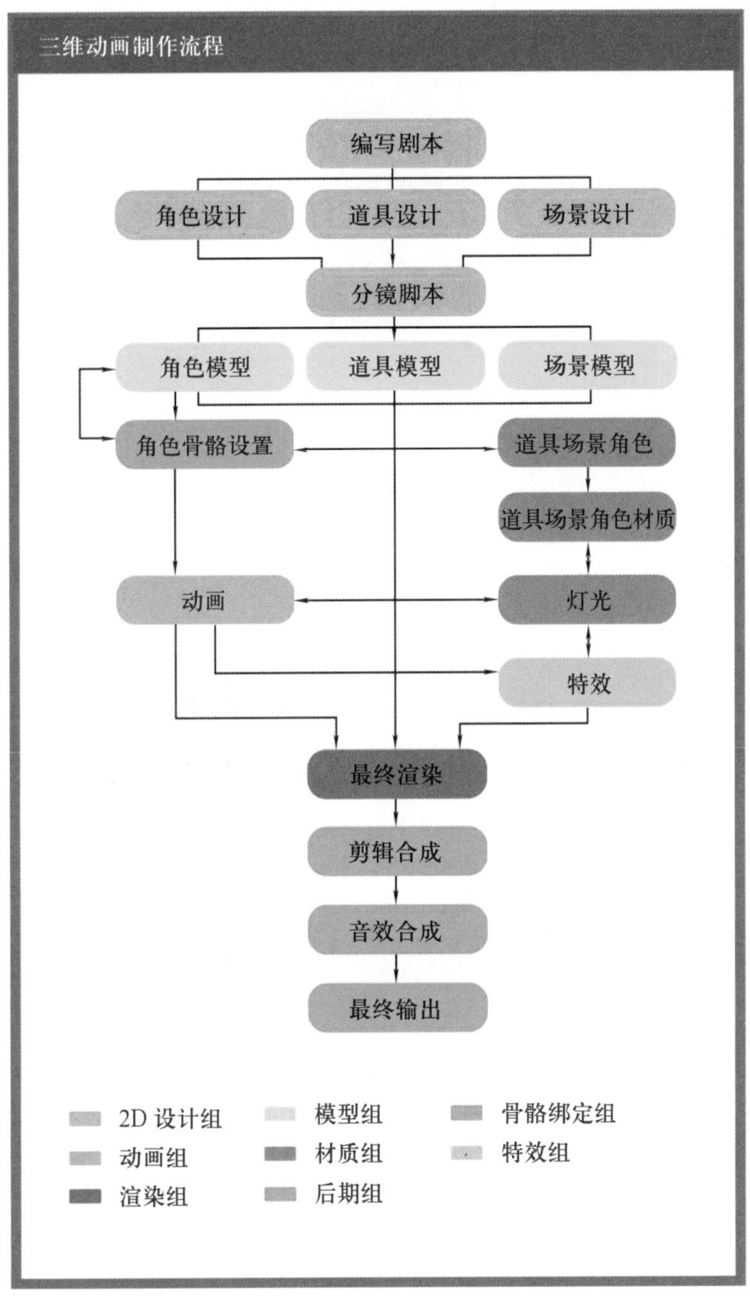

图 0-13

三、常用三维软件介绍

在三维软件中最具代表性的2个软件是Maya和3ds Max，同时还有专业动画制作领域里最重要的模型材质辅助工具ZBrush。

1．Maya

Maya自从诞生之日起，就吸引了众多三维设计师。1998年Alias｜Wavefront公司推出了一款三维动画制作软件，并赋予它一个神秘而响亮的名字—— Maya。早在Maya 1.0正式版推出前的测试阶段，就因其强大的功能被电影《精灵鼠小弟》的制作方确定为项目的核心软件。

从最早的Alias｜Wavefront公司到Alias公司，再到2005年10月Alias公司被Autodesk公司收购，伴随着这样的历程，Maya也通过版本的不断更新，经历了蜕变与升华。Maya是一个很庞大的软件系统，其中的许多操作已经成为了行业规范，比如，3ds Max的许多操作就借鉴了Maya。Maya拥有许多突出的功能，如完整的建模系统、强大的程序纹理材质和粒子系统、出色的角色动画系统以及MEL脚本语言等。可以说，每次Maya升级都带来全新的功能，也成就了许多影视作品的视觉特技，目前许多国内的影视公司也在使用Maya制作项目。Maya 2013的主界面如图0-14所示。

2．3ds Max

3ds Max（简称Max）软件，由国际著名的Autodesk公司的子公司Discreet公司制作开发的，它是集造型、渲染和制作动画于一身的三维制作软件。从它出现的那一天起，即受到了全世界无数三维动画制作爱好者的热情赞誉。Max也不负众望，屡屡在国际上获得大奖。当前，它已逐步成为个人计算机上最优秀的三维动画制作软件。3ds Max 2013的主界面如图0-15所示。

图 0-14

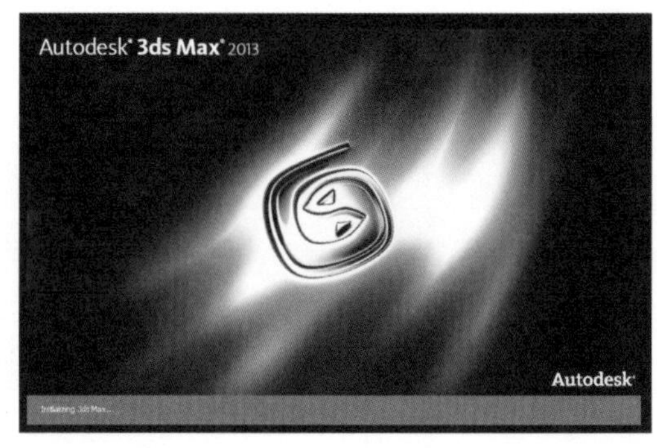

图 0-15

3ds Max非常适合游戏开发和室内室外效果制作，人性化交互界面便于掌握，是三维设计人员日常工作必不可少的软件工具。使用此软件制作的室内效果图如图0-16所示。

3．ZBrush

ZBrush软件是世界上第一个让艺术家感到无约束自由创作的3D设计工具。它的出现完全颠覆了过去传统三维设计工具的工作模式，解放了艺术家们的双手和思维，告别过去那种依靠鼠标和参数来创作的模式，完全尊重设计师的创作灵感和传统工作习惯，启动界面如图0-17所示。

它将三维动画中最复杂、最耗费精力的角色建模和贴图工作变得简单有趣。设计师可以通过手写板或者鼠标来控制ZBrush的立体笔刷工具，自由自在地随意雕刻自己想象中的形象。ZBrush作品效果如图0-18所示。

图 0-16

图 0-17

图 0-18

学习回顾

本单元重点学习了三部分知识，包括三维制作的应用领域、动画制作流程和常用三维制作软件介绍。通过本单元的学习，读者应该对三维动画制作过程有明确的认识，了解三维动画制作前期、中期、后期各个岗位的职能，以及三维动画在其主要应用领域中所发挥的作用，掌握动漫行业中三维软件发展的最新动态。在经过岗前培训之后，相信读者一定非常想完成各种三维模型的制作。但在结束本单元前，请根据下面的任务完成体验报告填写，检验一下自己的学习效果吧。从下一单元开始，一起进入Maya世界玩转三维模型。

测一测

请同学们根据岗前培训学习的内容，从以下几个方面进行调研，做一份“岗位认知体验报告”，要求如下。

1）请列举4个了解的三维制作具体应用。

2）请列举5部中外三维动画作品，说明其主要采用的三维动画软件是什么?

3）从5部作品中选取一部对其制作流程进行调研，并对制作公司作简要介绍。

4）根据调研，说明作品的风格，并列举作品的优缺点。

5）字数300～500。

学习评价

评 价 内 容		自评40%	师评60%	总成绩
岗位认知体验报告	三维制作应用（20分）			
	三维动画制作调研（60分）			
	三维动画作品介绍（20分）			
个人学习总结				

单元

1

UNIT 1

初识建模

CHUSHI JIANMO

本单元是进入Maya这个神奇世界的第一步，将对Maya软件的窗口界面组成、常用快捷键的使用方法、三视图的观察方法、常用菜单的调用方法及项目创建进行介绍，确保初学者能够对窗口布局有基本的认识，并可以开始着手操作。本单元还将通过制作果盘、制作香蕉以及制作水壶3个简单的任务及相关练习，学习在Maya软件环境中建模的基本工作流程及操作技术，了解NURBS创建与编辑的几个常用命令和工具的使用方法，了解基本的材质、渲染方法。

本单元重点通过分析静物的结构，了解曲面构成和旋转体构成的制作规律，并且在拓展任务中将3个独立任务中制作的静物摆放成静物组合，提高构图能力。

本单元所用的图片、源文件及渲染图，参见光盘中“单元1”文件夹中的相关文件。

单元学习目标

单元1

1）了解Maya软件的界面，掌握Maya界面的基本操作方法。

2）了解Maya三维建模制作的基本流程。

3）能够理解和分析模型的结构特点和构成规律，逐步提高观察能力和结构分析能力。

4）能够掌握绘制CV曲线、“Revolve”（旋转）命令、“Loft”（放样）命令、“Extrude”（挤出）命令以及NURBS点、线、面层修改的相关命令等常见创建与编辑命令的使用方法。

5）能够掌握最基本的材质设置和渲染输出方法。

知识准备

1．熟悉Maya界面

Maya 2013的界面构成比较复杂，对它的熟悉程度会直接影响用户的操作，下面就进行介绍。

（1）基础技巧视频教程对话框

首次启动Maya时会弹出基础技巧视频教程对话框，如图1-1所示。单击对话框中的图标可以进行缩放、平移、旋转、创建模型等操作。在用户掌握了这些操作之后，可以选中“Do not show this at startup”（不在启动时显示此对话框）复选框。

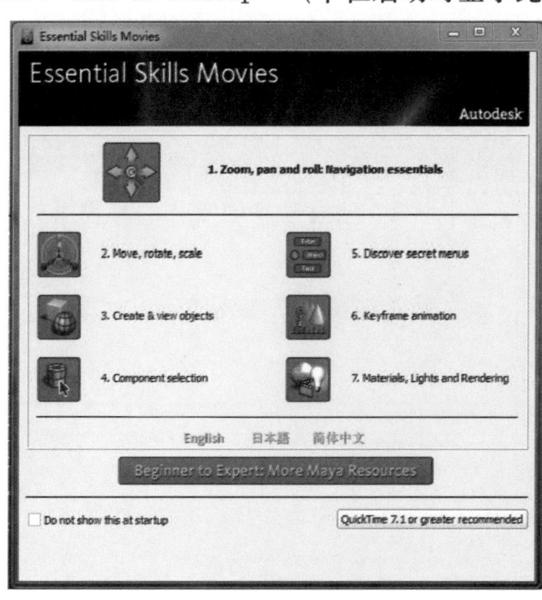

图 1-1

（2）Maya界面

Maya界面如图1-2所示。用户可以根据自己的需要自由安排各工具栏的位置，例如，建模时可以关闭时间滑条和范围滑条。

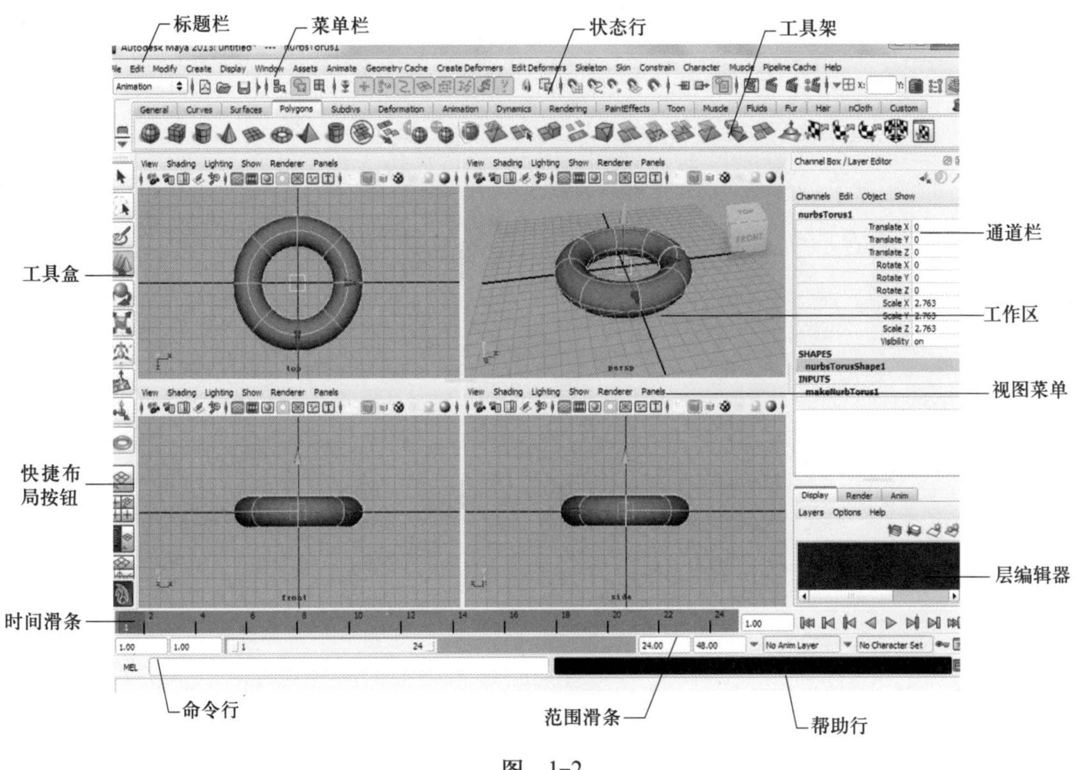

图　1-2

Maya中标题栏、工具盒等与其他软件类似，在此不再赘述。状态行、时间滑条、工具架、命令行和层编辑器等将在后续单元中陆续介绍。

（3）菜单栏

与其他软件不同，Maya菜单中的菜单项目有一部分不是固定的，如图1-3所示，通过状态行最左端的菜单选择器可以进行切换。这些菜单选项对应着Maya不同的功能模块，分别是“Animation”（动画）、“Polygons”（多边形）、“Surfaces”（曲面）、“Dynamics”（动力学）、“Rendering”（渲染）、“nDynamics”（n动力学）、“Customize”（自定义）。

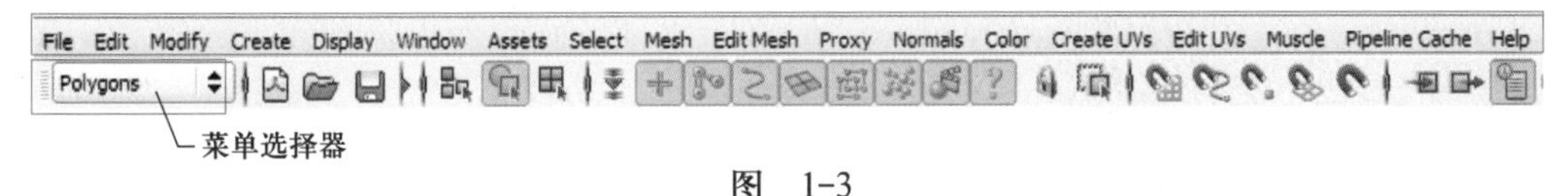

图　1-3

（4）工作区

工作区是在Maya操作中完成各项工作的重要区域，例如，移动、旋转和缩放物体，观察场景灯光、材质、动画等效果。打开Maya时，在默认状态下工作区显示为透视图，如图1-4所示。可以通过快捷布局按钮来改变工作区的面板布局，例如，切换到四视图（“Persp”透视图、“Front”前视图、“Side”侧视图、“Top”顶视图），如图1-5所示。若要切换至四视图中的某一个视图，可将鼠标移动到其窗口中，按<Space>键便完成切换。

图 1-4

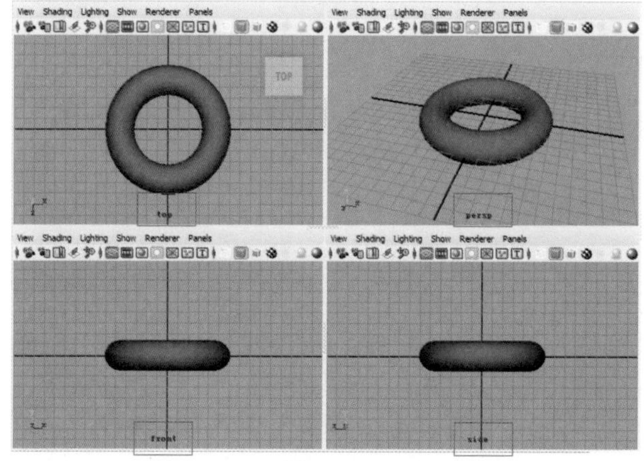

图 1-5

（5）通道栏

创建模型后，可以在通道栏访问当前选择对象的属性，修改相关参数，如图1-6所示。通道栏记录了当前选择对象的大量数据信息，包括位置、旋转、尺寸和构造历史等。

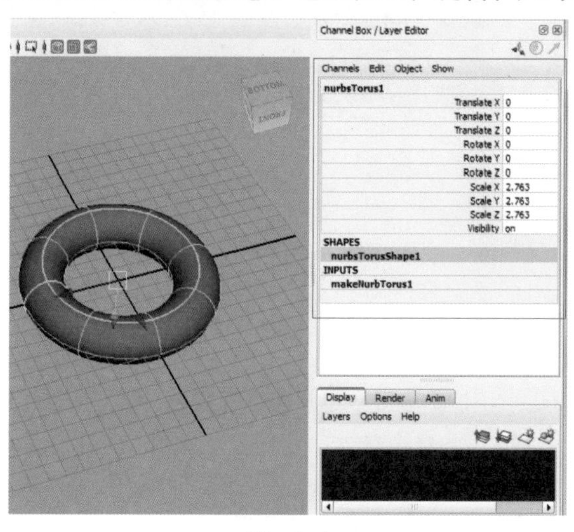

图 1-6

2．Maya的基本操作

了解了界面后，现在动手练习来掌握Maya的基本操作。

1）扩大工作区域。在不制作动画时，用户可以将时间滑条、范围滑条等隐藏，来扩大工作区的面积。执行“Display”（显示）→“UI Elements”（用户界面元素）命令，取消“Time Slider”（时间滑条）、“Range Slider”（范围滑条）、“Command Slider”（命令滑条）等的选中状态，如图1-7所示。

2）设置非交互式创建模式。执行“Create”（创建）命令，取消“Interactive Creation”（交互式创建）的选中状态，如图1-8所示。非交互式创建模式下创建基本体会自动创建在网格中心，对于初学者来说方便后续的编辑。

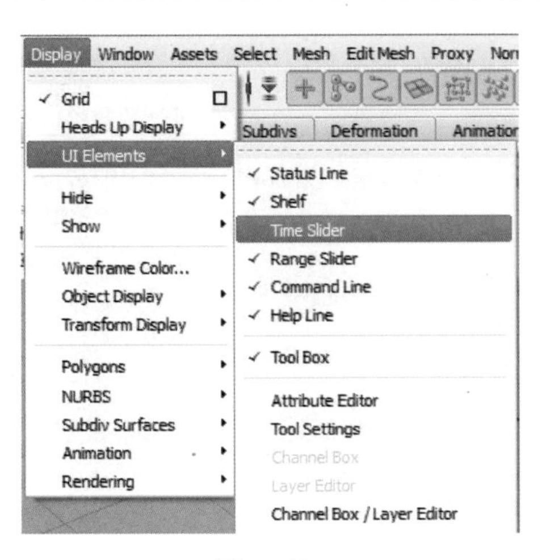

图 1-7

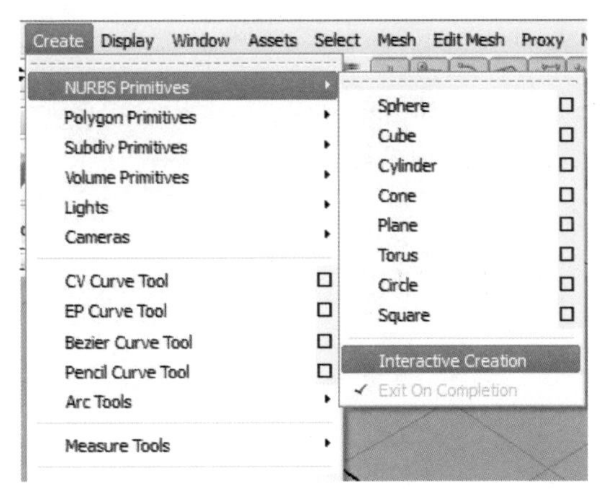

图 1-8

3）创建基本体。执行“Create”（创建）→“NURBS Primitives”（NURBS基本体）→“Sphere”（球体）命令，如图1-9所示。

基本体是创建复杂模型的基础，除了球体还有立方体、圆柱体、锥体等。创建操作也可以通过工具架上的按钮完成，如图1-10所示。

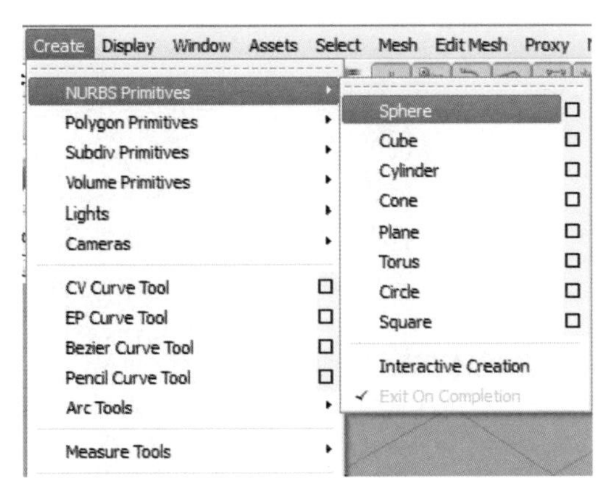

图 1-9

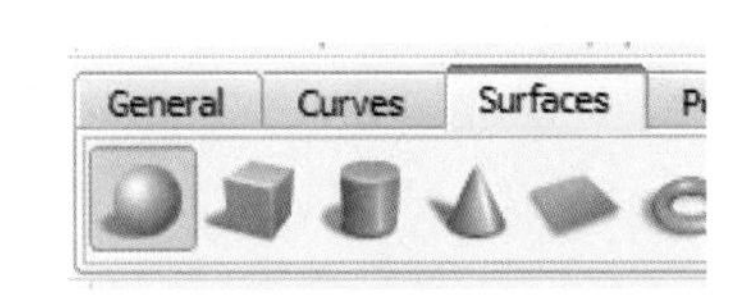

图 1-10

执行命令后，在工作区的网格中间生成了一个球体，如图1-11所示。

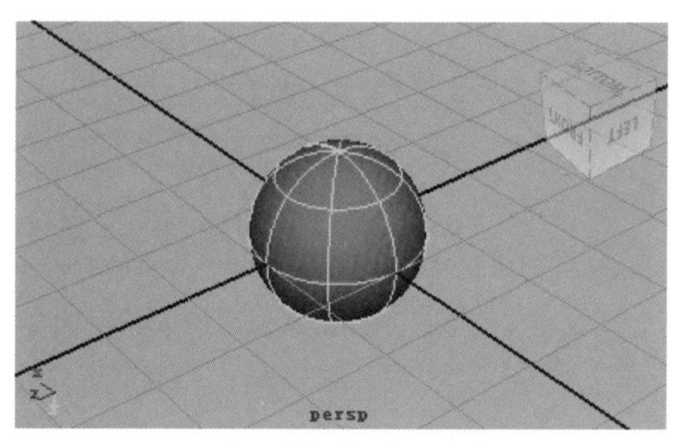

图　1-11

4）多方位多角度查看模型。在视图中配合使用快捷键和鼠标对所在视图进行翻滚摇移、上下左右平移、前后缩放等视图快捷操作，见表1-1。

表1-1　视图快捷操作

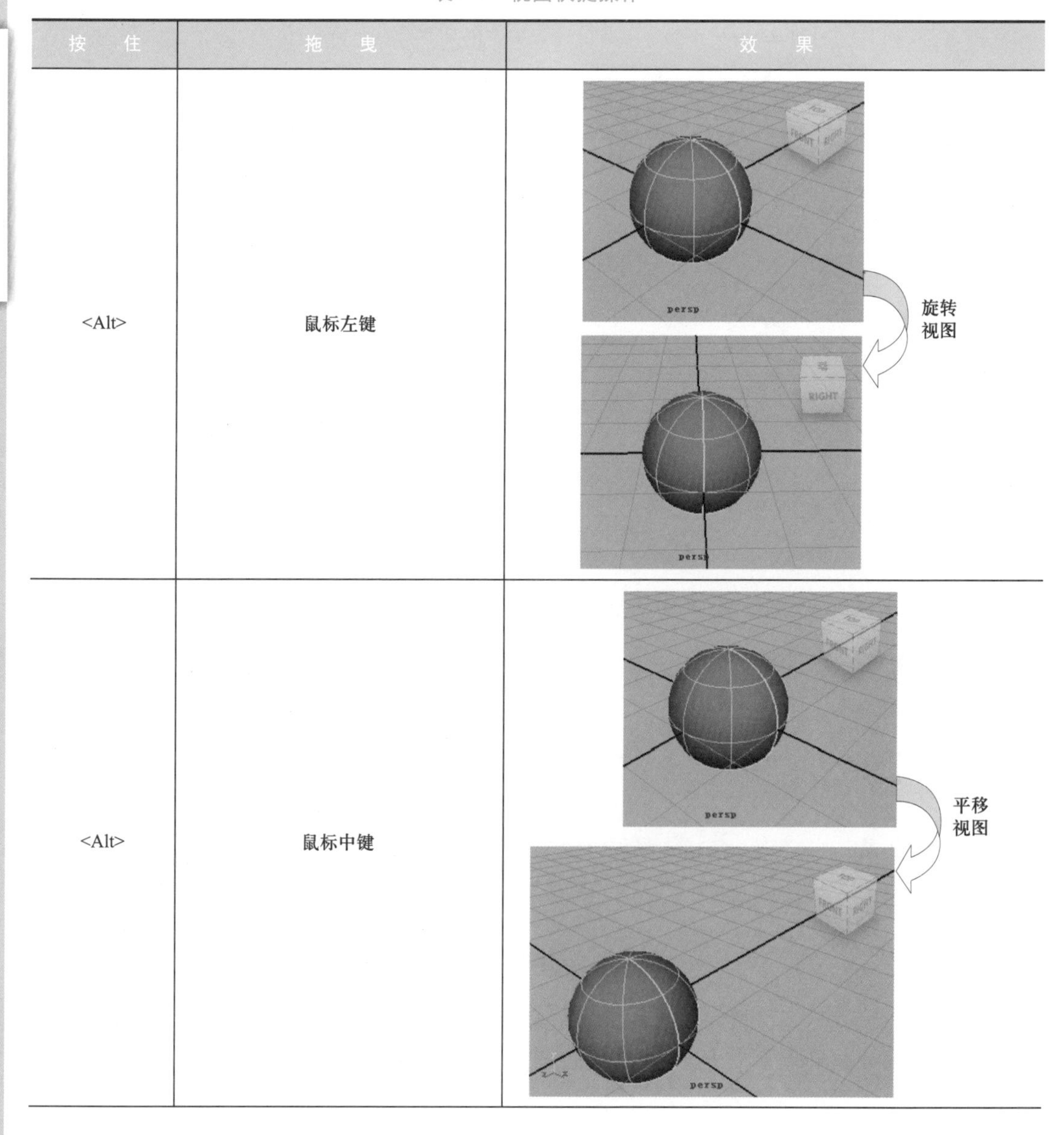

按　住	拖　曳	效　果
<Alt>	鼠标左键	旋转视图
<Alt>	鼠标中键	平移视图

（续）

按　住	拖　曳	效　果
<Alt>	鼠标右键（或滚动滚轮）	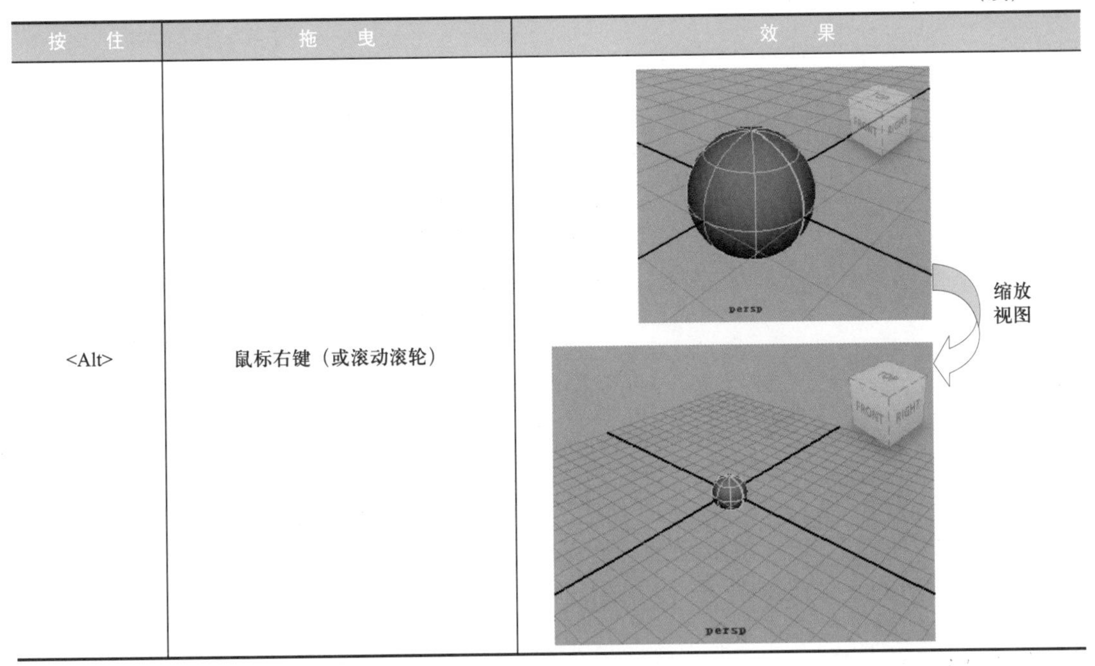

5）模型的基本变换。改变模型的位置、旋转角度、尺寸大小等是最常见的编辑操作。这些操作的参照物是世界坐标系（world），也是整个场景的空间坐标轴，它在视图窗口中的显示如图1-12所示。红色箭头代表空间中的X轴（横向坐标），绿色箭头代表空间中的Y轴（纵向坐标），蓝色箭头代表空间中的Z轴（景深坐标）。

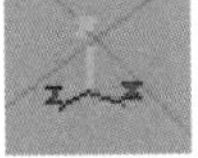

图　1-12

可以通过工具按钮或快捷键激活模型操纵器，以便对模型进行基本变换，见表1-2。

表1-2　对模型进行基本变换

工具箱工具	快　捷　键	操　纵　器
Move Tool（移动工具）	<W>	位置操作器。通过拖曳操纵器上的箭头，完成模型在相应轴向上的位置移动
Rotate Tool（旋转工具）	<E>	旋转操作器。通过拖曳操纵器上的弧线，完成模型在相应轴向上的旋转

（续）

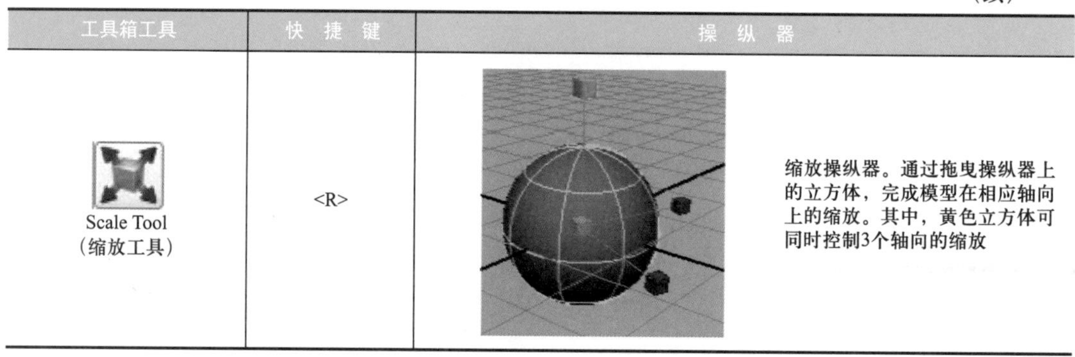

工具箱工具	快 捷 键	操 纵 器
Scale Tool（缩放工具）	<R>	缩放操纵器。通过拖曳操纵器上的立方体，完成模型在相应轴向上的缩放。其中，黄色立方体可同时控制3个轴向的缩放

6）在通道栏中精确设置模型的属性和改变构造。当基本变换的手动方式还不能满足用户造型的需要时，在通道栏中可以精确设置模型的“Translate”（位移）、“Rotate”（旋转）、“Scale”（缩放）、“Visibility”（可见性）属性和通过改变“INPUTS”（输入）选项卡中包含的基本几何模型的半径、横纵段数等改变构造。

创建球体及默认状态下的通道栏参数，如图1-13所示修改通道栏Y轴旋转为71°、球体纵向段数为6及球体呈现的效果如图1-14所示。

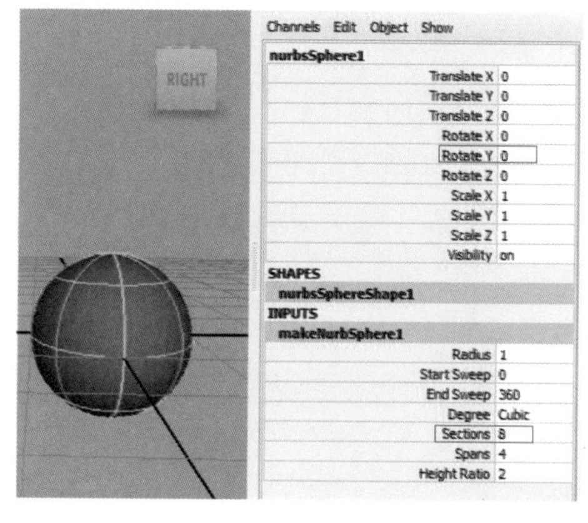

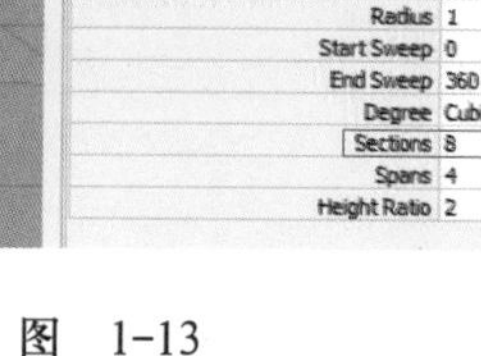

图 1-13

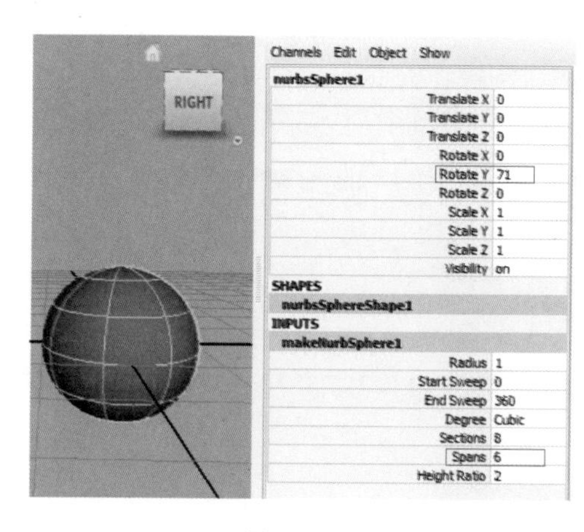

图 1-14

7）模型的构成元素。三维软件创建的模型都是网格结构，因此，基本元素离不开点、线、面。“Surfaces”（曲面）建模生成的NURBS模型构成元素含“Isoparm”（等参线）、“Control Vertex”（控制顶点）、“Surface Patch”（曲面面片）、“Surface Point”（曲面点）、“Surface UV”（曲面UV）、“Hull”（外壳）、“Object Mode”（物体模式）。切换时需选中模型，单击鼠标右键，在弹出的快捷菜单中选择相应的命令，如图1-15所示。“Polygons”（多边形）模型构成元素与NURBS模型略有不同，在单元2中将会有详细介绍。

切换至不同的构成元素的目的是为了雕琢模型的细节，如图1-16所示。切换至“Control Vertex”（控制顶点）模式后，在前视图中框选中间一圈的点，再按<R>键打开缩放控制器，拖动中间黄色立方体进行收缩，将球体变成门把手的模型。

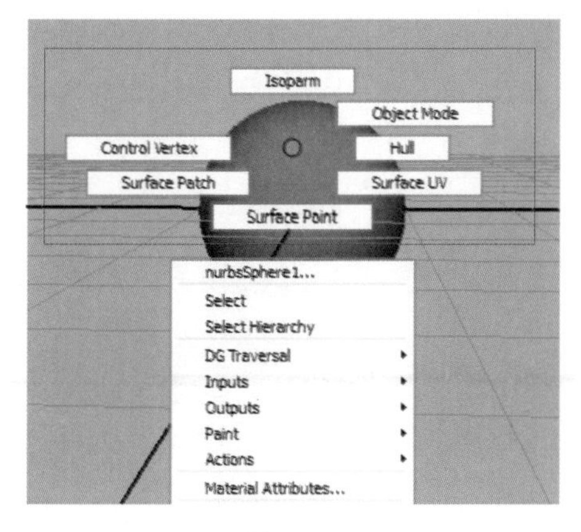

图 1-15

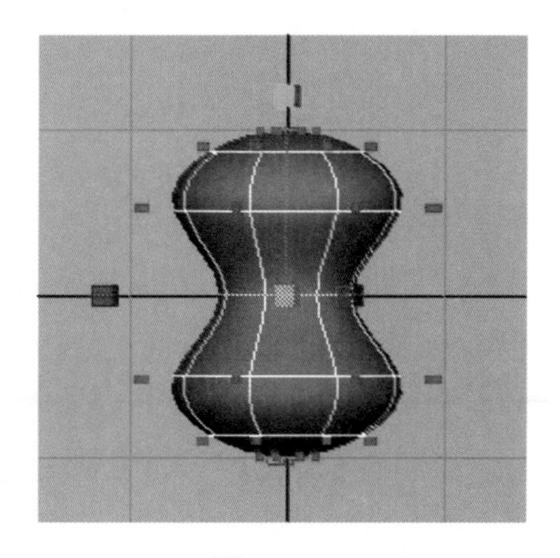

图 1-16

8）模型显示模式。用户在制作过程中需要不断调整模型，就需要观察模型的布线、大致结构等。如果要观察图1-16后面的网格效果，则只需使用快捷键<4>，便会出现如图1-17所示的效果。

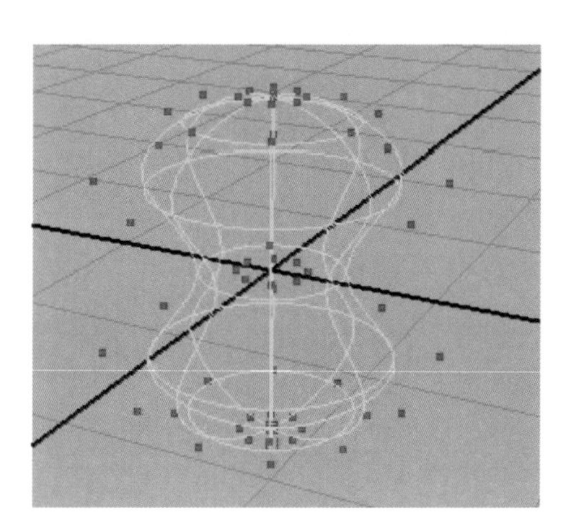

图 1-17

除了快捷键<4>，还有其他快捷键。按<1>键为低质量显示模型，按<2>键为中质量显示模式，按<3>键为高质量平滑显示模式，按<5>键为实体显示模式，按<6>键为纹理贴图显示，按<7>键为灯光照明预览显示。

9）Maya文件管理。与其他软件相同，Maya软件的文件管理命令都集中在“File”（文件）菜单中，包含新建、保存、打开和关闭等。

最常使用的“Save Scene”（保存场景）命令可以将当前场景保存，如果是首次新建，则会提示输入文件名称。Maya的场景文件有两种保存格式，一种是*.mb格式，另一种是*.ma格式。*.mb格式在保存和调用时速度最快；*.ma格式是标准的Native ASCII文件，允许用文本编辑器直接进行编辑修改，但要了解全部语法才可以。一般都以*.mb格式保存，这也是默认的文件格式。下面开始制作一些简单的静物模型。

10）Maya项目文件管理。Maya中项目的定义是一个或多个场景文件的集合，包括与场景相关的文件，例如，渲染的纹理文件或用来作参考的图形文件。当Maya需要调用这些文件时，可到工程文件夹中对应的文件夹进行指认。因此，在创建模型时，为了便于管理项目文件，应先进行项目文件的创建。以本单元为例，将制作多个静物并将它们摆放在一个场景中。完成项目创建的步骤如下。

① 创建项目。

执行“File”（文件）→“Project Window”（项目窗口）命令，新建静物项目窗口，如图1-18所示。单击“New”（新建）按钮，在“Current Project”（当前项目）文本框中输入项目名称jingwu。注意，Maya项目名称要求使用英文。在“Location”（位置）文本框中输入项目位置。该项目中将默认创建多个项目类别文件夹。

其他参数说明如下。

“Scenes”(场景) 用来放置*.mb等Maya的场景文件。

“Source Images”(源图像) 用来放置Maya场景用到的文件贴图。

“Images”(图像) 用来放置渲染出来的图像。

这些文件夹采用默认名称就可以不用更改，最后单击“Accept”(接受) 按钮。

单元1

图 1-18

此时打开E盘，会发现新建了jingwu文件夹，其中包含该项目中的所有文件夹，如图1-19所示。

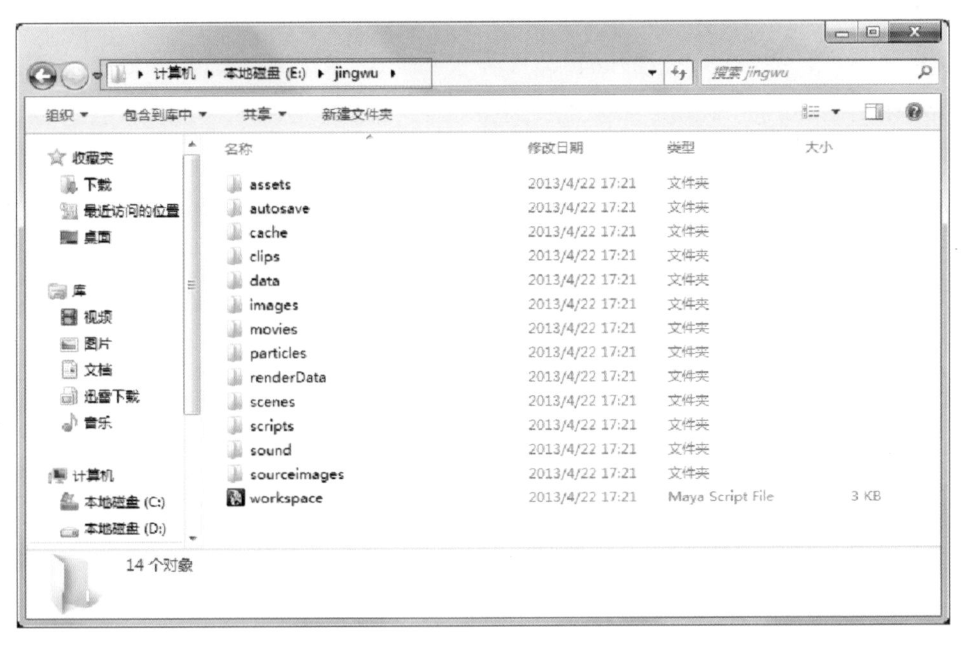

图 1-19

② 设置项目。

在新建项目后，为此项目设置当前的工作环境，这样在保存场景和其他文件时，都会自动保存在此项目的指定路径中。

执行“File”（文件）→“Set Project”（设置项目）命令，设置“Look in”（浏览）为E:\jingwu，单击“Set”（设置）按钮完成设置，如图1-20所示。

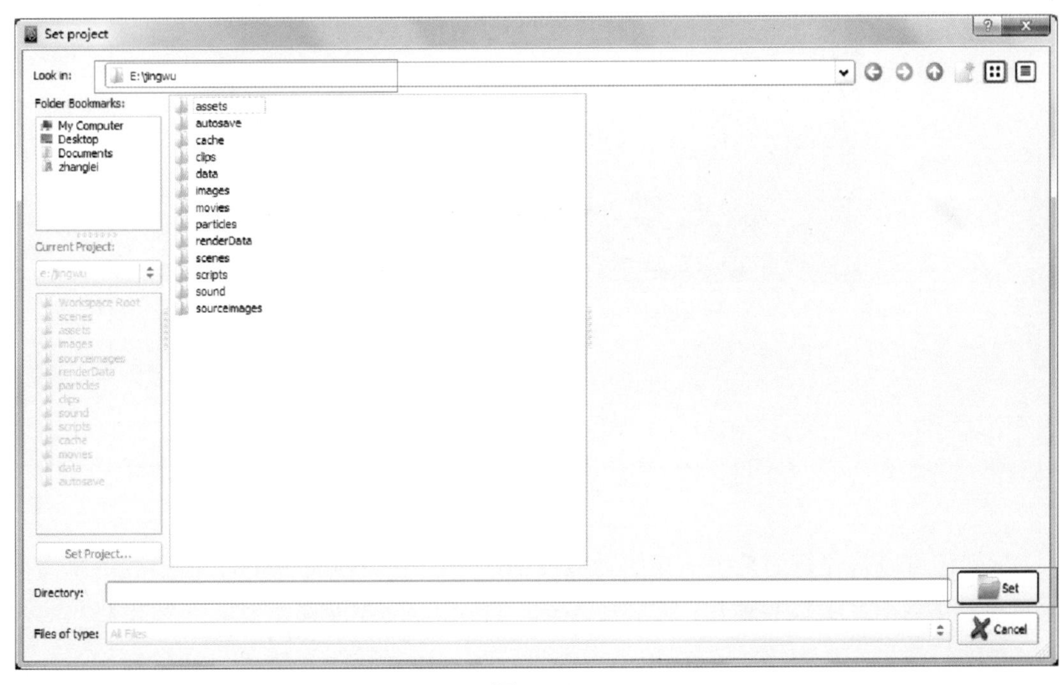

图 1-20

完成以上步骤之后，在Maya中，当执行“File”（文件）→“Save Scene”（保存场景）命令时，会自动将当前编辑文件存入E:\jingwu\scenes文件夹中，渲染的图片会自动存入E:\jingwu\images文件夹中。

本单元接下来的3个任务的所有文件都保存在jingwu这一项目中。后面每个单元都如此，因此，不再重复讲解创建项目和设置项目等操作。

任务1 制作果盘

任务描述

制作人员接到一个圆形白瓷果盘建模任务。制作要求：果盘平滑，呈圆形、略浅、有较宽的盘边，材质是质朴无华的白瓷。

制作渲染后的果盘样张如图1-21所示，可以参考它进行设计和制作。建议学习4课时。

图 1-21

任务分析

旋转体可以被理解为是由一条半径截面曲线围绕中心轴旋转360°所形成的平滑曲面。在本任务中，需要先使用“CV Curve Tool”（CV曲线工具）命令绘制出果盘半径截面的曲线，接着进入“Control Vertex”（控制顶点）模式，调整控制点的位置，最后通过“Revolve”（旋转）命令完成果盘模型的创建。

制作流程

1）执行“开始”→“所有程序”→“Autodesk”→“Autodesk Maya 2013”命令，打开Maya软件，如图1-22所示。按照项目文件管理的步骤创建并设置项目，项目名称为jingwu，“Look in”（浏览）为E:\jingwu。

执行“File”（文件）→“Save Scene”（保存场景）命令，输入文件名guopan.mb，文件默认被保存到jingwu项目中的scenes文件夹中，如图1-23所示。

技法点拨：创建之前就保存好文件，在制作过程中随时使用快捷键<Ctrl+S>保存文件，以防止意外死机等情况导致文件丢失。

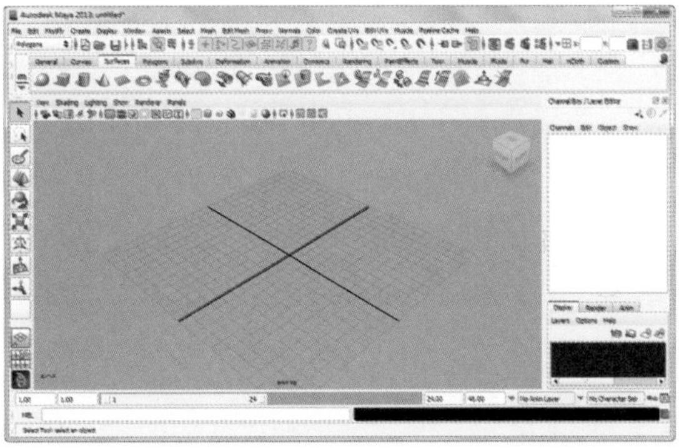

图 1-22

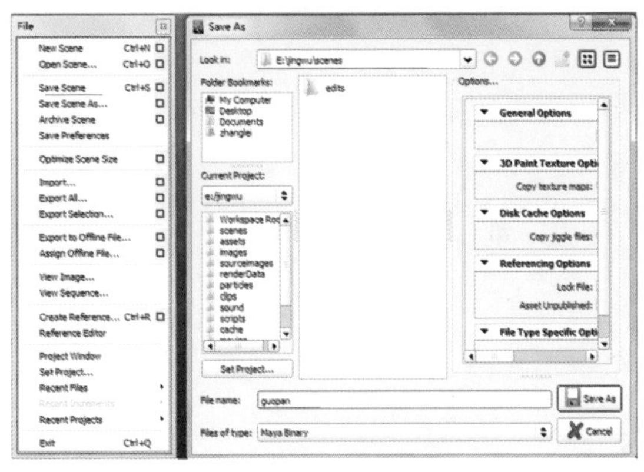

图 1-23

2）单击快捷布局按钮，切换至四视图，再将鼠标移动到“Front”（前视图）窗口中，按键盘上的<Space>键切换到“Front”（前视图）窗口中，如图1-24所示。

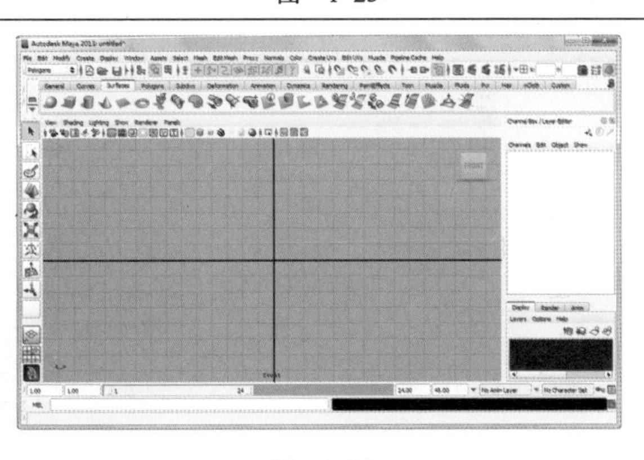

图 1-24

3）执行“Create”（创建）→“CV Curve Tool”（CV曲线工具）命令，绘制出果盘截面的草图曲线，如图1-25所示。

技法点拨：盘中心处线的两端不闭合，使模型中心出现空洞，因此，要将视图放大，参照网格辅助线调整至中心闭合。

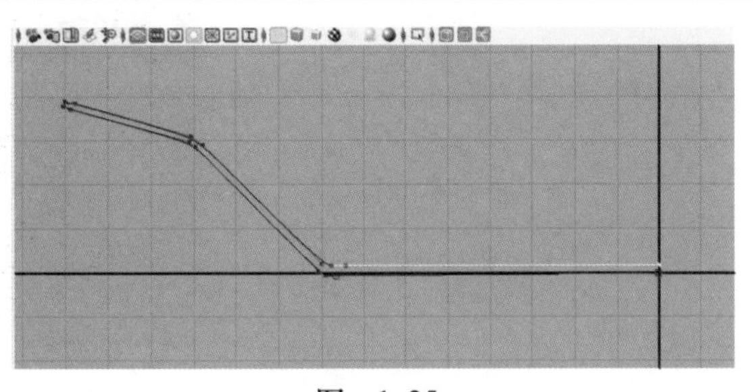

图 1-25

4）如果对绘制完的曲线形态不满意，可以单击鼠标右键，在弹出的快捷菜单中选择“Control Vertex”（控制顶点）命令，选中点，按<W>键打开位置操作器来调节点，修正模型，如图1-26所示。

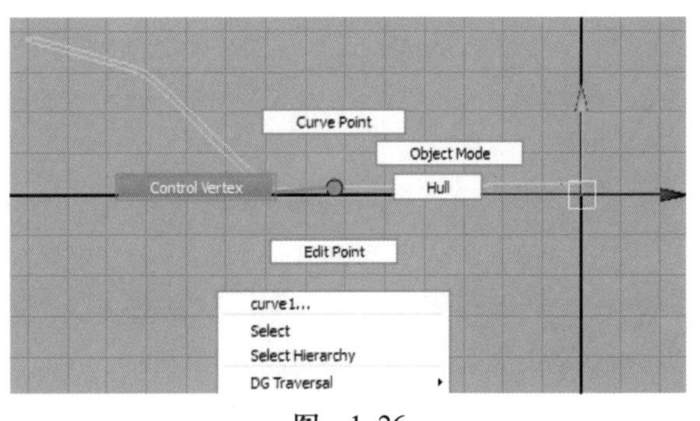

图 1-26

5）曲线调整好后，再单击鼠标右键，在弹出的快捷菜单中选择“Object Mode”（物体模式）命令，执行“Surfaces”（曲面）→“Revolve”（旋转）命令，创建出果盘的形状，如图1-27所示。

技法点拨：如果右键中找不到“Surfaces”（曲面）菜单，则应从菜单选择器中单击“Surfaces”（曲面）选项，或使用快捷键<F4>。

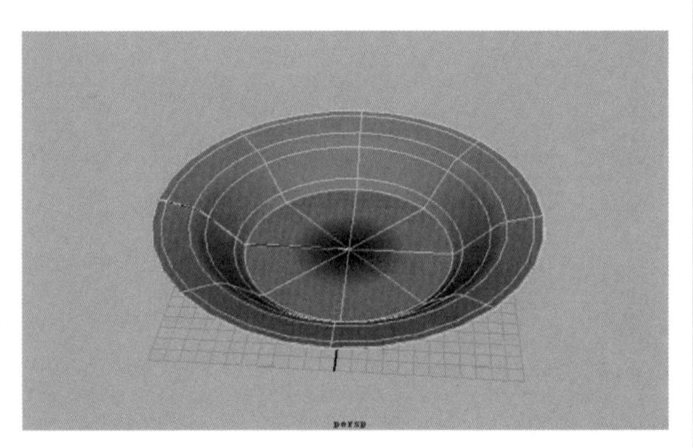

图 1-27

6）执行“Window”（窗口）→“Rendering Editors”（渲染编辑器）→“Hypershade”（材质编辑器）命令，在中间列表中单击选择“Blinn”（布林）材质。双击右侧新生成的“blinn1”材质球，在主窗口右侧的“Blinn”（布林）材质属性编辑窗口中设置“Color”（颜色）为白色，如图1-28所示。

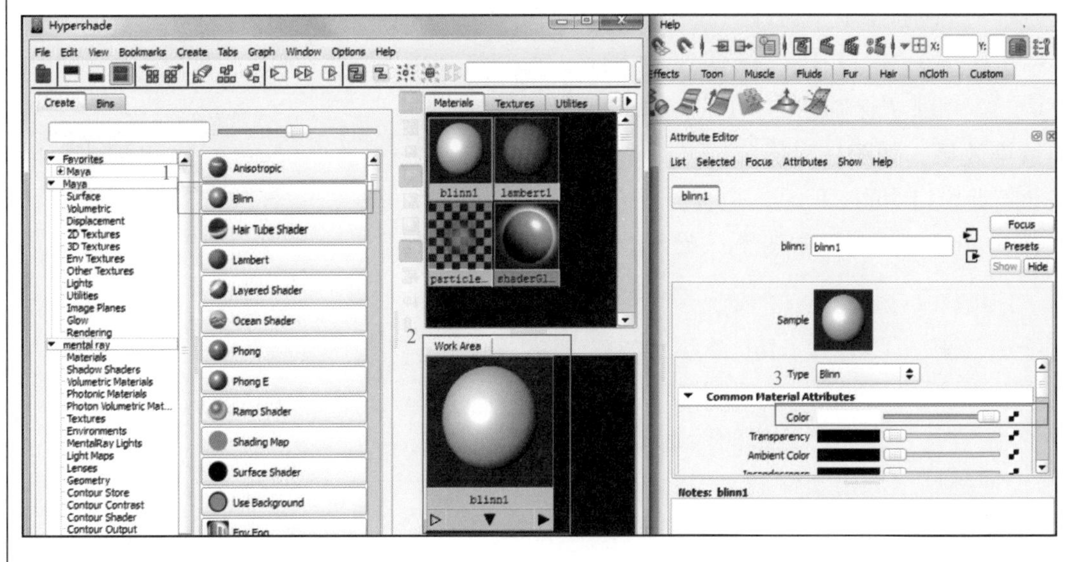

图 1-28

7）选中生成的果盘模型，单击鼠标右键，在弹出的快捷菜单中执行“Assign Existing Material”（指定现存的材质）→“blinn1”命令，为果盘指定第6）步设置好的“blinn1”材质，如图1-29所示。

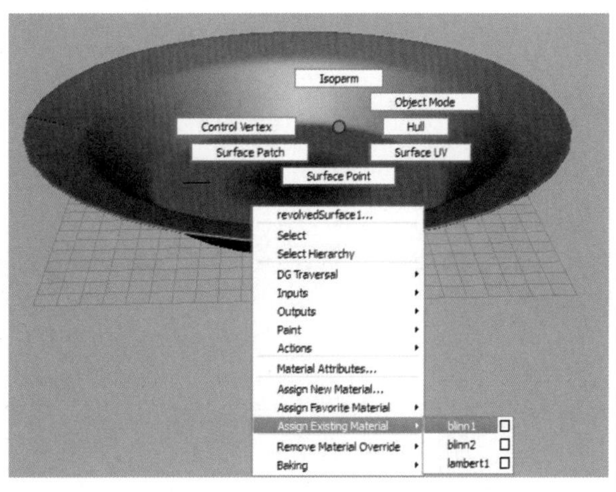

图 1-29

8）单击状态栏中的图表（显示渲染设置）按钮，打开“Render Settings”（渲染设置）对话框，在“Render Using”下拉列表中选择“mental ray”选项，在“Quality Presets”（质量预设）下拉列表中选择“Production”（产品级）选项，如图1-30所示。设置完成后单击“Close”按钮关闭当前对话框。

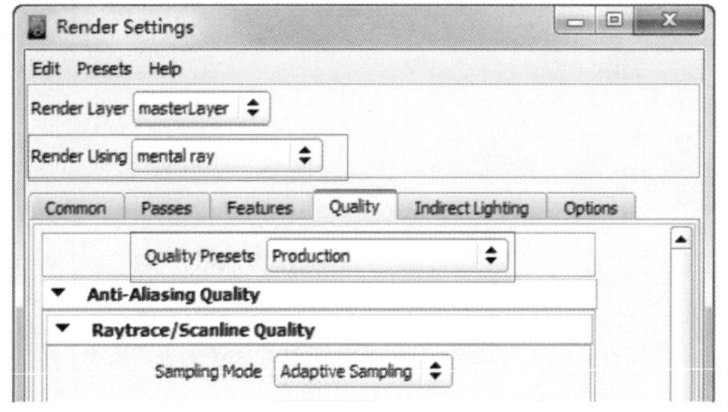

图 1-30

9）单击（渲染）按钮，查看当前渲染效果，如图1-31所示。

执行此窗口中的“File”（文件）→“Save Image”（保存图像）命令，保存渲染图至jingwu项目的images文件夹中。

关闭渲染窗口，按＜Ctrl+S＞组合键保存场景文件guopan.mb，就可以关闭Maya了。

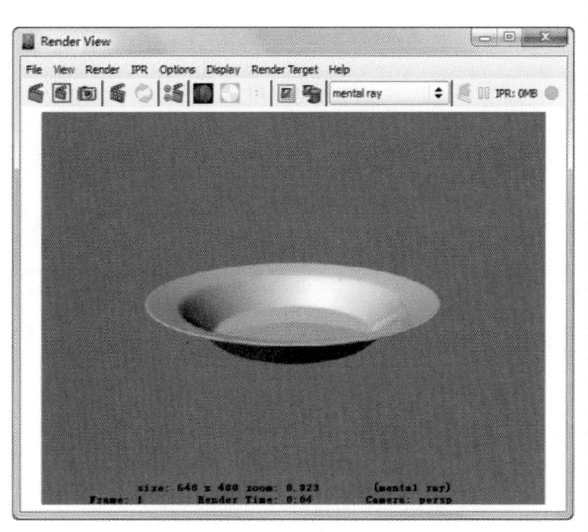

图 1-31

知识归纳

1．建立曲线的相关命令介绍

在Maya软件的“Surfaces”（曲面）模块中，提供了“CV Curve Tool”（CV曲线工具）、“EP Curve”（编辑点曲线）工具、“Pencial Curve Tool”（铅笔曲线工具）、“Arc Tools”（弧线工具）以及“Bezier Curve Tool”（贝塞尔曲线工具）来绘制曲线，见表1-3。建立曲线的目的主要是制作曲面或者制作动画的移动路径等。

表1-3 建立曲线的相关命令

工　具	曲　线
“CV Curve Tool”（CV曲线工具）。使用“Control Vertex”（控制顶点）命令来控制曲线或曲面的形状，曲线的起点和终点与控制点的位置相同，而其余的控制点位于曲线的外侧	
“EP Curve”（编辑点曲线）工具。使用“Edit Point”（编辑点）来控制曲线或曲面的形状，与“Control Vertex”（控制顶点）的差别在于NURBS曲线会通过每一个“Edit Point”（编辑点）	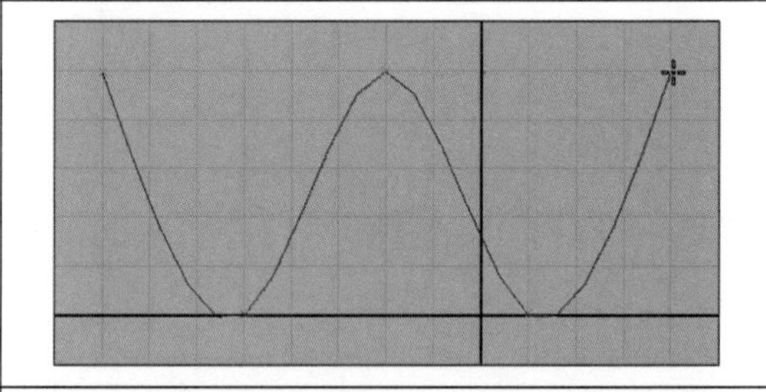
“Pencial Curve Tool”（铅笔曲线工具）。使用鼠标拖曳的方式绘制曲线，可透过Smooth Curves指定修饰铅笔曲线，达到平滑的效果	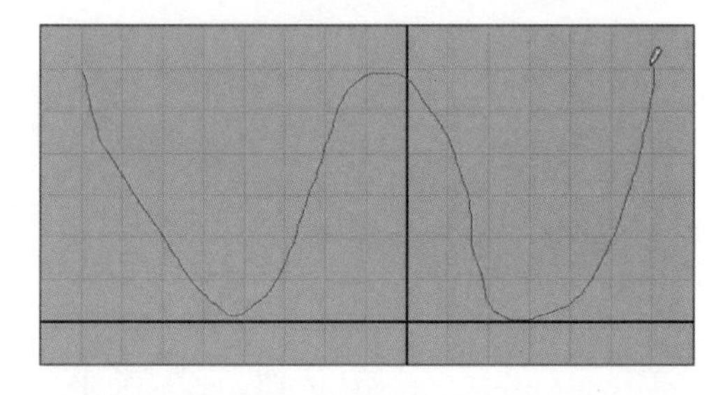
“Arc Tools”（弧线工具）。绘制“Three Point Circular Arc”（三点圆弧）或“Two Point Circular Arc”（两点圆弧），绘制完成之前可按<Insert>键或滚动鼠标滚轮移动	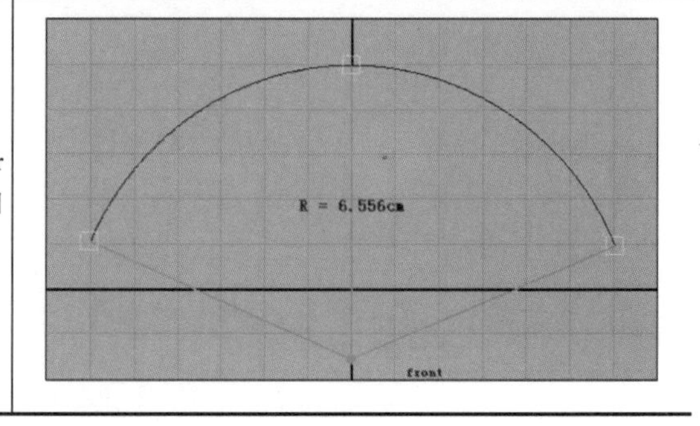

2．使用“热核菜单”切换单一视图

快捷布局按钮可以轻易地切换透视图和四视图，但直接在两个单一视图间切换还不够方便。Maya软件中特意设置的一组快捷菜单，称为“热核菜单”，方便用户切换单一视图。只要在当前视图中按<Space>键，就会弹出如图1-32所示的菜单，同时将鼠标移至中间“Maya”上单击，“Maya”四周会增加四个视图的名称，如图1-33所示，按住鼠标不放拖至相应的视图名称即可实现切换。

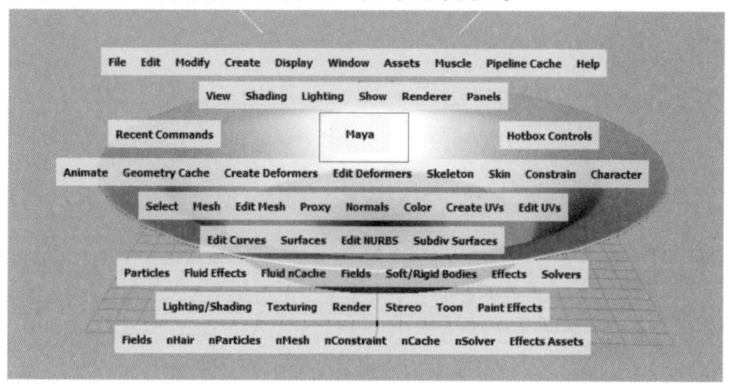

图 1-32

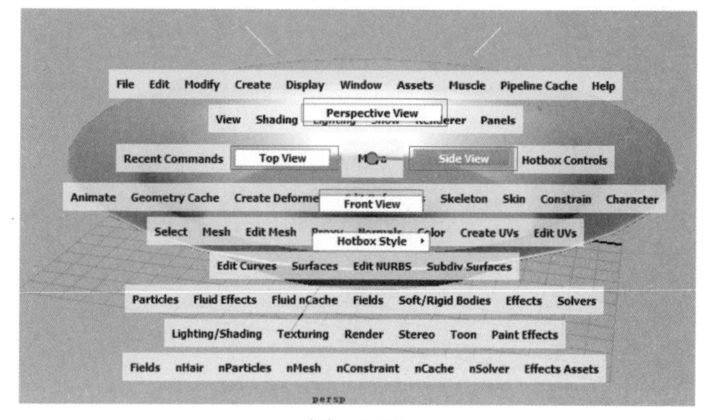

图 1-33

3．“Revolve”（旋转）命令

“Revolve”（旋转）命令可以将一条曲线（作为一条轮廓线）沿一个轴旋转产生曲面，如图1-34所示。

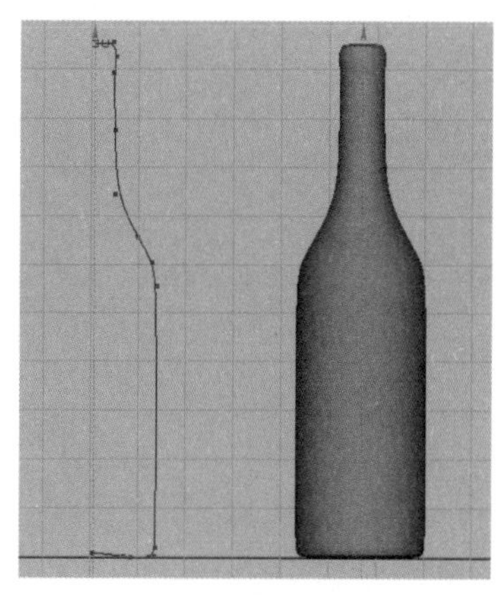

图 1-34

这一命令存在于Surfaces模块的“Surfaces”（曲面）菜单中，如图1-35所示。直接选择此命令则以默认参数旋转，否则单击命令右侧的标志打开“Revolve Options”（旋转选项）对话框，如图1-36所示。

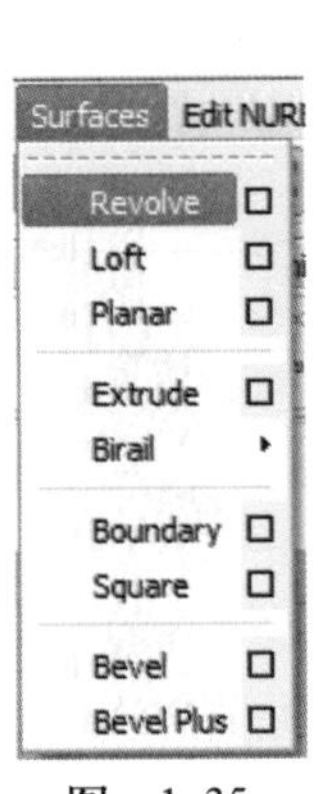

图 1-35

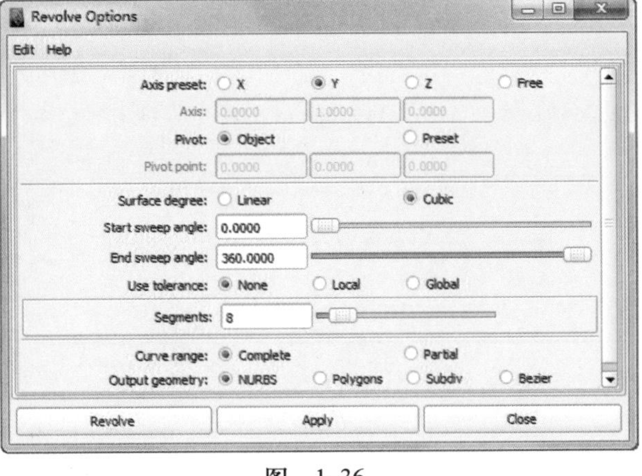

图 1-36

几个常用的参数见表1-4。

表1-4　几个常用的参数

参　数	示　例
“Axis Preset”（轴预设）——分别是X、Y、Z、“Free”（自由）	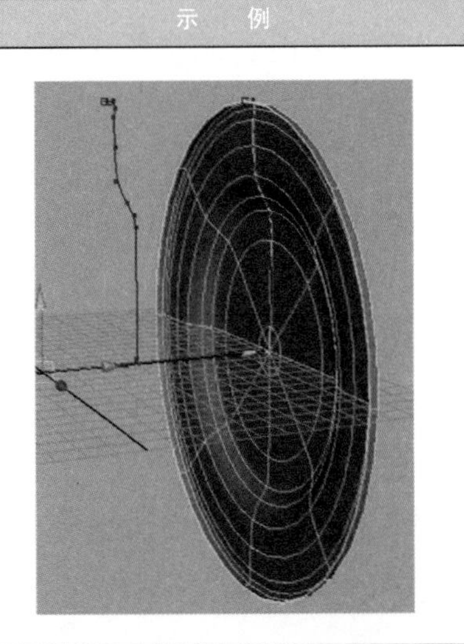
“Surfaces Degree”（曲面次数）——决定是否使用线性（次数为1）或立方（次数为3）几何体创建曲面的V参数方向，“Linear”（线性）、“Cubic”（立方）	

（续）

参　数	示　例
“Segments”（分段）——决定曲面V方向的分段。分段越多网格越细腻，模型越平滑，但后续的修改或调整也会越麻烦，面数越多计算机运算速度越慢。因此，作为初学者要掌握好度，模型大致结构完成后，面数足够使用即可	

4．模型的构造历史

Maya软件状态栏上有一个“Construction History on/off”（构造历史开关）按钮，如图1-37所示。打开它，每一个模型从开始创建就会留下历史记录，在“INPUTS”（输入）选项卡中，可以反复对以前的操作进行修改。

例如，之前旋转的酒瓶模型，在“INPUTS”（输入）选项卡中有revolve1的旋转参数，在这里可以继续修改它的分段、旋转角度等。另外，因为酒瓶由截面曲线旋转生成，所以此时若调整曲线仍然会影响酒瓶的造型，如图1-38所示。如果模型已经建造完毕，要将模型和截面曲线断开联系，则可以删除模型构造历史。这一操作可以通过选中模型，执行“Edit”（编辑）→“Delete by Type”（按类型删除）→“History”（历史）命令来完成。

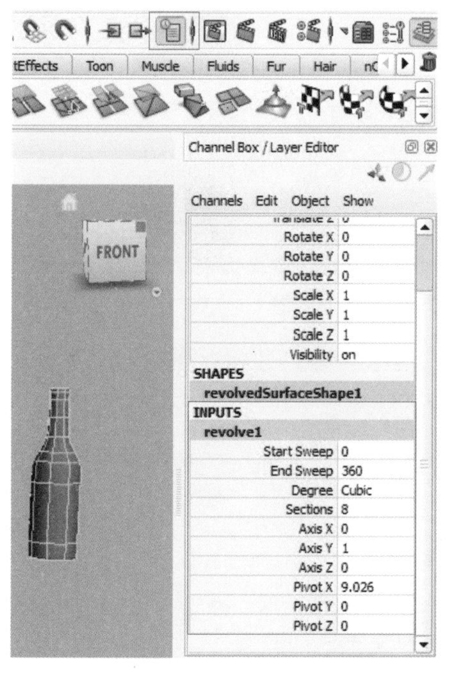

图　1-37

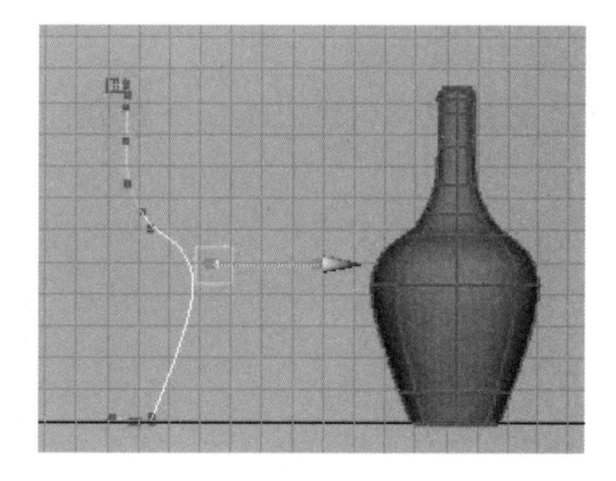

图　1-38

小练习

通过制作果盘初步体会了Maya的NURBS建模，也掌握了绘制曲线、旋转成面等操作技巧，下面就请制作一个高脚杯模型。

【制作提示】

首先使用“CV Curve Tool”（CV曲线工具）命令绘制出高脚杯截面的曲线，为使杯壁产生一定的厚度，一般要将CV曲线绘制为双线，如图1-39所示。

接着进入“Control Vertex”（控制顶点）模式，调整控制点的位置。

最后通过“Revolve”（旋转）命令完成模型的创建，如图1-40所示。

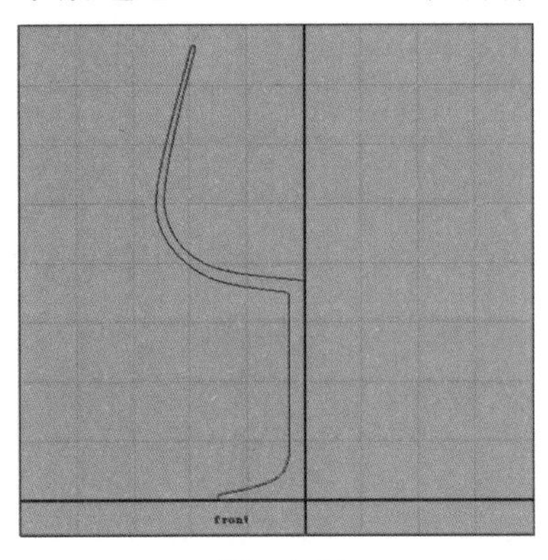

图 1-39

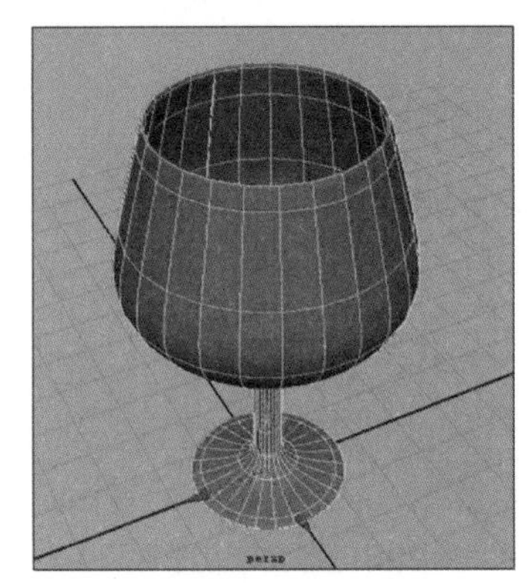

图 1-40

任务2 制作香蕉

任务描述

制作人员接到制作一组写实的香蕉的工作任务。制作要求：本组模型有3～4根香蕉，每根香蕉造型呈中间粗两端细的长条型，横截面是四边或五边形，其外观颜色由绿变黄，反光度较低。

制作人员将基于这些特点，参考图1-41来完成这个任务。建议学习4课时。

图 1-41

任务分析

条状物体从粗到细的横截面基本上是一致的多边形形状，可以理解为一串多边形沿一条纵向弧线穿起构成的。截面相同的物体，可以将其几个典型截面通过一条路径连接在一起。在本任务中，先使用“CV Curve Tool”（CV曲线工具）命令绘制出香蕉的几个典型横截面的封闭曲线，接着按它的纵向弧度摆放好这些截面曲线，最后通过“Loft”（放样）命令完成香蕉模型的创建。类似的模型还有黄瓜、茄子等条状物，都可以用这种方法制作。

制作流程

<table>
<tr>
<td>1）启动Maya，执行“File”（文件）→“Project”（项目）命令，设置“Look in”（浏览）为E:\jingwu，单击“Set”（设置）按钮完成设置。
执行“File”（文件）→“Save Scene”（保存场景）命令，输入文件名xiangjiao.mb，文件默认被保存到jingwu项目中的scenes文件夹中，如图1-42所示。</td>
<td>
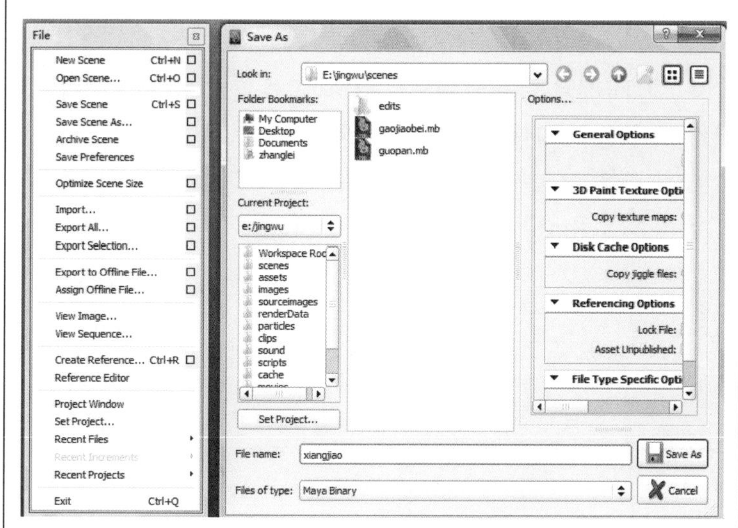

图 1-42
</td>
</tr>
<tr>
<td>2）切换到“Surfaces”（曲面）菜单组，执行“Create”（创建）→“NURBS Primitives”（NURBS基本体）→“Circle”（圆环）命令，在场景中创建一个圆环，在右侧通道栏中展开其基本属性栏，将“Sections”（截面段数）改为15，增加圆环的分段数，如图1-43所示。</td>
<td>
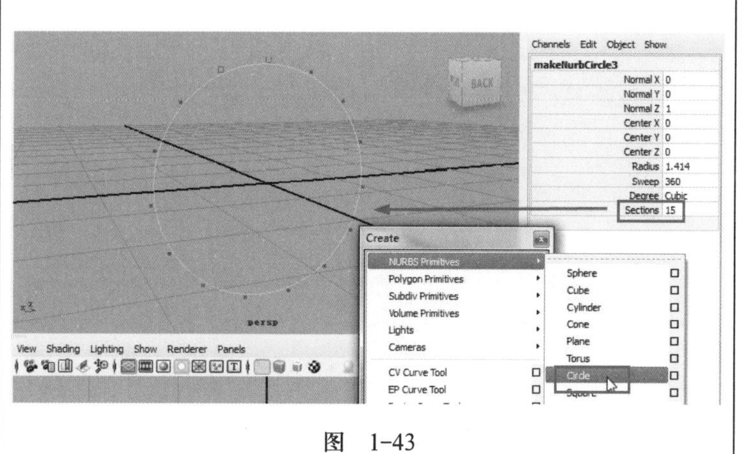

图 1-43
</td>
</tr>
</table>

3）切换到前视图，使用移动和缩放工具，在曲线控制顶点编辑状态下，调整圆环各顶点的空间位置，完成一个香蕉截面的形状制作，如图1-44所示。	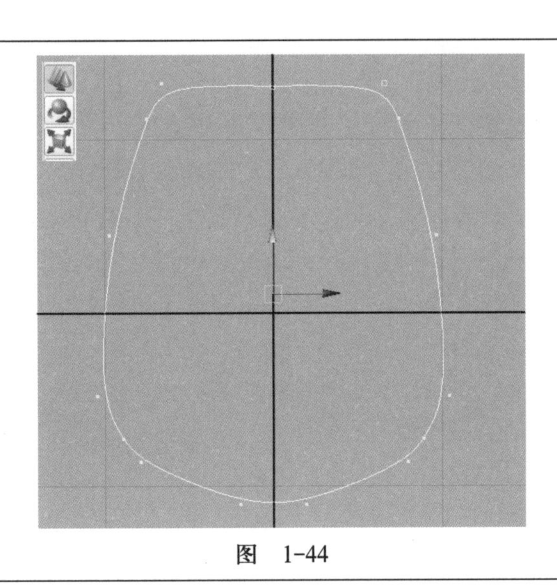 图 1-44

4）返回圆环的物体模式，选中它并复制多个，对每一个复制的圆环的空间位置和比例大小进行调整，如图1-45所示。

技法点拨：选中物体，使用快捷键<Ctrl+D>可以实现原地复制。可以选中复制品后将复制品和原物体分开。

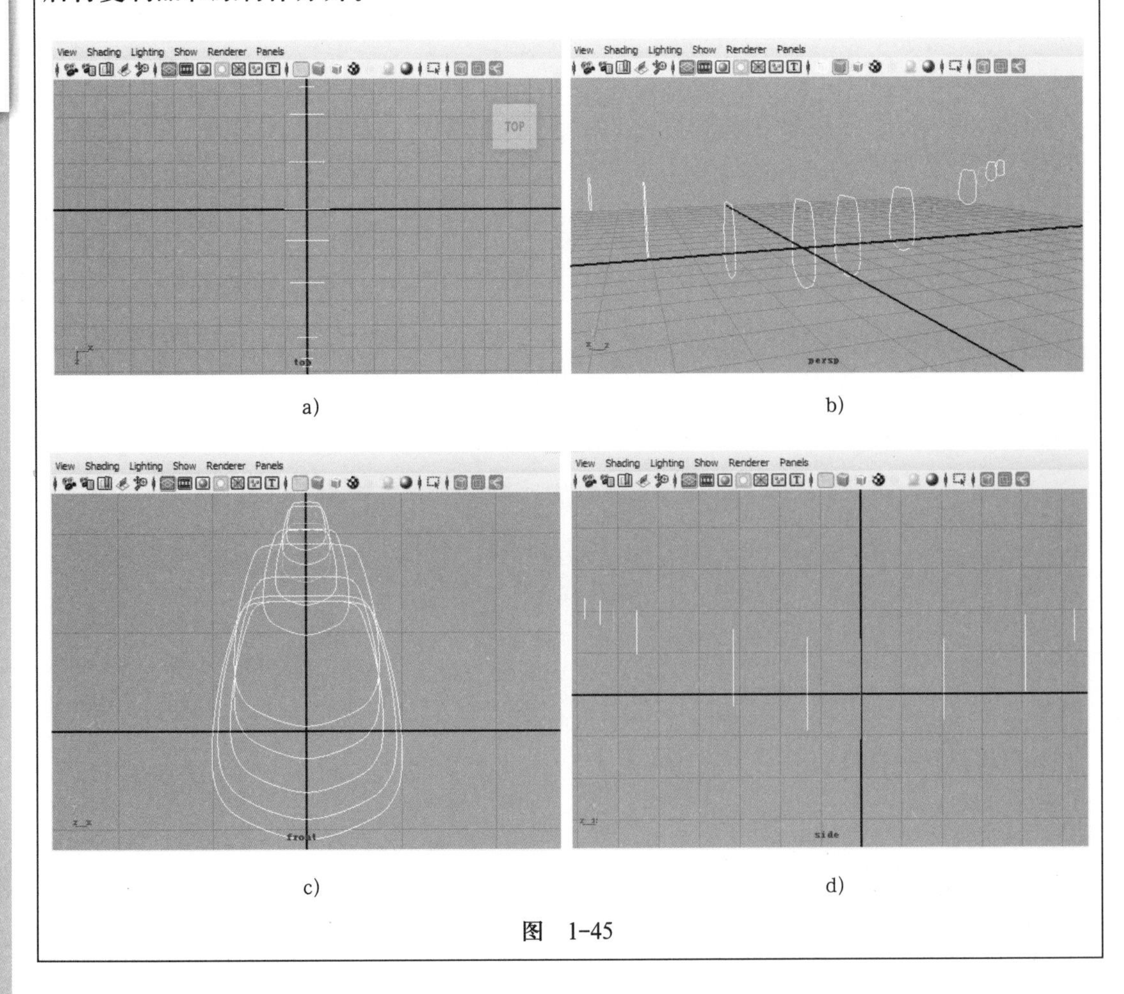

a) b) c) d)

图 1-45

5）在透视图中，依次从左向右选择场景中的曲线环，执行“Surfaces”（曲面）→“Loft”（放样）命令，生成香蕉模型，如图1-46所示。

技法点拨：在Maya中要选择多个物体可以用鼠标框选，但选择的物体要有先后次序时，需在按住<Shift>键的同时使用鼠标左键加选物体，若不小心多选了则还可以在按住<Ctrl>键的同时使用鼠标左键减选多余物体。

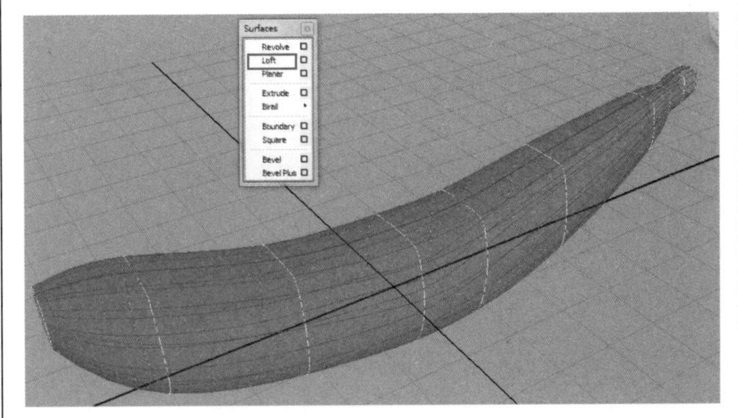

图 1-46

6）执行“Window”（窗口）→“Rendering Editors”（渲染编辑器）→“Hypershade”（材质编辑器）命令，在中间列表中单击选择“Phong”（冯材质）。双击右侧新生成的Phong2材质球，在主窗口右侧的Phong2材质属性编辑面板中单击“Color”右侧的黑白格图标，弹出“Create Render Node”（创建渲染节点）对话框，再选择其中的“Ramp”（渐变），如图1-47所示。

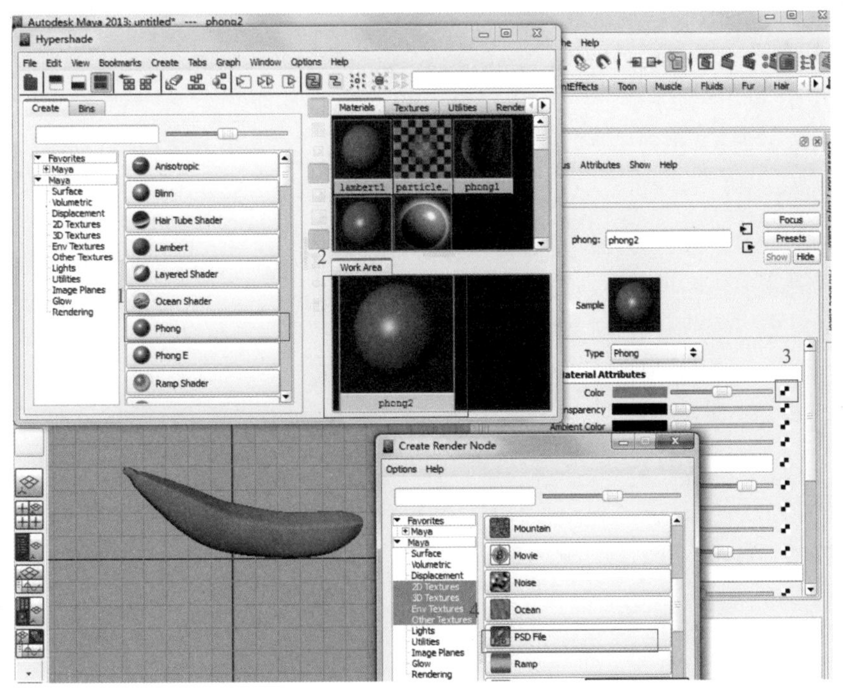

图 1-47

7）选中生成的香蕉模型，单击鼠标右键，在弹出的快捷菜单中执行“Assign Existing Material”（指定现存的材质）→“Phong2”命令，为其指定上一步设置好的材质。 将材质赋予场景中的香蕉，在右侧渐变贴图属性对话框中，增加并调整不同高度上的颜色，同时观察场景中香蕉颜色的变换，如图1-48所示。	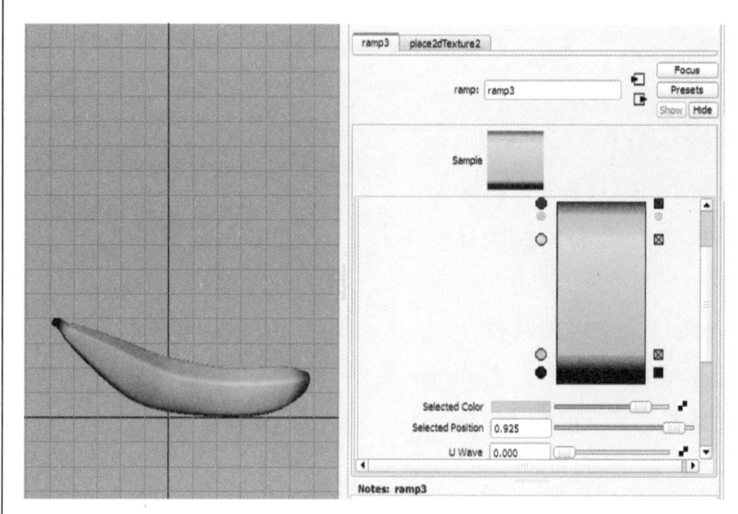 图 1-48
8）单击状态栏中的图表（显示渲染设置）按钮，打开“Render Settings”（渲染设置）对话框，在“Render Using”下拉列表中选择“mental ray”选项，在“Quality Presets”（质量预设）下拉列表中选择“Production”（产品级）选项，如图1-49所示。设置完成后单击“Close”按钮关闭当前窗口。	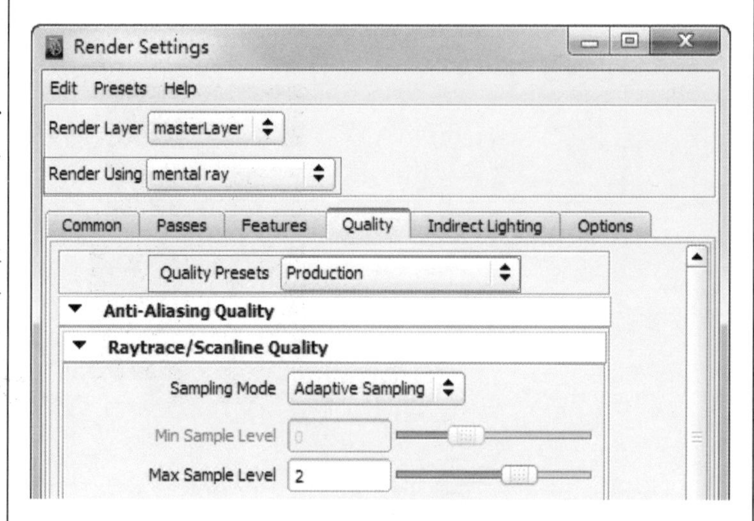 图 1-49

9）单击（渲染）按钮，查看当前渲染效果，如图1-50所示。

执行此窗口中的“File”（文件）→“Save Image”（保存图像）命令，保存渲染图至jingwu项目的images文件夹中。

关闭渲染窗口，按<Ctrl+S>组合键保存好场景文件xiangjiao.mb，就可以关闭Maya了。

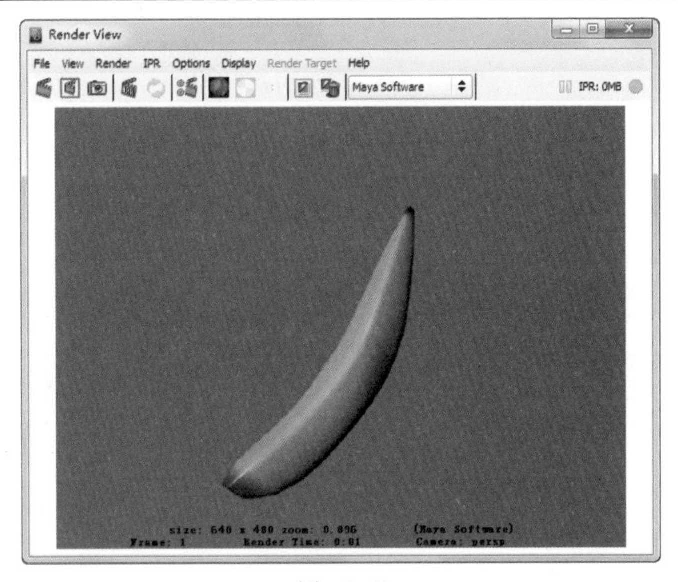

图 1-50

知识归纳

1. 常用显示类型

为了便于用户查看和操作模型，Maya提供了强大的显示控制功能。这些显示模式集中在“视图”菜单下的Shading菜单中，如图1-51所示。单击菜单上的虚线，可以生成一个独立的菜单窗口，可以随意移动位置。

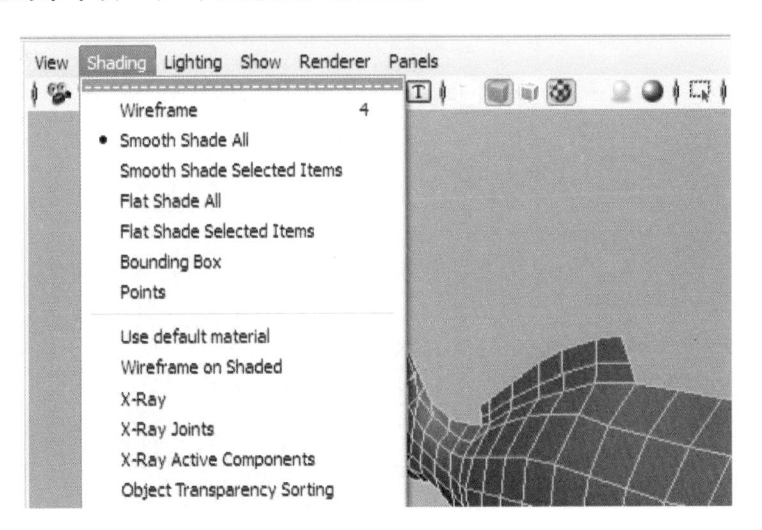

图 1-51

根据制作需要可选择不同的显示模式命令，不同模式下的显示效果见表1-5，包括“Wireframe on shaded”（线框显示）、“Points”（结构点显示）、“X-Ray”（X射线显示）、“Backface Culling”（背面消隐）等。注意，显示模式不影响模型的实际结构，只是应用不同的方法进行观察。

表1-5 常用显示类型

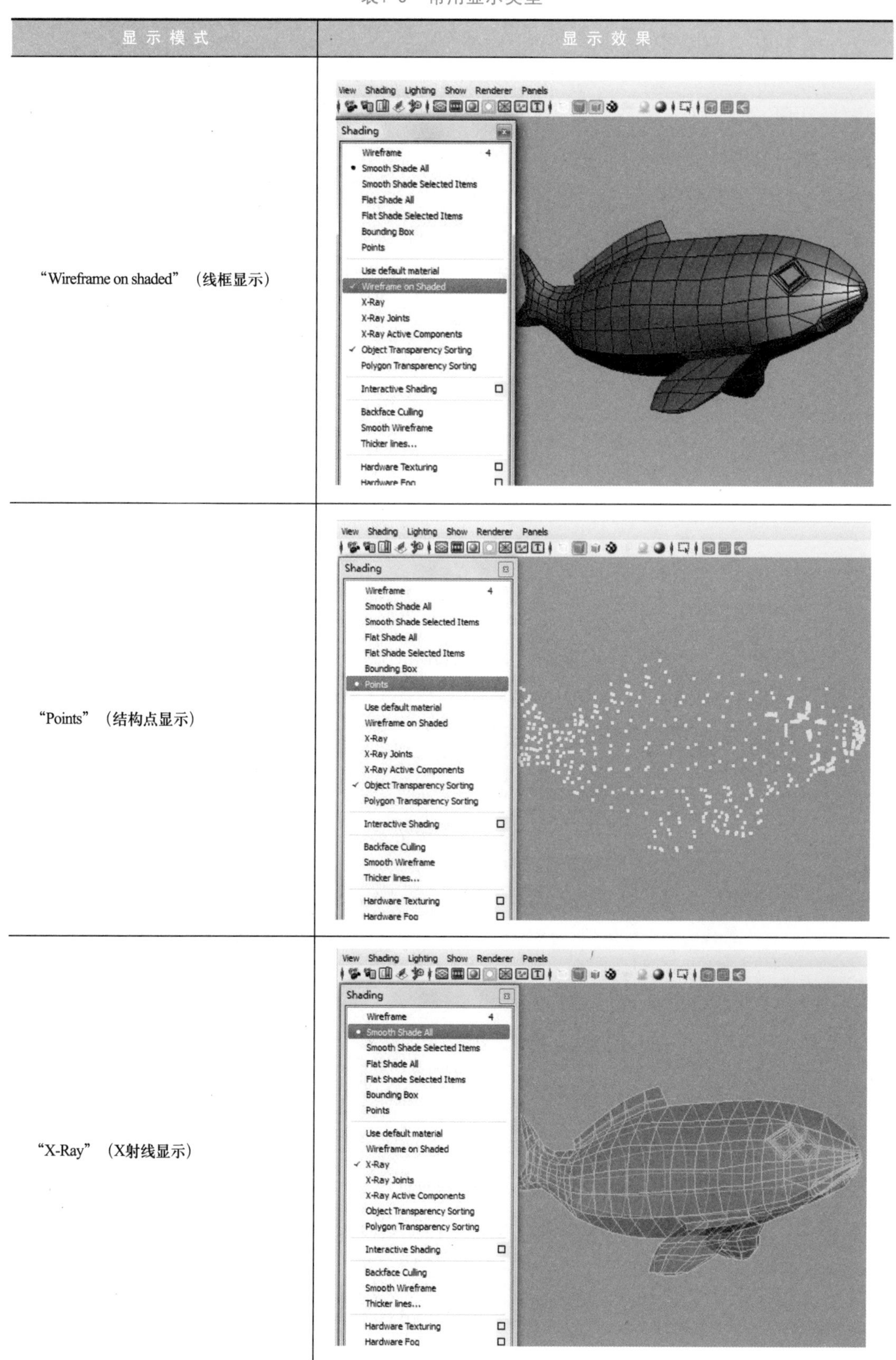

显示模式	显示效果
“Wireframe on shaded”（线框显示）	
“Points”（结构点显示）	
“X-Ray”（X射线显示）	

（续）

显示模式	显示效果
“Backface Culling”（背面消隐）	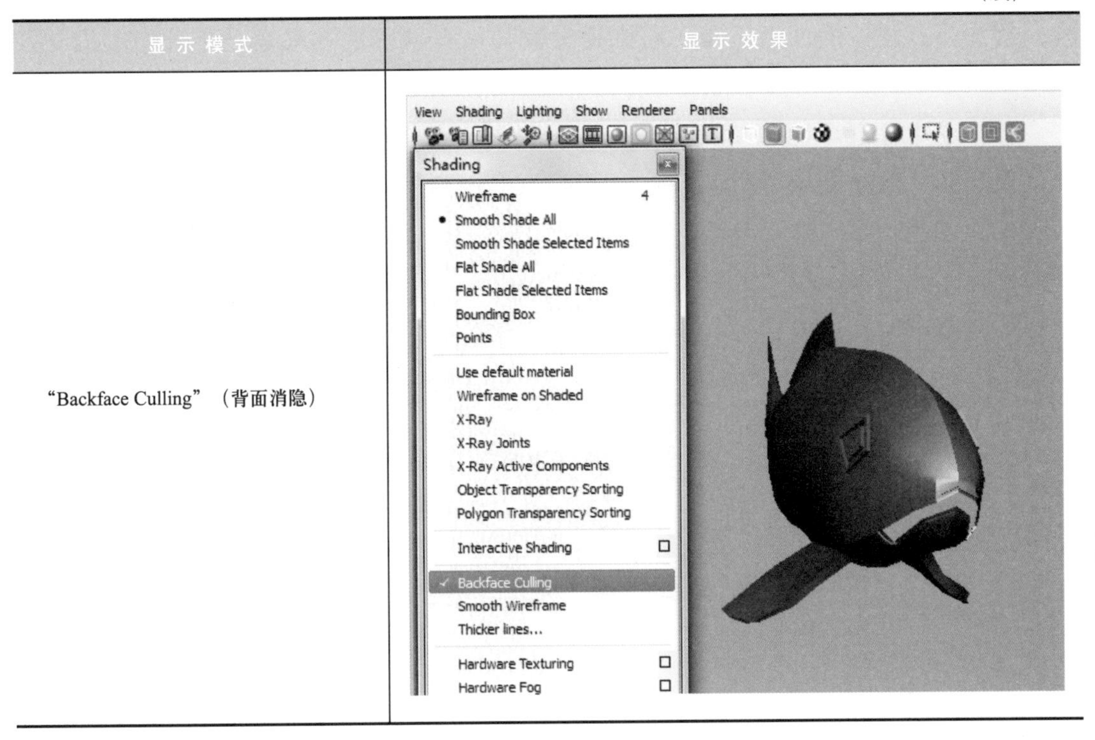

2. “Loft”（放样）

“Loft”（放样）命令可以通过连续的轮廓线产生曲面，如图1-52和图1-53所示。

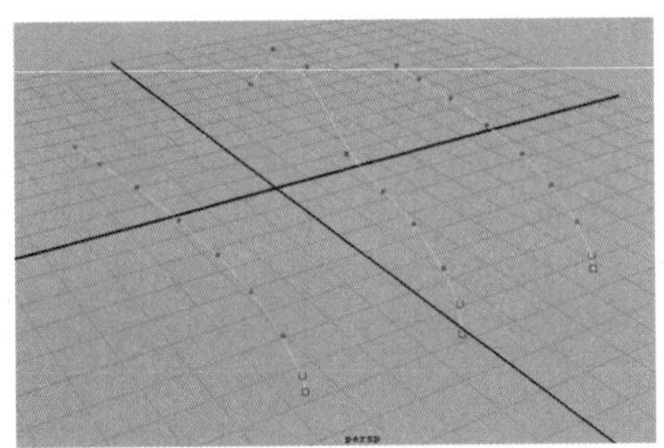

图 1-52

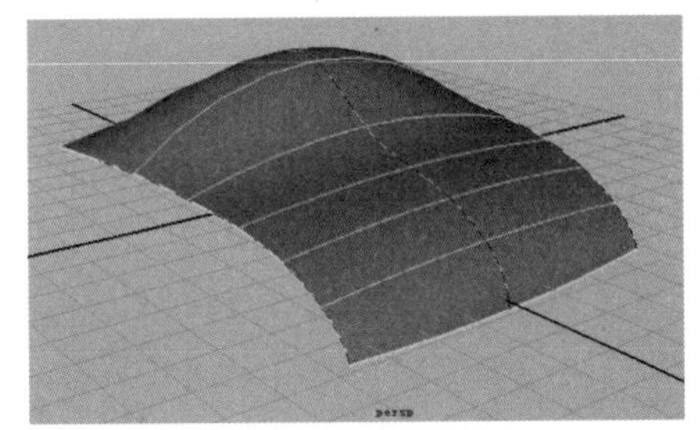

图 1-53

曲线可以是自由曲线、“Isoparm”（等参线）、曲面曲线或剪切边界线，使用“Loft”（放样）截面曲线选择的先后顺序直接影响放样的最终效果，如图1-54和图1-55所示。

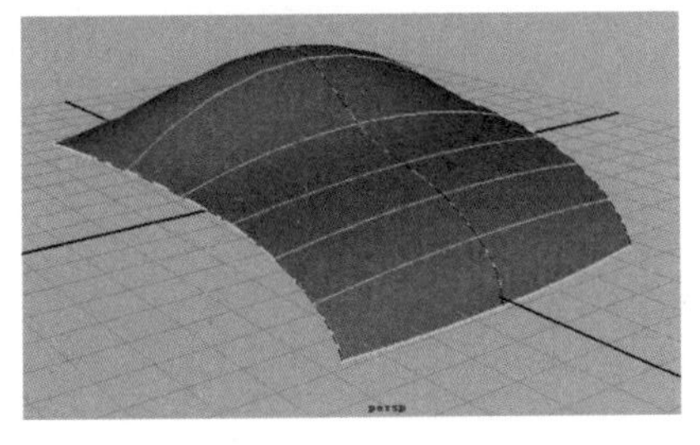

图 1-54

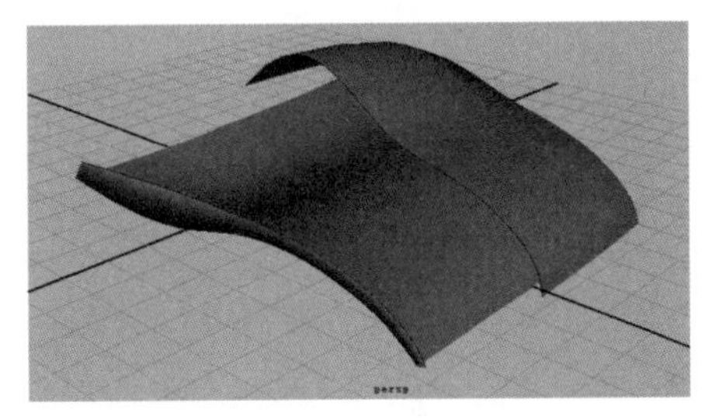

图 1-55

“Loft”（放样）命令需要两条或两条以上的轮廓曲线，且曲线最好是相同的段数，这样会有较好的曲面质量，否则通过放样命令形成的曲线会产生分布不均匀的现象。

这一命令存在于Surfaces模块的“Surfaces”（曲面）菜单中，如图1-56所示。直接选择此命令则以默认参数放样成面，否则单击命令右侧的标志打开“Loft Options”（放样选项）对话框，如图1-57所示。

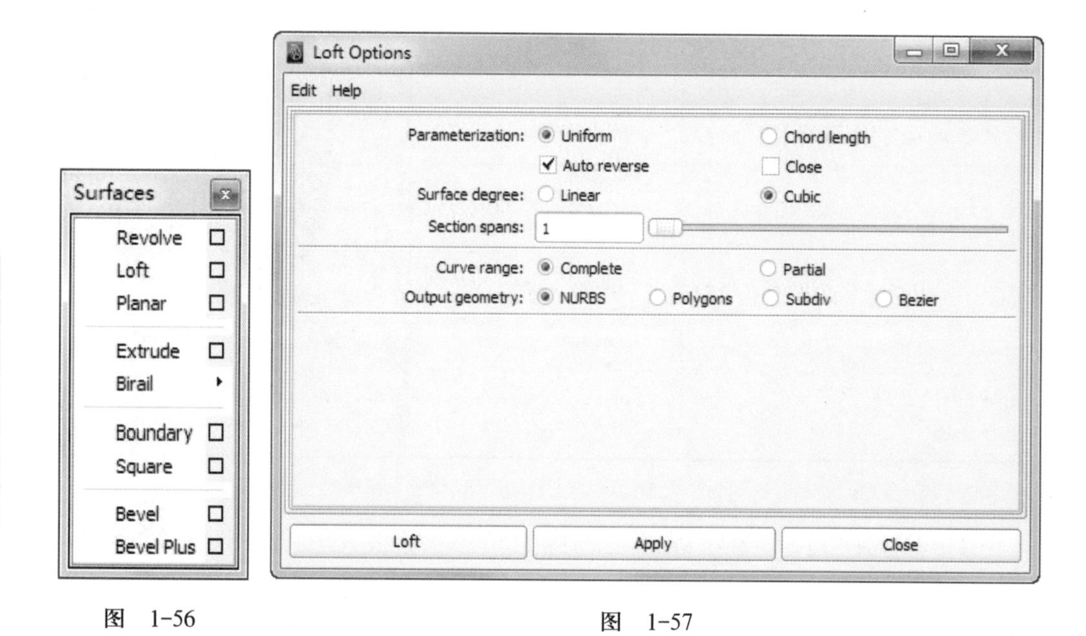

图 1-56　　图 1-57

3．放样建模的几个常用参数（见表1-6）

表1-6　放样建模的几个常用参数

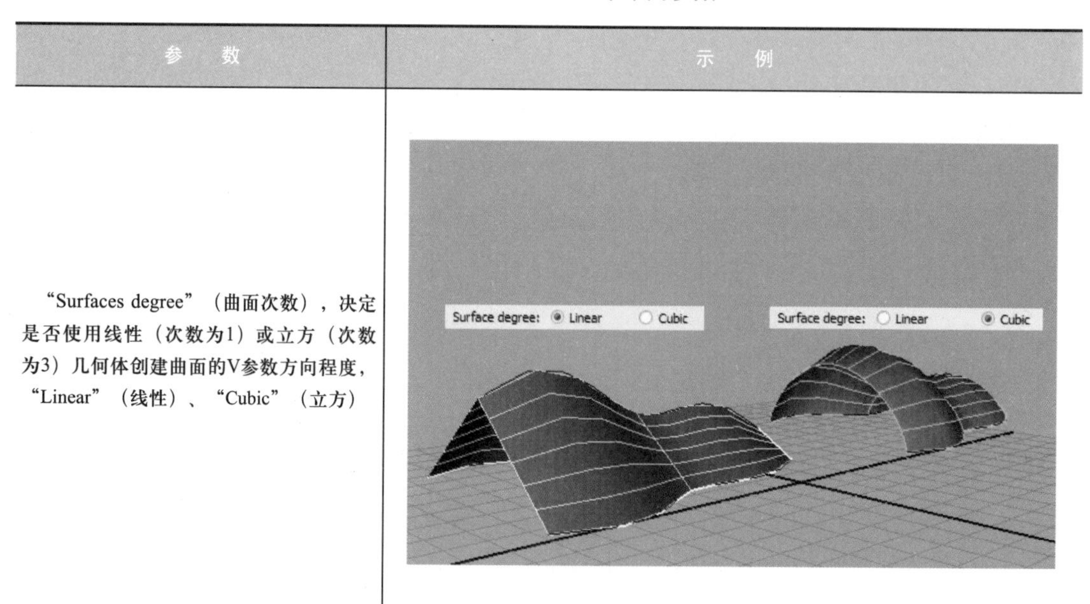

参　数	示　例
“Surfaces degree”（曲面次数），决定是否使用线性（次数为1）或立方（次数为3）几何体创建曲面的V参数方向程度，“Linear”（线性）、“Cubic”（立方）	Surface degree: Linear Cubic　Surface degree: Linear Cubic

（续）

参　数	示　例
“Section spans”（截面段数）设置每两条放样曲线之间所形成的曲面片段数，默认值为1	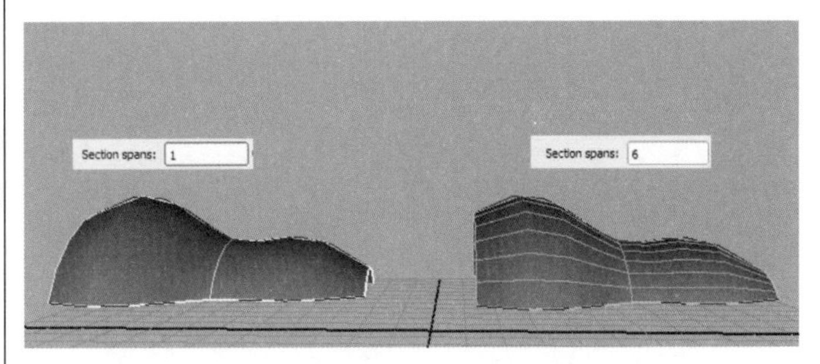
“Close”（闭合）—— 在选中此复选框后，所生成的曲面会在起始选择的轮廓线和结束选择的轮廓线之间产生闭合	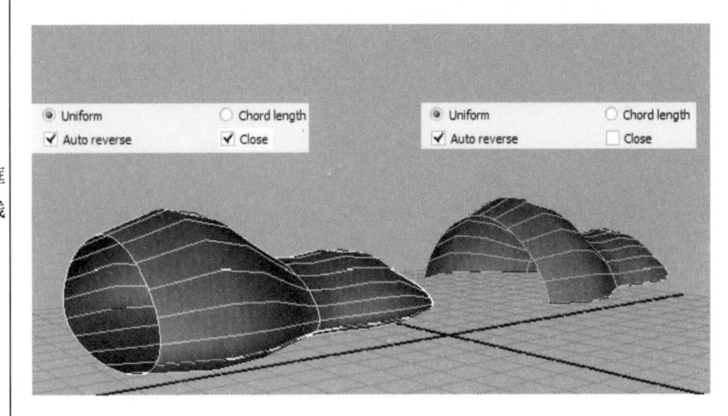

设置这些参数，也就是修改了“Loft”（放样）命令的默认值，如果想恢复默认效果，则可以执行此对话框中的“Edit”（编辑）→“Reset Setting”（重设设置）命令。

小练习

制作香蕉模型的过程，学习了绘制和调整曲线的操作以及放样命令的使用方法，下面就使用刚学过的操作方法制作一个“杨桃”的模型。

【制作提示】

首先使用工具架上的“Curves”（曲线）中的“NURBS Circle”（NURBS圆环）命令绘制出圆环曲线，接着在通道栏中修改圆环的段数为25，再调整控制点的位置形成星形，如图1-58所示。

最后复制几个星形曲线从左至右依次调整大小，从左至右依次选择“Loft”（放样）命令完成模型的创建，如图1-59所示。

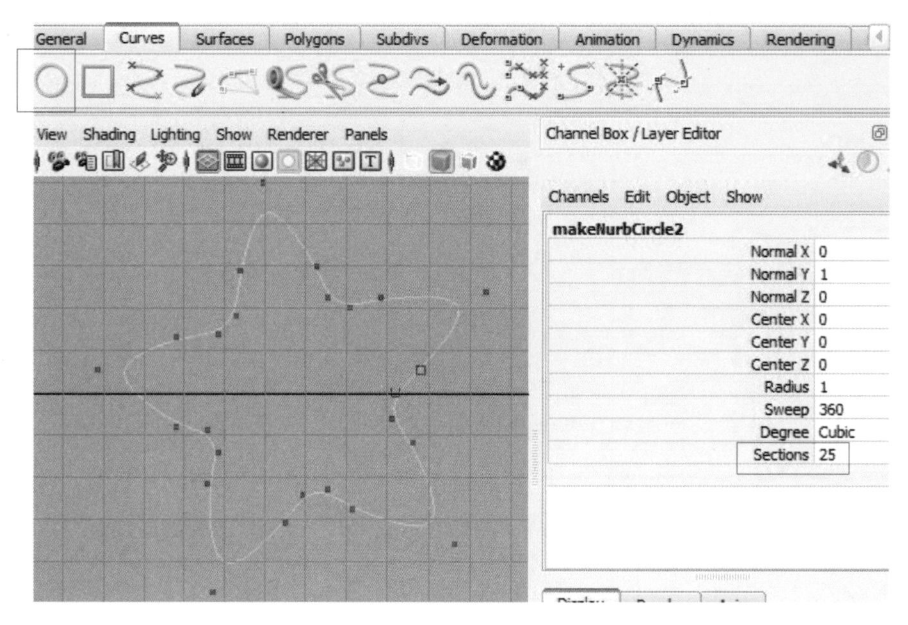

图 1-58

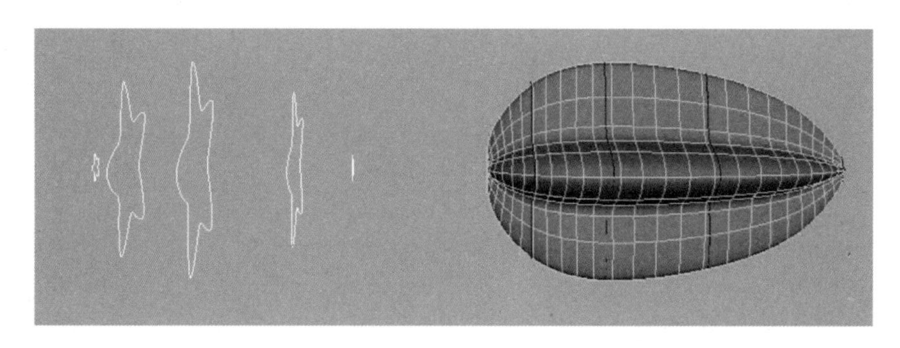

图 1-59

任务3 制作茶壶

任务描述

制作人员接到制作一件西式白瓷茶壶的工作任务。制作要求：茶壶整体构造优雅，较中式茶壶瘦、高一些，壶身底部细节突出、中上部圆润，壶盖底部和顶部细节突出，壶嘴、壶把都是细长的管状结构。茶壶材质与任务1中的果盘一致。

了解其结构基本组成后，制作人员可以参照如图1-60所示的样张来制作。建议学习8课时。

图 1-60

任务分析

依据先主后次的原则分别制作壶身、壶盖、壶嘴和壶把，最后将各部分进行接合即可制作完成这个道具。在本任务中，壶体、壶盖模型与果盘类似，可以直接旋转制作。先使用“CV Curve Tool”（CV曲线工具）命令绘制出壶身和壶盖的纵截面的曲线，接着按中心轴使用“Revolve”（旋转）命令完成模型的创建。壶嘴的制作方法类似香蕉的制作方法，使用“Loft”（放样）命令完成模型的创建。壶把是一个均匀的管状物体，可以理解为沿一条路径挤出的同一轮廓的形态，使用“Extrude”（挤出）命令完成模型的创建。另外壶嘴、壶把与壶身相接的位置用“Surface Fillet”（曲面圆角）命令生成平滑的过渡面。

制作流程

1）启动Maya，执行“File”（文件）→“Project”（项目）命令，设置“Look in”（浏览）为E:\jingwu，单击“Set”（设置）按钮完成设置。

执行“File”（文件）→“Save Scene”（保存场景）命令，输入文件名chahu.mb，文件默认被保存到jingwu项目中的scenes文件夹中，如图1-61所示。

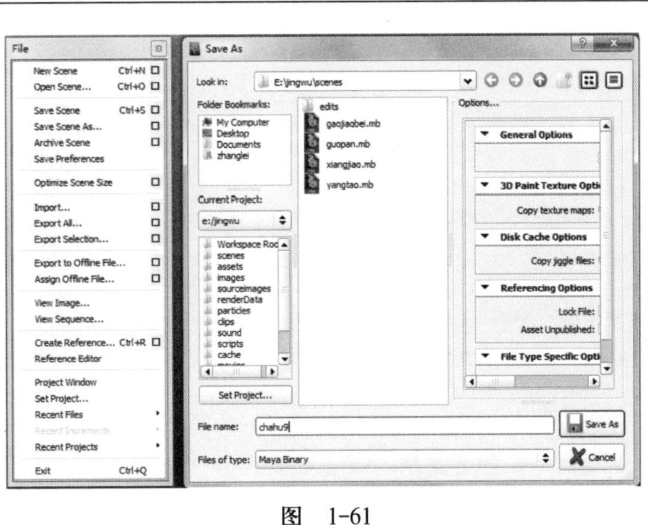

图 1-61

2）切换到“Surfaces”（曲面）菜单组，执行“Create”（创建）→“CV Curve Tool”（CV曲线工具）命令，绘制壶身的截面图形，如图1-62所示。随后，切换至控制点编辑状态，进一步调整曲线形状。

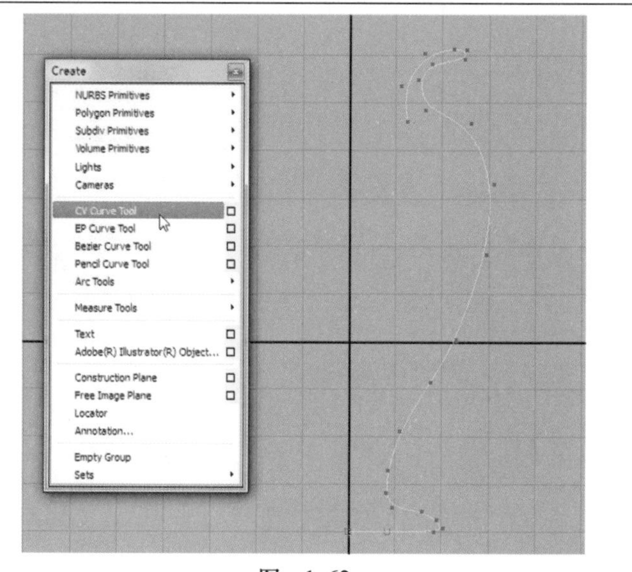

图　1-62

3）选择绘制的CV曲线的物体模式，执行“Surfaces”（曲面）→“Revolve”（旋转）命令，旋转曲线成曲面，得到壶身模型，如图1-63所示。

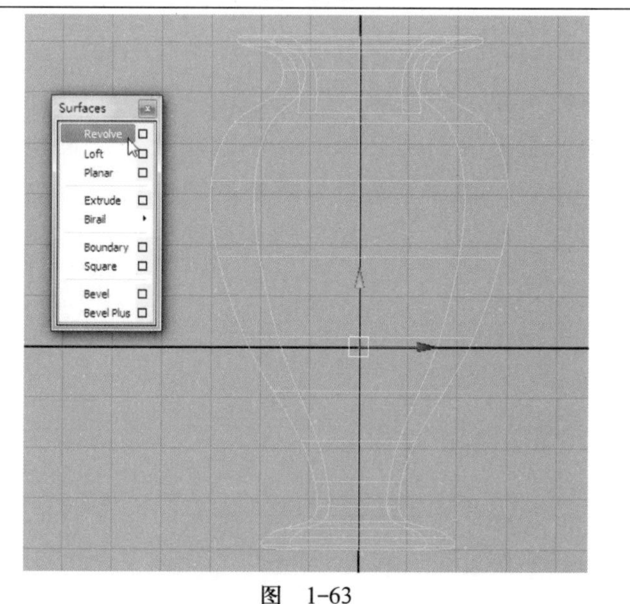

图　1-63

4）依据壶身的比例，执行“Create”（创建）→“CV Curve Tool”（CV曲线工具）命令，绘制壶盖的截面图形，如图1-64所示。随后切换至控制点模式进一步调整形态效果。

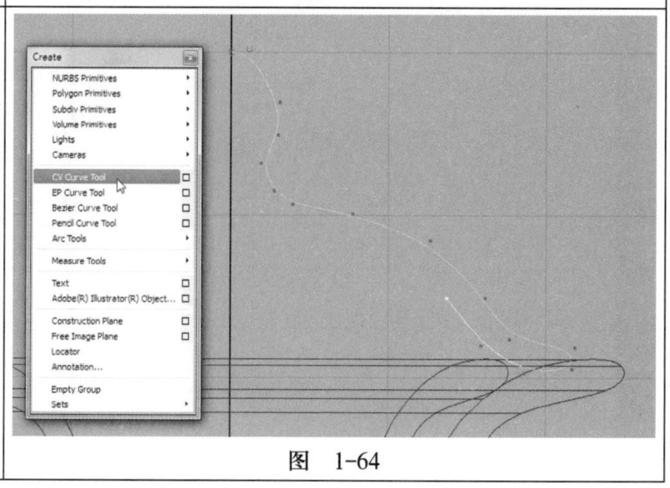

图　1-64

5）选择绘制的壶盖CV曲线的物体模式，执行“Surfaces”（曲面）→“Revolve”（旋转）命令，旋转曲线成曲面，得到壶盖模型，如图1-65所示。

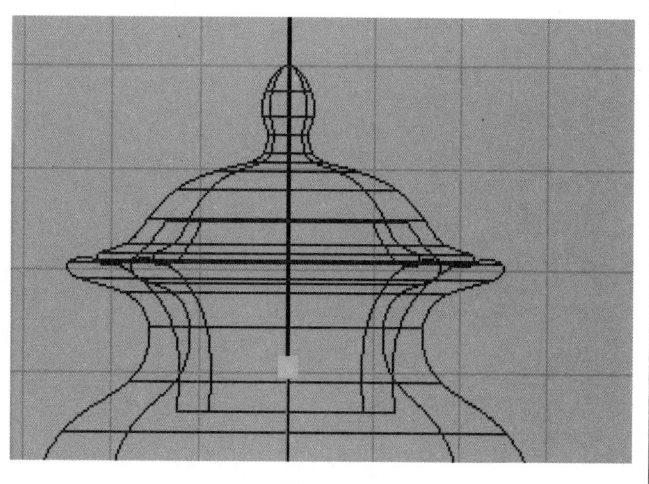

图 1-65

6）在前视图，执行“Create”（创建）→“NURBS Primitives”（NURBS基本体）→“Circle”（圆环）命令，在适当的位置按住鼠标右键拖动，绘制一个圆环，使用缩放工具进一步调整其大小，如图1-66所示。

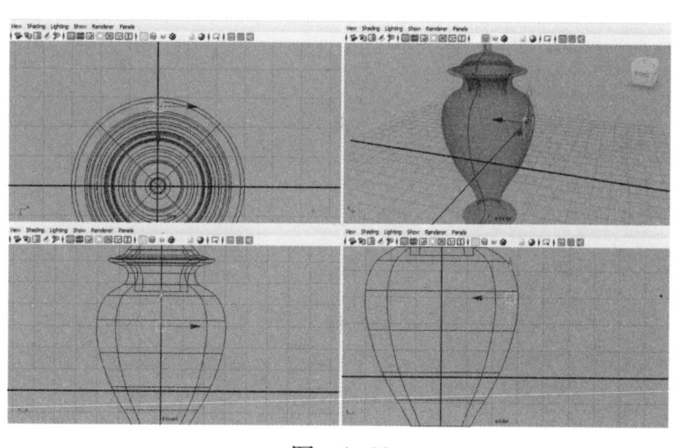

图 1-66

7）按由上至下的次序复制多个圆环，并分别在顶视图和侧视图中使用移动工具调整圆环的空间位置，使用旋转工具和缩放工具对其角度和大小进行调整，如图1-67所示。

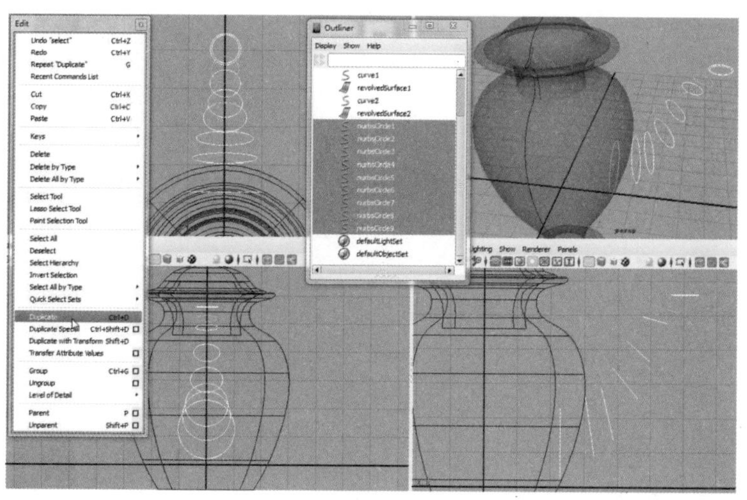

图 1-67

单元1

8）在Maya软件大纲视图中依次选择圆环，执行“Surfaces”（曲面）→“Loft”（放样）命令，生成壶嘴模型，如图1-68所示。	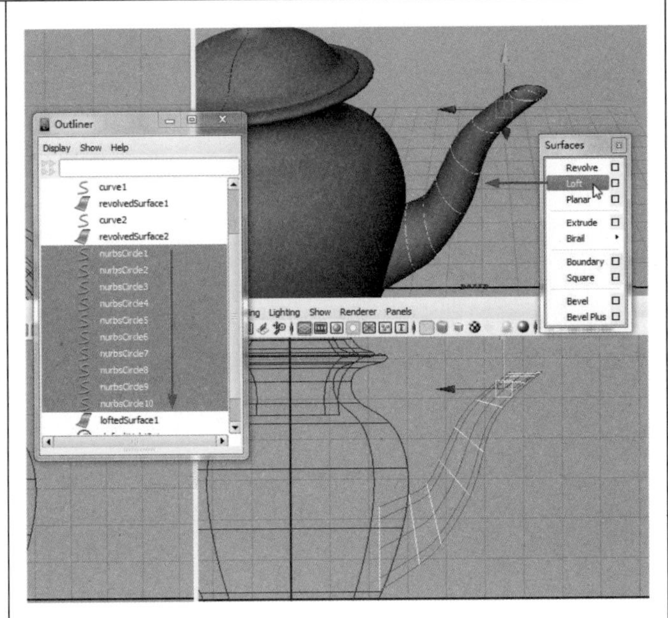 图 1-68
9）在侧视图中，使用“CV Curve Tool”（CV曲线工具）命令绘制一条壶把的形态曲线，在前视图使用“Circle”（圆环）命令绘制一个壶把的截面图形，并使用缩放工具将其压扁一些，如图1-69所示。	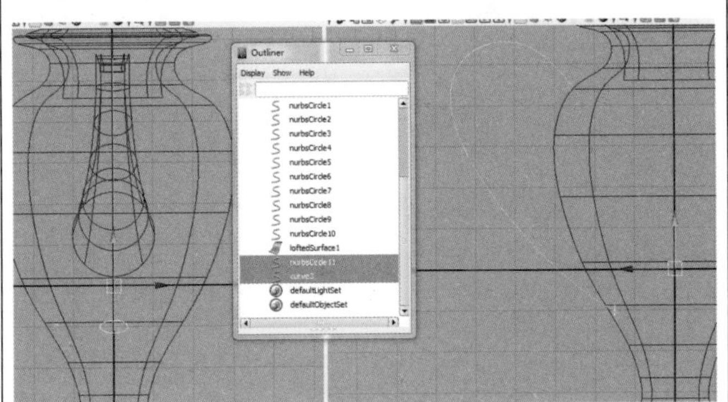 图 1-69
10）先选择圆环曲线，再选择绘制的路径曲线图形，执行“Surfaces”（曲面）→“Extrude”（挤出）命令，在其参数设置对话框中设置“At Path”（最终位置在路径）、“Component”（组件）、“Profile normal”（轮廓法线）选项，如图1-70所示。	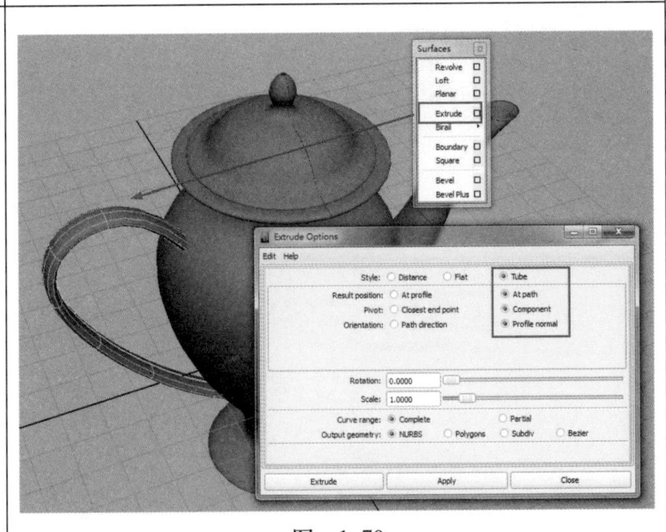 图 1-70

11）切换至透视图，选择壶身模型，按住<Shift>键，加选壶把模型，执行“Edit NURBS”（编辑NURBS曲面）→“Surface Fillet”（曲面圆角）→“Circular Fillet”（圆形圆角）命令，将其参数设置对话框中的“Radius”（半径）值设定为0.2，单击“Apply”（应用）按钮，完成壶身与壶把相交处的过渡曲面，如图1-71所示。

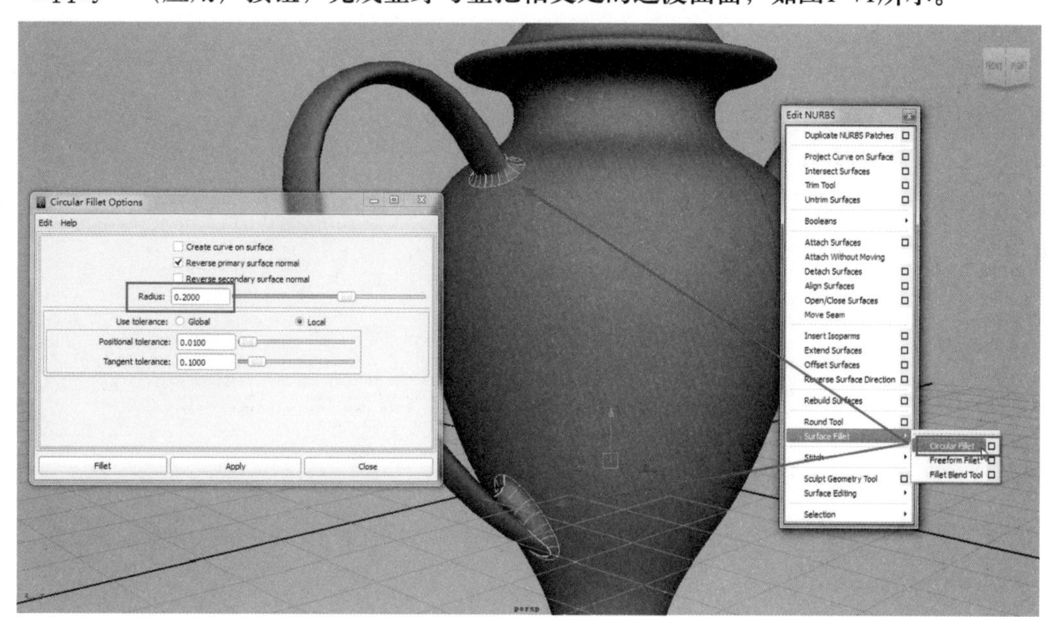

图 1-71

12）同样，为壶嘴与壶身相交处制作过渡面效果，如图1-72所示。

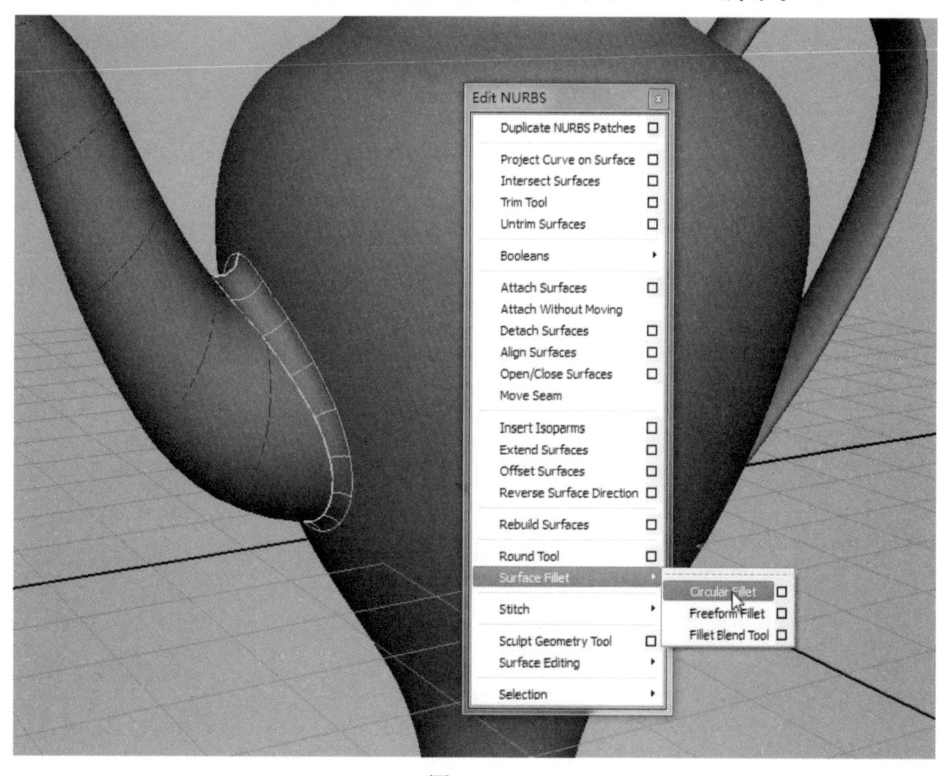

图 1-72

13）选中茶壶所有部分的模型，为其设置与果盘同样的材质。参照本单元任务1操作步骤6）～操作步骤9）。茶壶最终效果如图1-73所示。

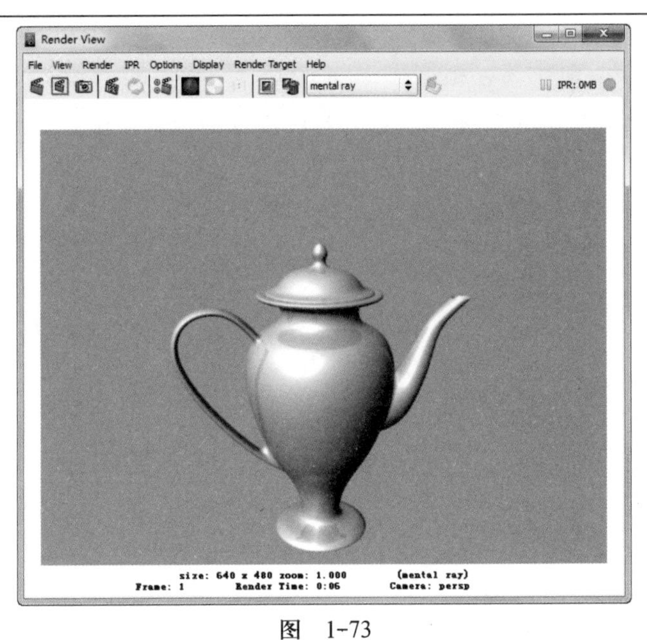

图 1-73

知识归纳

1．大纲视图

执行“Window”（窗口）→“Outliner”（大纲）命令会弹出“Outliner”（大纲）窗口，该窗口中集合了三维场景中的所有内容，即摄像机、组、模型、曲线、骨骼、灯光等，如图1-74所示。在“Outliner”（大纲）窗口中，用户可以方便地进行选择、重命名、恢复被隐藏物体、确定父子关系等操作。

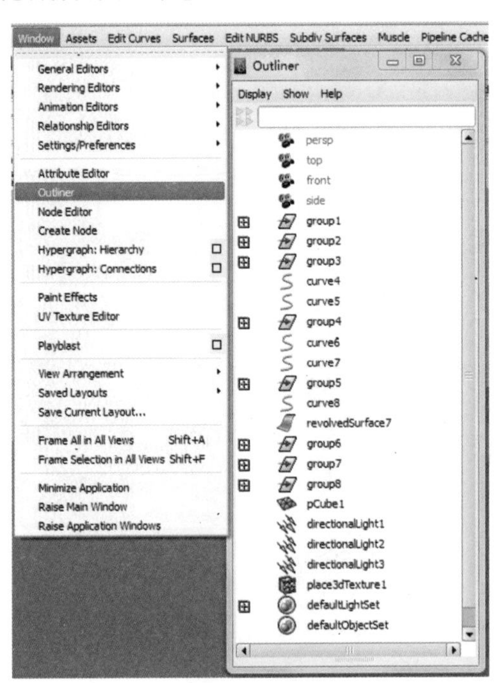

图 1-74

2. "Extrude"（挤出）命令

"Extrude"（挤出）命令可以将一条曲线沿某一个方向、一条轮廓线或一条路径曲线移动挤出曲面，如图1-75和图1-76所示，先选中圆环再选中"S"形曲线后执行"Extrude"（挤出）命令。自由曲线、曲面曲线、ISO等参线和剪切边界线都可以使用此命令生成曲面。

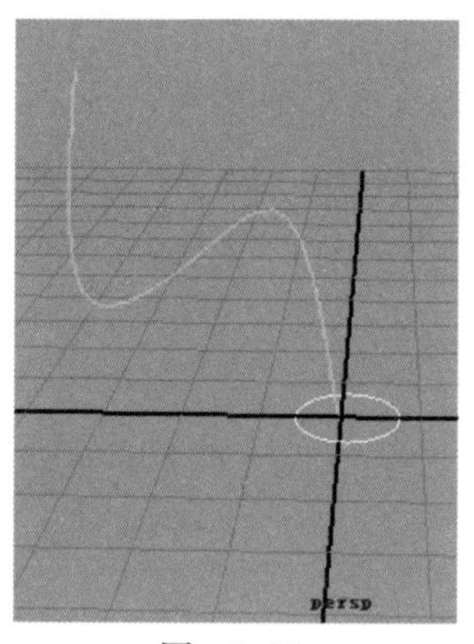

图 1-75

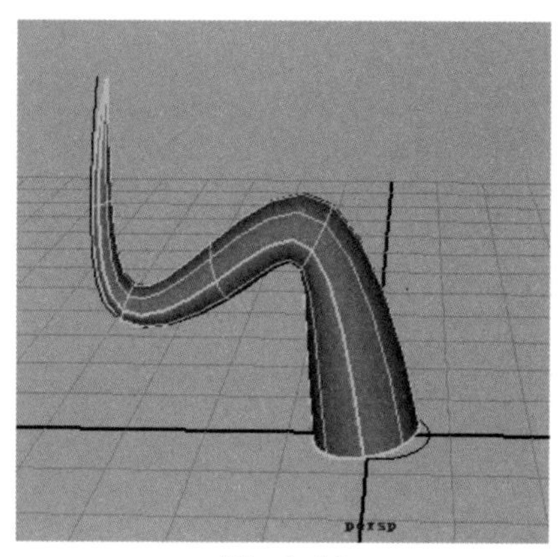

图 1-76

这一命令存在于Surfaces模块的"Surfaces"（曲面）菜单中，如图1-77所示。直接选择此命令则以默认参数挤出成面，也可以通过单击命令右侧的标志打开"Extrude Options"（挤出选项）对话框，进一步进行量化处理，更精确地进行挤出，如图1-78所示。

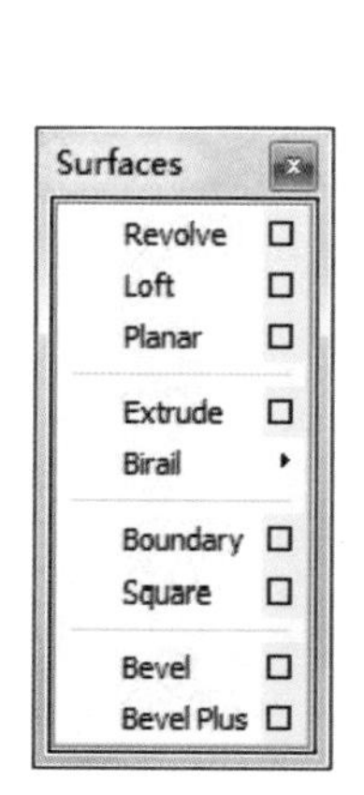

图 1-77

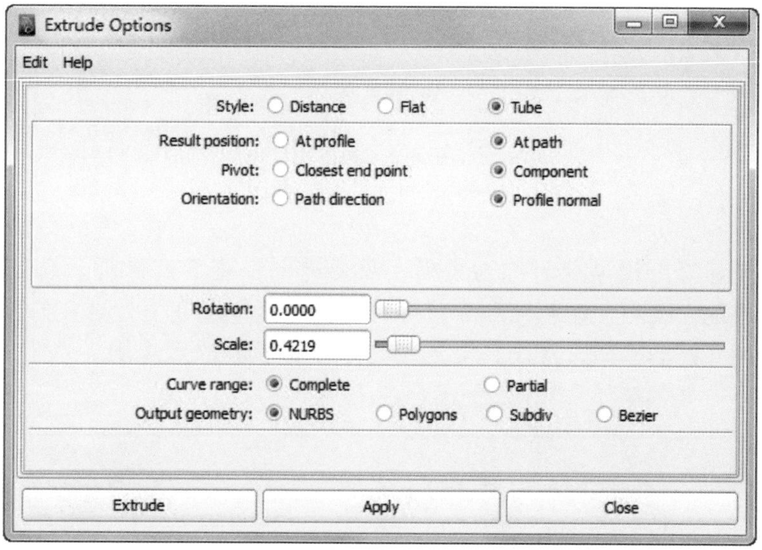

图 1-78

3. "Surface Fillet"（曲面圆角）

"Surface Fillet"（曲面圆角）命令可以在曲面之间创建平滑的过渡曲面，为模型增加更多细节。选择两个相交的NURBS曲面，执行"Surface Fillet"（曲面圆角）→"Circular Fillet"（圆形圆角）命令，如图1-79所示。

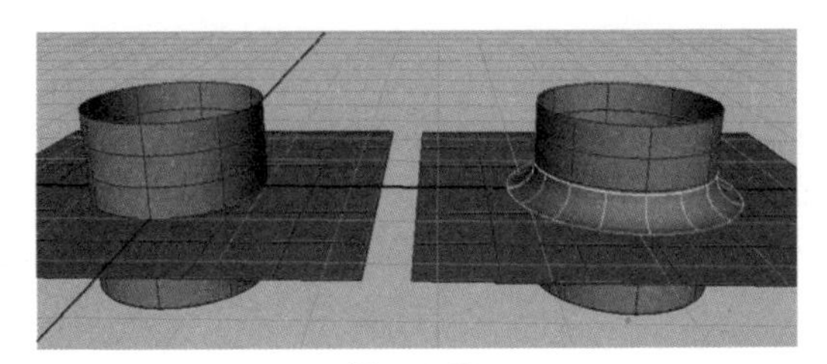

图 1-79

曲面圆角命令存在于Surfaces模块的“Edit NURBS”（编辑曲面）菜单中，如图1-80所示。此命令有3种融合方式，如图1-81所示，分别为“Circular Fillet”（圆形圆角）、“Freeform Fillet”（自由形式圆角）和“Fillet Blend Tool”（圆角混合工具）。

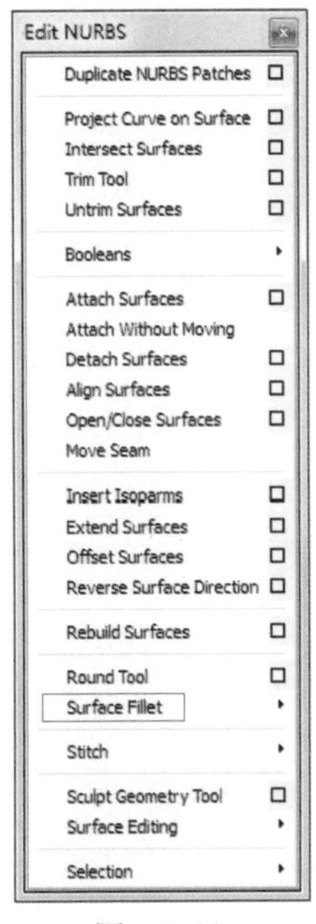

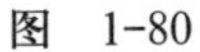

图 1-80

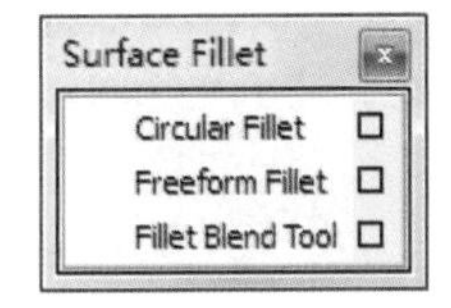

图 1-81

4. 材质与渲染

创建好的模型此时称为素模，需要进一步赋予其材质，进行贴图处理，如设置颜色、质地、纹理、透明度和光泽等特性，才能体现完美和真实的艺术效果。如图1-82所示为建立好的模型，如图1-83所示为赋予材质后的效果图。

图 1-82

图 1-83

要在Maya中创建和编辑材质首先要学会使用“Hypershade”（材质编辑器）。执行“Window”（窗口）→“Rendering Editor”（渲染编辑器）→“Hypershade”（材质编辑器）命令，就会弹出“Hypershade”（材质编辑器）对话框，如图1-84所示。在其中，用户可以通过参数设置编辑出不同质感和色彩的材质，如玻璃、金属、布料、木材、水和雾气等。这些在以后的单元中会有详细介绍。

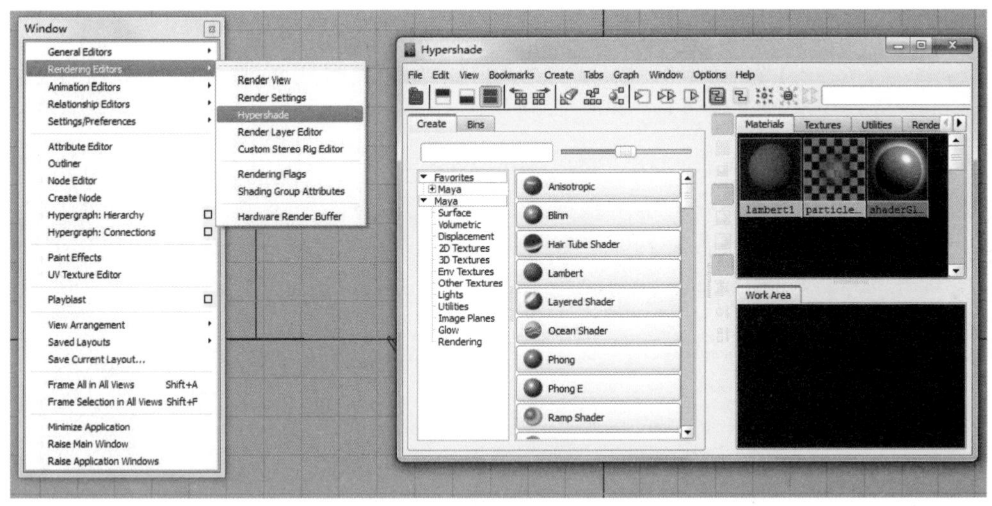

图　1-84

如果希望设置好材质的模型完美地呈现在眼前，则还需要最后一步—— 渲染。所有三维作品制作后都必须经过渲染来输出最终成品。渲染就是计算机经过复杂的运算，将虚拟的三维场景投射到二维平面上，从而形成最终输出的画面的过程。渲染的算法是非常复杂的，但用户只需要知道如何进行渲染即可。Maya在窗口的状态栏中提供了一组渲染工具，使渲染测试更加方便。其中包含4个工具按钮，如图1-85所示。

单击“Open Render View”（打开渲染窗口）按钮，即可打开渲染窗口，如图1-86所示。

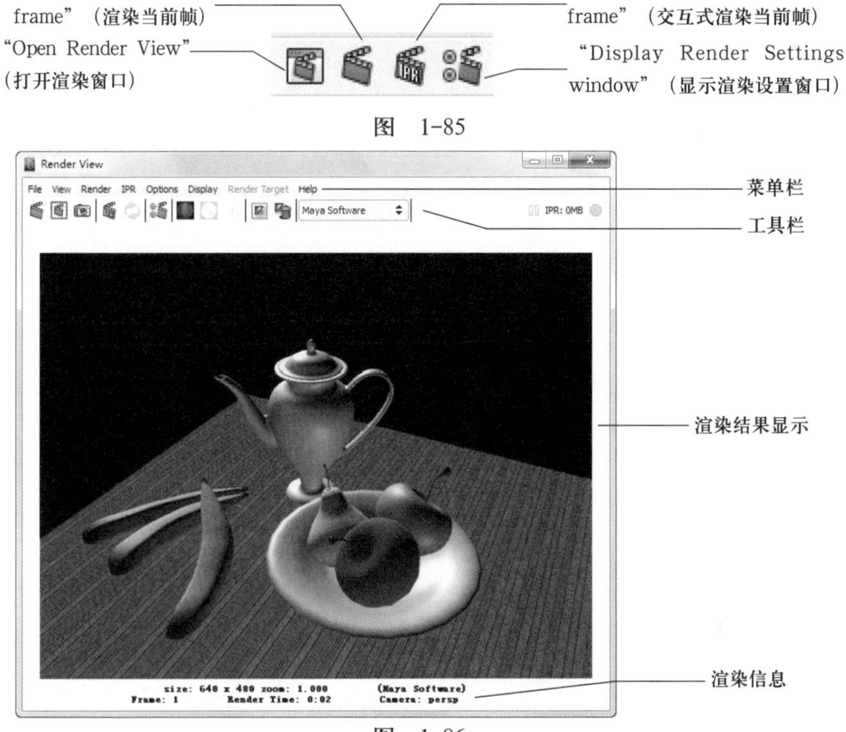

图　1-85

图　1-86

单击“Render the current frame”（渲染当前帧） 按钮，系统自动打开渲染窗口，渲染当前帧画面。通过“File”（文件）菜单，还可以直接保存当前渲染效果图。

“IPR render the current frame”（交互式渲染当前帧），即照片级真实交互操作渲染，主要用于材质和灯光的调节，刷新速度非常快，但很多渲染设置它不支持，例如，光线追踪、折射材质等。

单击“Display Render Settings window”（显示渲染设置窗口）按钮，即可打开渲染设置窗口，如图1-87所示。在这里，用户可以设置渲染器（Maya内置了很多渲染器，每个渲染器都有各自的优势，可以根据作品的特征来选择适合的渲染器）、渲染的质量、输入的文件大小及类型等。

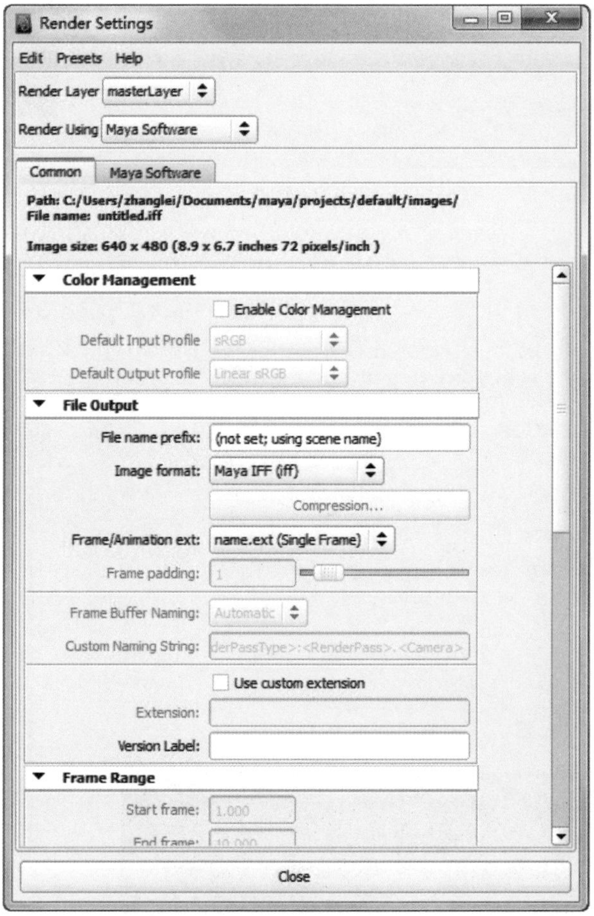

图 1-87

小练习

茶壶是一个形体较复杂的模型，壶身、壶把、壶嘴等集合了目前为止学到的所有操作。如果能较好地把握它的形体构造，则选择正确的命令工具制作模型就可以事半功倍。下面试着完成一杯冰激凌模型的制作。

【制作提示】

首先使用工具架上的“Curves”（曲线）中的“NURBS Circle”（NURBS圆环）命令绘制出圆环曲线，再调整控制点的位置形成圆角正方形，如图1-88所示。还要绘制一条与此正方形平面垂直的直线，如图1-89所示。

然后选中正方形曲线再选中直线，使用“Extrude”（挤出）命令，进行参数设置，如图1-90所示，完成冰激凌模型的创建，如图1-91所示。

最后，绘制冰激凌杯的截面曲线，使用“Revolve”（旋转）命令，完成冰激凌杯模型的创建，如图1-92所示。

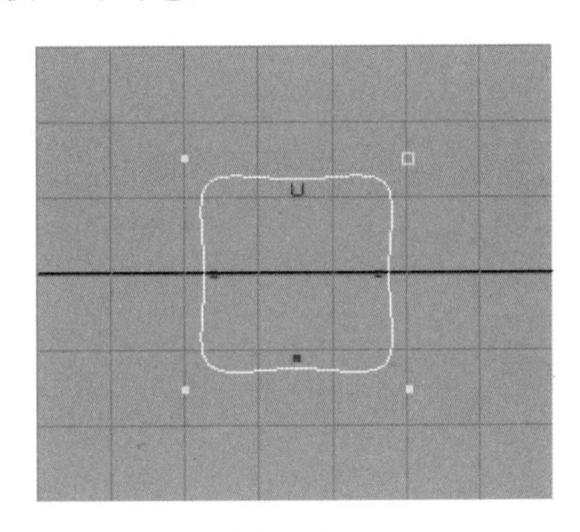

图 1-88

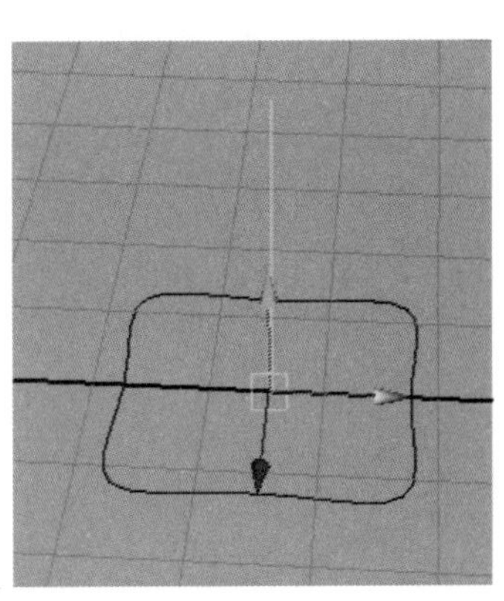

图 1-89

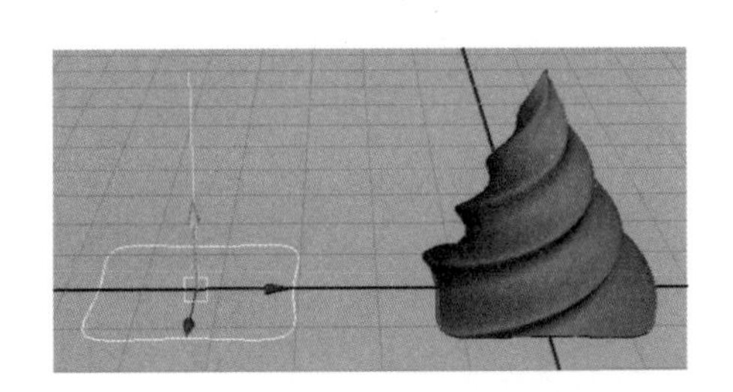

图 1-90

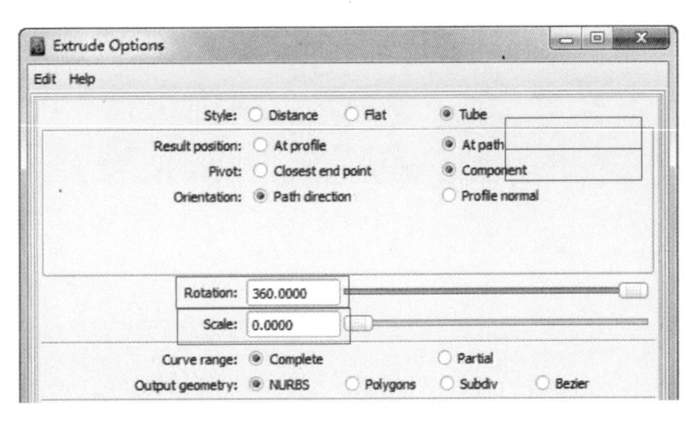

图 1-91

图 1-92

拓展任务

完成如图1-93所示的一组静物模型的制作，制作要求如下。

1）导入任务1、任务2和任务3中完成的模型。

2）选择自己感兴趣的2～3个水果或水具的模型，认真分析其造型结构，选择合适的命令创建出模型，并添加简单的材质。

3）依照静物三角构图的方式摆放模型，使静物组合美观大方。

4）最终渲染输出*.jpg格式文件。

主要制作步骤如下。

1）导入其他*.mb格式文件中的模型，可执行“File”（文件）→“Import”（导入）命令。

2）静物三角构图，如图1-94所示。

图　1-93

图　1-94

静物组制作评价表

评价标准	个人评价	小组评价	教师评价
1）能使用“CV Curve Tool”（CV曲线工具）合理绘制物体截面轮廓线，使物体的整体比例关系准确			
2）能正确使用“Revolve”（旋转）、“Loft”（放样）等NURBS建模命令，使模型布线合理			
3）能导入并合理摆放物体的位置，使静物组构图符合三角构图原理，画面自然丰富			

备注：A为全部准确合理；B为大部分准确合理；C为部分能做到准确合理；D为基本做不到。

单元知识总结与提炼

本单元介绍了Maya软件的各种界面窗口，需要掌握窗口操作、视图操作、模型的转移缩放、项目文件管理等基本操作方法。这些操作可以设置好便捷的工作环境，为进一步开展工作打下良好的基础。

通过3个简单模型的制作，介绍了Maya制作三维模型的基本流程：分析模型结构特点→创建模型→设置材质→渲染输出等4个环节。后面每个模型的制作都依据这样的流程，其中“分析模型结构特点”需要初学者在日常生活和绘画学习中反复观察和练习。

模型制作过程中应用了NURBS建模基本操作中的几个命令。

1）“CV Curve Tool”（CV曲线工具）。使用CV曲线工具绘制模型轮廓线，是旋转命令的基础，曲线平滑度以及细节处点的布置直接影响后面的造型。

2）“Revolve”（旋转）命令。将绘制好的轮廓线按中心轴旋转成封闭曲面。在其参数设置过程中，可以决定结果曲面的段数和角度等。常被用来制作旋转体。

3）“Loft”（放样）命令。将若干条轮廓线扩展成曲面。经常会用来制作起伏有规则的曲面，例如，汽车的一些覆盖件。

4）“Extrude”（挤出）命令。将一条曲线沿某一个方向、一条轮廓线或一条路径曲线移动挤出曲面。常被用来制作管状物、塔状物。

5）使用“Hypershade”（材质编辑器）。为模型设置材质的窗口，其中类别参数众多需要在今后的工作中进一步学习。

6）使用“Render the current frame”（渲染当前帧）按钮。渲染输出并保存静帧图像。一般会找一个恰当的角度，将添加好材质的模型渲染输出为*.jpg或*.png等格式图像。

其实Maya建模操作并不难掌握，希望读者在初期就能对软件操作树立信心。从现在起就可以尝试做一些简单的常见物体模型，不断培养敏锐的观察能力，增强三维空间意识，提高建模操作的熟练度。

单元
2

UNIT 2

道具制作

DAOJU ZHIZUO

在单元1中已经学习了Maya基础操作和部分NURBS曲面建模命令，制作了一些简单静物模型。从本单元开始，将真正进入三维动画制作的实际工作任务中。

本单元要制作的是道具模型。道具可以认为是与场景和剧情人物有关的一切物件的总称，也可认为是场景中的陈列装饰品或角色表演时随身配备的可移动物件。作为动画设计中的重要一环，道具设计不仅是角色造型的重要组成部分，也是场景造型的主要建构元素，其重要性并不次于动画角色的表演。成功的道具设计具有生命力、感染力。作为个性化、标志性的视觉符号，它具有提升角色形象魅力，渲染场景气氛，丰富画面的效果。

本单元以3个独具特色的道具为载体，深入分析它们的造型设计特点，理解艺术化表现对角色性格刻画和影片艺术创作的意义。在分析道具不同的结构特征的基础上，确定合理的建模方法。通过本单元制作三维道具模型，重点学习几种Polygon多边形建模命令和几种NURBS曲面建模命令，并在实际应用中理解它们的区别和联系。

本单元所用的图片、源文件及渲染图，参见光盘中“单元2”文件夹中的相关文件。

单元学习目标

1）了解动画项目中道具的特点，理解道具在造型和艺术表现方面的设计意图。
2）能够分析道具的模型结构特点和构成规律。
3）掌握几种多边形建模与曲面建模命令，理解两者之间的联系与区别。
4）掌握道具制作中编辑多边形物体边、点、面的方法。
5）了解并掌握道具制作的工作流程，形成良好的工作习惯。

任务1　道具——莫夷脚环的制作

任务描述

制作人员收到原画师手绘的设计稿，如图2-1所示。制作要求：此道具为“莫夷脚环”。在造型设计上突显出鲜明的少数民族艺术风格，主体是绳结编织圆环，搭配粗细不均的金属环和一只可爱的铃铛，且金属装饰物上有凸起的边缘。整体色彩饱满，红色和金属色的搭配和谐。作为影片中女主角的主要配饰，脚环要突出角色性格中活泼开朗的一面及民族特色。制作时间为3小时。

道具制作组的制作人员将按要求完成脚环的制作任务。建议学习6课时。

图2-1　莫夷脚环设计稿

任务分析

从设计稿中可以看出脚环主要由环体和铃铛两部分组成，根据其结构特点和工序安排，将其制作分成3个子任务，分别为制作环体、铃铛及两者的材质和渲染。铃铛的主结构类似球体，且所有金属色饰品都有明显的凸边，因此，采用有较多基本体且调边、点比较直接的多边形模式进行模型制作，并通过贴图以及金属材质设置为模型赋予相应的材质。

- ■ 子任务1 制作脚环的主体部分及脚环上的装饰
- ■ 子任务2 制作脚环上的铃铛
- ■ 子任务3 制作脚环的材质

学习目标

1）能够使用“Create”（创建）菜单创建多边形基本体，并通过输入节点编辑多边形参数。

2）能够使用“Extrude”（挤出）命令对脚环装饰模型进行细节修改。

3）能够使用“Insert Edge Loop Tool”（插入循环边工具）、“Split Polygon Tool”（分割多边形工具）编辑网格拓扑结构。

4）能够使用“Smooth”（平滑）命令对物体进行平滑操作。

5）能使用“Bevel”（倒角）对选择的对象进行倒角操作。

6）能使用“Duplicate Special”（特殊复制）命令对选择对象进行复制。

7）能使用“Combine”（结合）和“Merge”（合并）命令融合多边形对象。

子任务1 制作脚环的主体部分及脚环上的装饰

根据由主到次的原则，将脚环的环体部分分成主体部分及装饰。基于“Pipe”（管状体）创建脚环主体，结合“Insert Edge Loop Tool”（插入循环边工具）和多边形组元调整进行造型细节刻画；装饰是在基本立方体基础上运用“Extrude”（挤出）命令制作成有凸边的效果，并通过复制模型进行多个装饰的制作。

单元2

制作流程

脚环的主体看上去是呈圆环的形状，圆环的宽度比较平整且不圆润，因此，在制作时可以考虑使用接近于原画设定中脚环形状的基本体来制作，在这里推荐使用管状体。

1）在Maya 2013的主界面菜单上执行“Create”（创建）→“Polygon Primitives”（多边形基本体）→“Interactive Creation”（交互式创建）命令，取消选中状态，这样在创建物体的时候就可以让物体直接以原始大小直接创建在场景的中心位置。这样做也是为了方便以后对物体的操作，如图2-2所示。

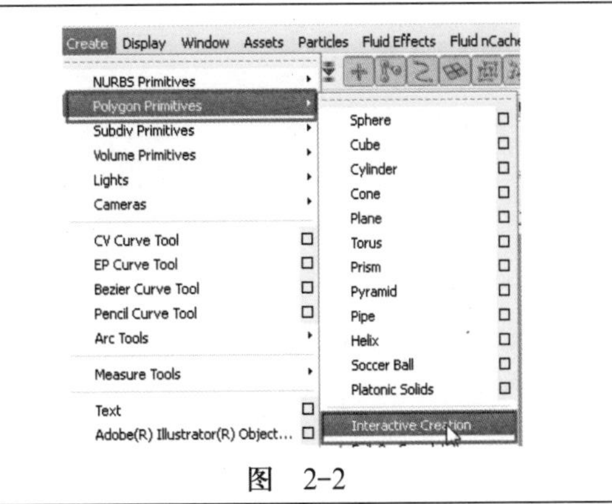

图 2-2

2）在Maya 2013的主界面菜单上执行“Create”（创建）→“Polygon Primitives”（多边形基本体）→“Pipe”（管状体）命令，在场景中就可以创建出一个管状物体了，如图2-3所示。

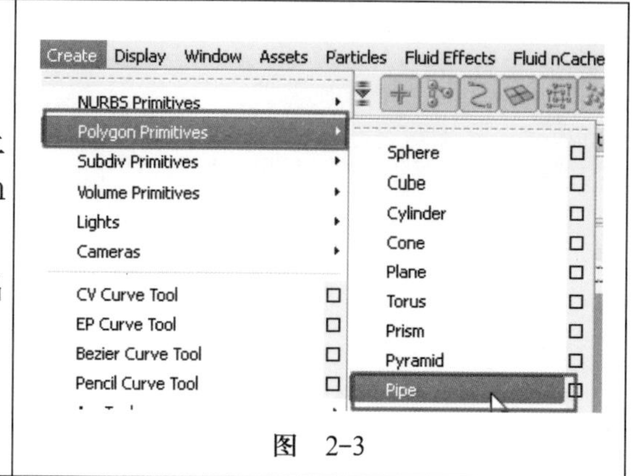

图 2-3

3）创建好管状体后，在右边通道盒中的“INPUTS”（输入）选项卡中对管状体的参数进行调整，“Radius”（半径）为6，“Height”（高度）为6，“Thickness”（厚度）为0.8，“Subdivisions Axis”（轴向细分数）为16，“Subdivisions Height”（高度细分数）为1，如图2-4所示。

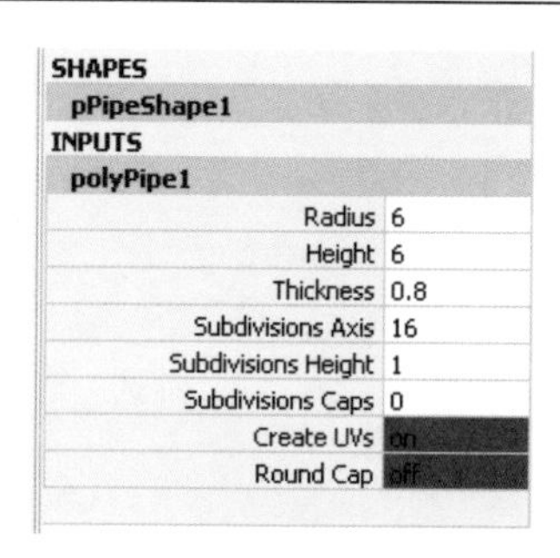

图 2-4

4）调整好段数后使用缩放工具对管状体进行放大，根据图2-1可以看出脚环并不是呈现规则的圆形轮廓，在制作的时候需要通过调点的方式来改变模型的外形。

技法点拨：单独调整每一个点、线、面会降低效率，可以双击移动工具，在移动工具中选中“Soft Selection”（软选择）。快捷键是<B>键。按住<B>键单击鼠标可以对软选择的范围进行调整，之后再对点进行移动，制作不规则的圆形轮廓，如图2-5所示。

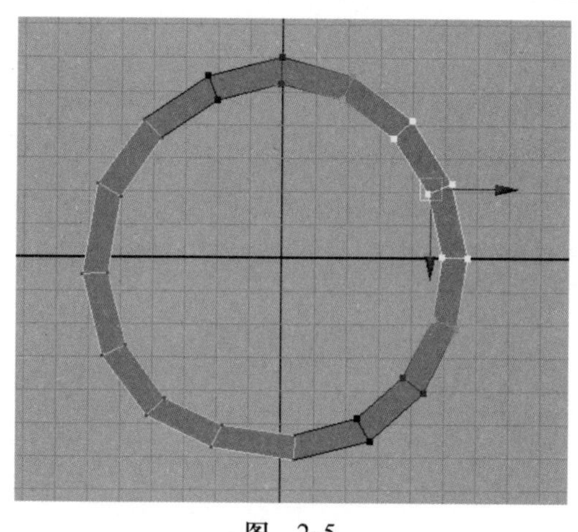

图 2-5

5）执行“Edit Mesh”（编辑网格）→“Insert Edge Loop Tool”（插入循环边工具）命令，为脚环模型的上端添加一条环线，如图2-6所示。

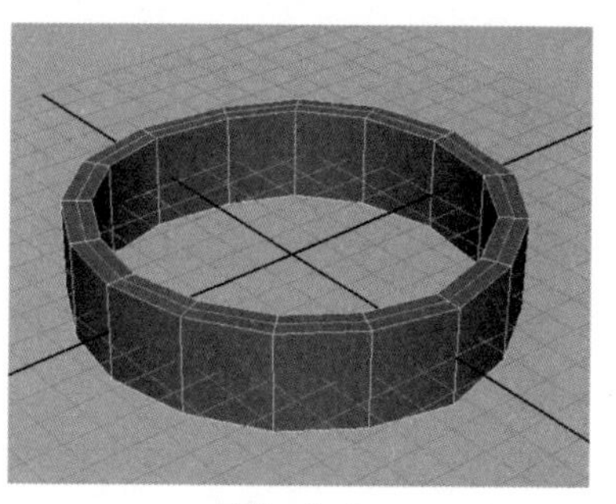

图 2-6

6）执行“Edit Mesh”（编辑网格）→“Insert Edge Loop Tool”（插入循环边工具）命令，为脚环模型的下端添加一条环线，如图2-7所示。	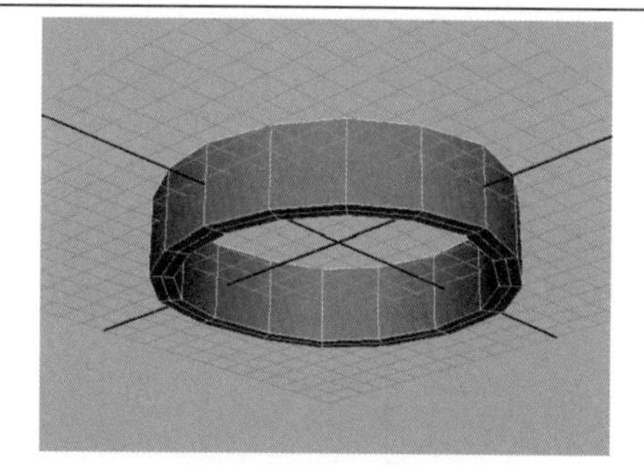 图 2-7
7）使用缩放工具沿Y轴缩放，为脚环模型的上端和下端制作一个弧度，达到让模型结构过渡更加圆滑的目的，如图2-8所示。	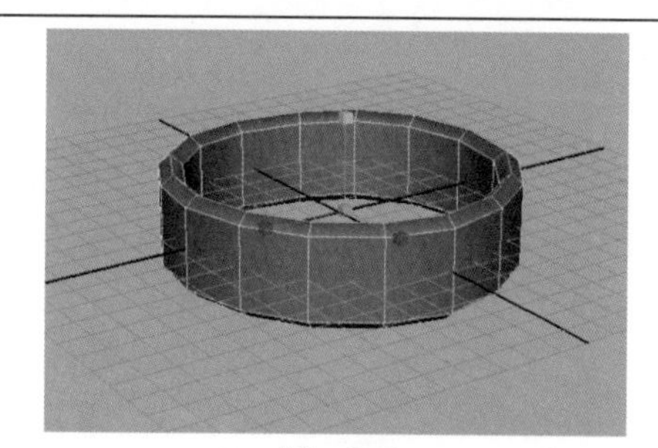 图 2-8
8）执行“Edit Mesh”（编辑网格）→“Insert Edge Loop Tool”（插入循环边工具）在脚环模型的高度上添加一圈环线，如图2-9所示。	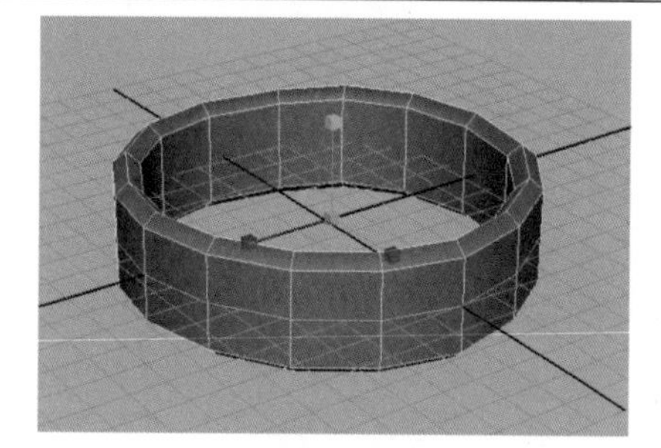 图 2-9
9）执行“Create”（创建）→“Polygon Primitives”（多边形基本体）→“Cube”（立方体）命令，如图2-10所示。	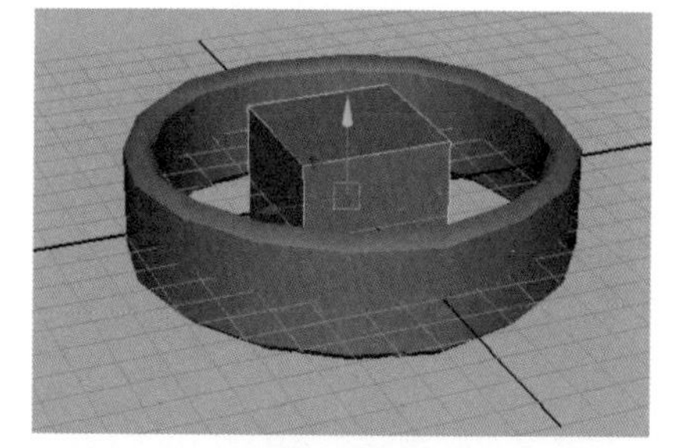 图 2-10
10）选择立方体两侧的面，然后按<Delete>键将选择的面删除，删除面后的模型作为脚环装饰的基础模型，如图2-11所示。	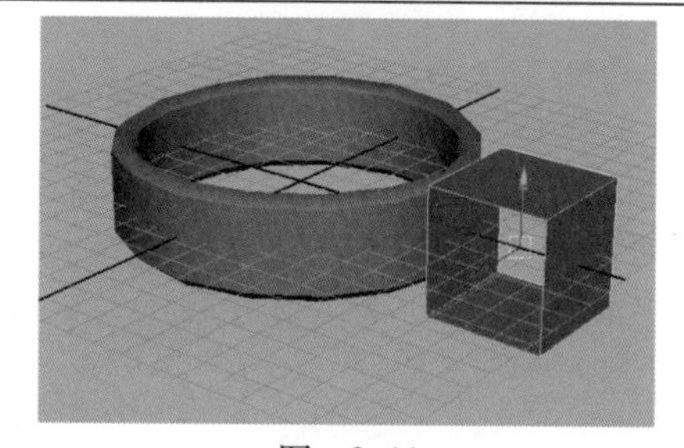 图 2-11

11）在“Top”（顶）视图中，旋转脚环装饰的基础模型，将模型移动到图2-1中装饰环的位置，如图2-12所示。	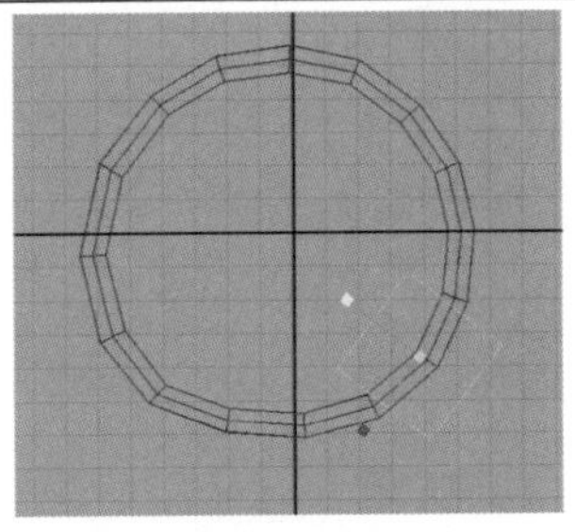 图　2-12
12）在“Top”（顶）视图中，使用缩放工具对脚环装饰的基础模型进行整体比例的缩小，使脚环装饰模型能够贴合到脚环模型上，如图2-13所示。	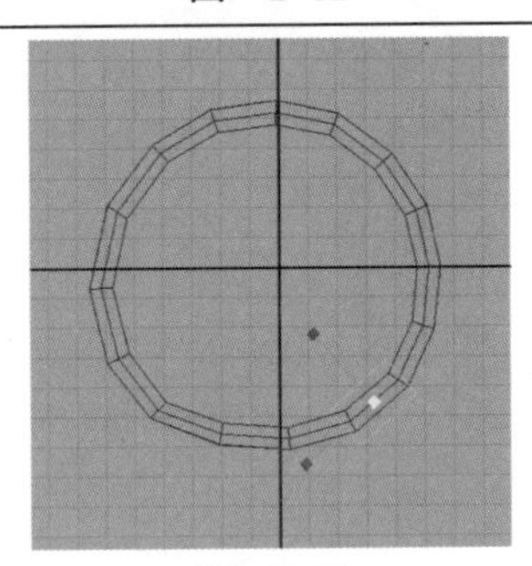 图　2-13
13）执行“Edit Mesh”（编辑网格）→“Insert Edge Loop Tool”（插入循环边工具）命令，为脚环装饰模型的上方和下方的面添加一条线，如图2-14所示。 技法点拨：执行“Shading”（着色）→“X-Ray”（X射线显示）命令可以对模型进行半透明显示。该显示模式下更容易选择线条。	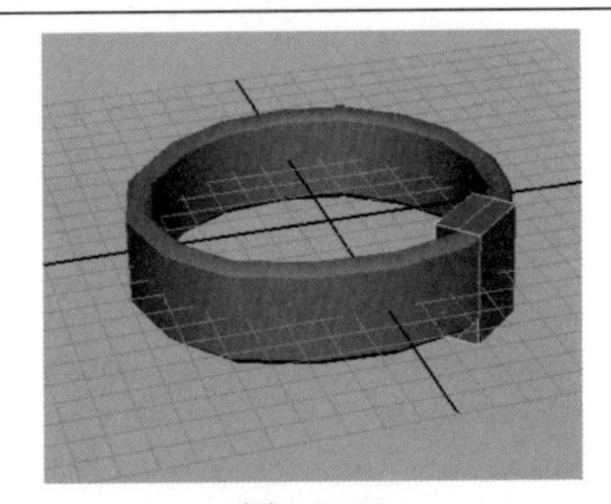 图　2-14
14）选择新添加的两条线，使用缩放工具在Y轴上进行缩放操作，通过缩放可以制作出脚环装饰的弧度，使装饰的外形轮廓更加圆润，如图2-15所示。	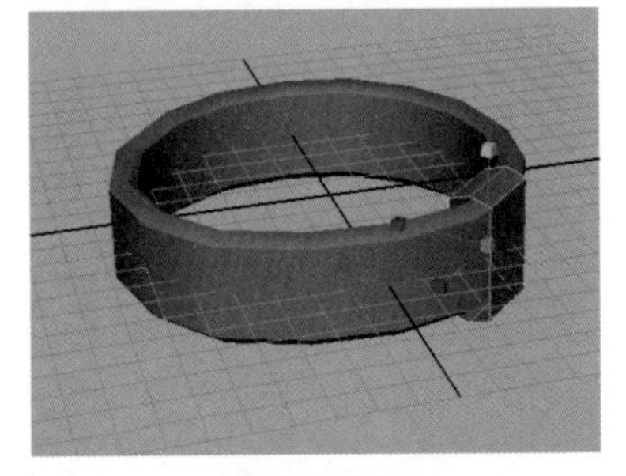 图　2-15
15）选择装饰模型位于左右两侧的边，执行“Edit Mesh”（编辑网格）→“Extrude”（挤出）命令，对选择的边执行挤出操作，使用缩放工具对挤出后的边整体放大，如图2-16所示。	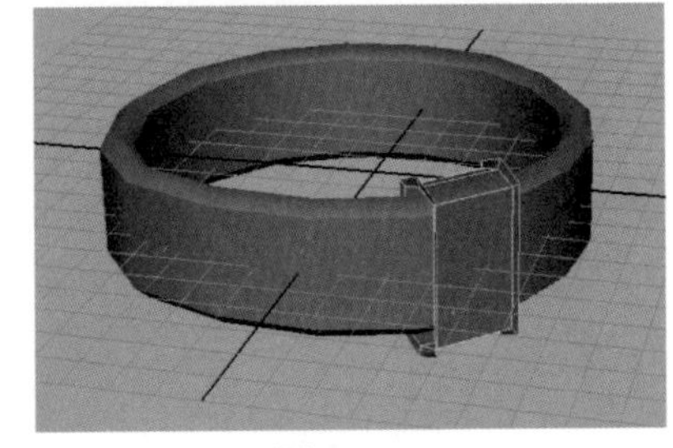 图　2-16

16）执行“Edit Mesh”（编辑网格）→“Extrude”（挤出）命令，对左右两侧的边再次进行挤出操作，对挤出的边在Z轴上缩放，如图2-17所示。	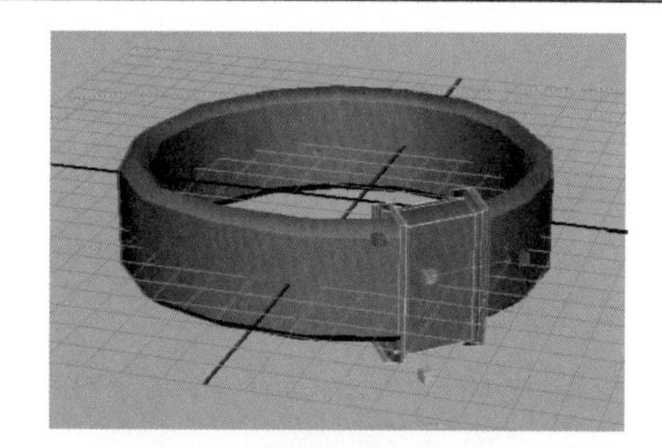 图 2-17
17）执行“Edit Mesh”（编辑网格）→“Extrude”（挤出）命令，对左右两侧的边进行挤出操作，为装饰模型的两侧挤出一个厚度，如图2-18所示。	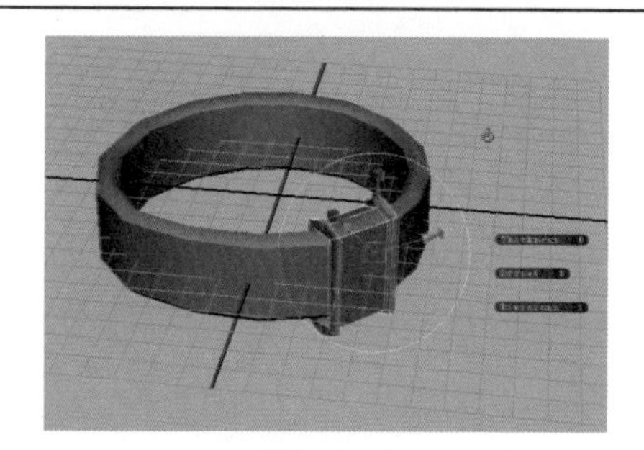 图 2-18
18）对挤出后最边缘处的线在Z轴进行缩放操作，达到让模型边缘过渡圆滑的目的，如图2-19所示。	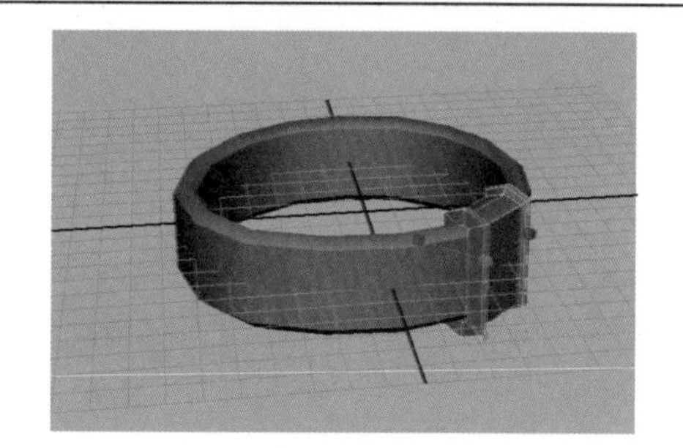 图 2-19
19）执行“Edit Mesh”（编辑网格）→“Insert Edge Loop Tool”（插入循环边工具）命令，为脚环模型添加两条边，如图2-20所示。	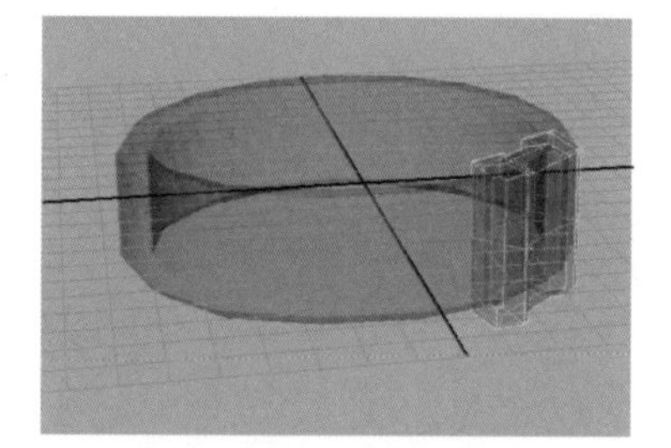 图 2-20
20）执行“Edit”（编辑）→“Duplicate”（复制）命令，对脚环装饰模型进行复制，如图2-21所示。 技法点拨：复制快捷键是<Ctrl+D>。	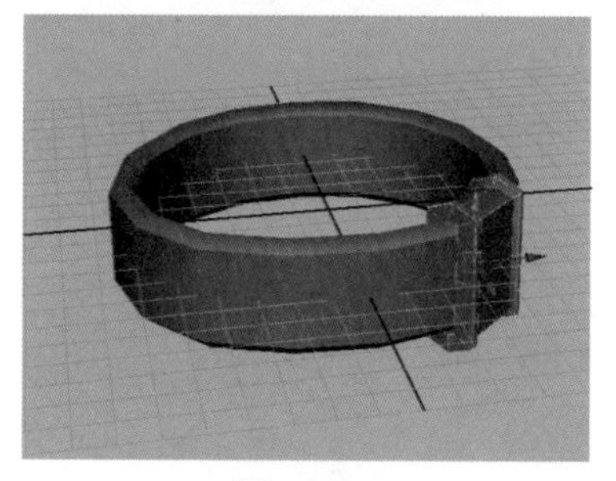 图 2-21

21）根据图2-1，使用旋转和移动工具将复制后的脚环装饰模型对位到其他装饰的位置，如图2-22所示。	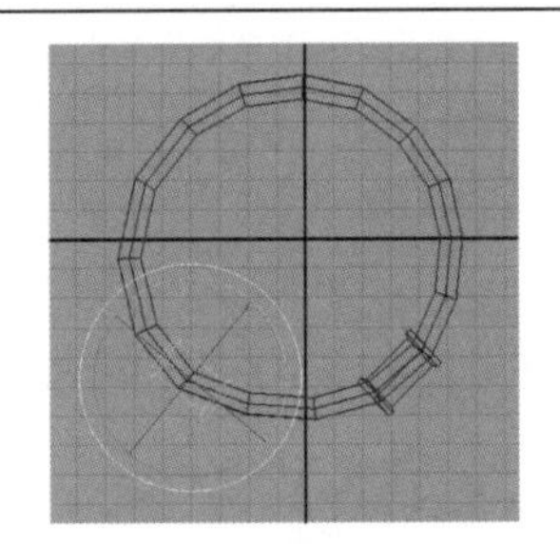 图　2-22
22）根据图2-1中各个装饰与脚环模型的比例对比，对复制后并对位完成的模型进行缩放操作，如图2-23所示。	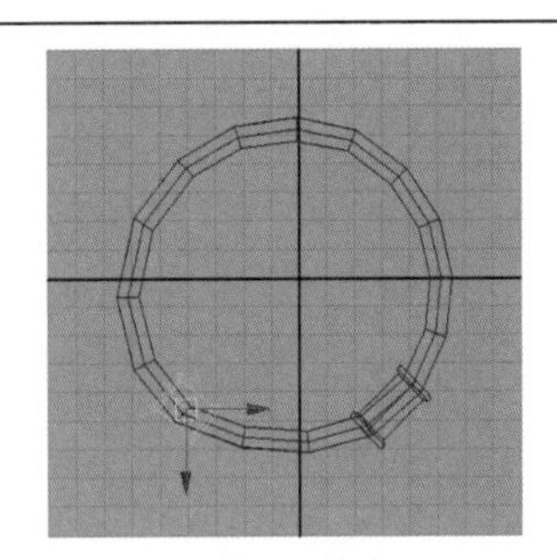 图　2-23
23）在“Persp”（透视图）中，对修改完比例的装饰模型进行旋转，使装饰模型能与脚环模型更好地进行位置上的匹配，如图2-24所示。	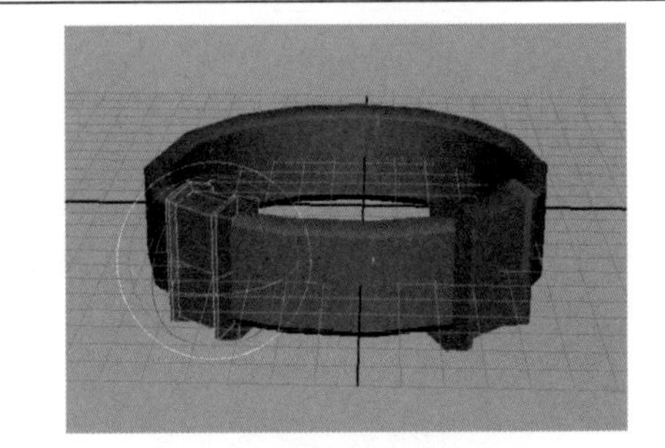 图　2-24
24）使用相同的方法将其他装饰模型进行模型之间的对位，如图2-25所示。	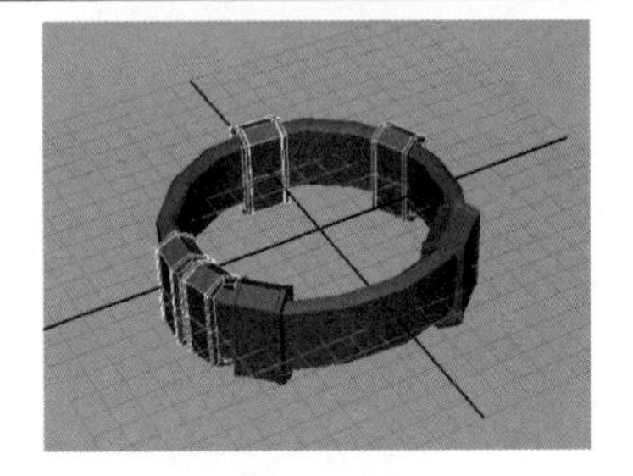 图　2-25
25）脚环装饰模型有两种类型，其中一种在之前的操作过程中已经制作完毕，之后将对另一种类型的装饰模型进行制作，如图2-26所示。	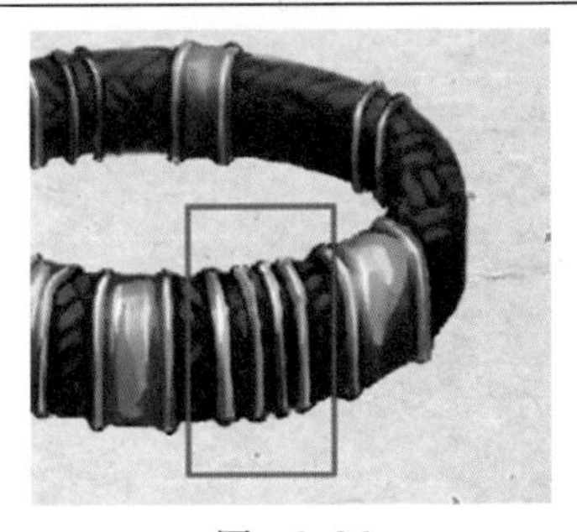 图　2-26

26）第2种装饰模型的形体比之前的简单，在结构上并没有第1种装饰模型的挤出结构，整个轮廓偏环状形体，因此，可以使用第1种装饰模型未挤出的面作为新装饰物品的基础模型，如图2-27所示。	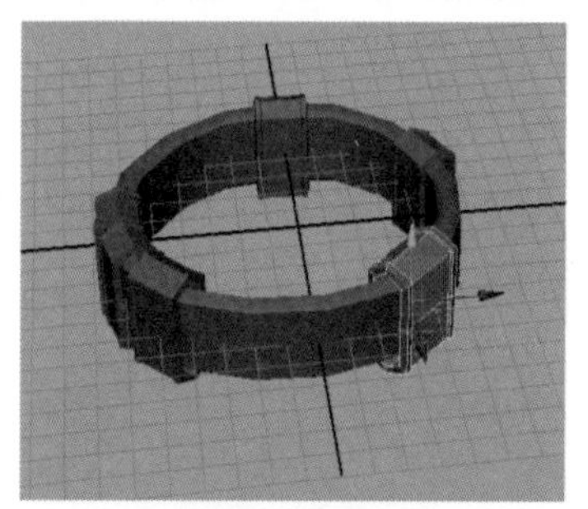 图 2-27
27）按＜Ctrl+D＞组合键对第1种装饰模型进行复制，如图2-28所示。	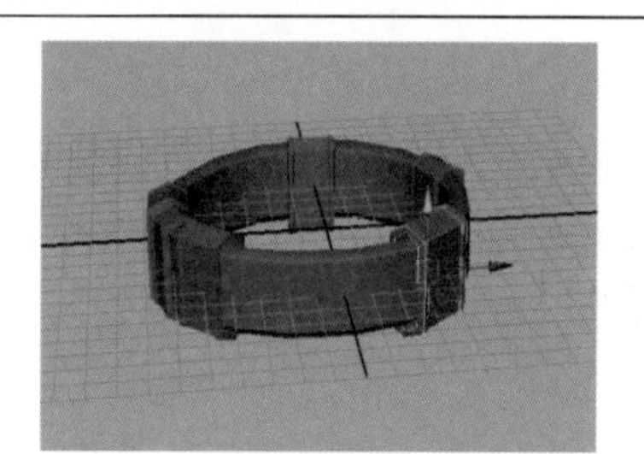 图 2-28
28）根据图2-1，使用旋转和移动工具将复制后的第1种脚环装饰模型对位到新制作的装饰模型位置，如图2-29所示。	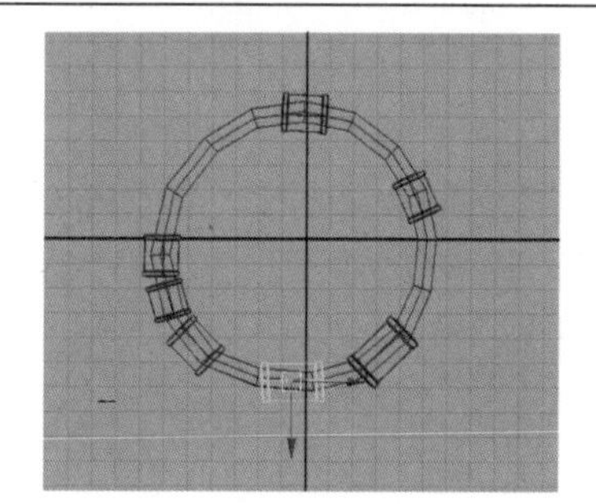 图 2-29
29）选择复制完成并对位好的装饰模型，按＜Delete＞键把模型两侧的挤出结构删除，如图2-30所示。	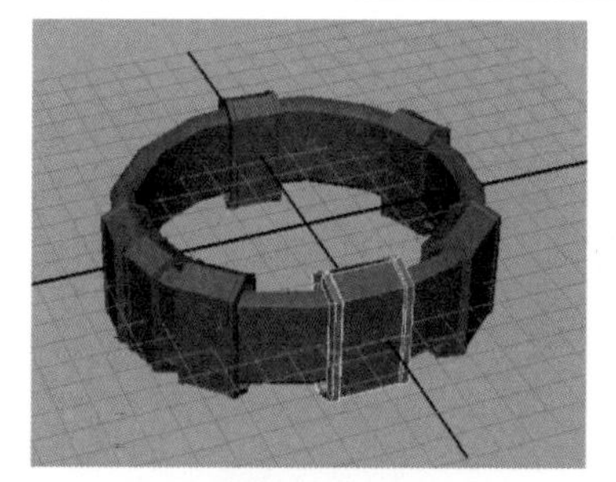 图 2-30
30）使用缩放工具在Z轴对删完面的模型进行缩小，使模型的形体变得细条化，如图2-31所示。	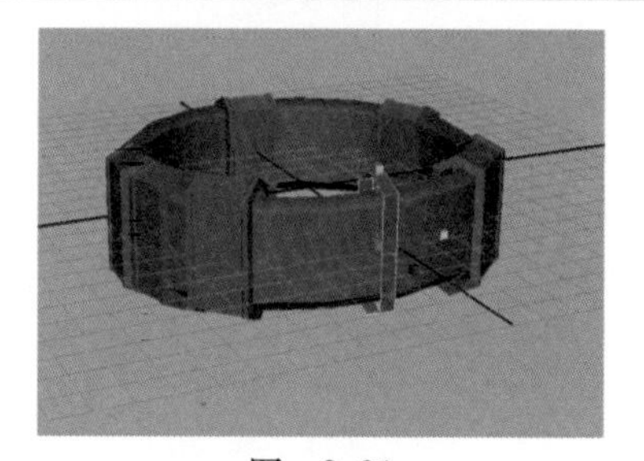 图 2-31

31）选择位于新装饰模型左右两侧的边，如图2-32所示。	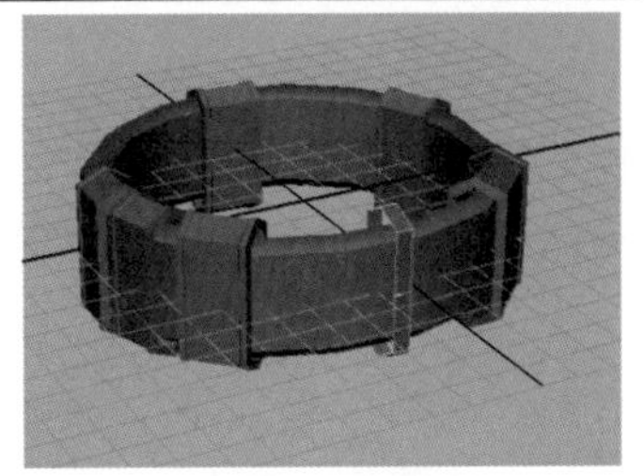 图　2-32
32）执行“Edit Mesh”（编辑网格）→“Extrude”（挤出）命令对选择的边进行挤出操作，如图2-33所示。	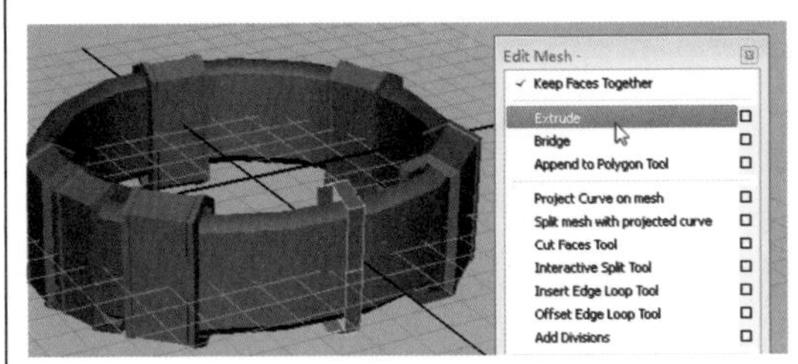 图　2-33
33）对挤出后的边在Z轴上进行缩放，使新装饰模型在边缘处有厚度感，如图2-34所示。	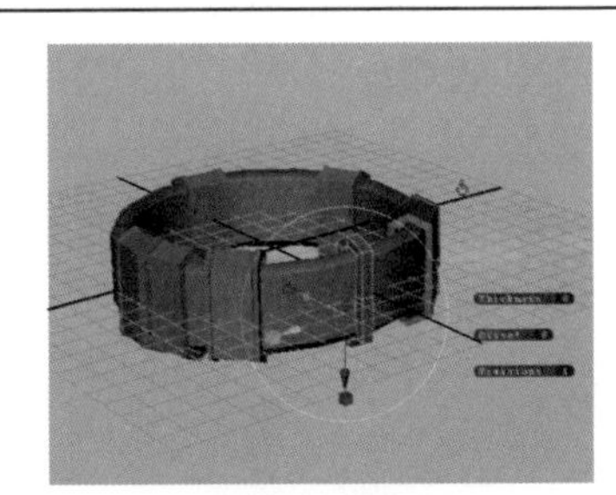 图　2-34
34）执行“Edit Mesh”（编辑网格）→“Insert Edge Loop Tool”（插入循环边工具）命令，为新装饰模型添加一圈环线，如图2-35所示。	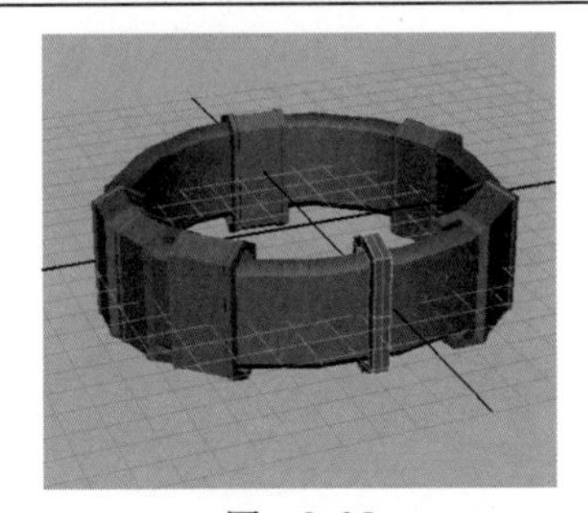 图　2-35
35）复制新制作完成的装饰模型，根据图2-1，使用旋转和移动工具将复制后的脚环装饰模型对位到图2-1中附近装饰的位置，如图2-36所示。	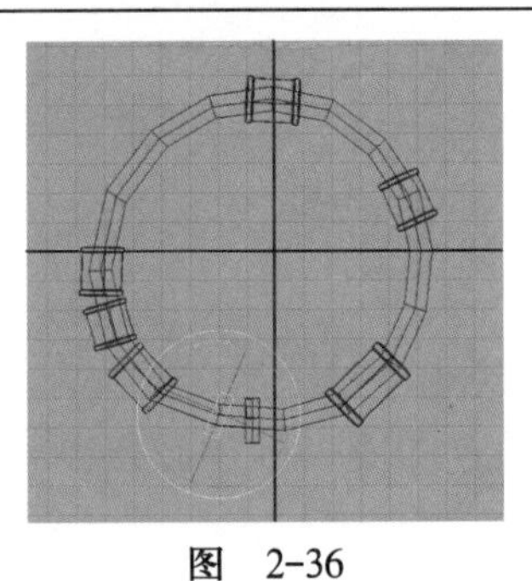 图　2-36

36）再次复制模型后，使用相同的方法对模型进行对位，注意模型间的位置关系，如图2-37所示。	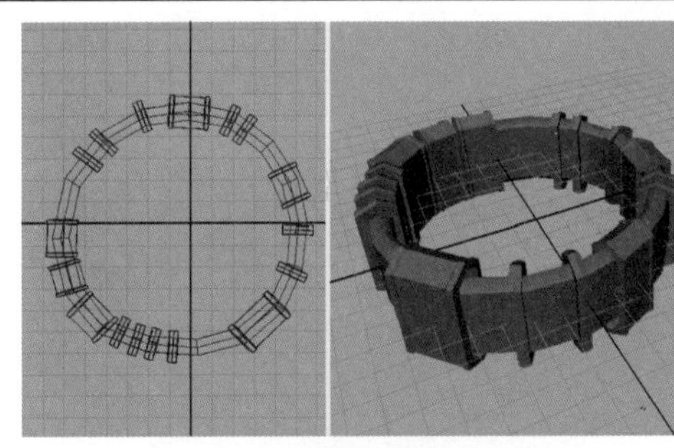 图 2-37
37）复制第2种脚环装饰模型，旋转并移动到图2-1中挂铃铛的拉环位置，靠近于脚环模型的左侧中部位置，将新复制的模型做成挂铃铛的拉环模型，如图2-38所示。	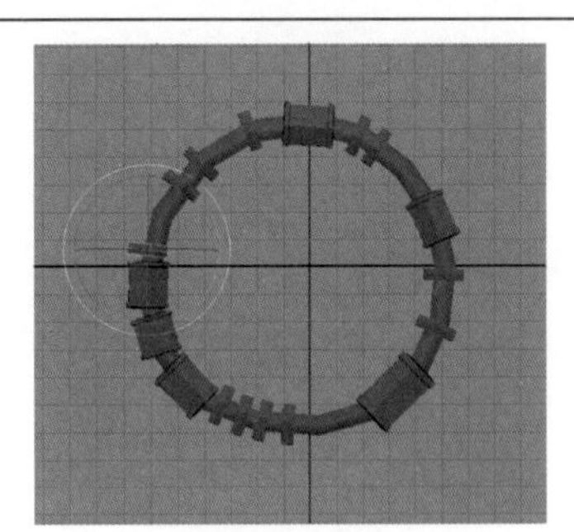 图 2-38
38）使用缩放工具在拉环模型的Z轴和Y轴放大，放大的值不宜过高，以起到区分其他装饰模型的作用，如图2-39所示。	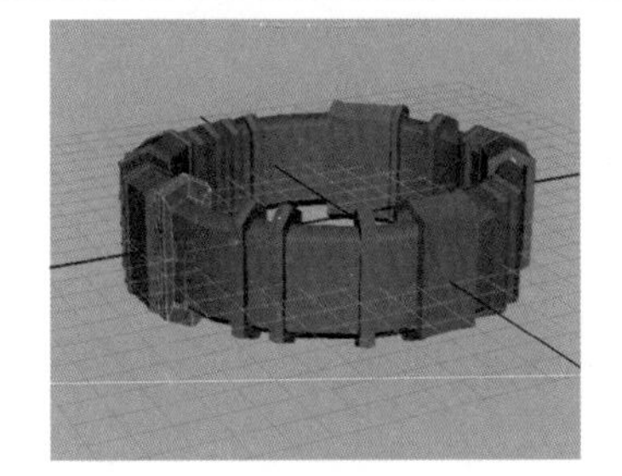 图 2-39
39）选择位于拉环模型外侧中部的一条环线，如图2-40所示。	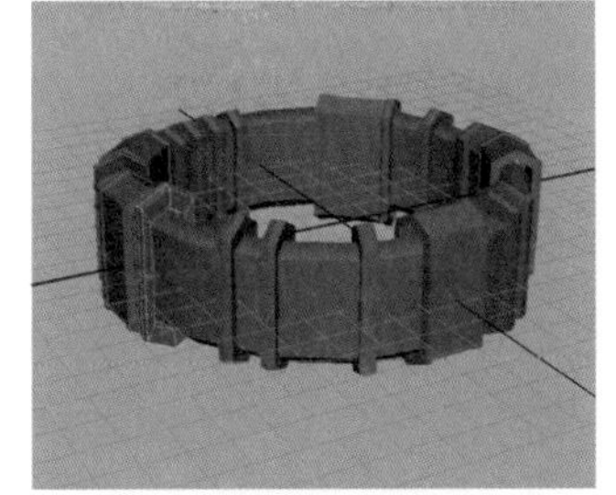 图 2-40
40）使用移动工具对选择的环线沿X轴向外移动，做出拉环外侧的弧度，如图2-41所示。	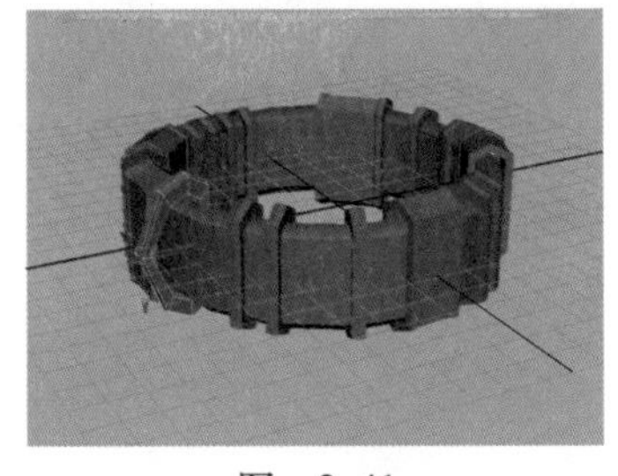 图 2-41

41）执行“Create”（创建）→“Polygon Primitives”（多边形基本体）→“Torus”（圆环）命令创建出一个圆环物体，如图2-42所示。

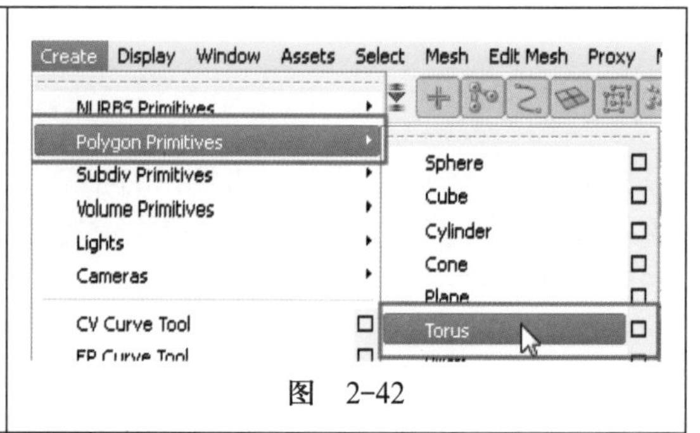

图 2-42

42）将圆环体移动到拉环位置处，使用缩放工具对圆环体进行整体比例的缩放，缩放的大小根据制作的拉环为参考，如图2-43所示。

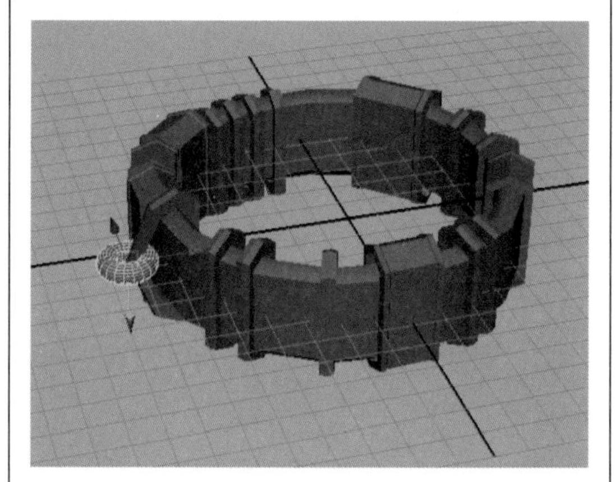

图 2-43

43）创建好圆环后，在右边通道盒中的“INPUTS”（输入）选项卡中对圆环的参数进行调整，“Section Radius”（截面半径）为0.3，“Subdivisions Axis”（轴向细分数）为12，“Subdivisions Height”（高度细分数）为7，如图2-44所示。

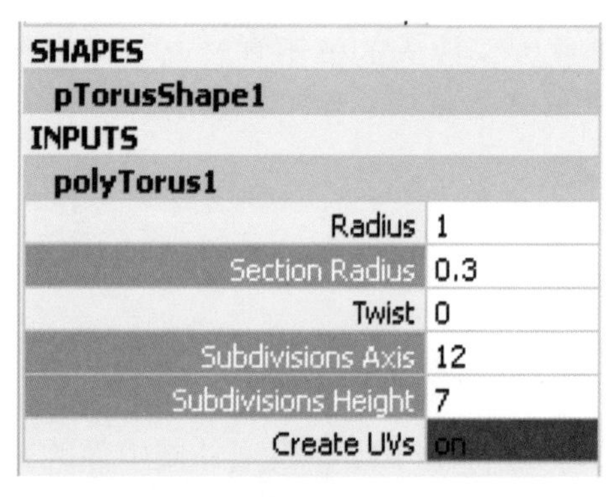

图 2-44

44）只需要一半的圆环体模型就可以连接铃铛并保证不穿帮，删除圆环模型一半的面，如图2-45所示。

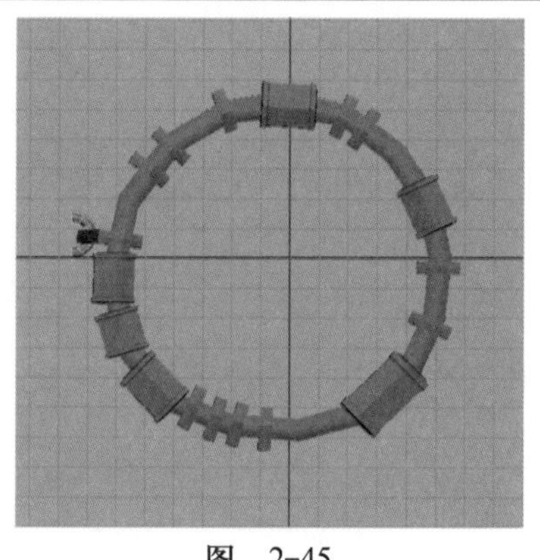

图 2-45

45）到这里已经把脚环的主体部分及脚环上的装饰部件完成了，如图2-46所示。	 图 2-46

知识归纳

NURBS与Polygon简介

（1）关于NURBS

NURBS建模技术在设计与动画行业中占有举足轻重的地位，一直以来是国外大型三维制作公司的标准建模方式，如pixar、PDI、工业光魔等，国内部分公司也在使用NURBS建模。它的优势是用较少的点控制较大面积的平滑曲面，以建造工业曲面和有组织的流线曲面。而且Maya在特效、贴图方面对NURBS的支持比较充分，使用NURBS模型在后续工作中会很方便。不过NURBS对拓扑结构要求严格，在建立复杂模型时会比较麻烦，这需要初学者耐心地学习。汽车曲面建模如图2-47所示。

图 2-47

（2）关于“Polygon”（多边形）

Polygon建模是指由多条边所组成的封闭图形，而多边形模式是由许多小的平面所组成的，这些组成多边形模型的平面又被称为Face或Poly。一个完整的多边形模型通常由成百上千的多边形面组成，编辑的形状越复杂要用到的多边形面就越多。

Polygon建模早期主要用于游戏，到现在被广泛应用（包括电影），多边形建模已经成为现在CG（Computer Graphics，计算机图形图像辅助设计）行业中与NURBS并驾齐驱的建模方式。角色多边形建模如图2-48所示。

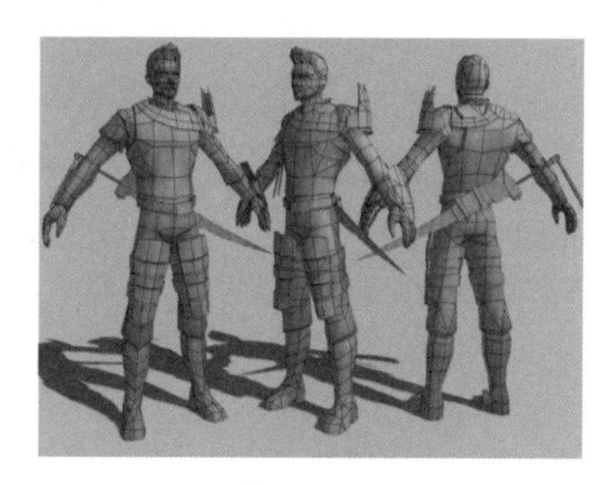

图 2-48

(3) NURBS与Polygon的联系与区别

NURBS“曲面”建模主要应用于工业产品的制作中，这主要是因为NURBS建模方式有着良好的精度，它与Polygon建模的区别，就相当于平面中矢量图和位图的区别。前者无论放大多少倍，依然能够保持精度。

NURBS建模方式的缺点之一点就是复杂，所需的命令较多，完全掌握需要较长的时间，对于制作角色来说，其制作周期相当于Polygon的数倍。而NURBS最致命的缺点则是建模结束后的后期工作，贴图坐标的设定、蒙皮以及权重的绘制、动画效果的制作，都要比Polygon模型需要更长的时间。

Polygon建模方式从技术角度来讲比较容易掌握，在创建复杂表面时，细节部分可以任意加线，在结构穿插关系很复杂的模型中就能体现出它的优势。另一方面，它不如NURBS有固定的UV贴图（将立体贴图平面化处理），在贴图工作中需要对UV贴图进行手动编辑，防止重叠、拉伸纹理。

子任务2　制作脚环上的铃铛

根据与脚环主体的比例来创建球体，并使用命令切割调整成铃铛型体。将使用“Smooth”（平滑）和“Bevel”（倒角边）命令对基本立方体塑形，并通过“Extrude”（挤出）命令制作铃铛凸起结构，运用“Chamfer Vertex”（倒角顶点）“Split Polygon Tool”（分割多边形工具）编辑网格拓扑结构，在此基础上使用“Duplicate Special”（特殊复制）命令对铃铛半边进行复制操作，最后运用“Combine”（结合）和“Merge”（合并）命令完成模型制作。

制作流程

为方便制作铃铛上的开口，本子任务并没有直接创建球体，而是创建立方体，再多次平滑生成类似球体的形体，以保证模型布线符合开口的需要。

1）执行“Create”（创建）→“Polygon Primitives”（多边形基本体）→“Cube”（立方体）命令创建出一个立方体模型，如图2-49所示。	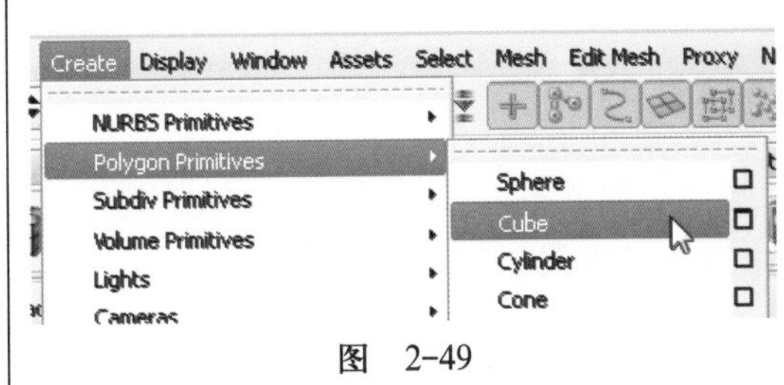 图 2-49
2）执行“Mesh”（网格）→“Smooth”（平滑）命令对新创建的立方体进行平滑操作，达到让立方体变成一个布线更合理的圆形，如图2-50所示。	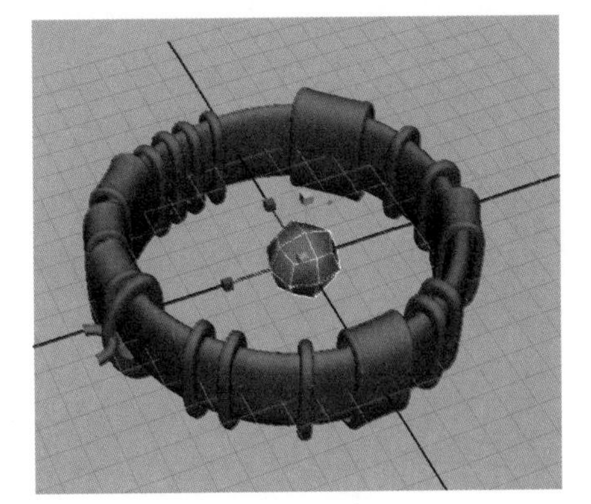 图 2-50
3）执行“Mesh”（网格）→“Smooth”（平滑）命令对平滑一级的球体再次进行平滑操作，让球体更加圆滑，如图2-51所示。 技法点拨：通过使用“Smooth”（平滑）命令对基本立方体进行平滑，即方便塑形的同时有利于合理布线。	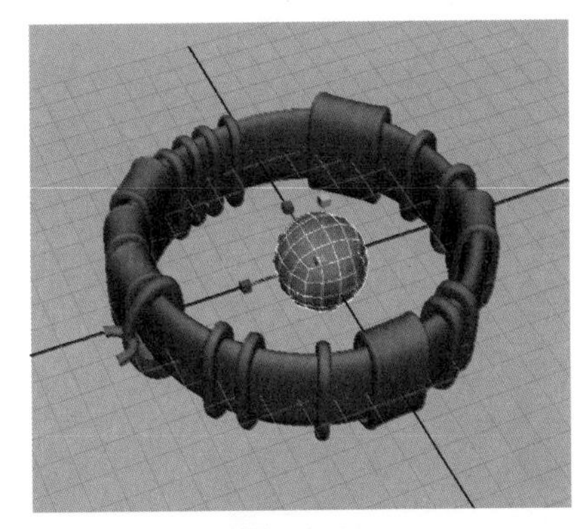 图 2-51
4）将平滑后的球体移动到拉环前端，连接在脚环模型上，使用缩放工具对球体进行放大，这个球体就是铃铛的基础模型，如图2-52所示。	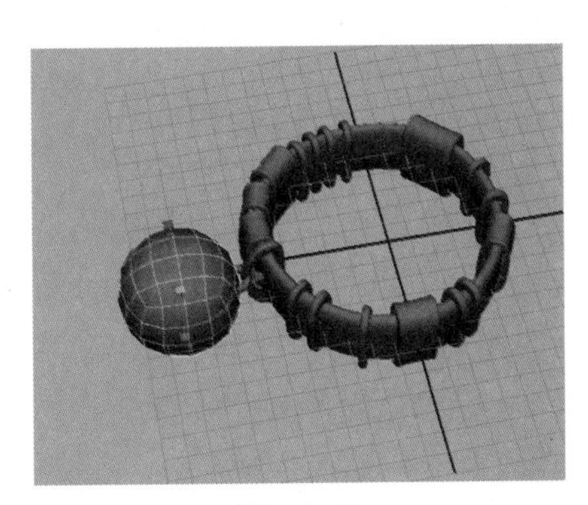 图 2-52

单元2

单元2

5）选择球体一侧的环线，以确定铃铛开口处的位置，如图2-53所示。

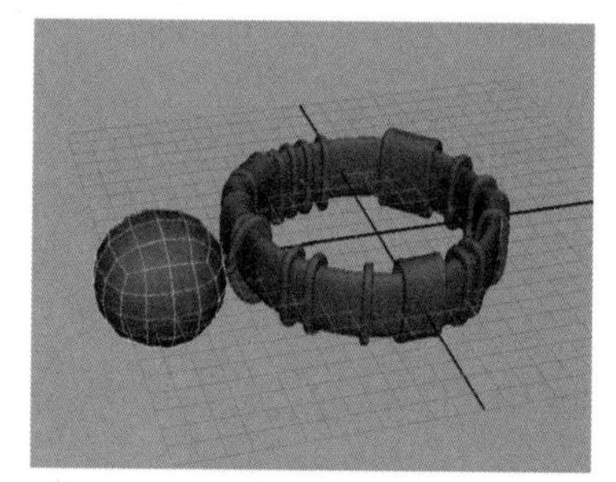

图 2-53

6）执行“Edit Mesh”（编辑网格）→“Bevel”（倒角）命令对选择的环线进行倒角操作，在默认情况下，选择的一条环线被倒角成了两条环线，如图2-54所示。

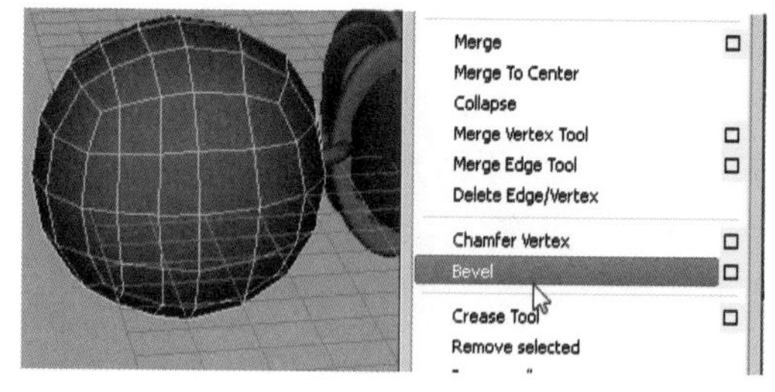

图 2-54

7）倒角完成后，在右侧通道盒中对倒角属性进行调整，将“Offset”（偏移）值修改为0.5，偏移值控制倒角后的边距，如图2-55所示。

Channels Edit Object Show

pCubeShape3

INPUTS

polyBevel1

Offset As Fraction	on
Offset	0.5
Roundness	0.5
Segments	1
Auto Fit	on
Angle Tolerance	180
Fill Ngons	on
Uv Assignment	Planar pr...
Merge Vertices	on
Merge Vertex Tolerance	0
Smoothing Angle	30
Mitering Angle	180

图 2-55

8）倒角操作后多出的一条环线导致原来圆滑的球体的形体发生一些改变，对倒角后的环线进行整体放大，放大的数值不宜太高，如图2-56所示。

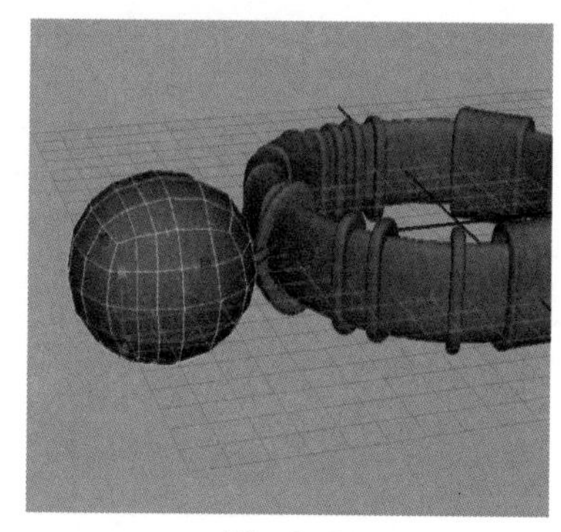

图 2-56

9）选择圆球上另一侧的环线，这条环线所在的位置确定了铃铛后半部结构的区域，如图2-57所示。

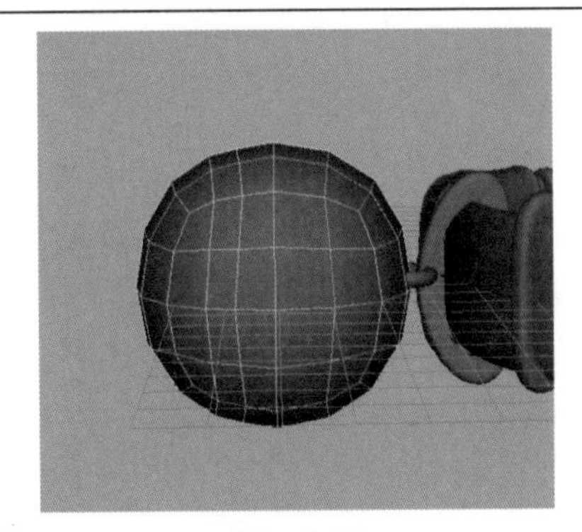

图　2-57

10）执行“Edit Mesh”（编辑网格）→“Bevel”（倒角）命令对选择的环线进行倒角操作。倒角完成后，在右侧通道盒中对倒角属性进行调整，将“Offset”（偏移）值修改为0.5，偏移值控制倒角后的边距，如图2-58所示。

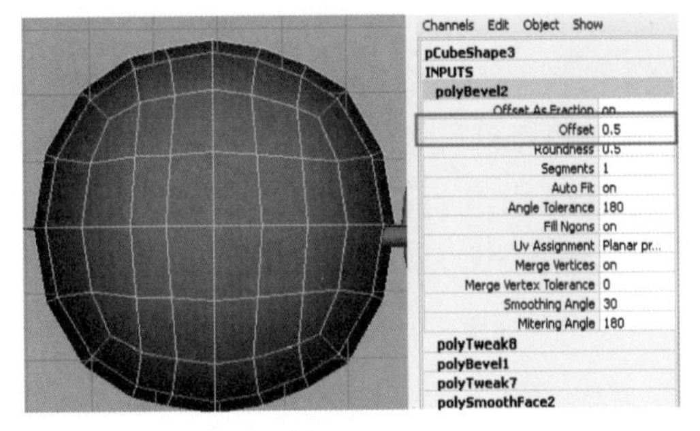

图　2-58

11）选择倒角后的环线，使用缩放工具在X轴缩放以起到压平这条环线的目的，让选择的环线变得更加平整，如图2-59所示。

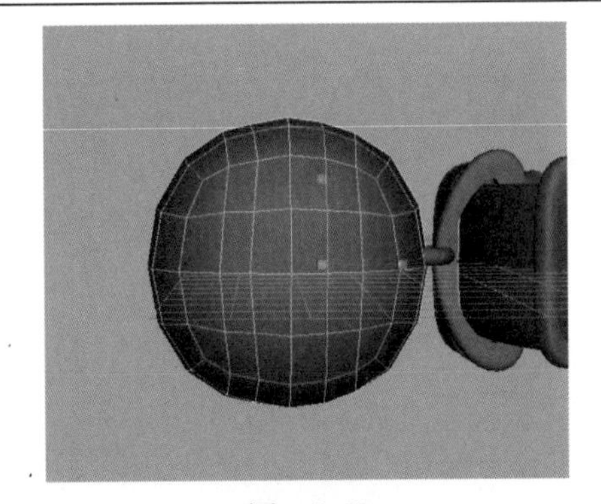

图　2-59

12）选择位于圆球中部的一圈面，铃铛中部的凸起结构就是在这圈面的位置，如图2-60所示。

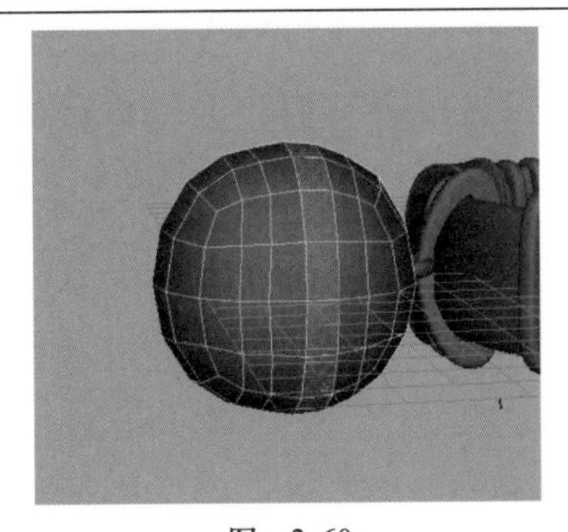

图　2-60

13）执行“Edit Mesh”（编辑网格）→“Extrude”（挤出）命令对中部的一圈面进行挤出操作，挤出铃铛中部的突起结构，并使用缩放工具沿X轴缩小，如图2-61所示。	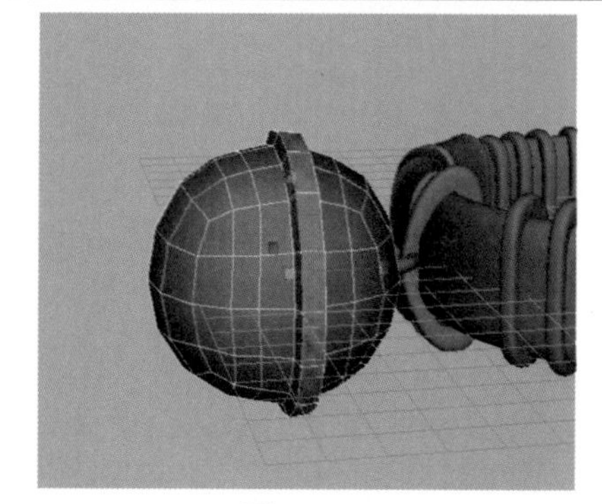 图　2-61
14）执行“Edit Mesh”（编辑网格）→“Extrude”（挤出）命令对选择的面继续进行挤出操作，对挤出后的面在X轴缩小，如图2-62所示。	 图　2-62
15）执行“Edit Mesh”（编辑网格）→“Extrude”（挤出）命令对中部选择的面进行挤出操作，再次挤出一个铃铛中部的凸起结构，以起到让铃铛中部的凸起结构立体感更强烈的效果，如图2-63所示。	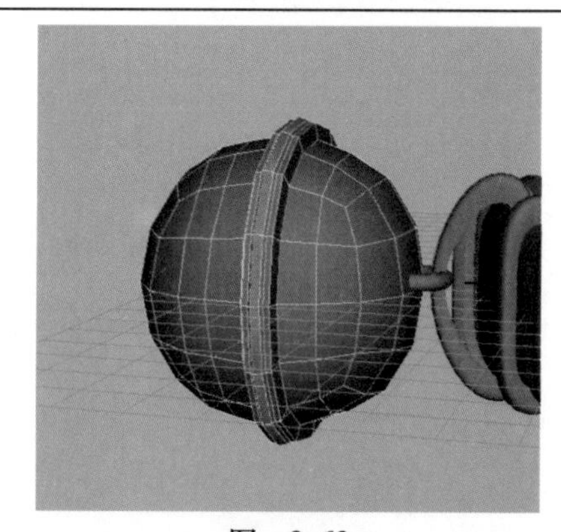 图　2-63
16）选择铃铛模型一半的面，按<Delete>键把选择的面删除，以方便稍后的关联复制操作，如图2-64所示。	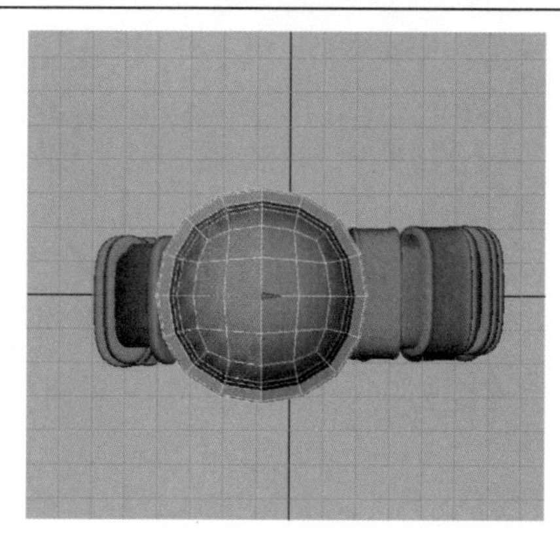 图　2-64

17）执行“Edit”（编辑）→“Duplicate Special”（特殊复制）命令对剩余一半的铃铛模型进行特殊复制操作，如图2-65所示。

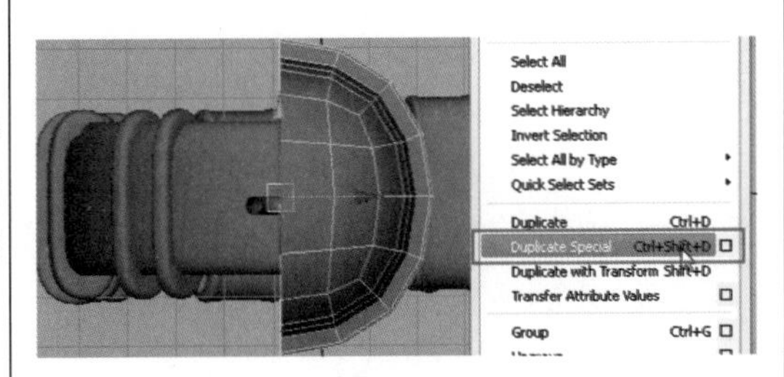

图 2-65

18）对“Duplicate Special”（特殊复制）的属性进行调整，将“Geometry type”（几何体类型）调整为“Instance”（关联），“Scale”（缩放）上的Z轴属性调整为-1，如图2-66所示。

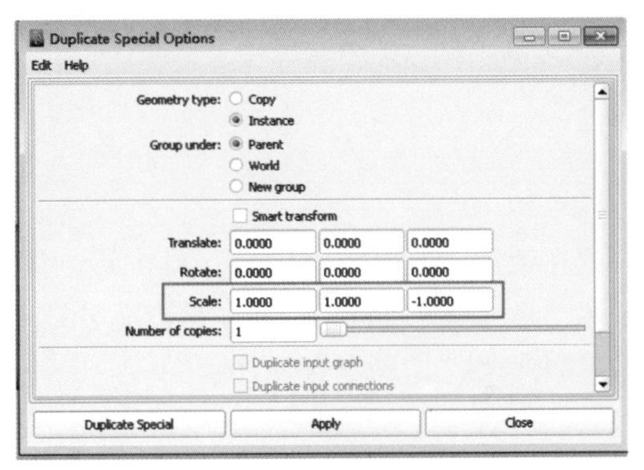

图 2-66

19）选择铃铛上的一个点，这个点的位置决定了铃铛开口处的位置所在，如图2-67所示。

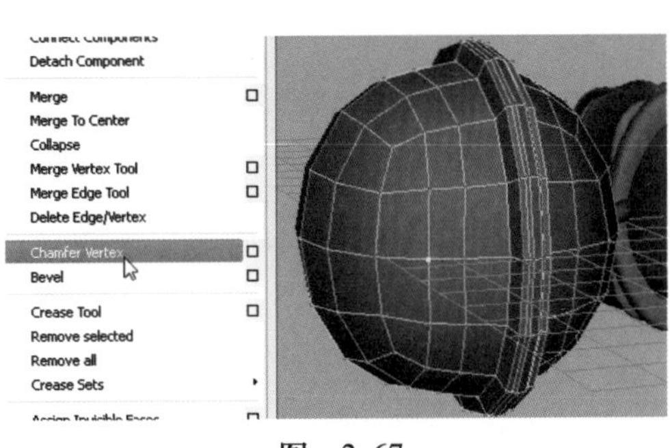

图 2-67

20）执行“Edit Mesh”（编辑网格）→“Chamfer Vertex”（倒角顶点）命令对选择的点进行倒角操作，“Chamfer Vertex”（倒角顶点）属性中的“Width”（宽度值）为0.5，如图2-68所示。

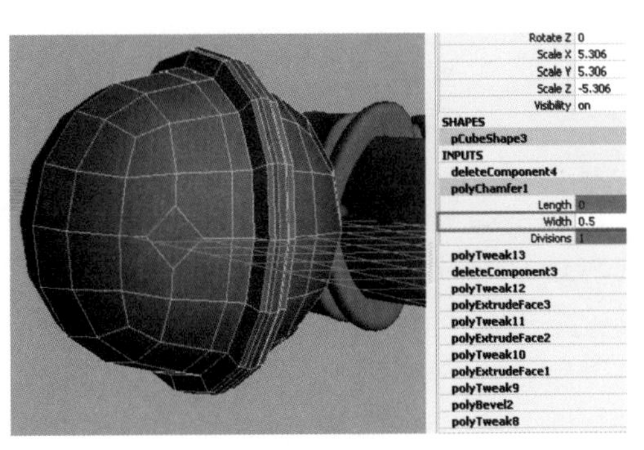

图 2-68

21）按<Ctrl>键+鼠标右键拖动→“Split”（分割）拖动→“Split Polygon Tool”（分割多边形工具）为倒角后的边加线，如图2-69所示。	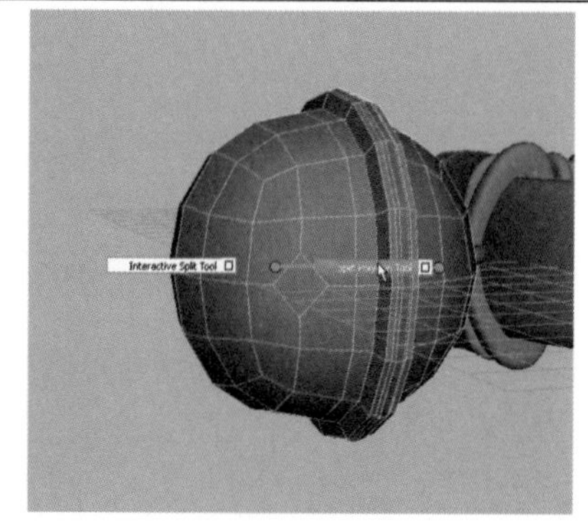 图 2-69
22）使用“Split Polygon Tool”（分割多边形工具）将倒角后的五边面分割成两块四边面，如图2-70所示。	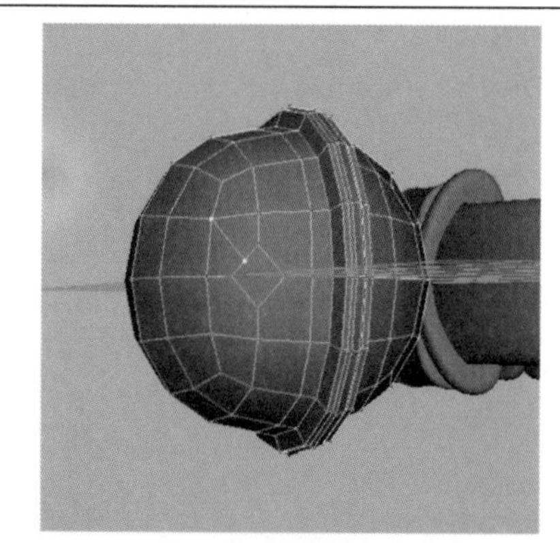 图 2-70
23）使用相同的方法为倒角后的五边面都添加一条线，分割多边形点的位置在倒角边的中点处，如图2-71所示。	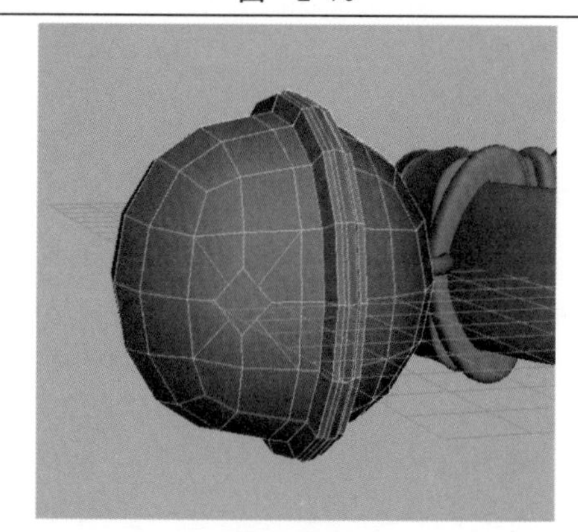 图 2-71
24）全选新添加的四个点，使用缩放工具对选择的四个点进行整体放大，通过对点位置的改变得到一个偏圆形的面，如图2-72所示。	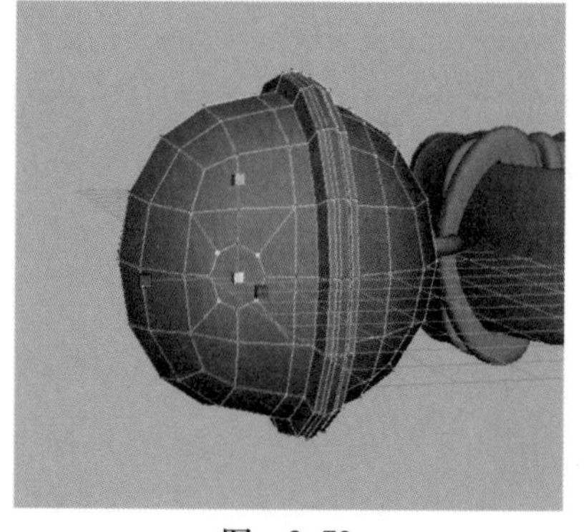 图 2-72

25）选择铃铛横向的中心线，通过这条线来制作铃铛的开口，执行“Edit Mesh”（编辑网格）→“Bevel”（倒角）命令对选择的线进行倒角操作，如图2-73所示。	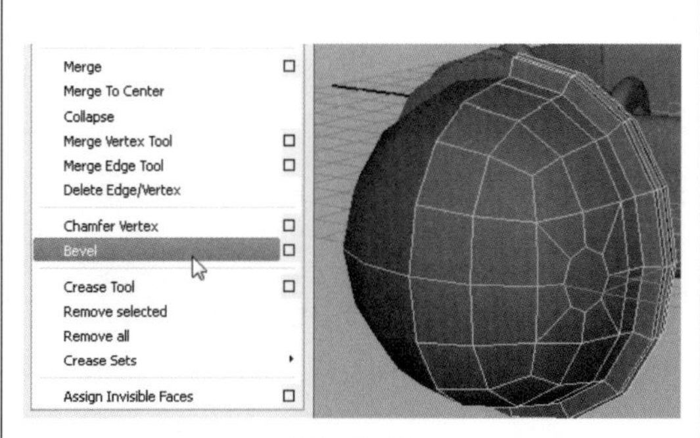 图　2-73
26）按<Delete>键将倒角后的面和铃铛两侧圆形开口的面删除，如图2-74所示。	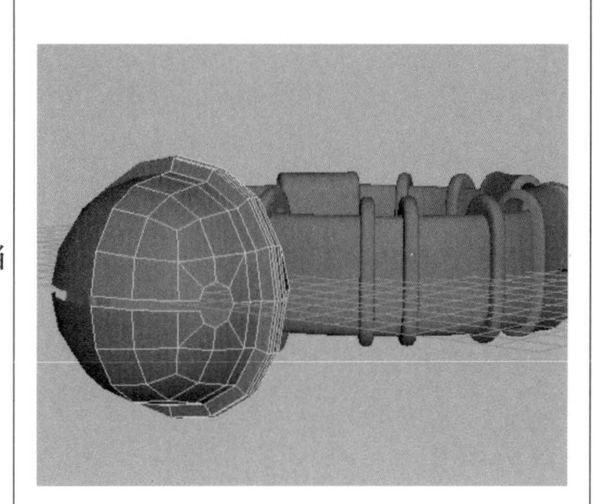 图　2-74
27）选择铃铛左右两侧各一半的模型，执行“Mesh”（网格）→“Combine”（结合）命令将选择的两个模型结合为一个模型，如图2-75所示。	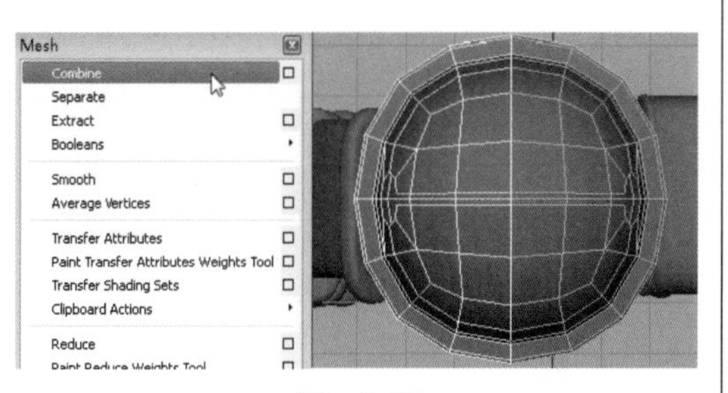 图　2-75

单元2

28）选择结合后的铃铛模型，执行“Edit Mesh”（编辑网格）→“Merge”（合并）命令对铃铛模型重合的点进行合并操作，“Merge”（合并）属性中的“Threshold”（阈值）修改为0.0010，如图2-76所示。

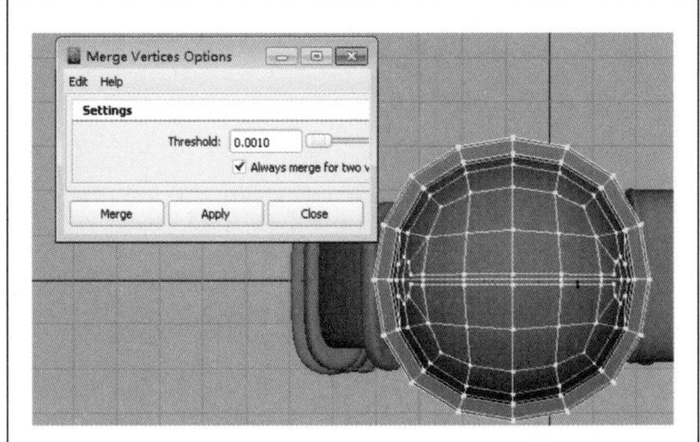

图　2-76

29）执行“Edit Mesh”（编辑网格）→“Extrude”（挤出）命令对铃铛开口处的一圈边进行挤出操作，将挤出后的边往内侧移动，以做出开口处厚度的效果，如图2-77所示。

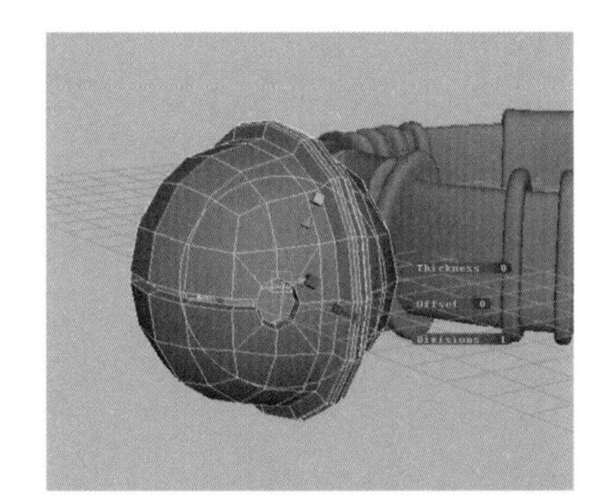

图　2-77

30）选择挤出后的边，执行“Edit Mesh”（编辑网格）→“Extrude”（挤出）命令对边再次进行挤出操作，在模型内部挤出厚度，以达到防止开口处穿帮的目的，如图2-78所示。

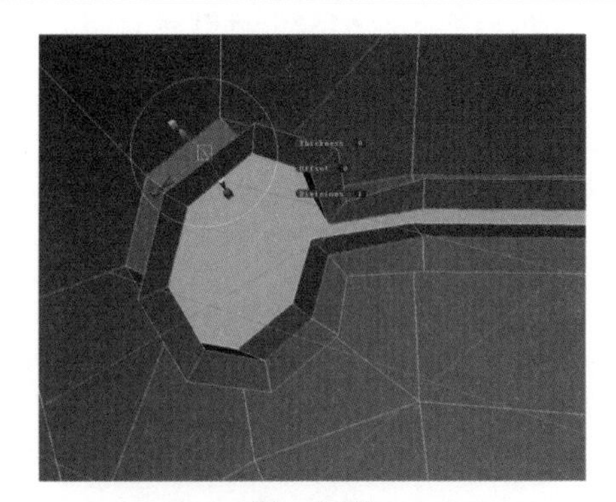

图　2-78

31）在“Side”（侧）视图中对铃铛前侧的点进行移动，将选择的点沿Y轴适当放大，以调整铃铛侧面的圆弧度，如图2-79所示。

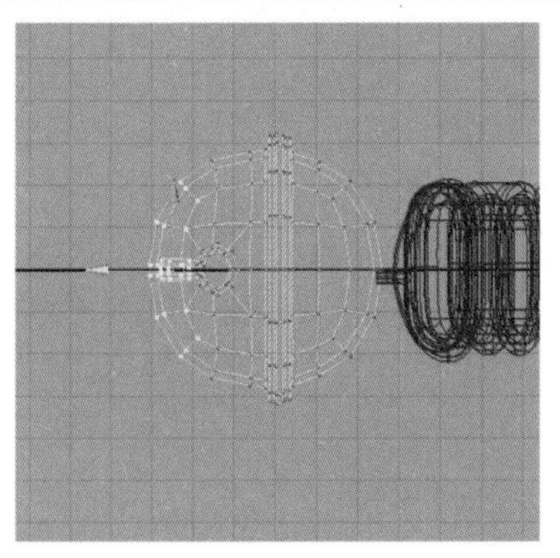

图　2-79

单元2

32）按<Insert>键进入中心点编辑模式，再按<V>键进入点吸附编辑模式，将铃铛的中心点吸附到模型的尾部中心处，再次按<Insert>键将取消中心点编辑模式，这样做的目的是为了方便对铃铛进行旋转操作，如图2-80所示。 技法点拨：按<Insert>键进入中心点编辑模式，按<V>键进入点吸附编辑模式。	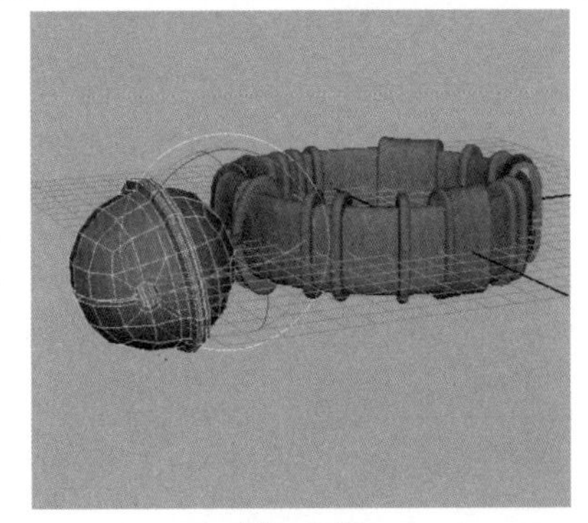 图　2-80
33）当铃铛模型制作完成后，根据图2-1对铃铛进行旋转操作，调整出合理的形态，如图2-81所示。	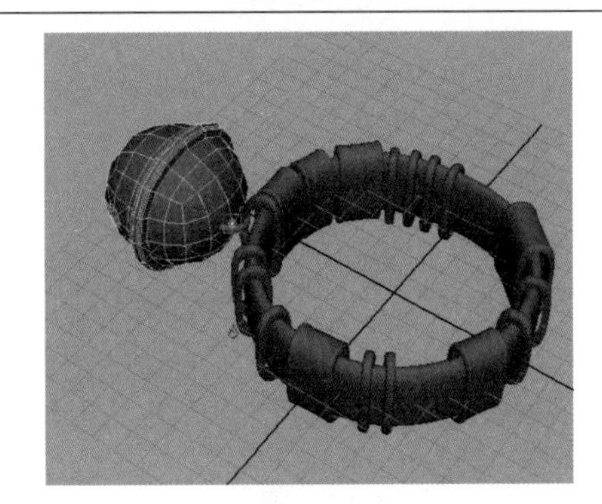 图　2-81
34）当前制作的脚环的模型已经完成了，如图2-82所示。	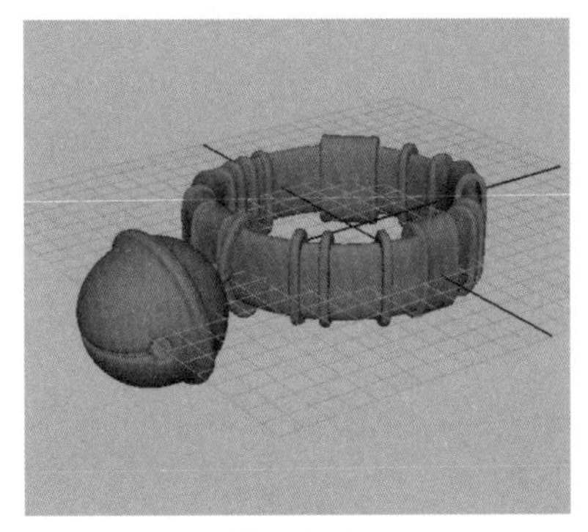 图　2-82

知识归纳

在本道具模型的制作中，涉及多个多边形建模命令，包括“Extrude”（挤出）、“Smooth”（平滑）、“Insert Edge Loop Tool”（插入循环边工具）、“Split Polygon Tool”（分割多边形）、“Combine”（结合）、“Merge”（合并），以及“Duplicate Special”（特殊复制）等命令，这些命令对于日后学习道具、场景、角色等多边形建模是非常重要的，下面先重点讲解以下几个命令。

1．“Extrude”（挤出）

修改多边形形状的一个重要方式就是从一个简单的基本多边形结构向外延展，逐渐形成一个复杂形状。“Extrude”（挤出）命令经常用于在一个表面上挤出新的面。

选择面或点、边，执行“Edit Mesh”（编辑网格）→“Extrude”（挤出）命令可以将多边形的顶点、边和面向外延伸出来。

挤出命令的操作结果可以通过操作手柄直接控制。面的挤出如图2-83所示。

提示：当挤出对象为多个连续的面或边，就存在挤出后新产生的面是否相连的问题，这是由“Edit Mesh”（编辑网格）→“Keep Faces Together”（保持面连续）选项的状态决定的。

对“保持面连续”不同的挤出效果如图2-84所示。参数设置如图2-85所示。

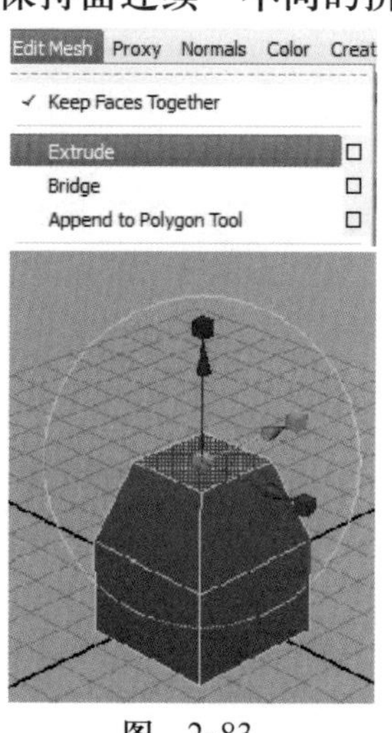

图 2-83

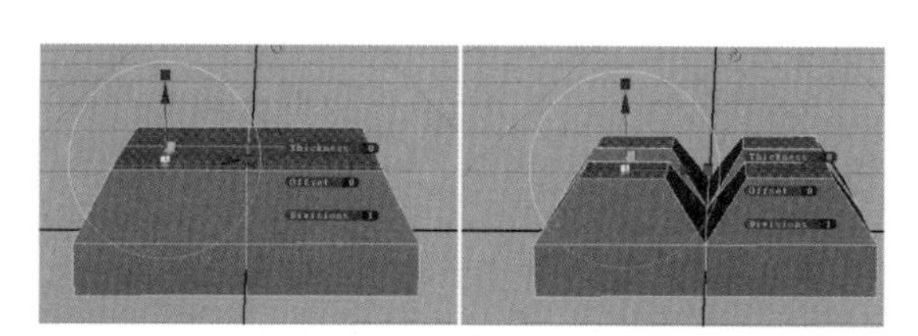

图 2-84

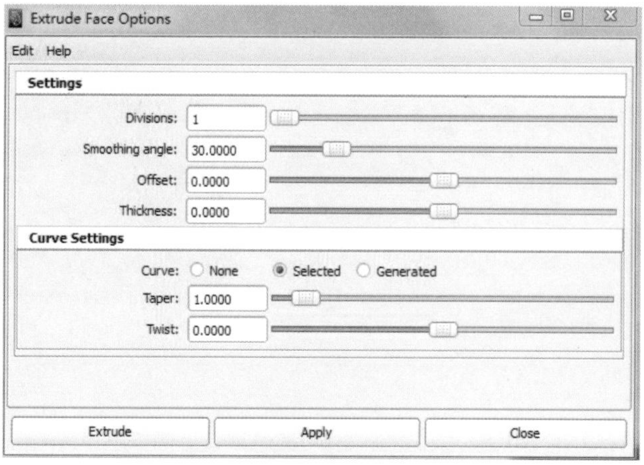

图 2-85

主要参数如下：

“Divisions”（分段）：每次执行“Extrude”（挤出）命令的挤出次数。

“Thickness”（厚度）。

“Offset”（偏移）：每次挤出的面比原始扩展或收缩的幅度值（正值收缩，负值扩展）。“Divisions”为3，“Offset”为0.3，“Thickness”为1的挤出效果如图2-86所示。

“Taper”（锥度）：当“Curve”（曲线）的“Select”被选中时，选项激活，代表在挤出过程中逐渐消减或扩大效果。“Divisions”为20，“Taper”为0.3的挤压效果如图2-87所示。

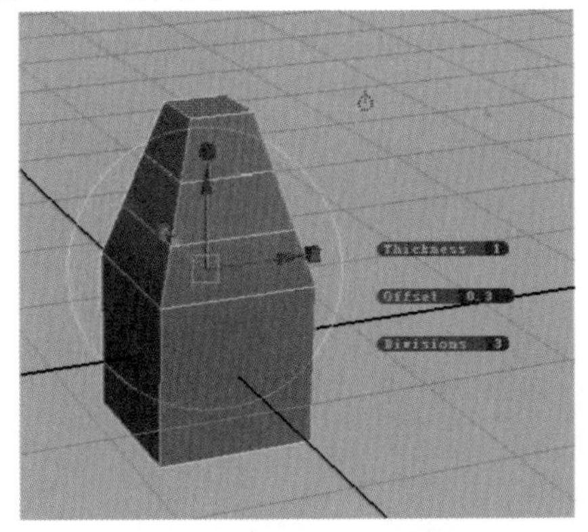

图 2-86

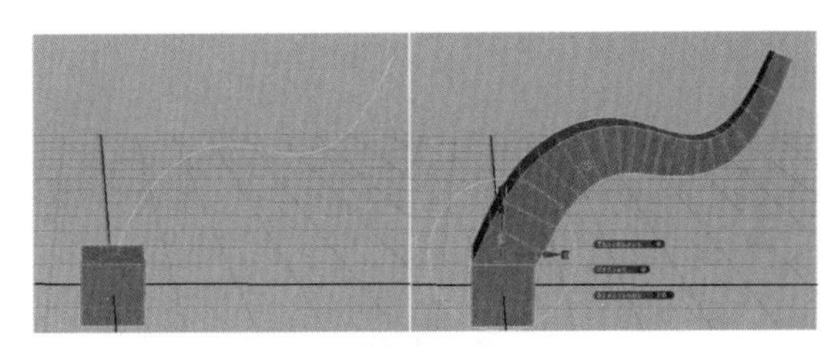

图 2-87

“Twist“（扭曲）：当”Curve“（曲线）的“Select”被选中时，选项激活，控制面在挤出过程中逐渐旋转的角度。“Divisions”为20，“Taper”为0.3，“Twist”为180的挤出效果如图2-88所示。

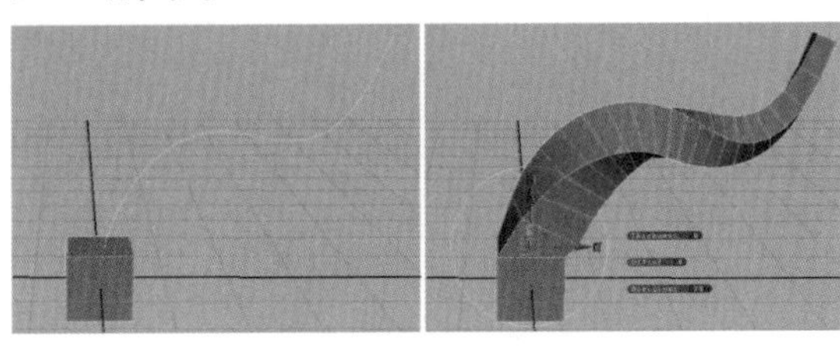

图 2-88

2. “Insert Edge Loop Tool”（插入循环边工具）

使用“Insert Edge Loop Tool”（插入循环边工具）可以在多边形的连续四边面上添加首尾相接的分割线。

执行“Edit Mesh”（编辑网格）→“Insert Edge Loop Tool”（插入循环边工具）命令，然后在模型的一条边上拖曳鼠标，观察新插入切分线的位置与走向。插入环形边线，松开鼠标完成操作，如图2-89所示。

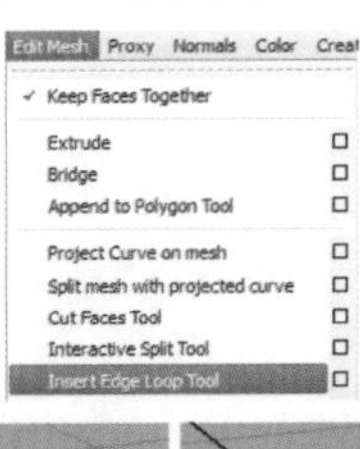

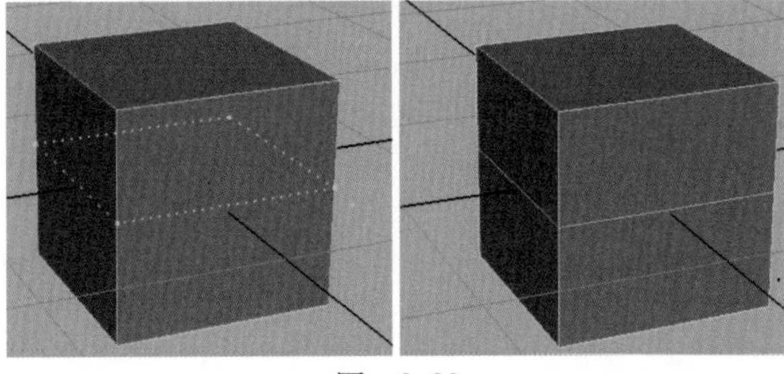

图 2-89

3．“Split Polygon Tool”（分割多边形工具）

使用“Split Polygon Tool”（分割多边形工具）可以在多边形模型上添加新的边、点、面，增加更多细节，以便进一步调整造型，是一个非常有效的建模工具。

<Shift>键+右键单击多边形→“Split”→“Split Polygon Tool”（分割多边形工具），在边上滑动添加点，再在另一条边滑动添加点，按<Enter>键确定。使用分割多边形工具加线，如图2-90所示。

提示：此工具默认设置分割线起点、过程点和终点都必须在原有结构线上。

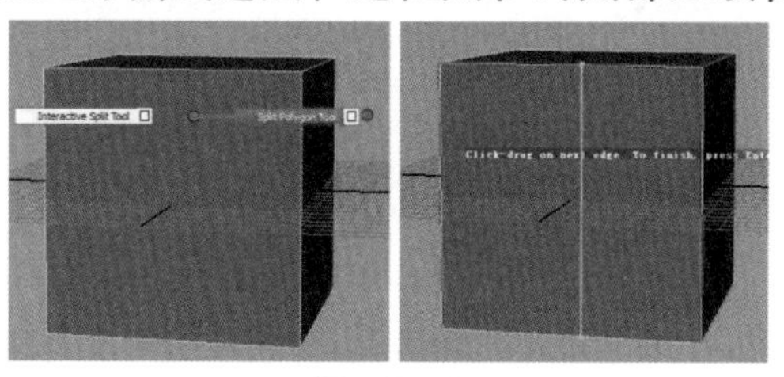

图 2-90

4．“Chamfer Vertex”（倒角顶点）

“Chamfer Vertex”（倒角顶点）命令将指定的多边形顶点切掉，形成一个新的面。

选择多边形的顶点，执行“Edit Mesh”（编辑网格）→“Chamfer Vertex”（倒角顶点）命令，如图2-91所示。

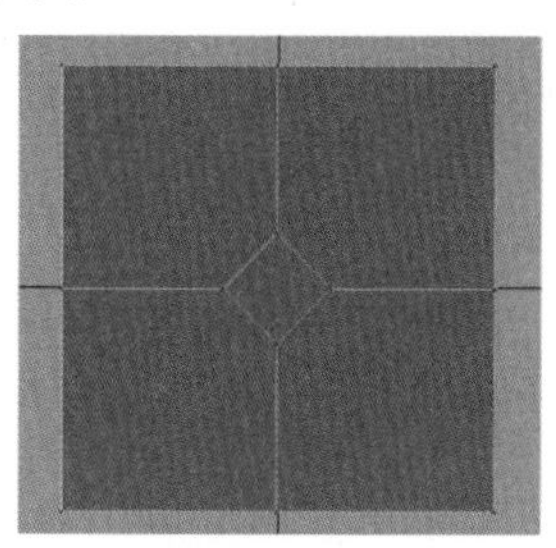

图 2-91

5．“Duplicate Special”（特殊复制）

该命令经常用于左右对称的建模方式，比如，本例中制作出一半模型后，通过在复制选项窗口中设置反方向镜像复制，制作出另一半，再对模型进一步编辑。人头建模也经常采用这种方式。

执行“Edit”（编辑）→“Duplicate Special”（特殊复制）命令设置“Instance”（关联），并在“Scale”（缩放）设置相应的反方向。X轴方向关联复制如图2-92所示。

完成复制后的效果如图2-93所示。

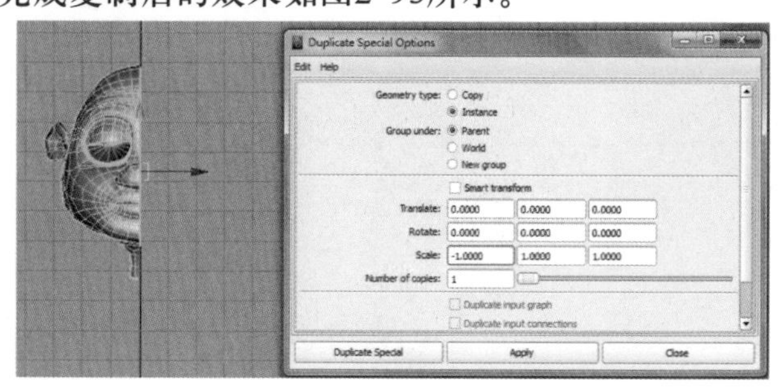

图 2-92

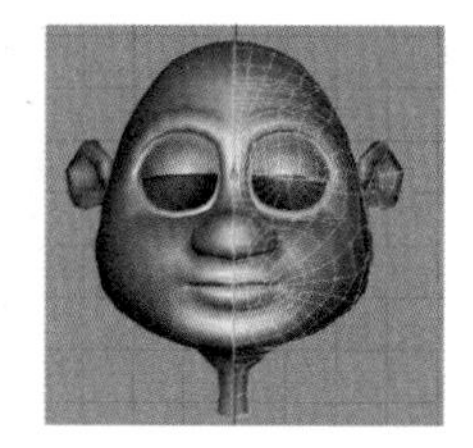

图 2-93

子任务3　制作脚环的材质

根据要求，为模型主干赋予红色绳结纹理贴图，为各个装饰设置金属材质编辑制作贴图。

制作流程

脚环的材质共分为两种：金属质感和丝线。为了减少贴图文件，提高计算机的运行效率，可以选择所有部件用一张整体绘制的贴图完成材质设置。

<table>
<tr>
<td>1）打开模型文件，在材质编辑器中新建一个“blinn3”（布林）材质，将其命名为“blinn3_jiaohuan”，如图2-94所示。</td>
<td>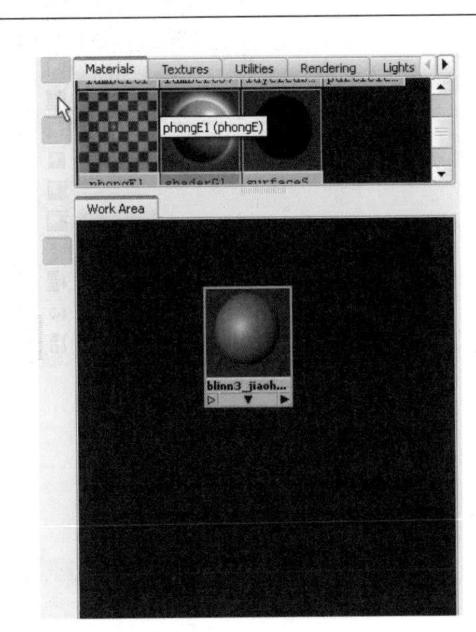

图　2-94</td>
</tr>
<tr>
<td>2）下面为“blinn3”（布林）材质添加贴图纹理。选择视图中的“blinn3_jiaohuan”材质球，双击鼠标弹出对话框，如图2-95所示。</td>
<td>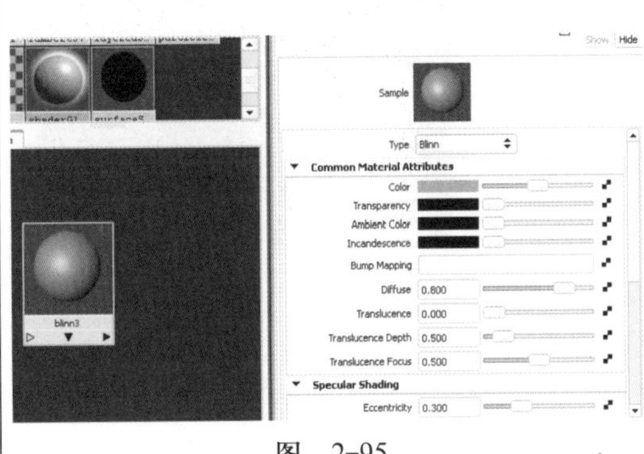

图　2-95</td>
</tr>
<tr>
<td>3）双击黑白棋盘格图案，如图2-96所示。</td>
<td>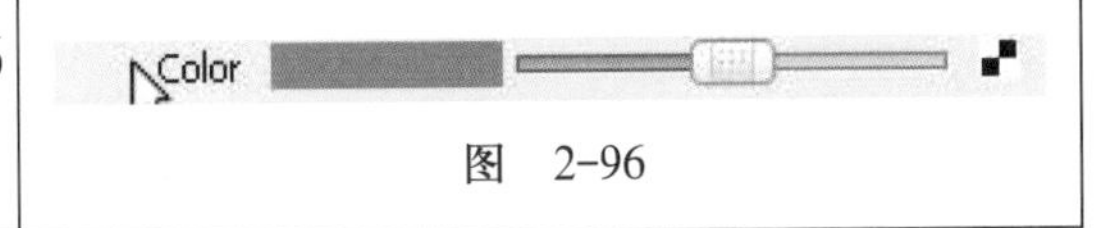

图　2-96</td>
</tr>
</table>

4）在弹出的菜单中选择“File”命令，如图2-97所示。

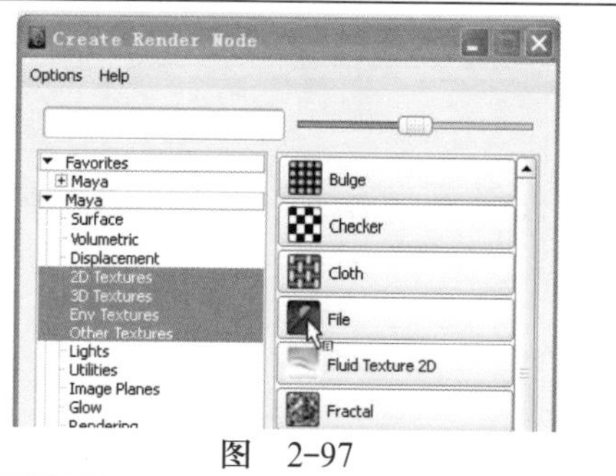

图 2-97

5）“blinn3_jiaohuan”材质球已经连接上一个“File”（文件纹理），如图2-98所示。

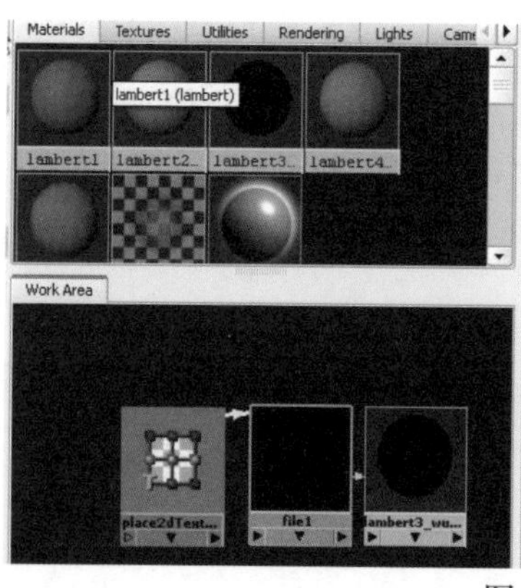

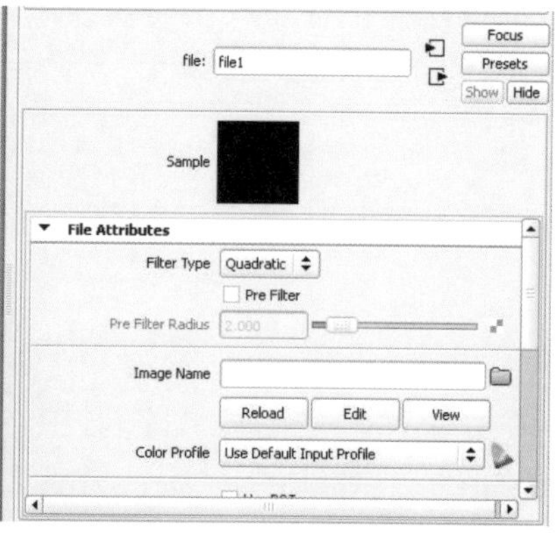

图 2-98

6）双击“Image Name”（图片名称）后的，找到贴图文件所在的位置，如图2-99所示。

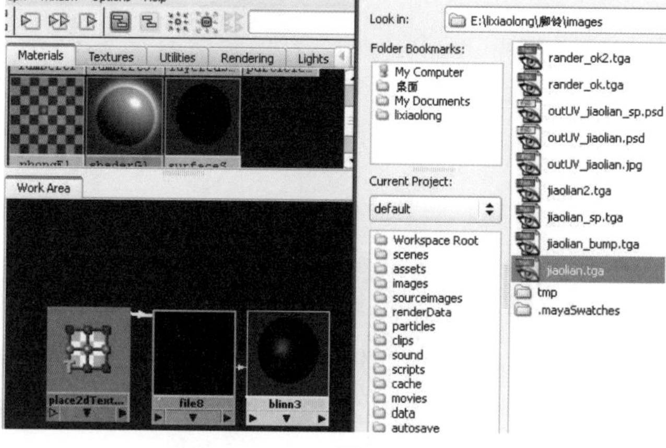

图 2-99

7）把材质球的贴图赋给模型，如图2-100所示。

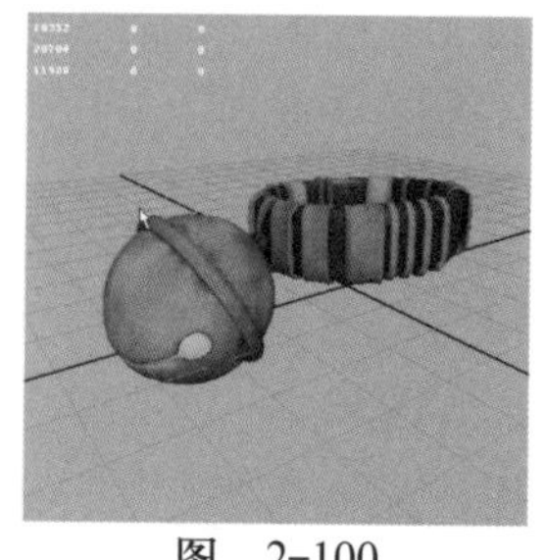

图 2-100

单元2

8）最终渲染，如图2-101所示。	 图　2-101

知识归纳

1．着色网格

1）着色网络是指连接渲染节点的统称，它将定义颜色和纹理如何（通常与灯光一起）有助于改进曲面的最终外观（材质）。着色网络通常由插入着色组节点中的任意数量的连接渲染节点组成。

2）构建着色网络时，应尽量多关注如何将节点属性彼此连接在一起，如何调整节点属性以描述曲面的外观及其定位方式。着色网络如图2-102所示。

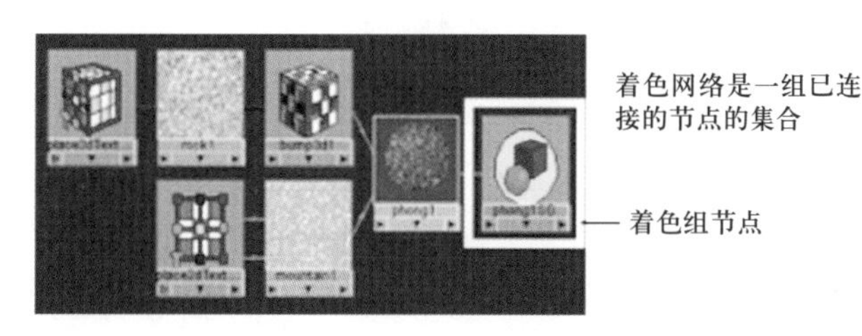

图　2-102

2．渲染节点

渲染节点是将其相互连接起来用作构建块以生成所有渲染效果的各个组件。类似于Maya 中的所有其他节点，可以为渲染节点设置动画或者将它们映射到其他节点的参数。

可以连接节点以创建所需的效果。还可以共享节点以创建可视关系和提高渲染效率。例如，两个对象可以共享单个纹理以使这两个对象外观相同，但这种方法的处理需求并不多。

节点属性描述了节点的一个方面。因此，调整节点的属性时，将调整其描述的一个方面。例如，可以将颜色属性从红色更改为蓝色。或者，也可以通过调整透明度属性，将不透明对象更改为透明。节点属性如图2-103所示。

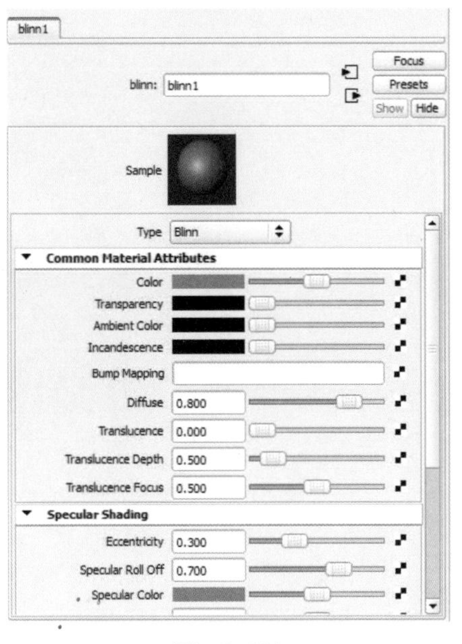

图 2-103

3．2D和3D纹理

纹理节点是一种可在映射到对象的材质后用于定义对象曲面在渲染后的显示方式的渲染节点。纹理节点（具有材质节点）添加到告知渲染器如何对曲面进行着色的“Shading Group”（着色组）节点中。纹理节点是由Maya或导入到Maya的可用做材质属性的纹理贴图的位图图像生成的程序纹理。不同属性（如颜色、凹凸和反射）上的纹理贴图会影响材质的外观。

1）2D纹理包裹对象，如礼品包装；或粘贴到平面，如墙纸，如图2-104所示。

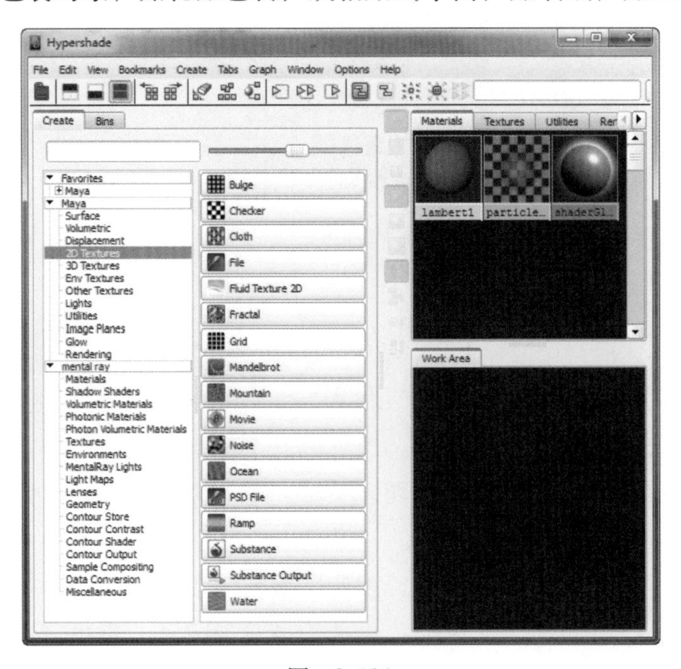

图 2-104

2）3D 纹理可以投影到对象，如大理石或木材中的纹理。使用 3D 纹理，对象看起来就像是由物体雕刻的，如岩石或木材。在场景视图中能够以交互方式缩放、旋转和移动 3D 纹理，以获得所需结果，如图2-105所示。

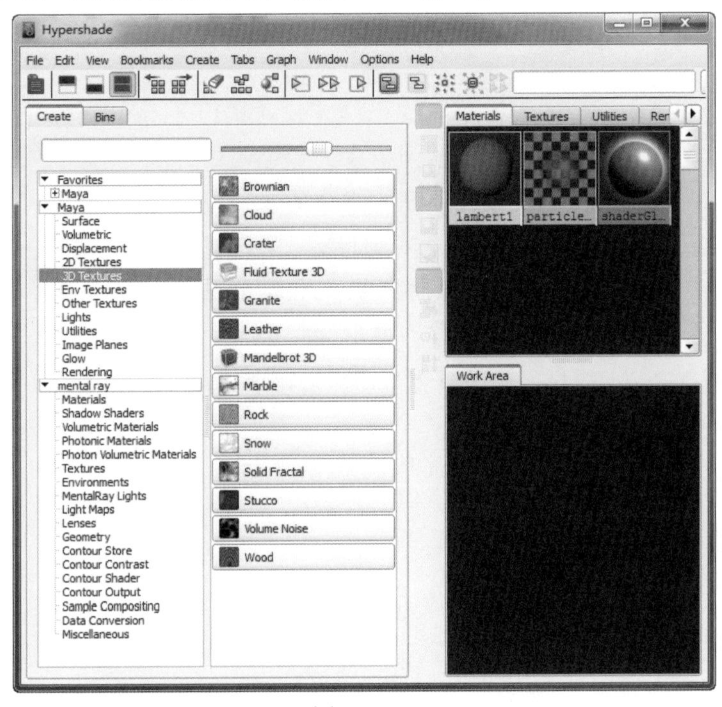

图 2-105

道具——莫夷脚环的制作评价表

评价标准	个人评价	小组评价	教师评价
1）能够使用“Create”（创建）菜单创建多边形基本物体，并通过输入节点编辑多边形参数，制作模型大致形态			
2）能够使用“Extrude”（挤出）命令对脚环装饰模型进行细节修改，基本符合原画形态			
3）能够使用“Insert Edge Loop Tool”（插入循环边工具）、“Split Polygon Tool”（分割多边形工具）编辑网格拓扑结构，将脚环细节处恰当处理			
4）能够使用“Smooth”（平滑）命令对物体进行平滑操作、使用“Bevel”（倒角）对选择的对象进行倒角操作，平滑度贴合设计稿			
5）能使用“Duplicate Special”（特殊复制）命令对选择对象进行复制并能使用“Combine”（结合）和“Merge”（合并）命令融合多边形对象，复制对称且结合处无穿帮			

备注：A为能做到；B为基本能做到；C为部分能做到；D为基本做不到。

任务2　道具——神坠的制作

任务描述

制作人员接到导演手绘的设计稿和CG效果图，如图2-106所示。制作要求：此道具为“神坠”，结构上从大到小，由外围的祥云样式和嵌套在中间的神石及挂绳、珠子组合而成，设计结合了中国古代的云纹和抽象的龙等纹饰。材质主要是半透明的白玉和绿玉及红色线绳。这件神坠是贯穿剧情始终的关键道具，它的造型取自运行旋转的云雾，在片中隐喻为默默守护。中间是蕴含着无尽力量的5种要素的神石，整体要充分体现出玉器的精湛工艺和唯美意境。制作时间为3小时。

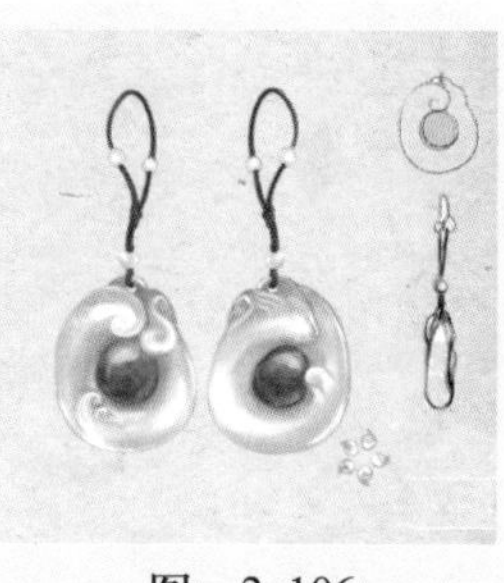

图　2-106

道具制作组的制作人员将按要求完成神坠的制作任务，建议学习10课时。

任务分析

从设计稿中可以看出神坠主要由类似云雾的不规则物体、中间球状神石和线绳珠子组成，根据先大后小由主及次的原则，将其分为3个子任务来完成制作。考虑到不规则形体要大量调点，因此，还是采用多边形建模方式，另外玉珠子要求圆润，挂绳要弧度自然，因此，这部分要用到NURBS曲面建模方式。

- 子任务1　制作神坠外形部分
- 子任务2　制作神坠的挂绳
- 子任务3　制作神坠、挂绳以及挂绳上的珠子的材质

学习目标

1）能使用基本物体来塑造神坠的外形部分。

2）能合理使用基本物体并适当删减面来进行神坠内部制作。

3）能使用“Extrude”（挤出）命令制作挂绳并使用曲线来对挂绳进行调整。

4）能使用“Smooth”（平滑）命令对物体变形后进行平滑处理。

子任务1　制作神坠外形部分

制作神坠的外形部分并制作神坠中心的圆。云雾等可以根据标准型“Torus”（圆环）创建神坠基本外形，结合CV绘制曲线和“Extrude”（挤出）命令制作祥云，最后使用“Combine”（结合）和“Bridge”（桥接）命令制作出神坠的基本形状。

制作流程

制作类似标准型的物体，应用Maya中的基本多边形开始制作，可以提高工作效率。

1）在Maya 2013软件中执行“Create”（创建）→“Polygon Primitives”（多边形基本体）命令，取消“Interactive Creation”（交互式创建）选项的选中状态，这样在创建物体的时候就可以让物体直接以原始大小创建在场景的中心位置如图2-107所示。这样也是为了方便以后对物体的操作。

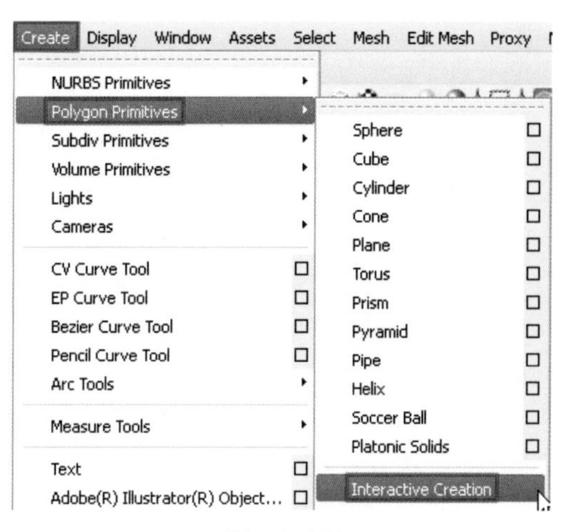

图 2-107

2）执行“Create”（创建）→“Polygon Primitives”（多边形基本体）→“Torus”（圆环）命令，在场景中创建出一个圆环物体，如图2-108所示。

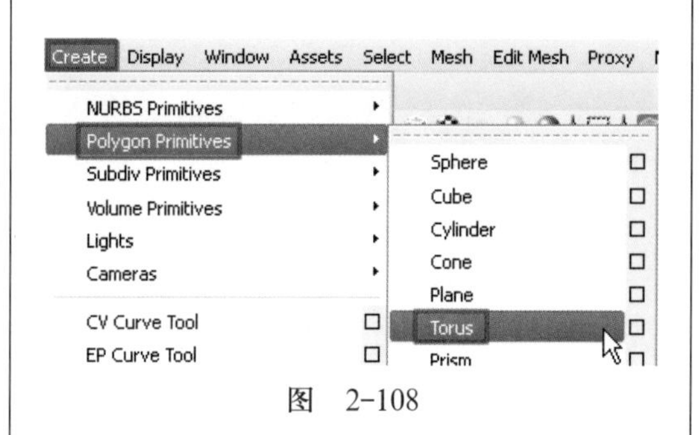

图 2-108

3）创建好圆环后，在右侧的属性栏的“INPUTS”（输入）选项卡中调整“Subdivisions Axis”（轴向细分数）选项和“Subdivisions Height”（高度细分数）选项的数值为16，对圆环的细分段数进行调整，如图2-109所示。

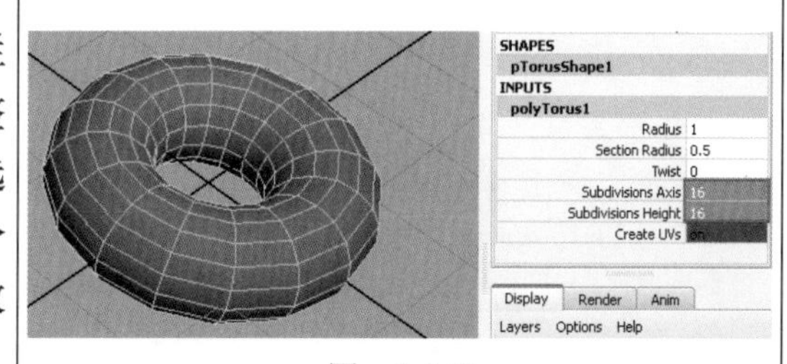

图 2-109

4）调整好段数后先对圆环进行Y轴的缩放，把圆环压扁一些，如图2-110所示。

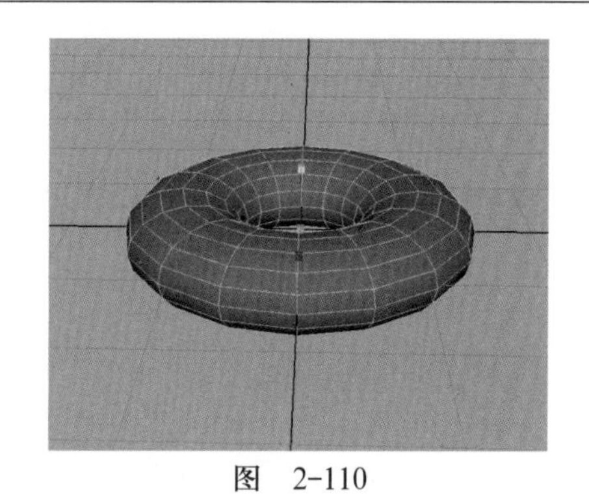

图 2-110

5）对圆环内部的部分面进行删除。这一步主要是为了放置中心的圆球，如图2-111所示。

技法点拨：在选择面时因为是整圈选择，所以可以先选择中间的一圈线，然后按<Ctrl+F11>组合键转换化面，再按<Shift+>>组合键可以扩大选择范围。这样就可以很容易删除中心一圈的面了，如图2-112所示。另外<Shift+<>组合键可以缩小选择范围。

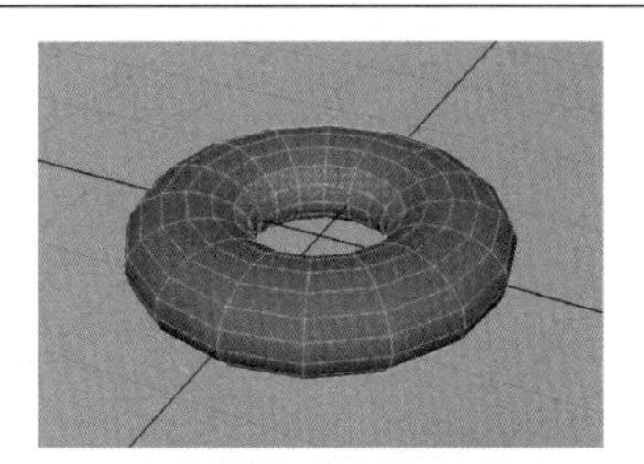

图 2-111

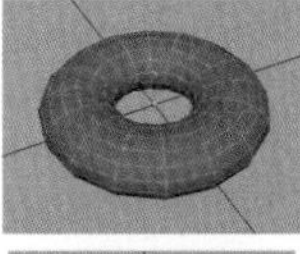
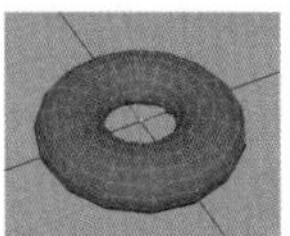
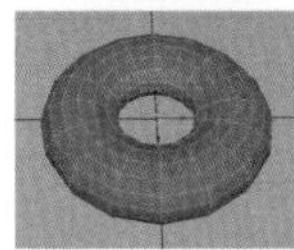
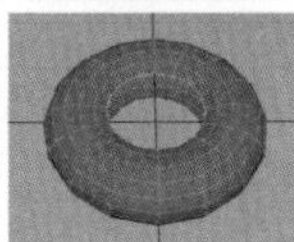

图 2-112

6）将圆环内部的面删除以后，可以调整外形形状。这里需要注意的是虽然外形像一条龙，上面的小形状很多，但是在制作这个外形的时候可以稍微考虑一下小的结构的位置，以便更好地进行后面的制作，如图2-113所示。

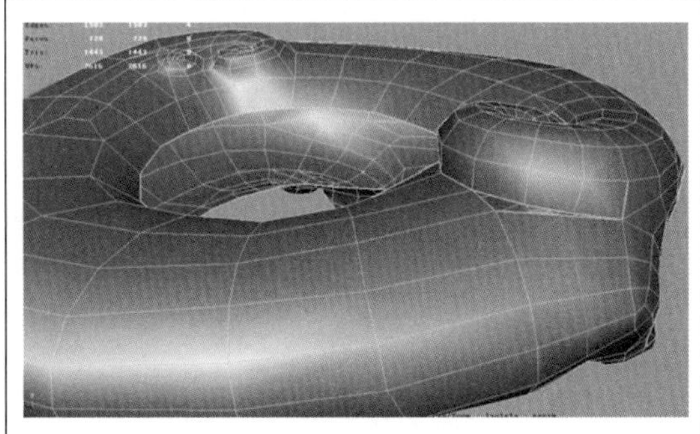

图 2-113

7）外形调整时单独调整每一个点、线、面是很浪费时间的，这里可以双击移动工具，在移动工具中选中“Soft Selection”（软选择）选项，快捷键是<B>键。按住<B>键单击鼠标可以对软选择的范围进行调整，如图2-114所示。

技法点拨：使用软选择工具可以对范围的点、线或面进行衰减式调整，软选择是有颜色区分的，最中心是以黄色标记也是受力最大的区域，逐渐向外是红色中等受力，最外围是黑色最少受力，如图2-115所示。

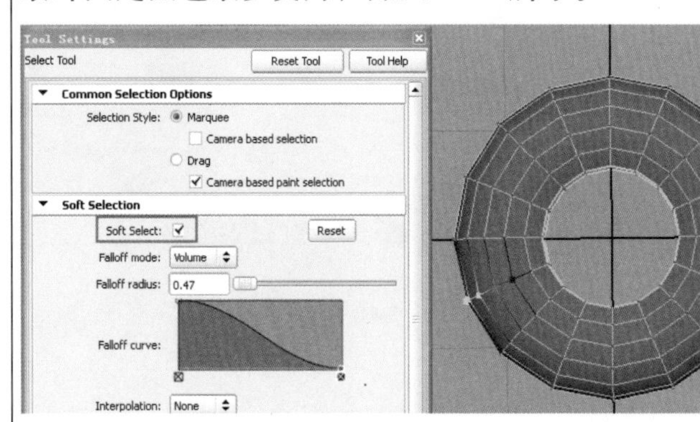

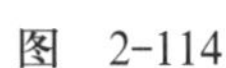

图 2-114

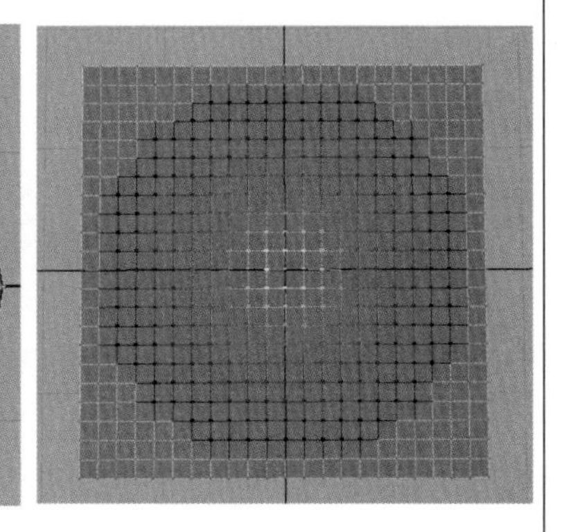

图 2-115

8）这时可以选择需要更改外形的点，按<B>键打开软选择。按住<B>键对软选择的范围进行调整。然后按<W>键使用移动工具对外形进行修整，如图2-116所示。

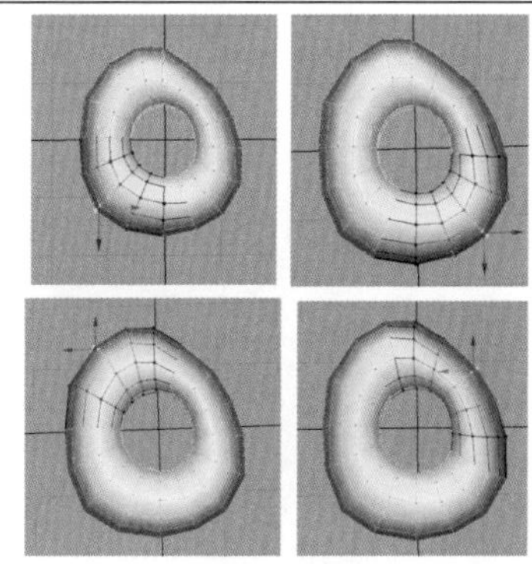

图 2-116

9）对外形的龙做了简单的调整以后，现在可以加上中间的圆形了。如果在绘画时知道圆形是由方形切出来的，那么这里就不直接创建圆球了，而可以考虑对Box进行“Smooth”（平滑）操作得到一个布线更好的圆形，如图2-117所示。

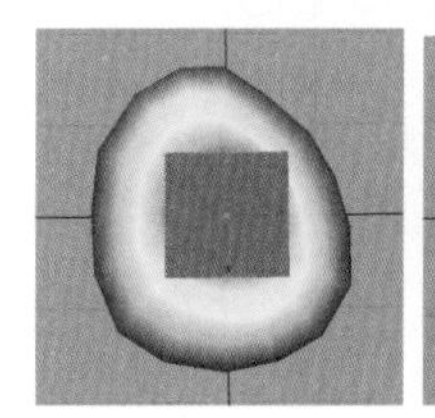

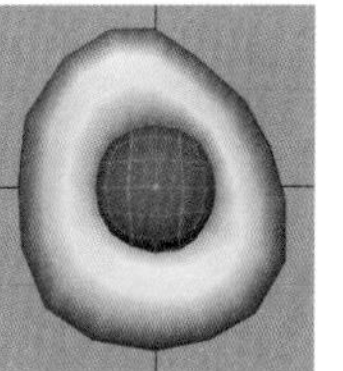

图 2-117

10）选中圆球，然后按<Shift+I>组合键单独显示中心圆球，接着把圆球中间的面删除，使用缩放工具对中心球体进行缩放，如图2-118所示。

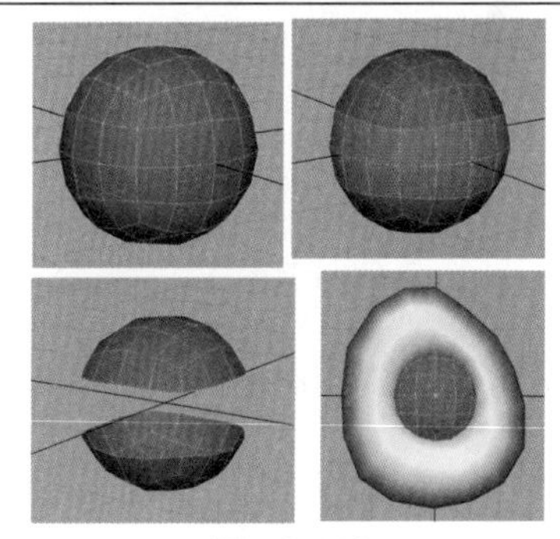

图 2-118

11）做到这里玉坠的基本型已经有了，接下来制作外环上的细节。把一些祥云的形状制作出来。制作前先来分析一下，之前说过这个形状看上去像一条龙，因此，在制作细节的时候可以考虑单独制作哪些祥云。

执行“Create”（创建）→“CV Curve Tool”（创建曲线工具）命令，创建一条祥云弯曲的形状曲线，如图2-119所示。

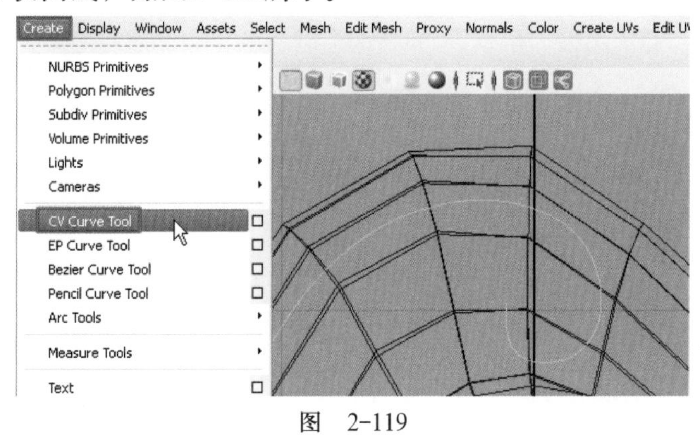

图 2-119

12）执行“Edit Curves”（编辑曲线）→“Rebuild Curve”（重建曲线）命令，在打开的设置对话框中设置分段数为16，如图2-120所示。

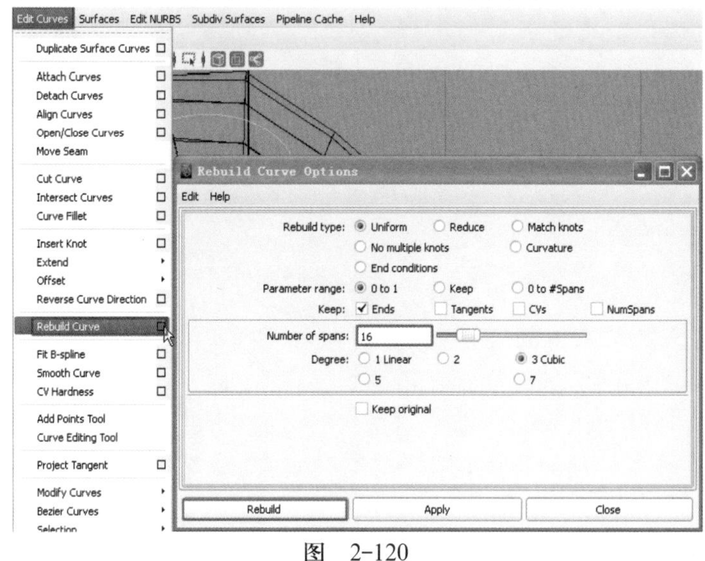

图 2-120

13）执行“Create”（创建）→“NURBS Primitives”（NURBS基本体）→“Circle”（圆环）命令创建一个圆环并使用缩放工具调整大小。先选择圆环再选择曲线执行挤出命令，如图2-121所示。

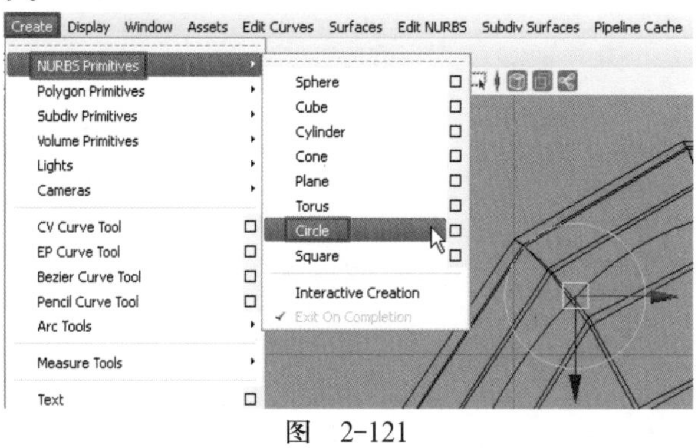

图 2-121

14）执行“Surfaces”（曲面）→“Extrude”（挤出）命令，挤出管状的形状，如图2-122所示。

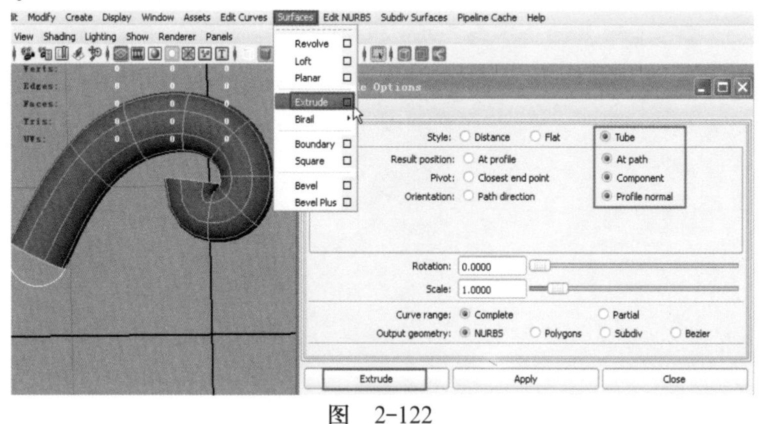

图 2-122

15）上一步挤出了祥云的管状物体，这里选择挤出的物体（也就是祥云的物体）然后在右侧的通道栏“INPUTS”（输入）选项卡中的“extrude1”（挤出1）中选择里面设置“Scale”（缩放）选项的数值为1.2，如图2-123所示。

技法点拨：按下鼠标滚轮拖动可以使祥云的尖端缩小，接着可以调整祥云的曲线来对物体进行一些形态的调整。

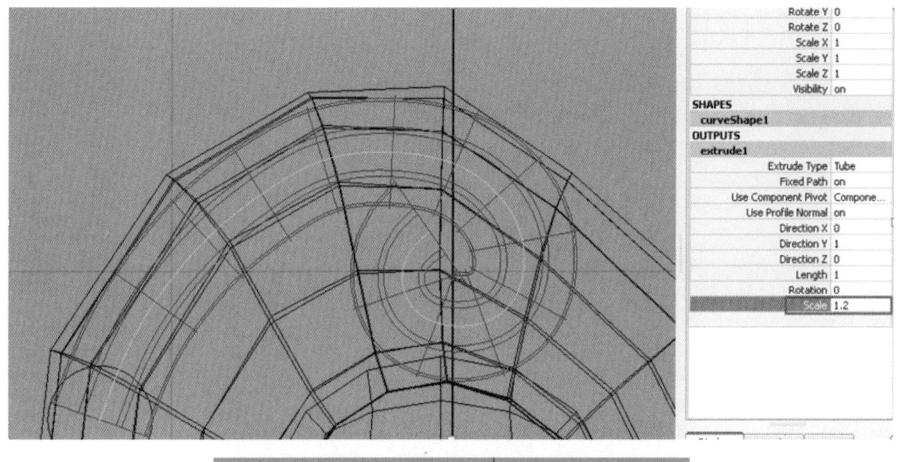

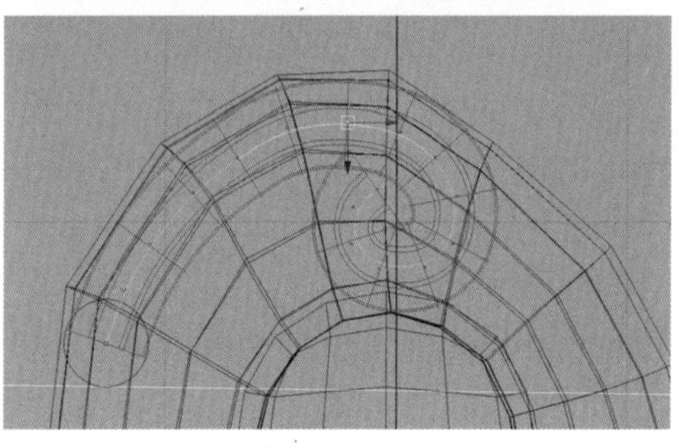

图　2-123

16）上面已经创建出了一个祥云的基本形态，但是创建出来的是NURBS物体。这里需要将NURBS物体转化为Polygon物体。

执行“Modify”（修改）→“Convert”（转化）→“NURBS to Polygons”（NURBS到多边形）命令，单击右侧的小方格设置参数，如图2-124所示。

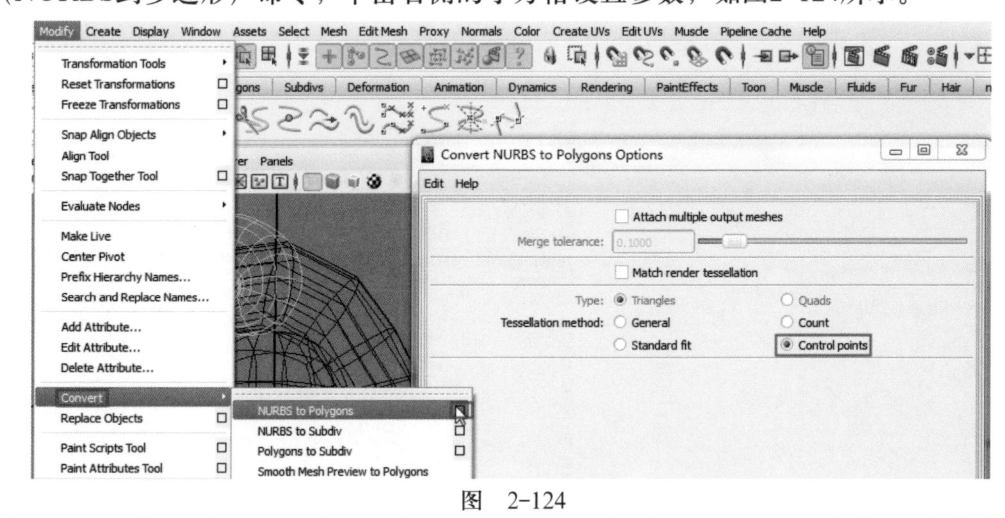

图　2-124

单元2

17）这样就把刚才的NURBS物体转化成了“Polygon”（多边形）物体了。接着选择刚转化的“Polygon”（多边形）物体，执行“Edit”（编辑）→“Delete by Type”（按类型删除）→“History”（历史）命令，删除历史记录。删除历史记录后将NURBS物体及刚才创建的曲线一并删除，如图2-125所示。

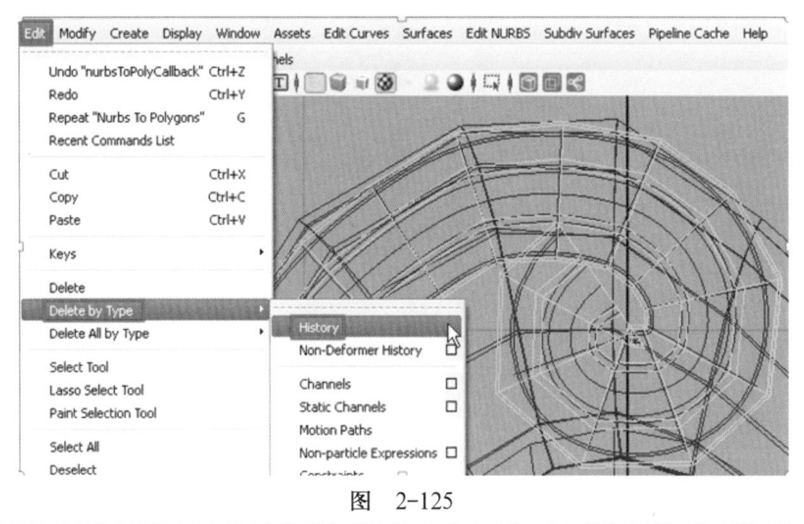

图 2-125

18）现在来看图2-106，在图2-106上不难看出上面的祥云有很多个，这里先按<Ctrl+D>组合键把刚才创建的祥云进行复制，并移动到需要祥云的位置，如图2-126所示。

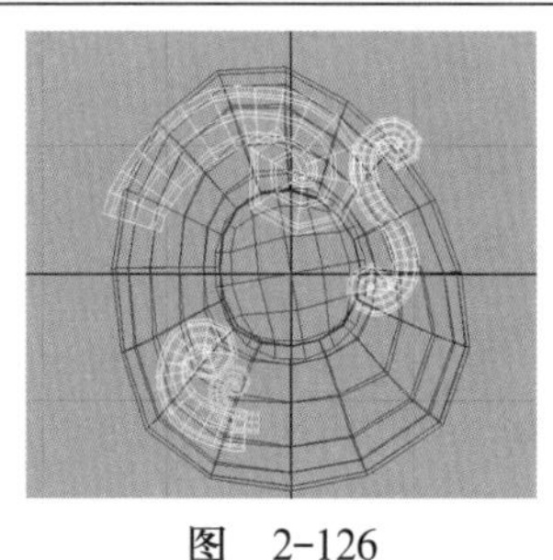

图 2-126

19）复制完成以后在层编辑器中创建一个层然后把复制出的这几个物体放置到层中，以便可以更好地编辑左上方的祥云，然后把层前面的V单击一下可以隐藏层中的物体，如图2-127所示。

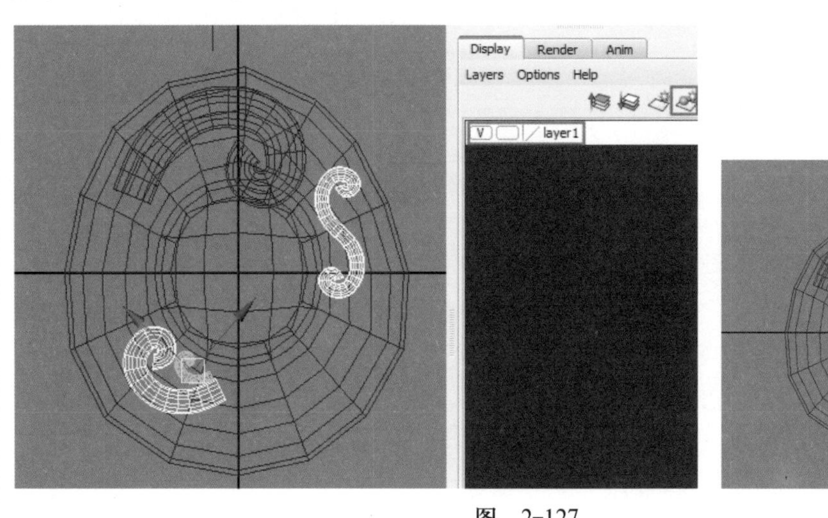

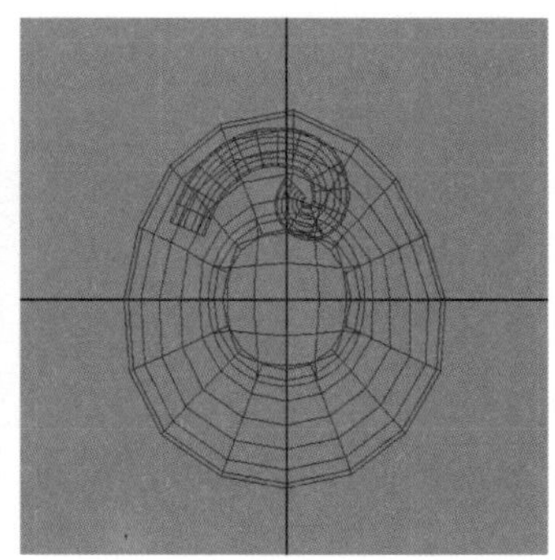

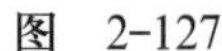
图 2-127

20）现在开始将要把祥云连接到外形的圈上，这里稍微有一点复杂，需要大家在制作这部分的时候多思考。首先先看到创建的祥云是一个圆柱形的，需要焊接到一起，首先要删除一部分面才可以更好地制作，这里先将祥云调整到外形的上面，然后删除部分面。尽量把祥云末端的线段与外形上的线段对齐，这里看到祥云上的线段太多，可以删除一部分，如图2-128所示。

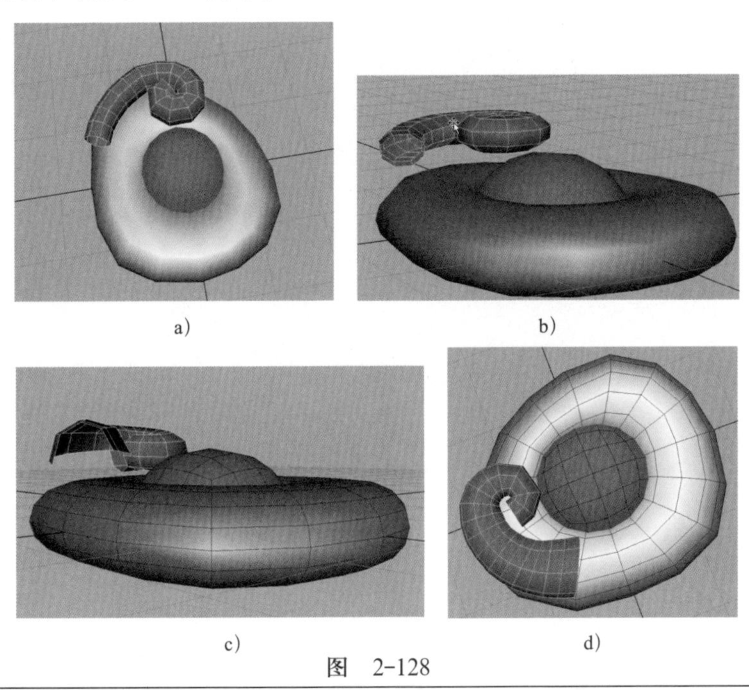

图 2-128

21）接着用同样的方法把神坠外形的面也删除一部分以便将祥云与神坠进行合并连接，如图2-129所示。

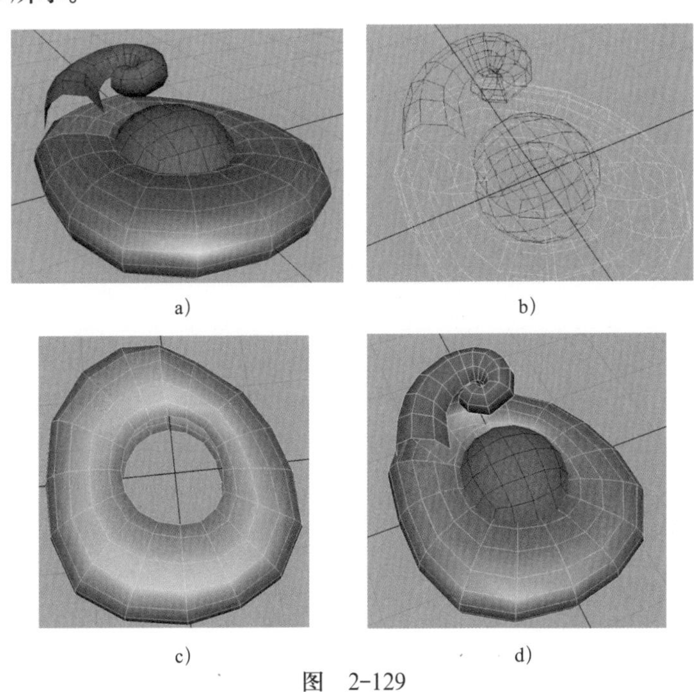

图 2-129

22）先选择两个物体，然后执行“Mesh”（网格）→“Combine”（结合）命令把两个物体结合为一个物体，这样可以对两个模型的点进行合并。选择两个物体的边缘点对物体进行合并，如图2-130所示。

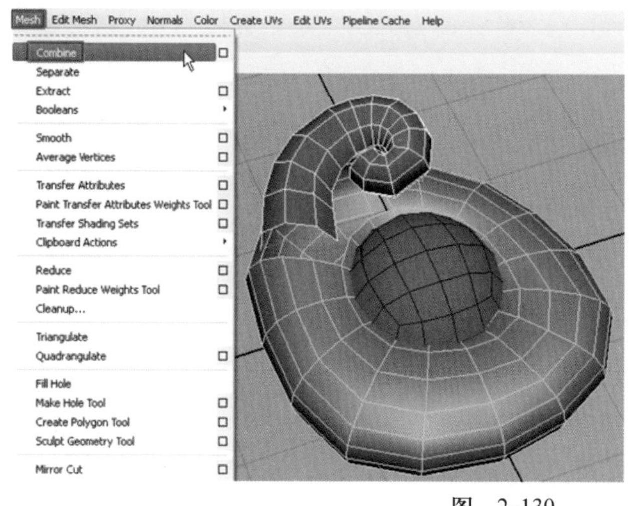

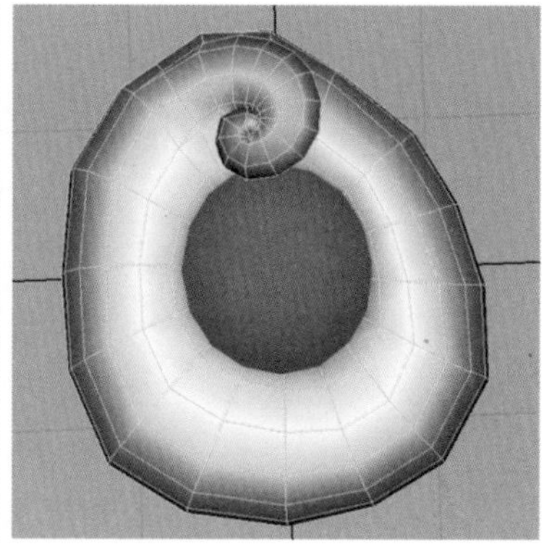

图 2-130

23）合并好模型以后现在已经将祥云连接到神坠外形上了。这时会看到祥云的形状还是有误差的。接着对祥云的线进行调整并在祥云旋转的位置把神坠外形上的面删除一部分，让祥云模型更接近原设计，如图2-131所示。

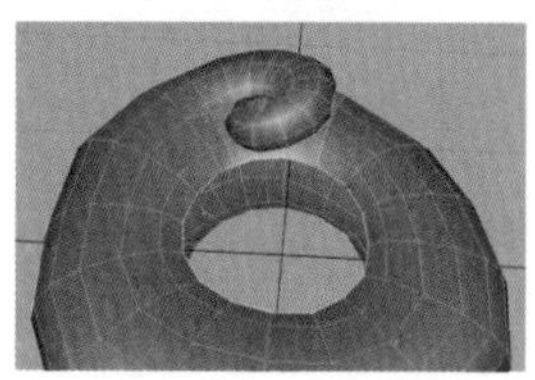
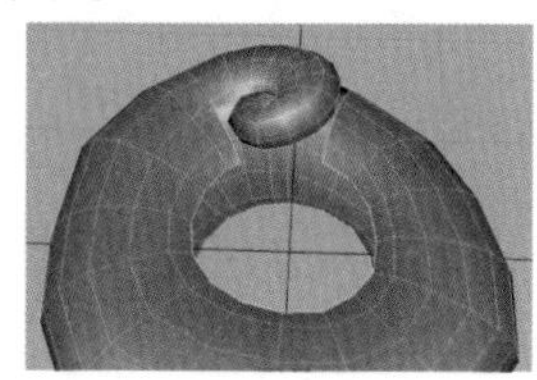

图 2-131

24）调整神坠外形上的点与祥云的点对齐。如果有对不到的点则可以加入一些线段，神坠外形与祥云对齐后可以焊接，如图2-132所示。

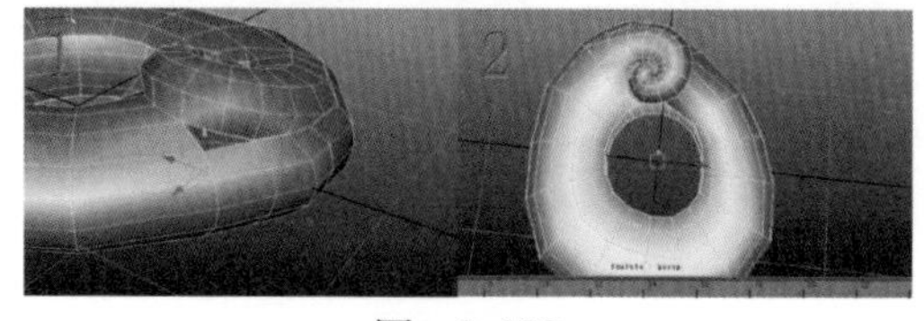

图 2-132

25）此时已经把所有点都焊接好了。但是现在看到外侧有两条很不协调的线，这里对它进行更改，如图2-133所示。

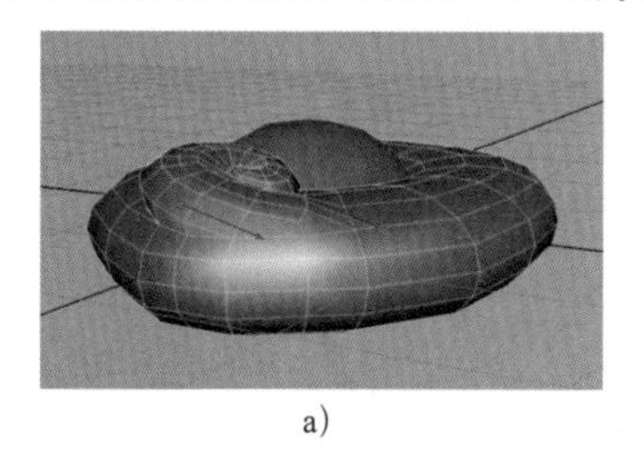
a)

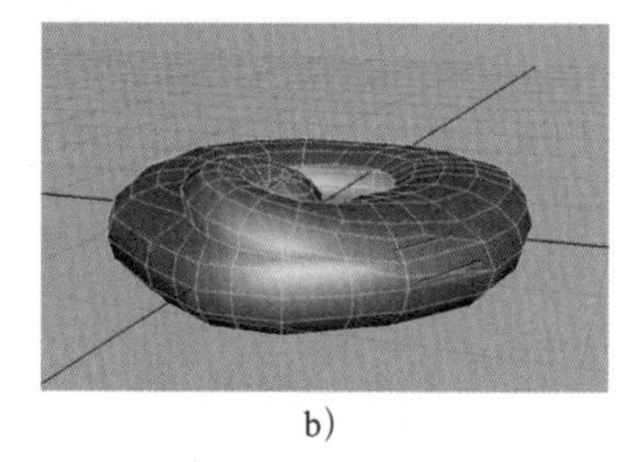
b)

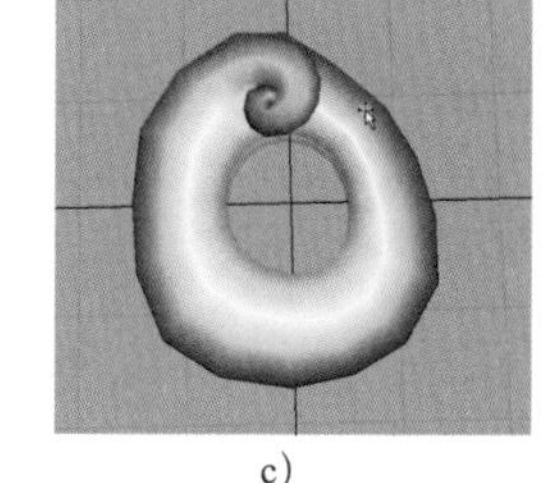
c)

图 2-133

26）此时已经把祥云与神坠合成到了一起。其他祥云也按这个方法把每一个都连接到神坠上。制作完成效果如图2-134所示。

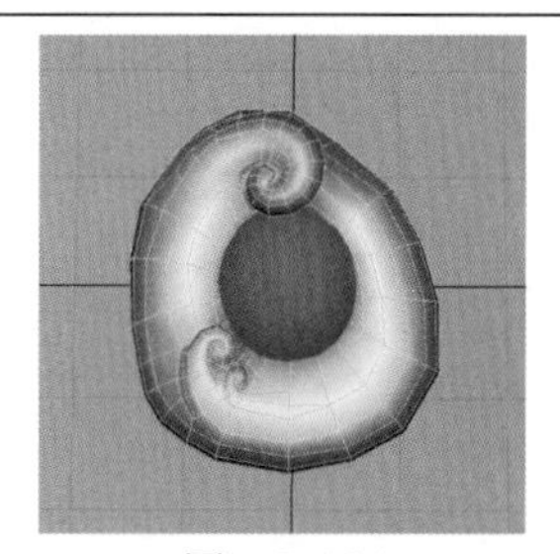

图 2-134

27）正面就只剩下一个S形状的祥云了，将在后面制作。旋转到背面，同样也有一个祥云，这里可以把前面制作好的祥云进行复制然后焊接在背面。选择正面祥云的面，执行“Edit Mesh”（编辑网格）→“Duplicate Face”（复制面）命令将选择的面复制为一个单独的物体，然后将通道栏的缩放Y改为−1，可以镜像到对面，如图2-135所示。

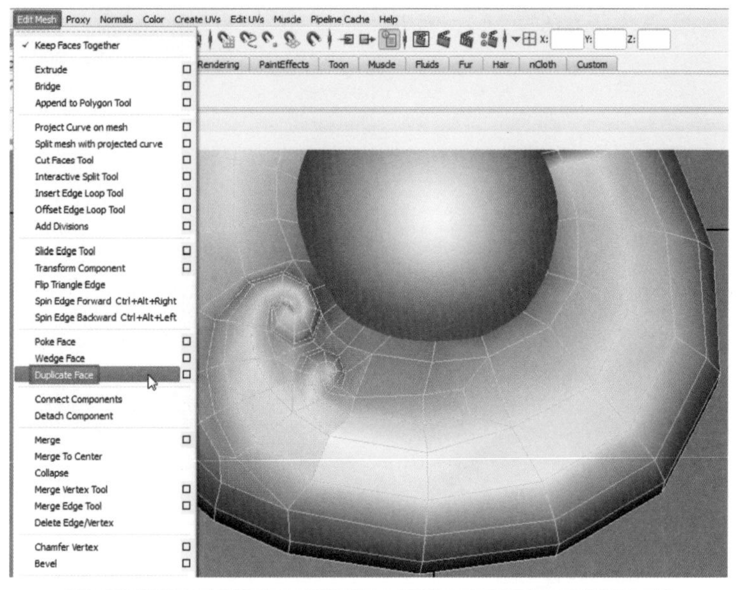

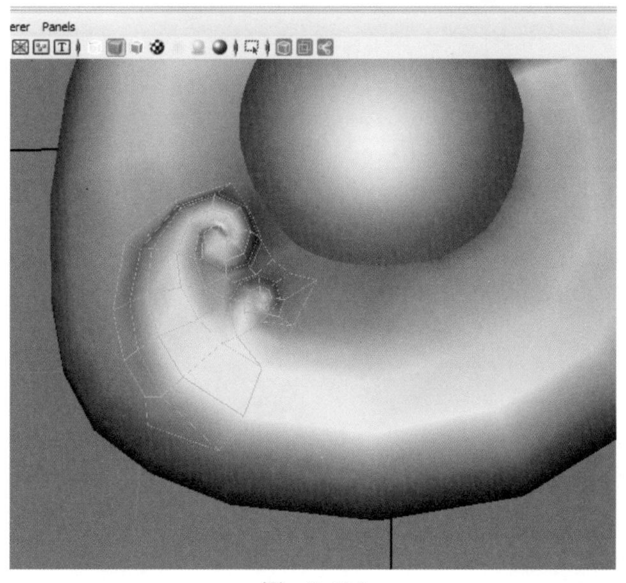

图 2-135

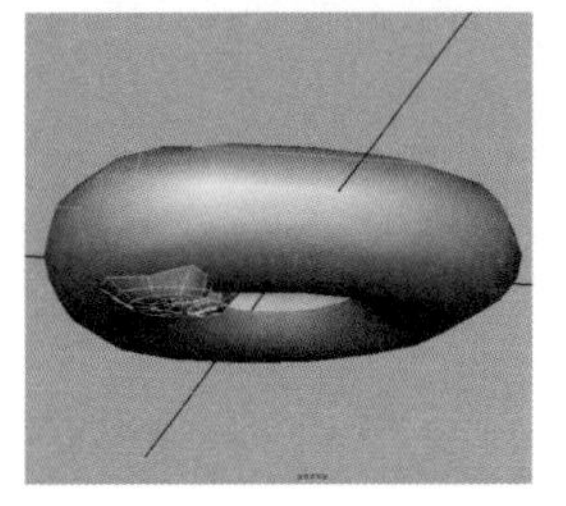
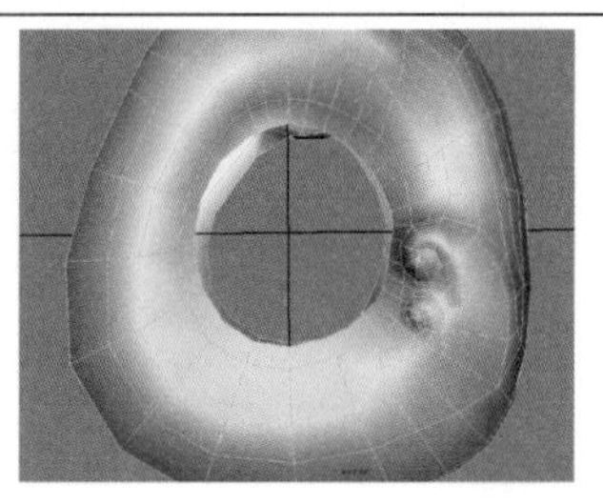

图 2-135（续）

28）现在基本的祥云都已经焊接上了，选择背面上面的有一个像龙头一样的结构。先把龙头的位置做个规划并进行制作。在龙头的前面把线段加成圆形，如图2-136所示。

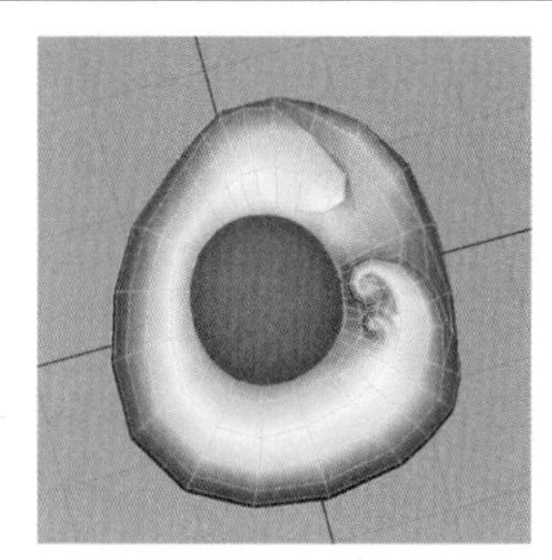

图 2-136

29）选择龙头的面执行一次挤出并对形态进行调整，如图2-137所示。

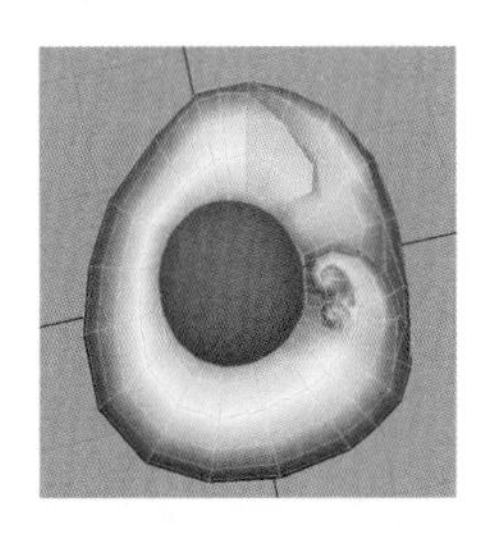
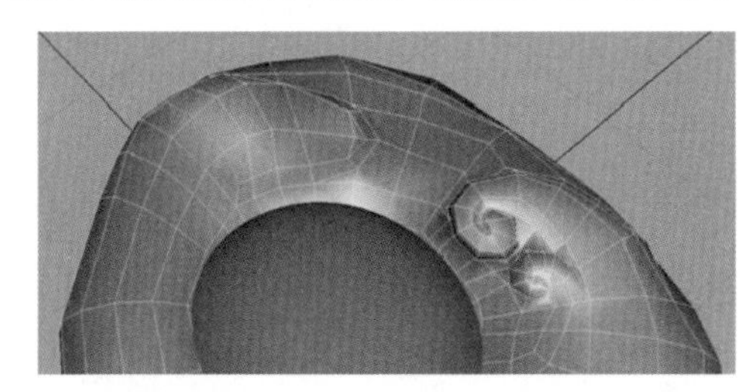

图 2-137

30）按前面讲过的制作祥云的方法，再复制一个祥云放置在左上龙头后面的位置并进行焊接，然后进行调整，如图2-138所示。

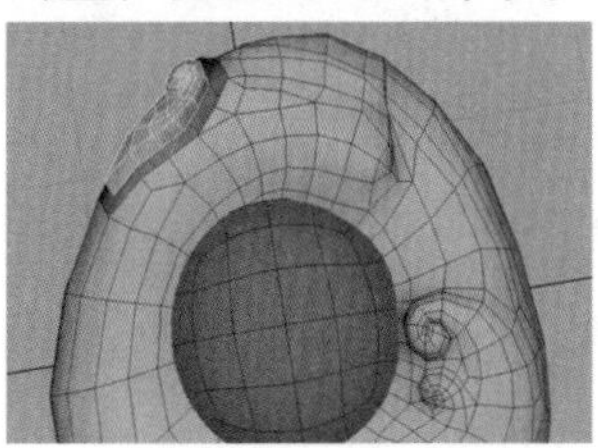
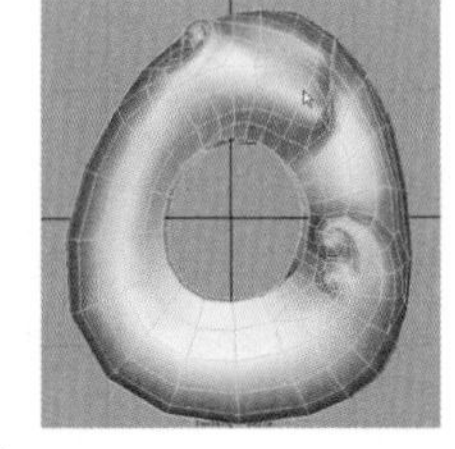

图 2-138

31）制作挂绳的地方。挂绳的地方需要多观察。选择部分面执行“Extrude”（挤出）命令来对模型上方进行挤压，然后对形状进行调整，尽量调整圆一些，如图2-139所示。

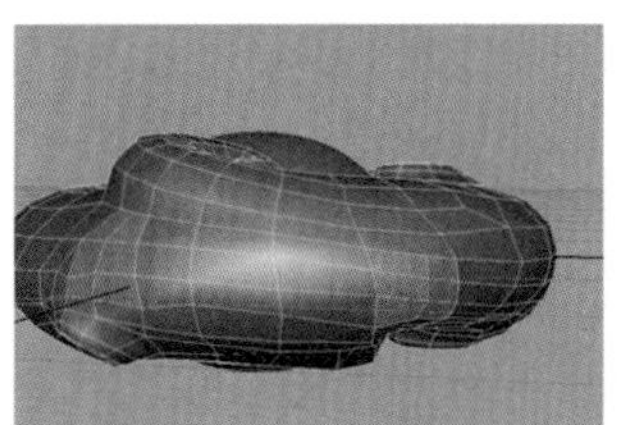
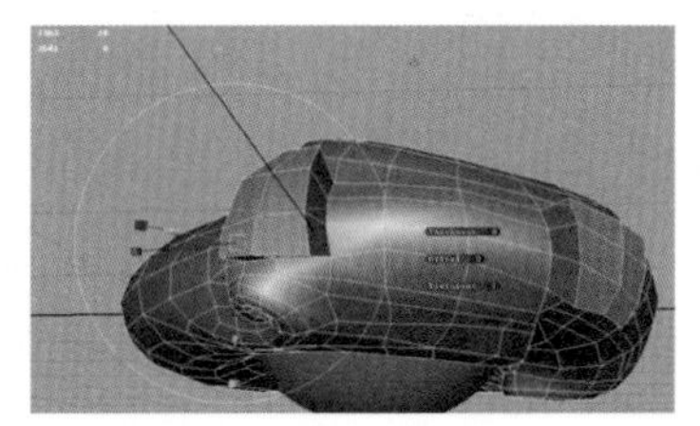

图 2-139

32）将顶部的边删除，成为一个面。选择这个面，执行“Edit Mesh”（编辑网格）→“Bridge”（桥接）命令，单击命令右侧的小方块，打开“Bridge”（桥接）属性对属性进行设置。设置好以后单击“Bridge”（桥接）按钮，如图2-140所示。

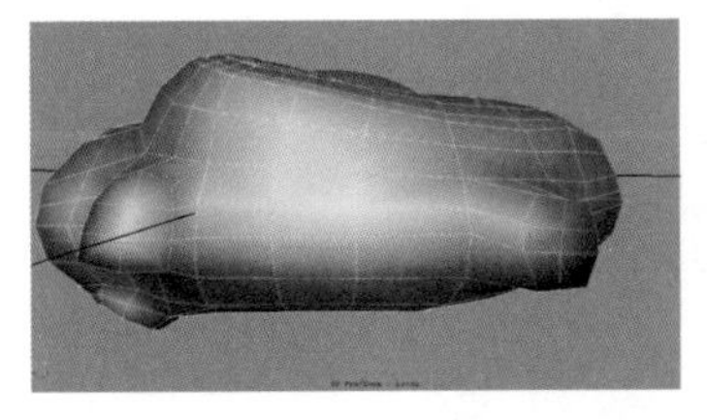
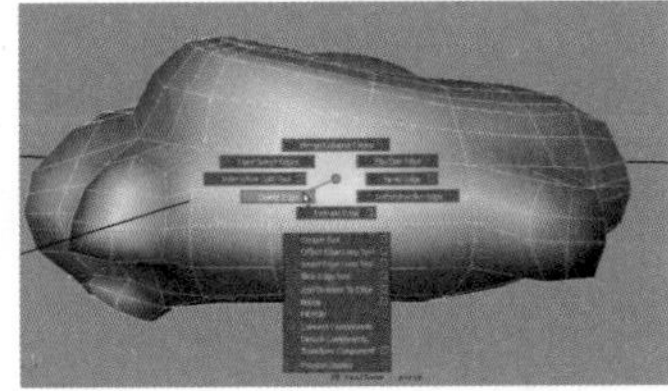

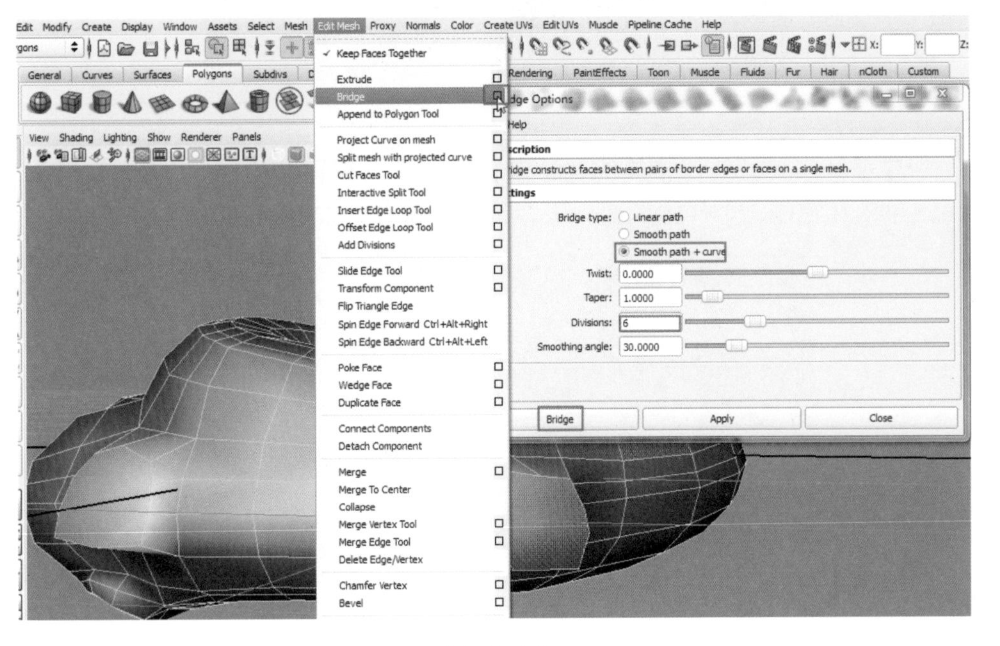

图 2-140

33）这里已经制作好了挂绳的圆环，然后对圆环进行调整，按<4>键，选择桥接中间的线。将线切换到点模式进行调整，如图2-141所示。

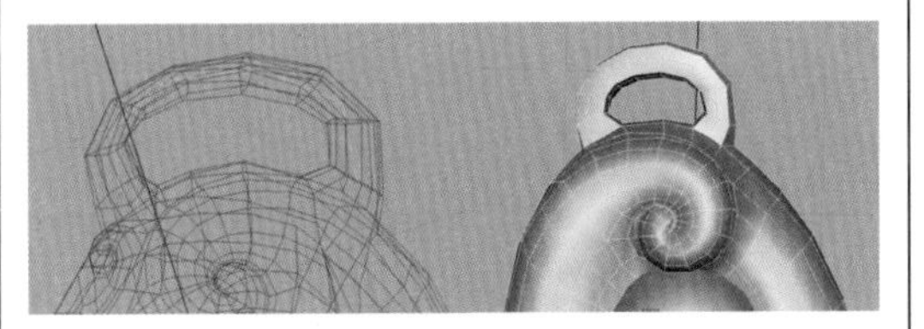

图 2-141

34）对挂绳的圆环进行详细调整，如图2-142所示。

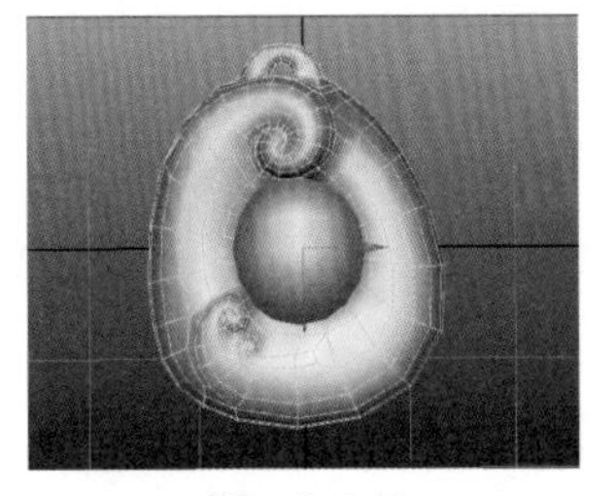

图 2-142

35）挂绳的地方制作好了，接下来对龙头上的细节进行刻画。这里需要增加一些线段。使用“Split Polygon”（分割多边形）画线，如图2-143所示。

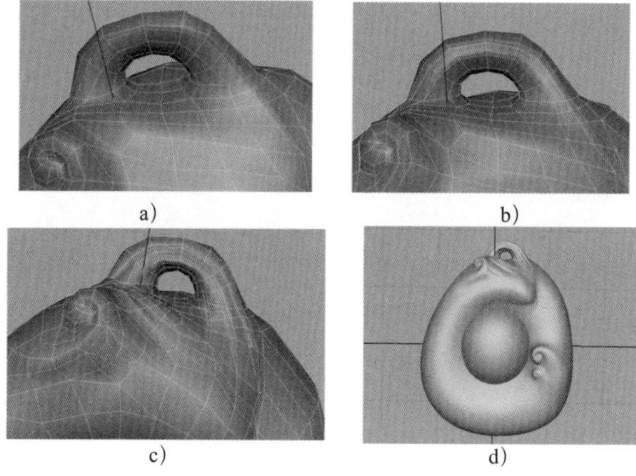

a) b) c) d)

图 2-143

36）到这里基本上已经把整体的神坠制作完成了。在正面还有一个S形的祥云没有制作。这里依然选择一个祥云的面，进行复制面操作，如图2-144所示。

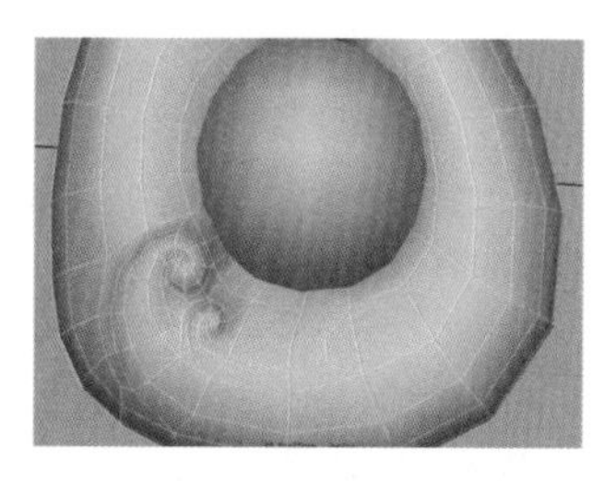

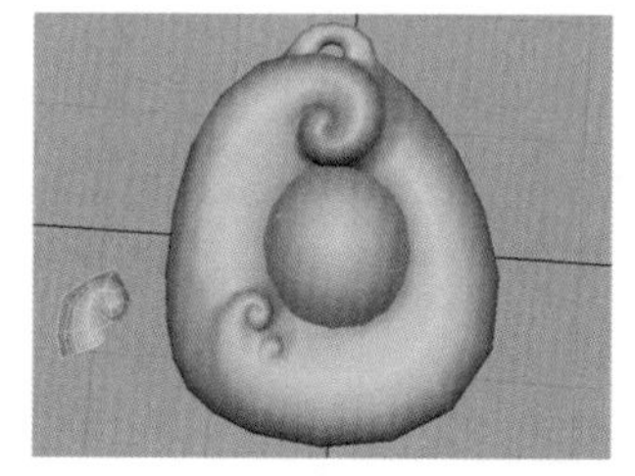

图 2-144

37）复制完成以后按<Ctrl+D>组合键将刚提取出的物体复制一个，并且对复制出的祥云在通道栏缩放X轴与Z轴为-1，如图2-145所示。

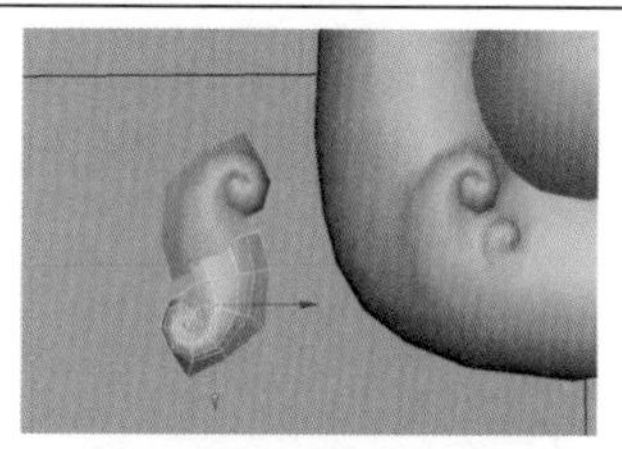

图 2-145

38）完成后把两个物体“Combine”（结合）为一个物体，并焊接点，如图2-146所示。

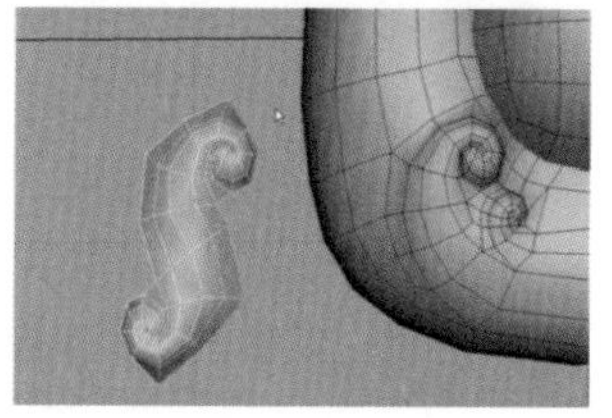

图 2-146

39）焊接以后按<D>键打开软选择工具，选择一半祥云对其进行缩放。尽可能调整得更接近原设计图，如图2-147所示。

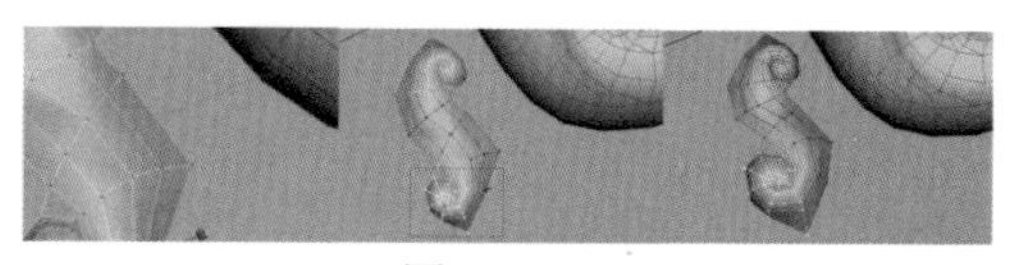

图 2-147

40）调整完成后放置在右上方，并仔细调整祥云的形态，可以使用软选择工具来调整至符合神坠的形态，如图2-148所示。	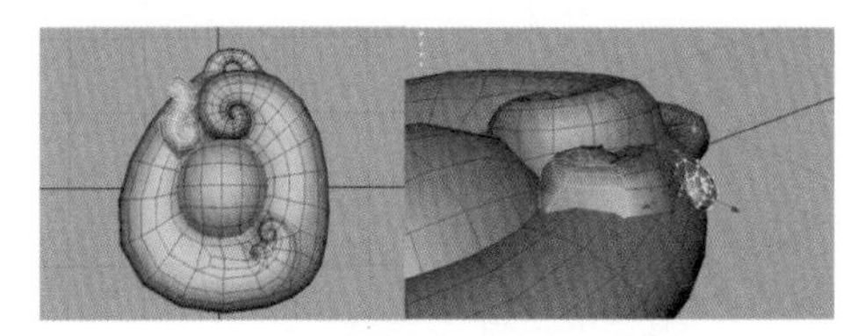 图 2-148
41）选择神坠上部分的面并删除这些面，如图2-149所示。	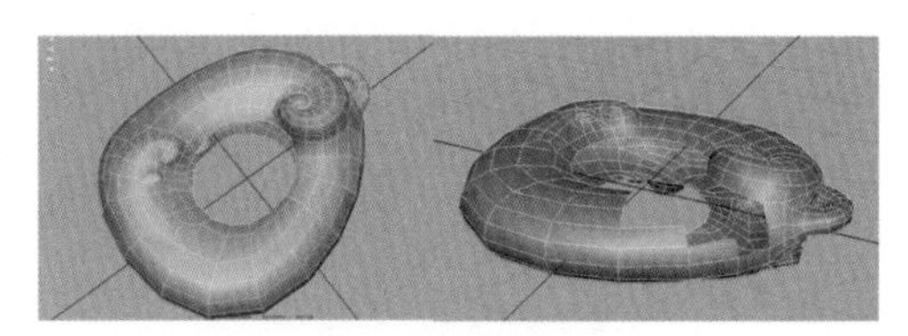 图 2-149
42）删除面后选择祥云和神坠这两个物体，执行“Combine”（结合）命令将两个物体结合为一个物体，并且对接缝进行焊接，如图2-150所示。	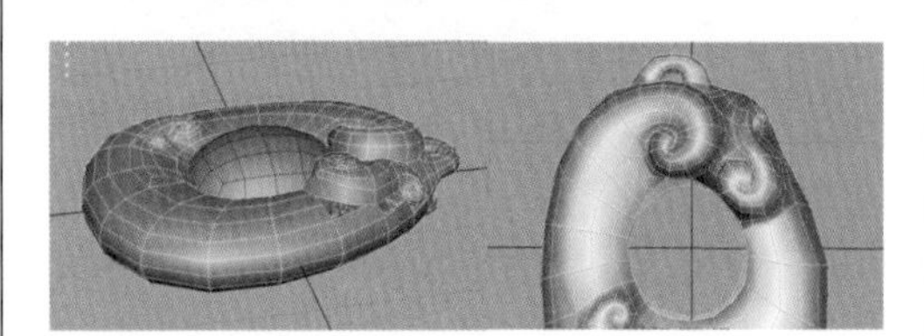 图 2-150
43）至此已完成神坠模型的制作。完成后效果如图2-151所示。	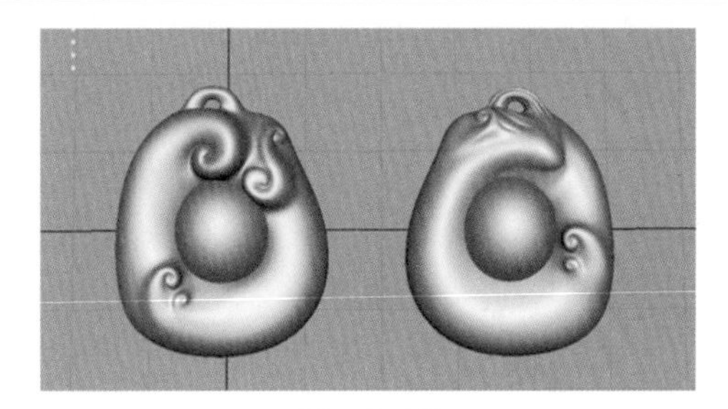 图 2-151

单元2

知识归纳

1．将NURBS曲面转化为Polygon多边形模型

无论NURBS曲面是在Maya中创建的还是从另一个3D应用程序导入Maya的，均可将其转化为多边形网格。此过程也会将修剪曲面转化。如果NURBS曲面应用了纹理，则会将该纹理指定给新的多边形对象。

NURBS到多边形动作可将NURBS UV值烘焙到对应的多边形顶点上。将NURBS曲面转化为Polygon多边形模型的具体方法为选择NURBS曲面，执行“Modify”（修改）→“Convert”（转化）→“NURBS to Polygons”（NURBS到多边形）命令。此时将在与NURBS曲面相同的位置创建曲面的多边形表示。移动出来的效果如图2-152所示。

图 2-152

2．复制多边形的面

1）“Duplicate Face”（复制面）。执行“Edit Mesh”（编辑网格）→“Duplicate Face”（复制面）命令，可以把模型中的面复制出来单独进行编辑，如图2-153所示。

2）“Separate duplicated face”（分离复制面）。选中此项，复制出来的面会成为独立的新模型。

3）“Offset”（偏移）。输入复制出来的面的造型偏移原始模型的幅度。

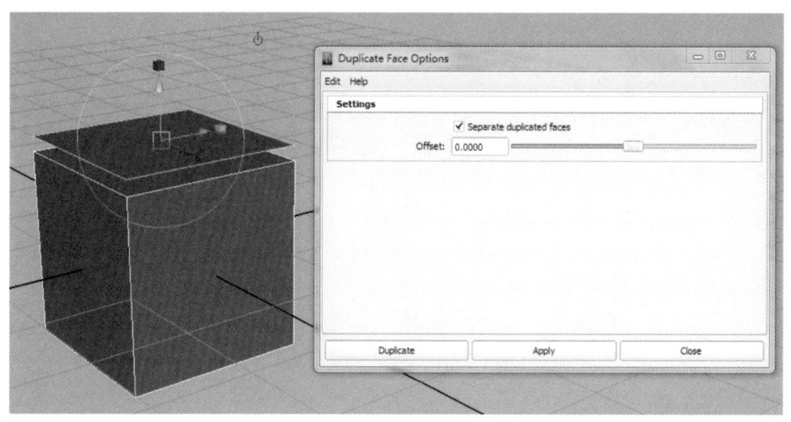

图 2-153

3．多边形中“Bridge”（桥接）

具体操作方法为可以使用“Bridge”（桥接）功能在各边界边之间构建面。生成的桥接面将合并到原始网格中。如果需要通过一块网格将两组边连接到一起，则桥接十分有用。例如，将某个角色手臂上的手腕连接并合并到手上。

若要在边界边之间桥接，则必须确保：

1）选定的边位于同一多边形网格中。

2）每个选择中边界边的数量是相同的。虽然可以在选择中包含非边界边，但要桥接的边界边的数量必须匹配。

3）与选定边关联的各个面上的法线方向一致。否则，可能通过意外的图形构建生成的桥接网格。

举例说明如下。

1）选择要桥接的边界边。

注意：如果各个边界的边线位于单独的网格中，必须首先执行“Mesh”（网格）→“Combine”（结合）命令将这些网格结合成一个网格，如图2-154所示。

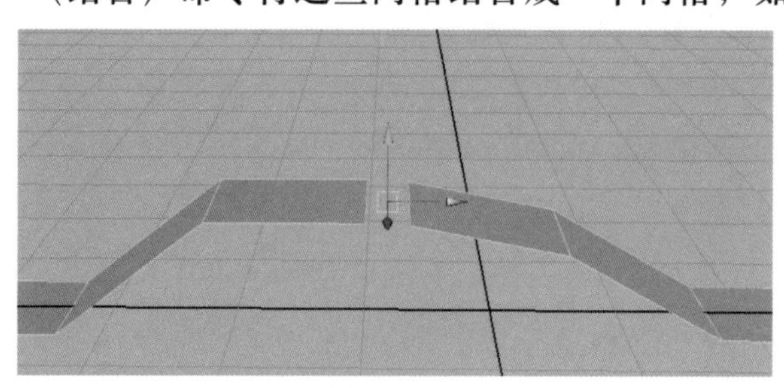

图 2-154

2）执行“Edit Mesh”（编辑网格）→“Bridge”（桥接）→❒（桥接设置）命令，将出现“Bridge Options”（桥接选项）窗口。在“桥接选项”窗口中，根据需要设定以下任意选项。

①“Bridge type”（桥接类型）选项，用于定义选定边之间的桥接网格的形状。

②“Divisions”（分段）用于输入一个值，以便指定希望在选定的边界边之间包含的等距分段的数量，如图2-155所示。

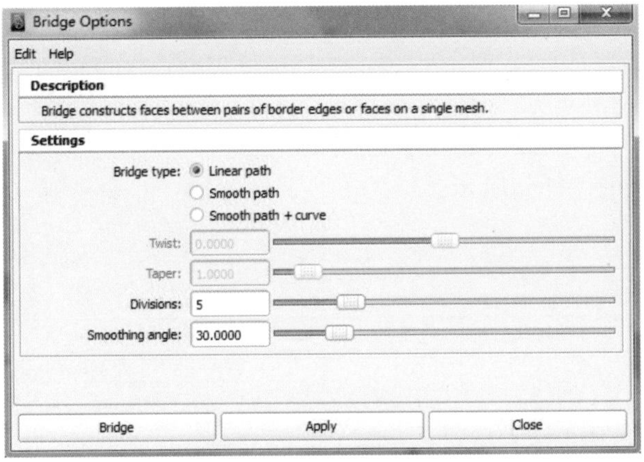

图 2-155

3）单击“Bridge”（桥接）按钮创建桥接面并关闭选项窗口，如图2-156所示。

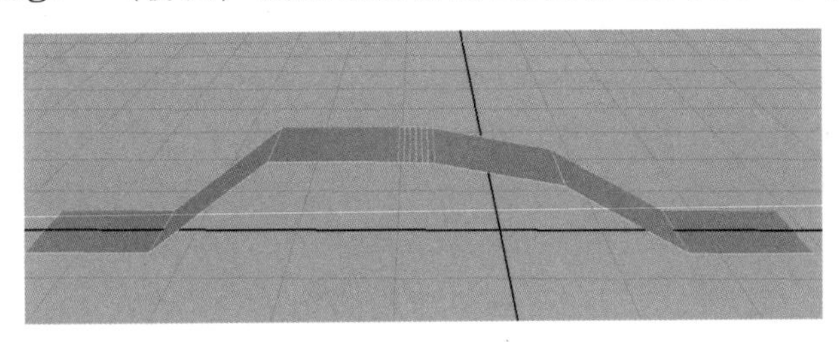

图 2-156

子任务2 制作神坠的挂绳

制作挂绳与挂绳上面的珠子。绳类物体一般的制作过程主要是运用“CV Curve Tool”（CV曲线工具）绘制出CV曲线确定绳子的形状，然后执行“Circle”（圆环）命令绘制出截面形状，最后使用“Extrude”（挤出）命令制作出挂绳的雏形；执行“复制曲面上的曲线”命令和“重建曲线”等命令制作出绳结，最后执行“激活”和“清除历史记录”等命令完成神坠挂绳的整体制作。通过本任务的学习，可以举一反三，扩展到树藤、藤蔓植物等类似物体的制作上。

制作流程

神坠的挂绳在制作上多用曲线来完成，曲线可以更好地制作出圆滑的管状物体。在制作时可以尽量将绳子分段制作，以更好地表现与珠子的穿插效果。

1）按<Space>键，切换到“Side”（侧）视图。执行“Create”（创建）→“CV Curve Tool”（CV曲线工具）命令，在神坠挂绳口的位置绘制出一条曲线，如图2-157所示。

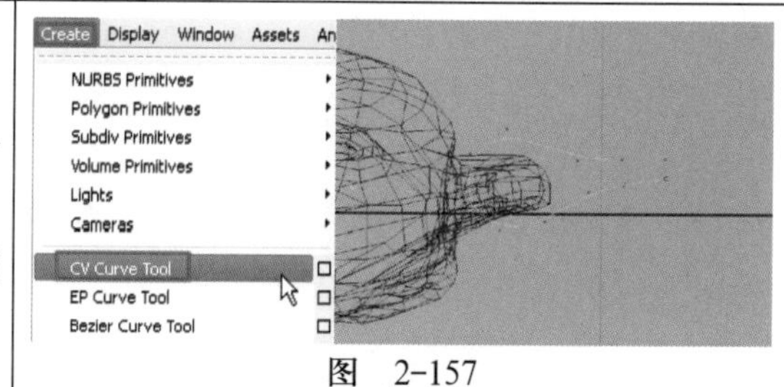

图 2-157

2）切换到“Top”（顶）视图移动曲线到合适的位置，如图2-158所示。

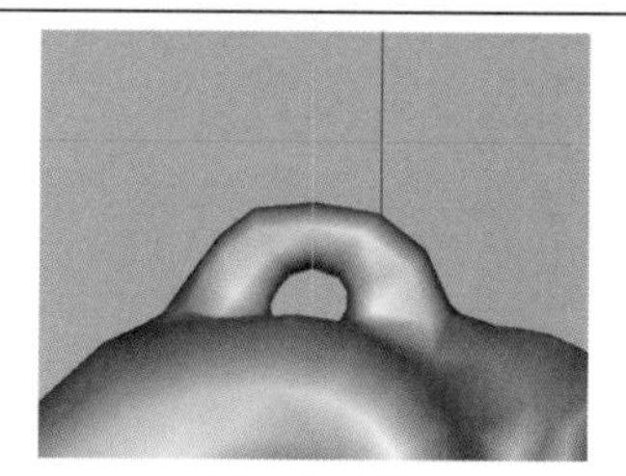

图 2-158

3）执行“Create”（创建）→“NURBS Primitives”（NURBS基本体）→“Circle”（圆环）命令来创建一个圆环并缩放它的大小至绳子的粗度，如图2-159所示。

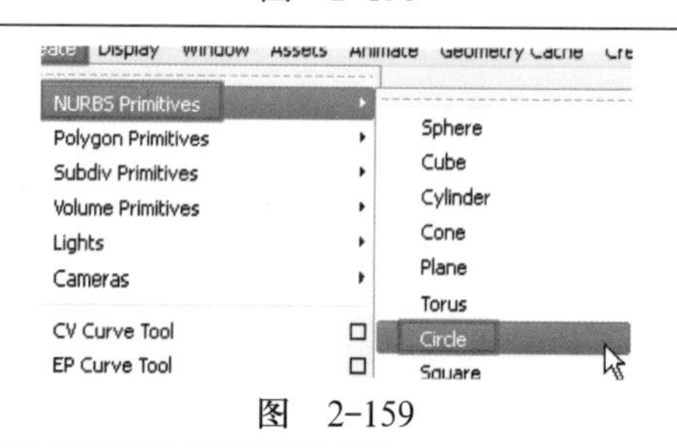

图 2-159

4）先选择圆环，然后选择刚创建的曲线，执行“Surfaces”（曲面）→“Extrude”（挤出）命令，打开“Extrude”（挤出）对话框进行参数设置。设置好以后单击“Extrude”（挤出）按钮可以制作出一条绳子，如图2-160所示。

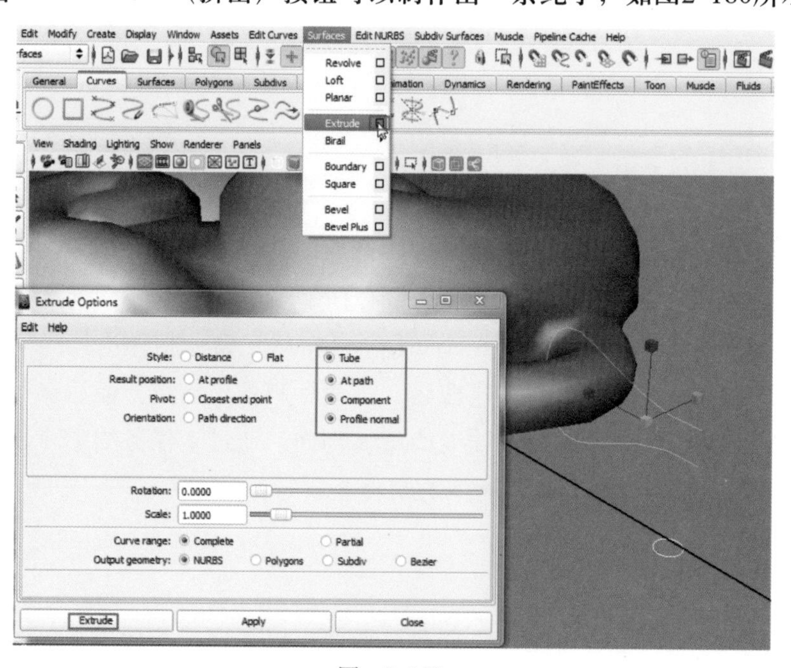

图 2-160

5）在场景中创建一个球体，执行“Create”（创建）→“Polygons Primitives”（多边形基本体）→“Sphere”（球体）命令，创建出一个球体。在通道栏中更改“Rotate X”（旋转X轴）数值为90，放置在绳子上面缩放至合适大小，如图2-161所示。

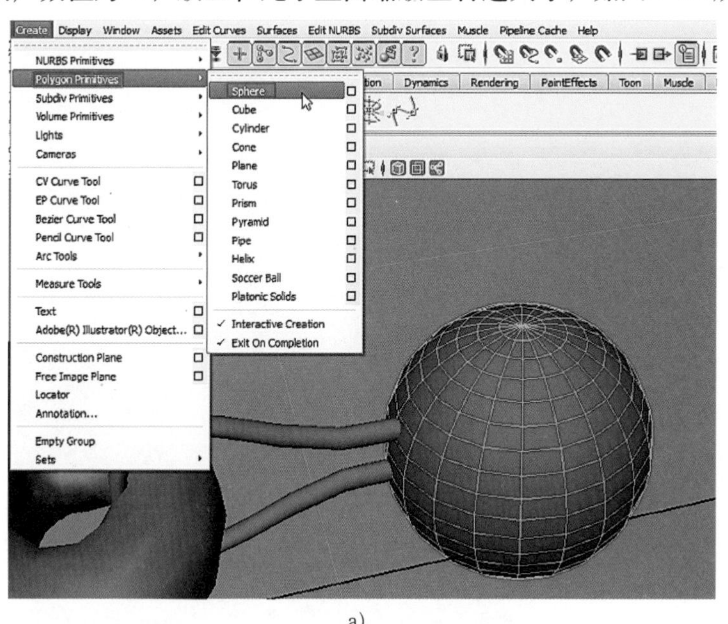

a）

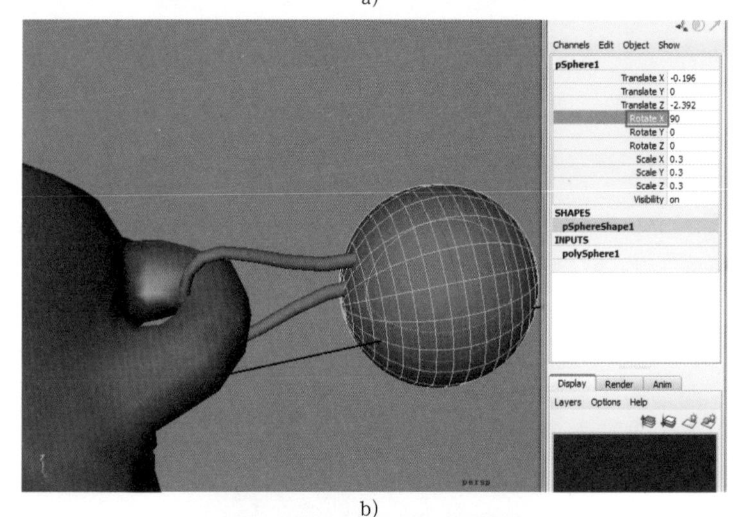

b）

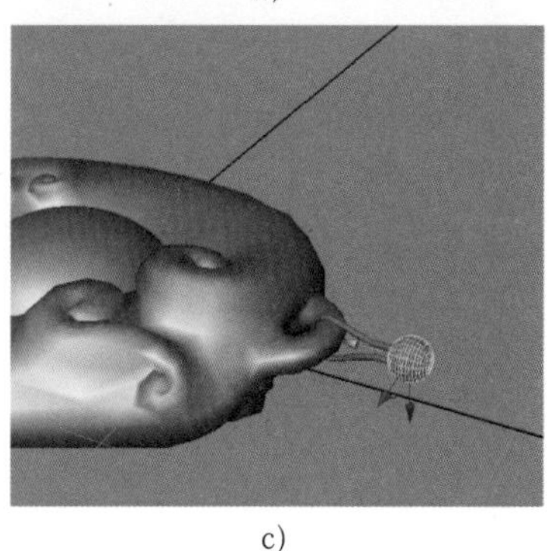

c）

图 2-161

6）执行“Create”（创建）→“Polygons Primitives”（多边形基本体）→“Cylinder”（圆柱）命令创建出一个圆柱体，然后将通道栏中的“Rotate X”（旋转X轴）数值改为90，移动到绳子球体的上面。进行缩放调整并且将通道栏中的“INPUT”（输入）选项卡下的“Subdivisions Axis”（轴心细分数）改为8，“Subdivisions Height”（高度细分数）改为10，如图2-162所示。

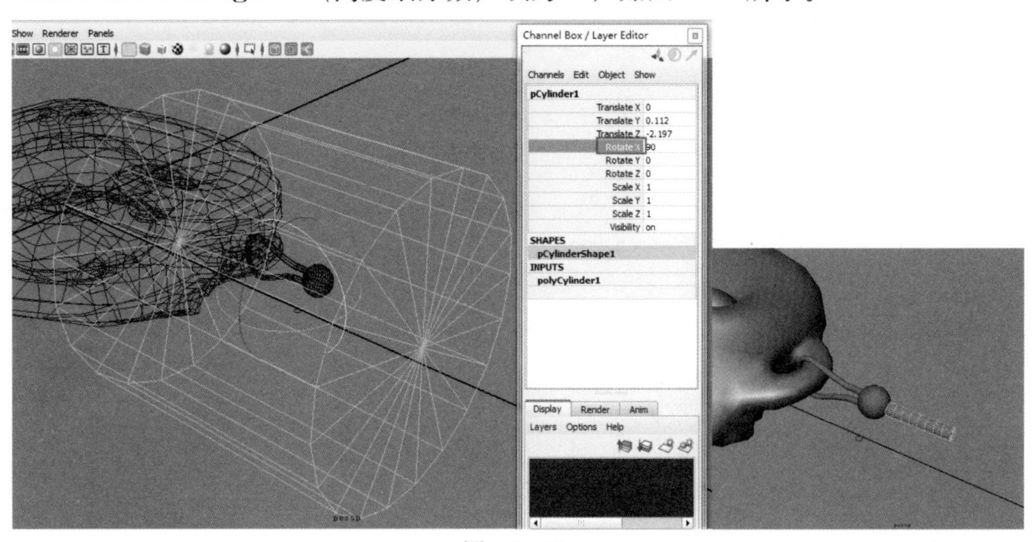

图 2-162

7）下面把最长的挂绳制作出来，将Maya视图切换到“Top”（顶）视图。执行“Create”（创建）→“CV Curve Tool”（CV曲线工具）命令，选择后绘制出一条曲线，并调整曲线形状，如图2-163所示。

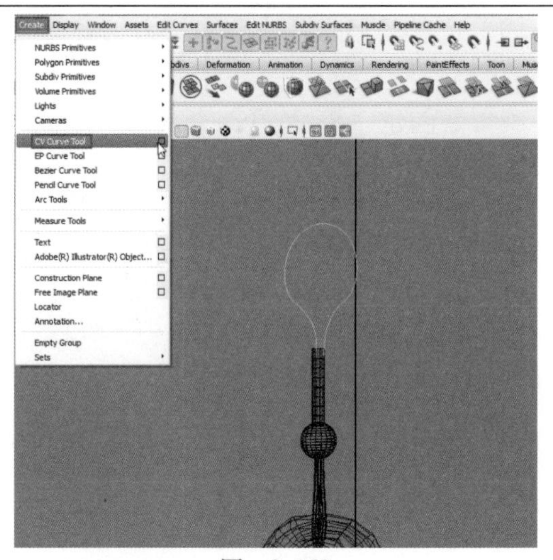

图 2-163

8）切换到“Side”（侧）视图，将刚才绘制好的曲线移动到合适的位置并调整形状，如图2-164所示。

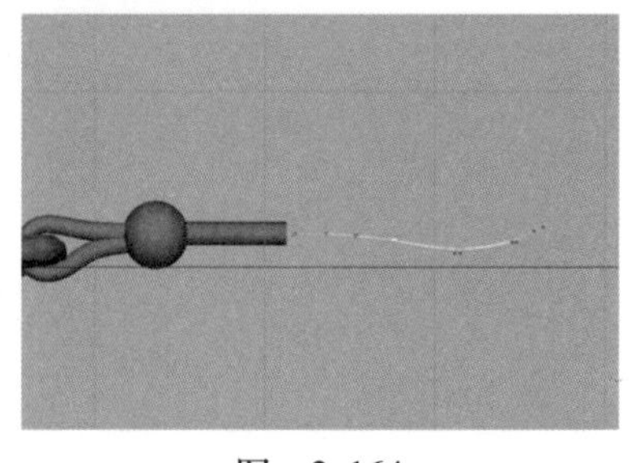

图 2-164

9）先选择上一次的圆环，然后选择刚创建的曲线，执行“Surfaces”（曲面）→“Extrude”（挤出）命令，打开“Extrude”（挤出）属性对话框对参数进行设置。设置好以后单击“Extrude”（挤出）按钮可以制作出一条绳子，如图2-165所示。

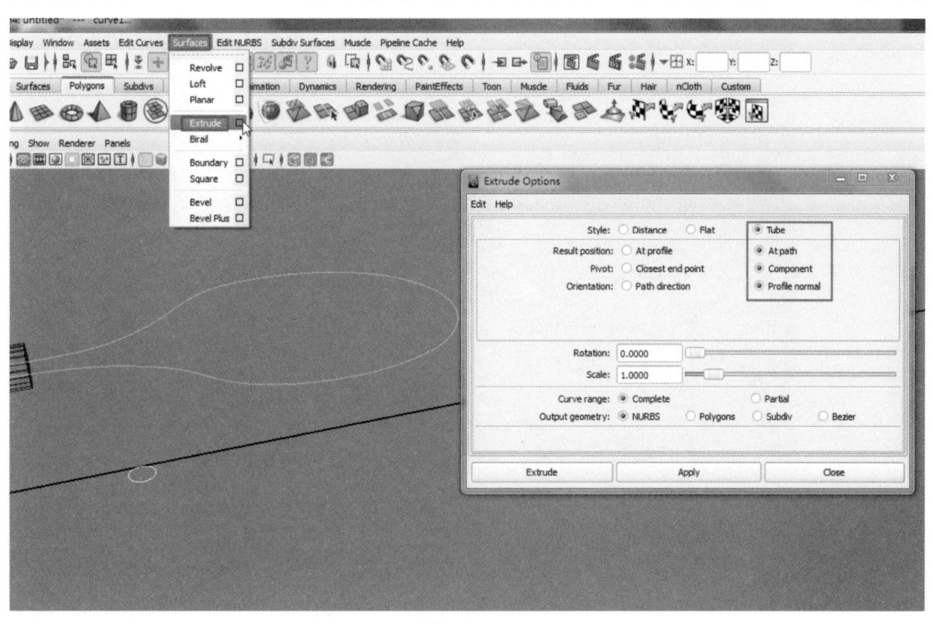

图 2-165

10）这里已经把基本绳子都做完了。图2-106中有一个打结的地方，接下来就制作打结的地方。执行“NURBS Primitives”（NURBS基本体）→“Cylinder”（圆柱）命令创建一个NURBS圆柱，如图2-166所示。

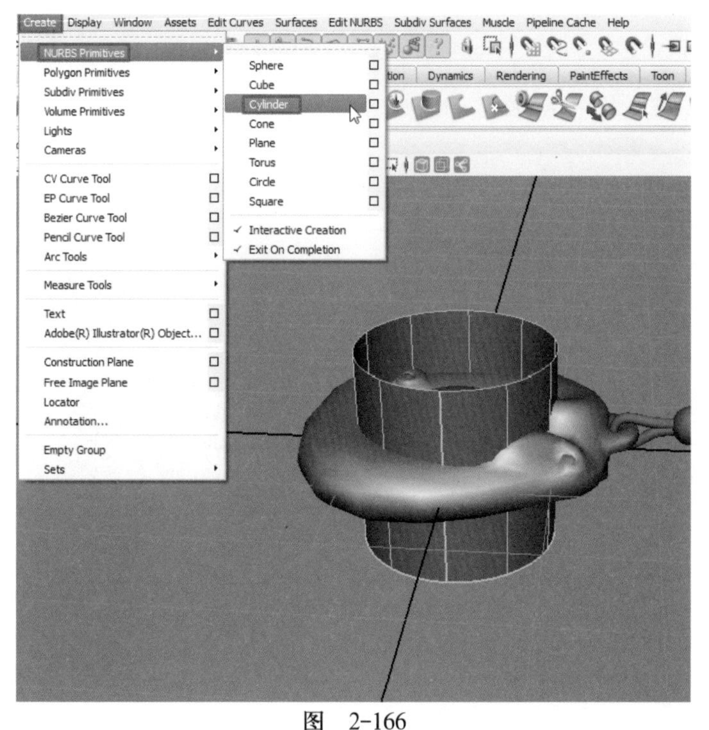

图 2-166

11）然后对圆柱进行调整，选择圆柱，在右侧通道栏中将“Rotate X”（旋转X轴）改为90，如图2-167所示。 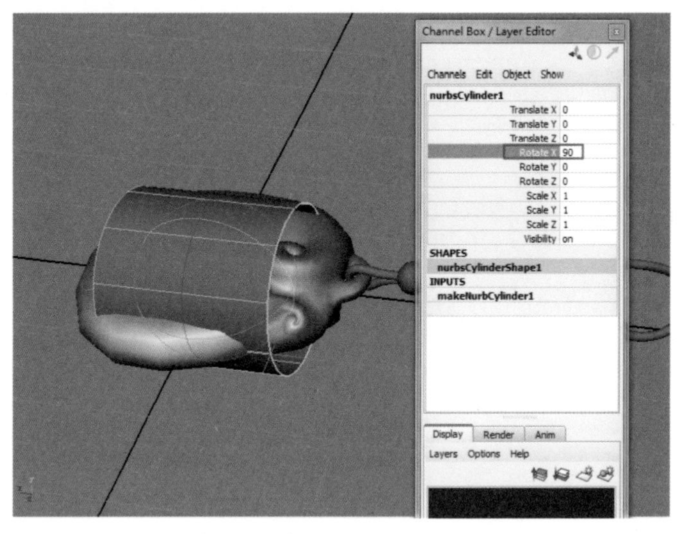 图 2-167

12）将圆柱移动到要打结的地方，并进行缩放调整，如图2-168所示。	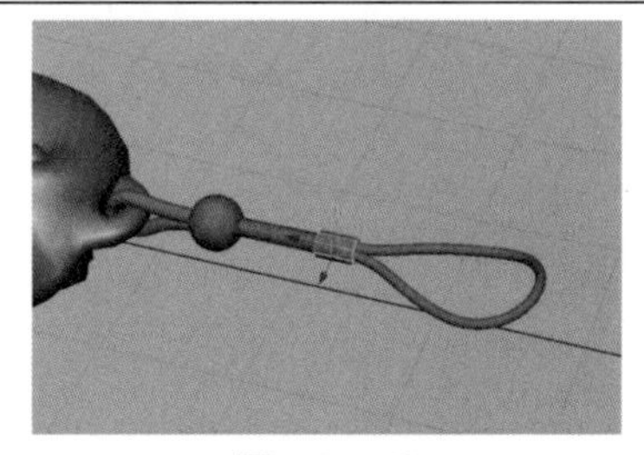 图 2-168

13）选择圆柱，执行“Modify”（修改）→“Make Live”（激活）命令，激活后绘制的曲线就可以直接吸附在这个圆柱上了，如图2-169所示。 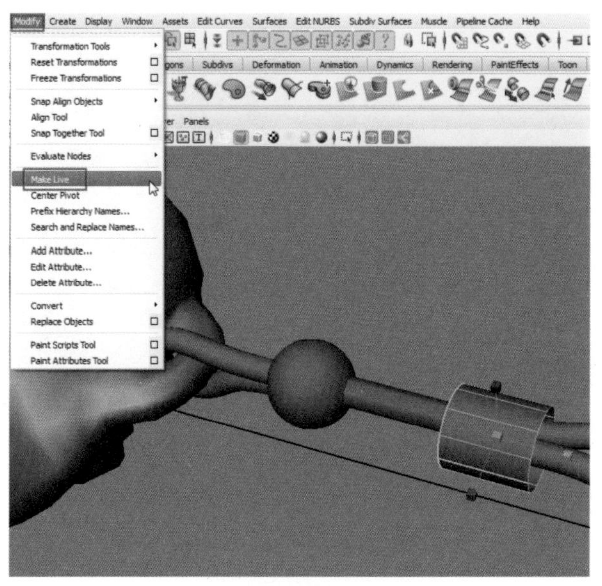 图 2-169

14）激活以后，执行“Create”（创建）→“CV Curve Tool”（CV曲线工具）命令，在激活的圆柱上绘制4个点出来，按<Enter>键完成操作，如图2-170所示。

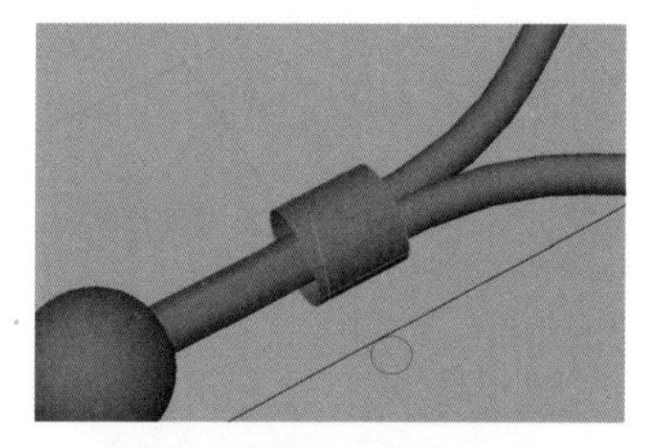

图　2-170

15）在选择曲线的情况下，按<F9>键切换到控制点模式，选择最后一个CV点。按<W>键使用移动工具，按住绿色的轴向在圆柱上绕两圈半，然后再按红色的轴向把绘制出来的图形移动一下，如图2-171所示。

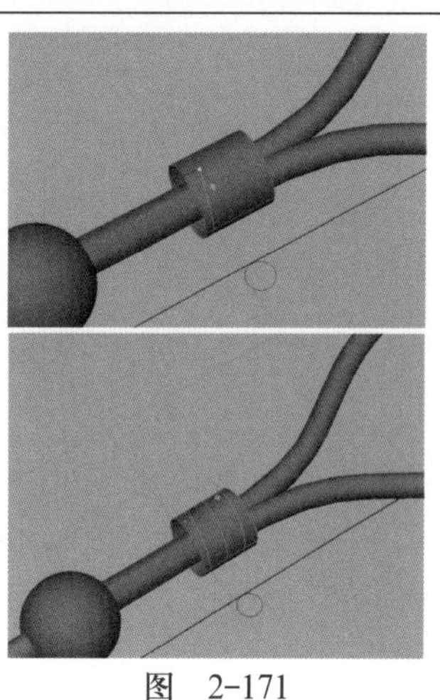

图　2-171

16）现在要把曲面上的曲线提取出来。先选择在圆柱上的曲线，然后执行“Edit Curves”（编辑曲线）→“Duplicate Surface Curves”（复制曲面曲线）命令就可以复制出一条新的曲线，如图2-172所示。

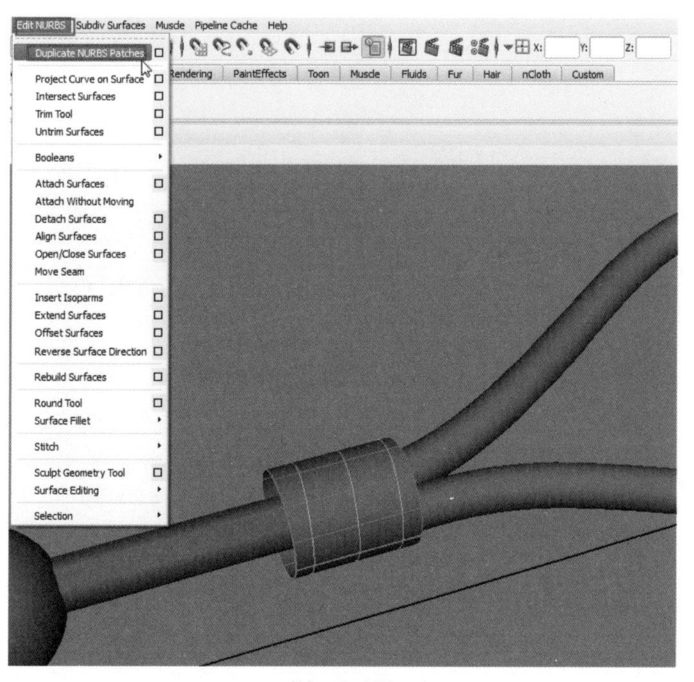

图　2-172

17）执行“Modify”（修改）→“Make Not Live”（取消激活）命令，取消激活后选择圆柱，按<Delete>键将圆柱删除，如图2-173所示。

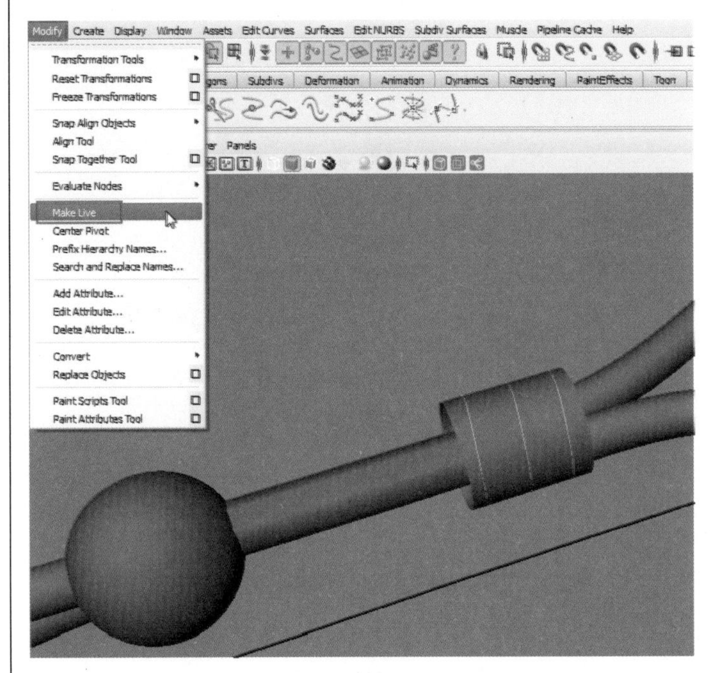

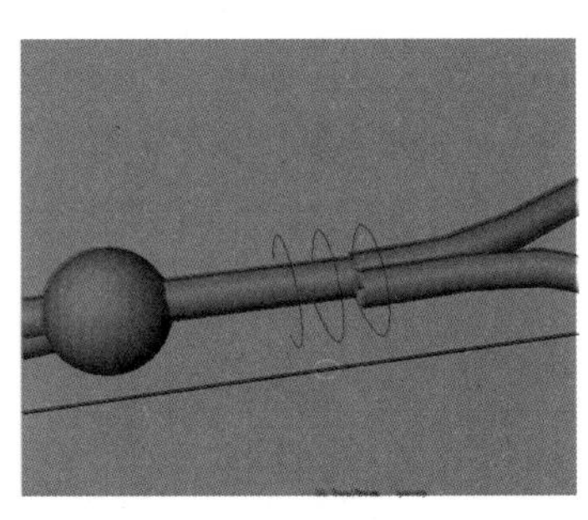

图 2-173

18）完成后只剩下曲线了，选择曲线执行“Edit Curves”（编辑曲线）→“Rebuild Curve”（重建曲线）命令，对参数设置后单击“Rebuild”（重建）按钮，如图2-174所示。

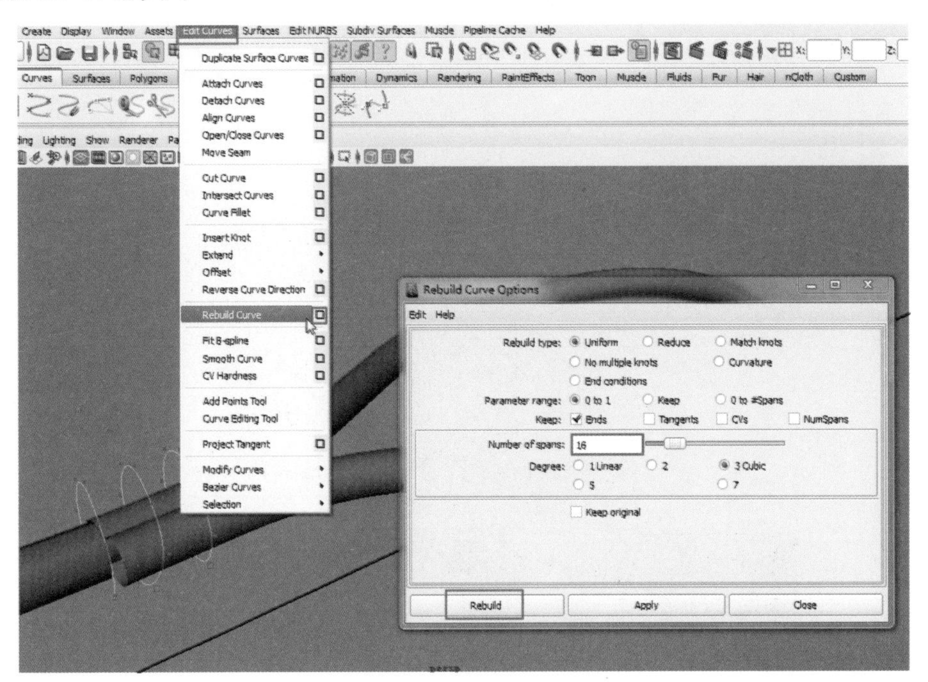

图 2-174

19）重建曲线后，对曲线的起始位置与结束位置进行调整，选择起始点的两个点和结束点的两个点。使用缩放工具，沿蓝色轴向进行收缩，然后在点中间的方块进行整体缩放。调整后的形态如图2-175所示。

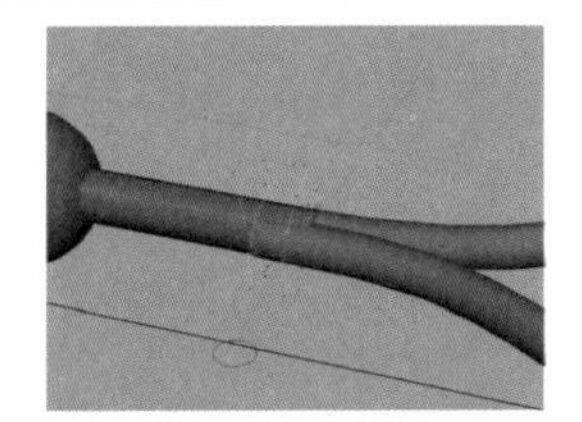

图 2-175

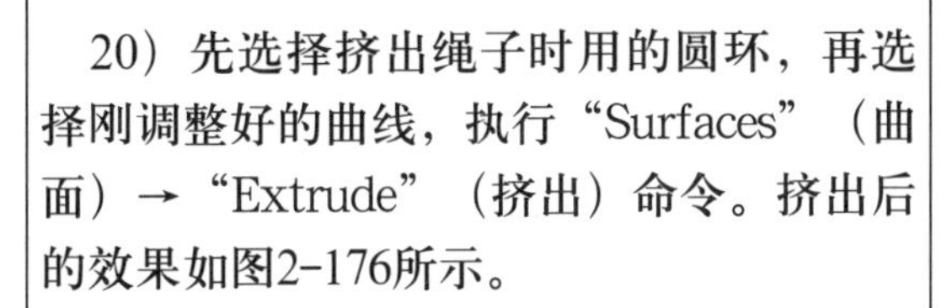

20）先选择挤出绳子时用的圆环，再选择刚调整好的曲线，执行“Surfaces”（曲面）→“Extrude”（挤出）命令。挤出后的效果如图2-176所示。

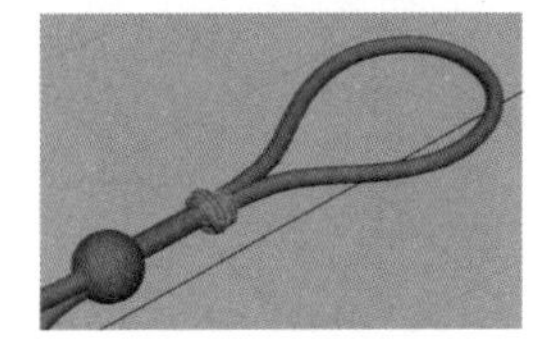

图 2-176

21）这里看到有一些地方有穿插，可以选择曲线，按<F9>键切换到控制点。对曲线进行调整至不穿插，如图2-177所示。

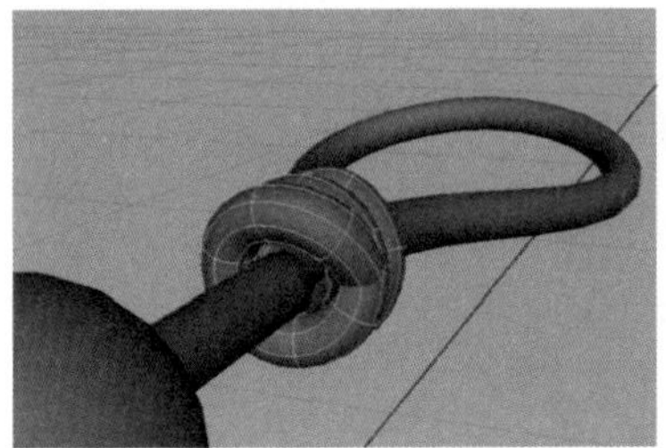

图 2-177

22）现在制作的神坠上的绳子都是NURBS物体，选择这些NURBS物体，执行“Modify”（修改）→“Convert”（转化）→“NURBS to Polygons”（NURBS到多边形）命令，单击后面的小方格进行设置，在打开的对话框中单击“Tessellate”（转化）按钮，如图2-178所示。

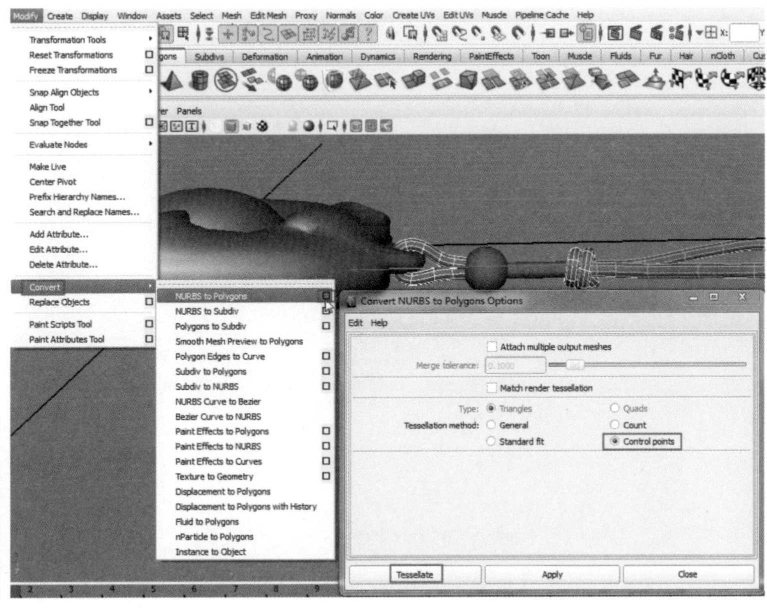

图 2-178

23）从下面点击绳子上的球体，按<Ctrl+D>组合键对球体进行复制。复制的两个球体分别放在绳子的上面，如图2-179所示。

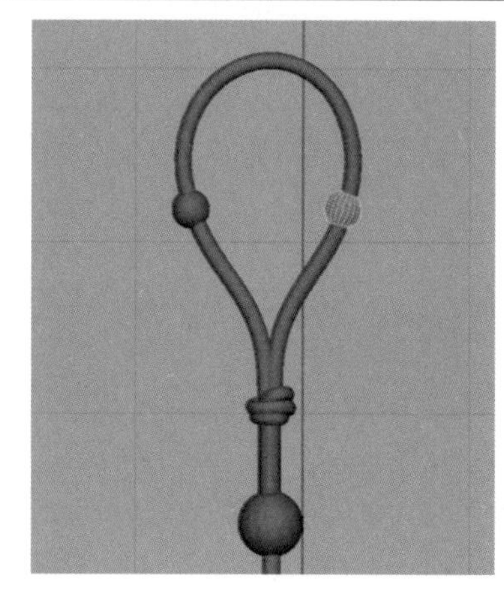

图　2-179

24）转化完成后，选择NURBS物体与曲线，进行删除，如图2-180所示。

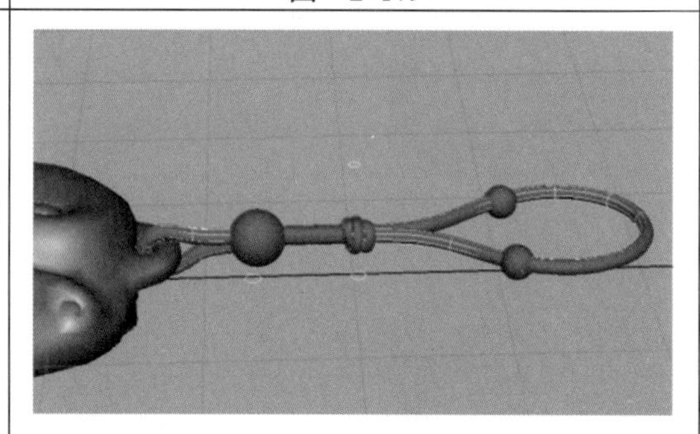

图　2-180

25）选择所有物体，执行“Edit”（编辑）→“Delete by Type”（按类型删除）→“History”（历史记录）命令将这些物体的历史记录进行删除，如图2-181所示。

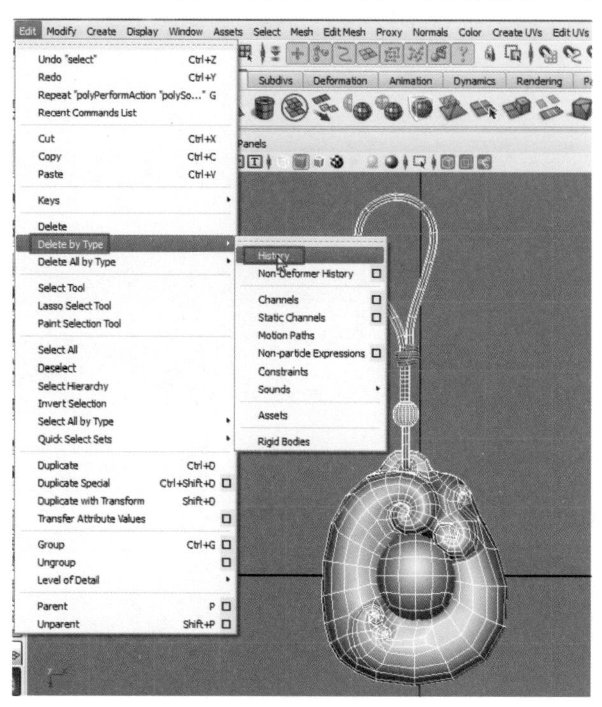

图　2-181

26）执行“File”（文件）→“Save As”（另存为）命令保存文件。在弹出的对话框的“File name”（文件名称）文本框中输入shenzhui，单击“Save As”（另存为）按钮保存文件，如图2-182所示。

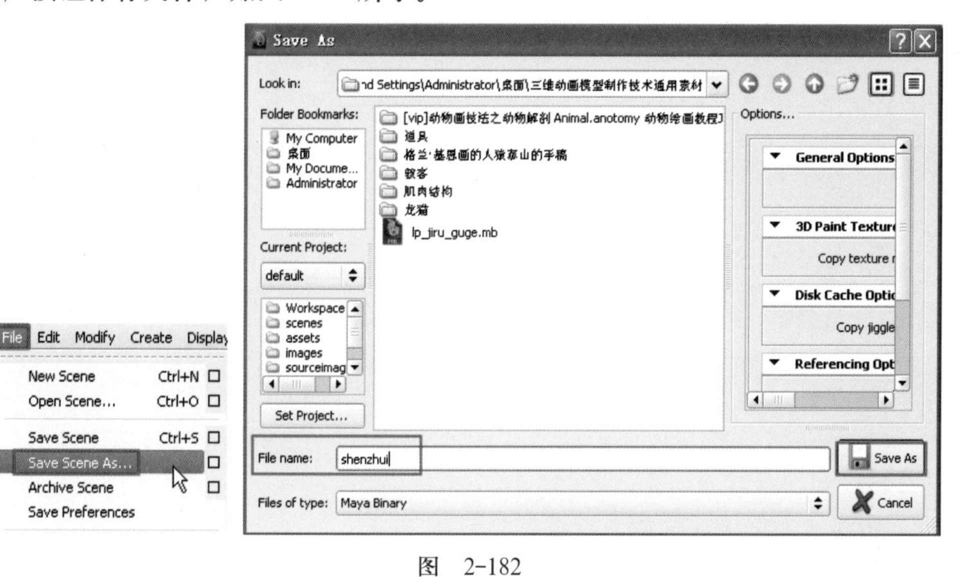

图 2-182

27）到这里就已经完成了神坠模型的制作，如图2-183所示。

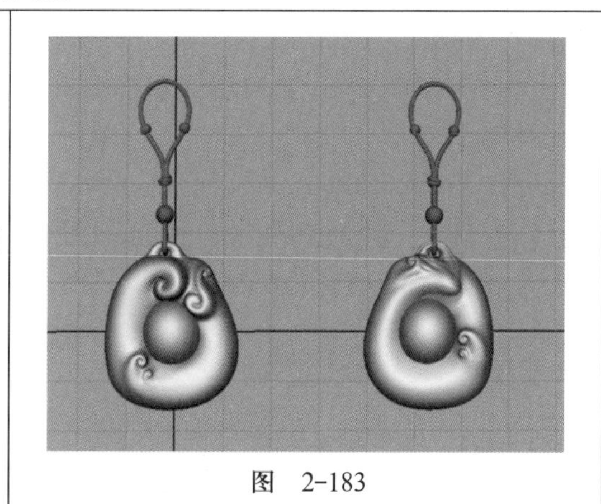

图 2-183

知识归纳

针对本道具制作中涉及的新知识，将重点为大家讲解曲面建模命令“Extrude”（挤出）和曲线编辑命令“Duplicate Surface Curves”（复制曲面曲线），以及需要大家了解并掌握的吸附操作。

1. 挤出

这个命令可以将一条曲线沿某一个方向、一条轮廓线或一条路径曲线移动挤出曲面，自由曲线、曲面曲线、等参线、剪切边界线都可以使用该命令挤出曲面。

1）“Extrude”（挤出）。

执行“Surfaces”（曲面）→“Extrude”（挤出）命令绘制两条曲线，单击剖面线，按<Shift>键加选路径线，如图2-184所示。

执行“Surfaces”（曲面）→“Extrude”（挤出）命令，如图2-185所示。

图　2-184

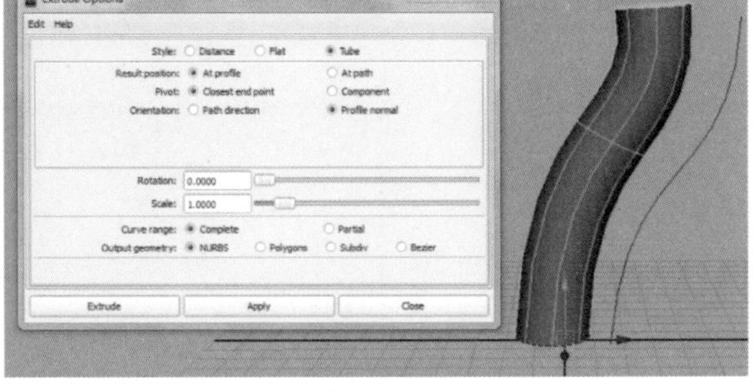

图　2-185

注意：

① 选择曲线的先后顺序会影响生成的曲面形态，先选择的曲线是造型的剖面形状，后选择的曲线是剖面所走的路径。

② 参数设置对于生成的曲面造型非常重要。

“Style”（类型）包括“Distance”(距离)、“Flat”（平直）、“Tube”（管），如图2-186所示。

“Result Position”（结果位置）包括“At profile”（在截面）和“At path”（在路径），如图2-187所示。

“Pivot”（枢轴）只有当类型为“Tube”时可用。

“Closet end point”（最近的端点）。

2）“Component”（组件）。

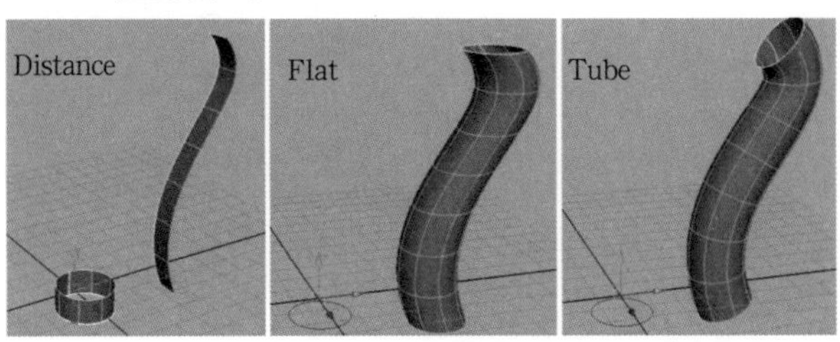

图　2-186

3）“Orientation”（方向）。

只有当类型为“Tube”（管）时才可用“Path direction”（路径方向）或“Profile Normal”（轮廓法线），如图2-188所示。

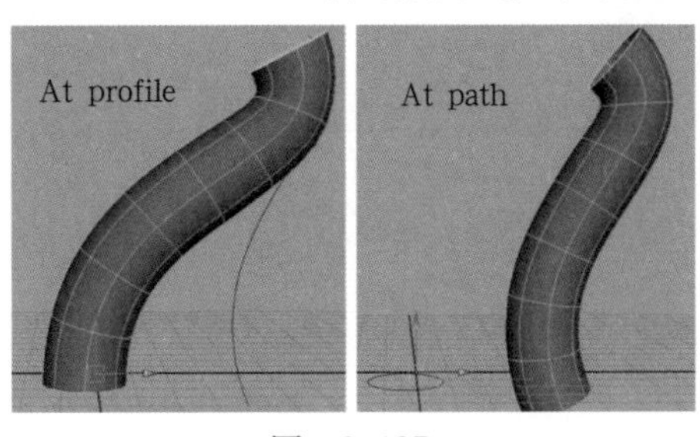

图　2-187

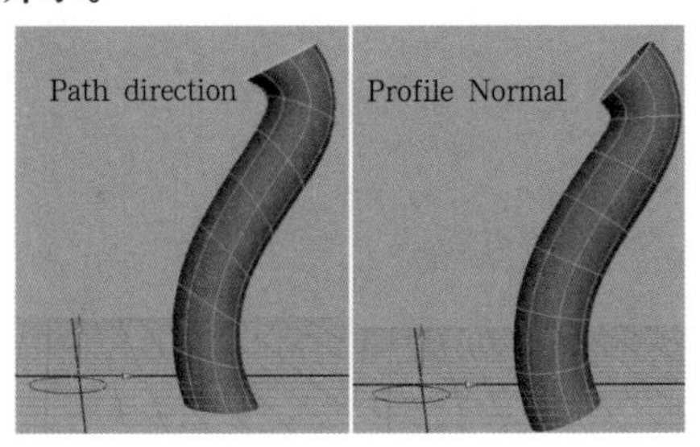

图　2-188

4）“Rotation”（旋转）。

当轮廓线沿路径曲线受挤压时，旋转轮廓线。

注意：在使用旋转时，要把枢轴点调成“Closet end point”（最近的端点），否则曲面会偏离路径方向，如图2-189所示。

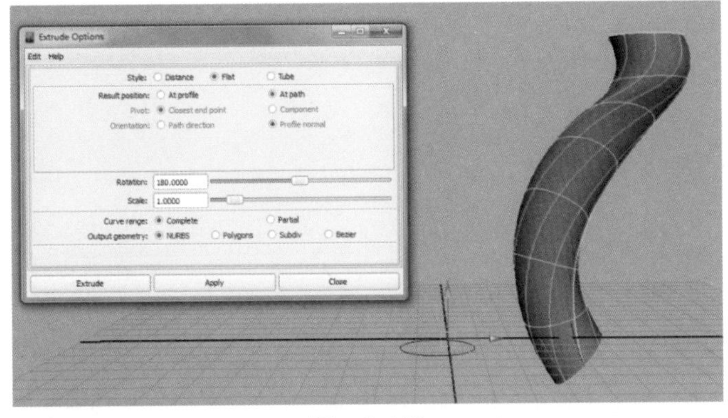

图 2-189

5）“Scale”（缩放）。

在沿路径曲线挤出轮廓线时，缩放轮廓曲线，如图2-190所示。

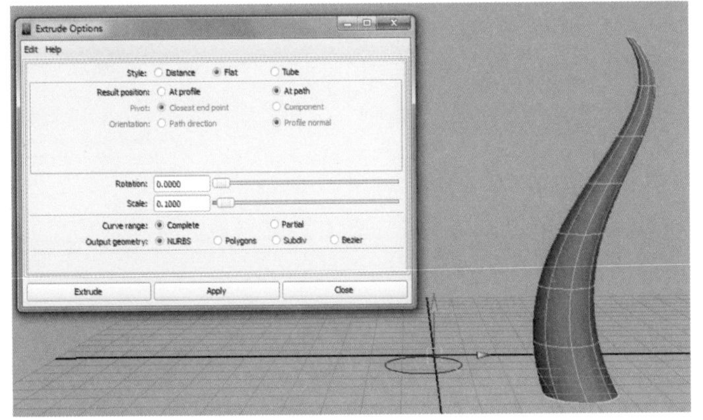

图 2-190

2. 复制曲面曲线

可以将曲面ISO等参线、边界剪切边和曲面曲线进行复制，产生新的曲线。

“Duplicate Surface Curves”（复制曲面曲线）。

选择曲面上需要复制的曲线，执行“Edit Curves”（编辑曲线）→“Duplicate Surface Curves”（复制曲面曲线）命令，复制出一条新的曲线，可以通过移动工具编辑位置，如图2-191所示。

提示：新产生的曲线在不删除历史记录的情况下，受原始曲面的影响。

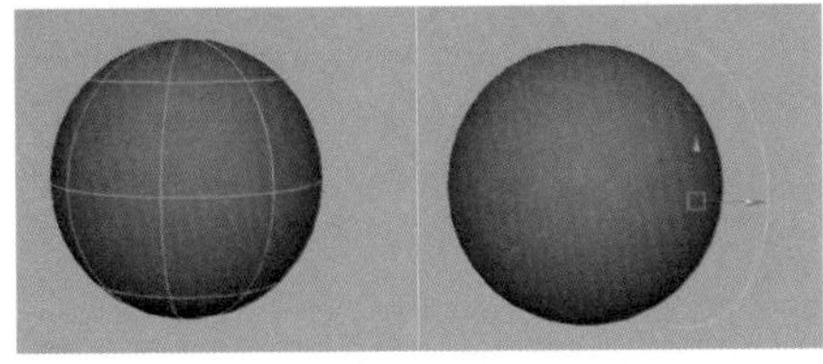

图 2-191

单元2

子任务3 制作神坠、挂绳以及挂绳上的珠子的材质

制作神坠、挂绳以及挂绳上的珠子的材质。主要是在前两项任务中已经完成的神坠及其部件模型的基础上进行材质、渲染的处理。例如，玉等半透明类材质的处理及参数设置，红绳等织物类材质的处理及参数设置。

制作流程

1）打开模型文件，在材质编辑器中新建3个mia_material_x材质（万能材质球）首先制作神坠中间绿色玉的部分，将其中的mia_material_x命名为mia_material_x_lvyu，赋予模型，如图2-192所示。	 图　2-192
2）将材质球的“Color”属性给以crater程序纹理，调节混合颜色主体为绿色，调整出不同的绿色混合的效果，如图2-193所示。	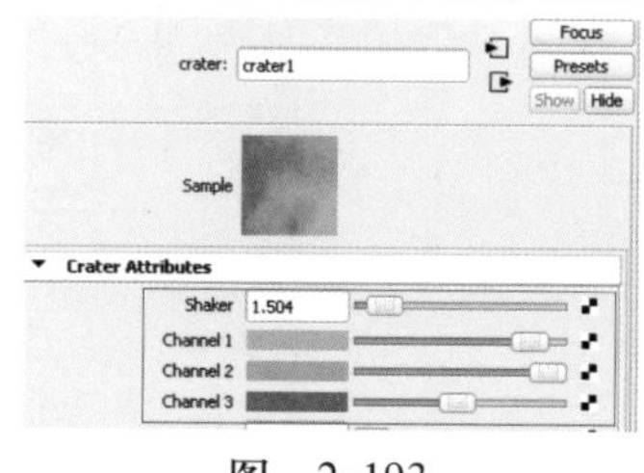 图　2-193
3）调节mia_material_x_lvyu材质球参数，如图2-194所示。	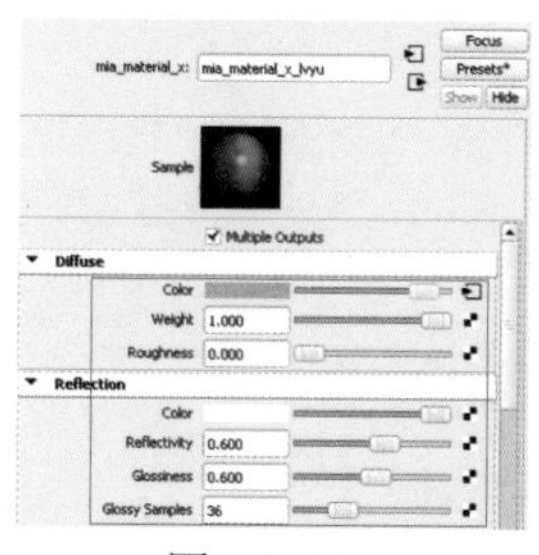 图　2-194
4）制作玉身的材质，将第2个mia_material_x材质球，命名为mia_material_x_yushen赋予玉身和红绳上的2个小玉球，材质类似，调整mia_material_x_yushen的“Color”属性将颜色调成白色，“Glossiness”调整为0.600，“Glossy Samples”数值调为38，反射模糊，选中“Highlights Only”复选框，如图2-195所示。	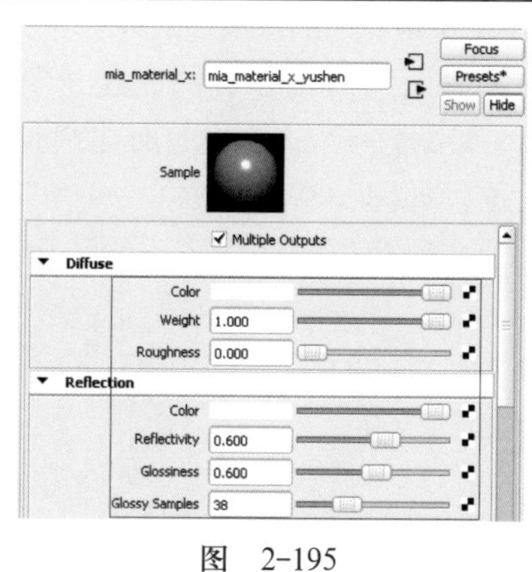 图　2-195

5）调整“Tansparency”参数，模拟玉的半透明，如图2-196所示。

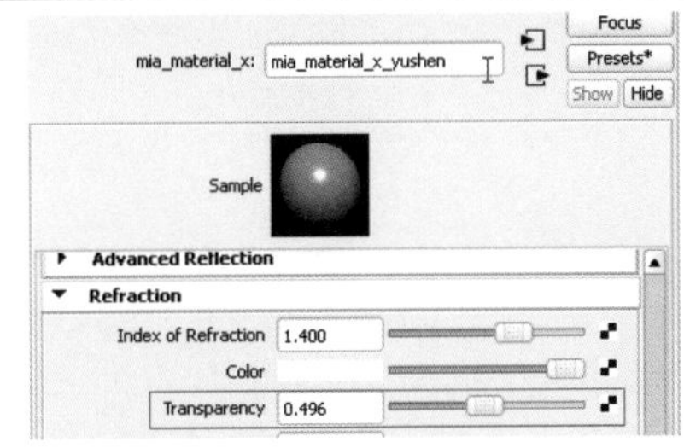

图 2-196

6）制作红绳的材质，将第3个mia_material_x材质球命名为mia_material_x_hongsheng，设置材质的“Color”属性将颜色调成红色，赋予红绳的模型参数，如图2-197所示。

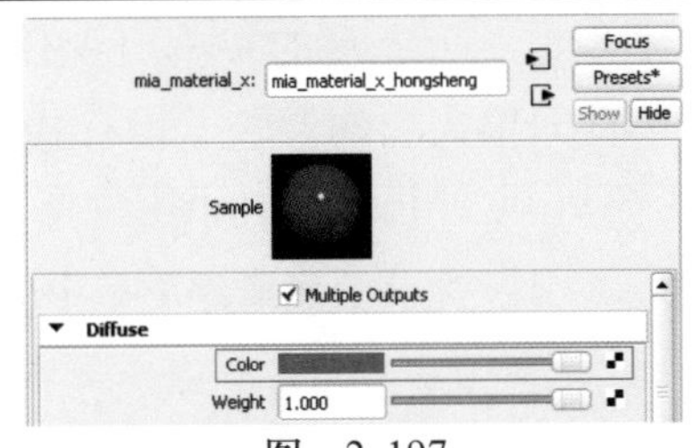

图 2-197

7）渲染参数的设置。使用mental ray材质，首先打开Mentalray渲染器将其设置为“Production”（产品级），如图2-198所示。

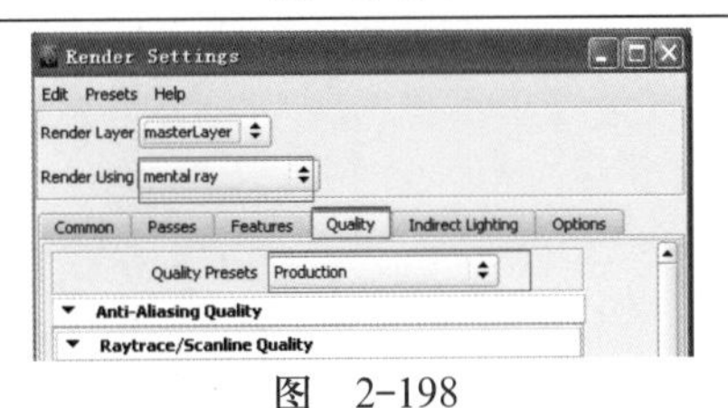

图 2-198

8）在“Indirect Lighting”中将“Image Based Lighting”打开，导入环境贴图HDR，如图2-199示。

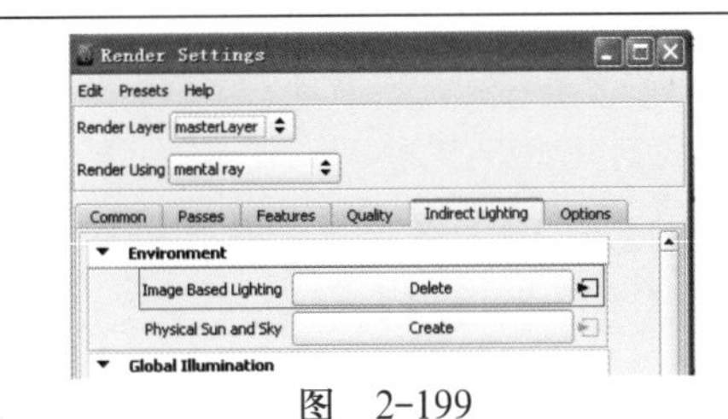

图 2-199

9）这里用HDR来代替的环境光表现真实反射，如图2-200所示。

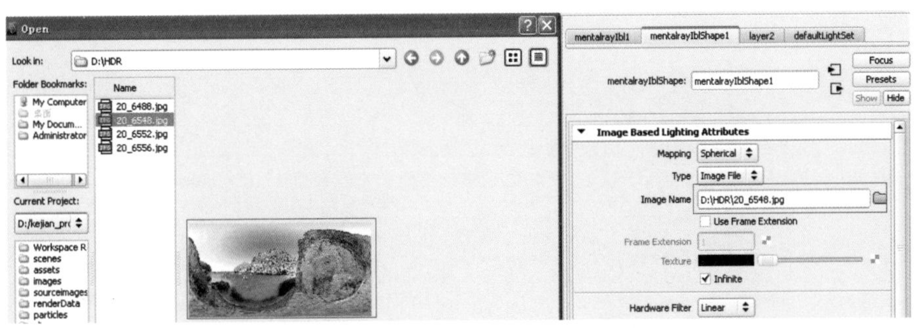

图 2-200

10）最终渲染，如图2-201所示。

图 2-201

知识归纳

1. Mental Ray for Maya 渲染器

Mental Ray for Maya 不仅提供了真实照片级渲染通常具备的所有功能，同时还融入了大多数渲染软件所没有的一些功能。

“Final Gathering”（最终聚集）是模拟“Global Illumination”（全局照明）的方法。要为需要可靠度的架构可视化和娱乐场景实现理想的照明效果，只使用最终聚集就是一种简单快捷的方法，但在物理上未必是精确的光源。

与“Global Illumination”（全局照明）结合使用时，“Final Gathering”（最终聚集）可以为场景创建最逼真、物理上精确的光源条件，如图2-202所示。

图 2-202

2. 高动态范围图像

高动态范围图像（HDRI）可以使用“Final Gathering”（最终聚集）生成基于图像的照明（或反射）。基于图像的照明将灯光（和灯光颜色）显示在提供的图像中以照亮场景。

HDRI图像有一个附加浮点值，该值与用于定义该点光的持续性的各个像素相关联，如图2-203所示。

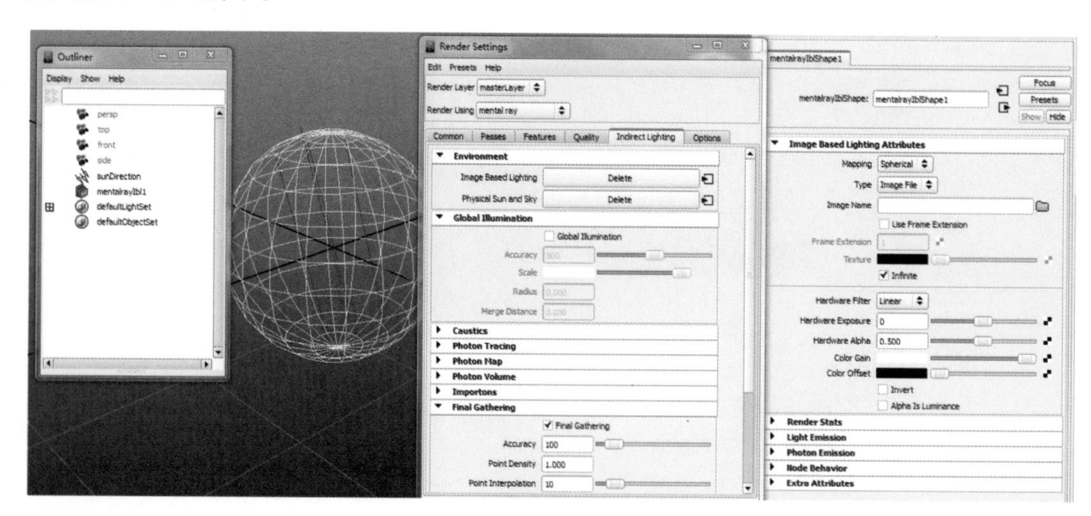

图 2-203

3．高动态范围图像应用效果

HDRI图像存储以像素表示的光的数量（而不只是颜色），因此，能够更精确地描述光（通过浮点数）。这样可以防止图像中存在极亮或极暗区域，制作出如同自然界中真实的观感效果。

通过将HDRI图像与“Final Gathering”（最终聚集）功能结合使用，可以提供极其逼真的照明。基于图像的照明（天空效果照明）如图2-204所示。

图 2-204

道具——神坠的制作评价表

评价标准	个人评价	小组评价	教师评价
1）能创建基本体并将它改造成神坠的外形部分，使模型结构与设计图一致			
2）能使用“Extrude”（挤出）命令制作挂绳和云纹，并使用曲线对挂绳进行调整，使模型结构与设计图一致，感觉平滑柔软			
3）能通过桥接等方式编辑神坠的各个组件并使衔接后的物体平滑，没有穿帮处			
4）能独立完成材质的编辑，符合制作要求			

备注：A为能做到；B为基本能做到；C为部分能做到；D为基本做不到。

任务3　道具——侠岚牒的制作

任务描述

制作人员接到原画师的CG设计稿，如图2-205所示。制作要求：此道具为“侠岚牒”。造型是雕刻的浮雕风格，正面雕刻篆书“金”字，周围饰有太极、蝙蝠等抽象图案。作为影片中男主角的主要配饰，是侠岚身份以及等级的证明，侠岚牒会出现在多个镜头之中，要凸现整体古朴厚重的感觉，材质为金属。制作时间为3小时。

图 2-205

道具制作组的制作人员将按要求完成侠岚牒的制作任务。建议学习8课时。

任务分析

本道具主体成板状，但需要刻画的细节多，因此，主要采用多边形建模的方式进行模型制作，金属以及锈斑的感觉需要通过贴图以及金属材质设置完成。根据由主及次的原则，将侠岚牒的制作分为3个子任务来完成：侠岚碟的基础形状、纹样和字体、材质贴图。

- 子任务1　制作侠岚牒基础形状
- 子任务2　制作侠岚牒的纹样和字体
- 子任务3　制作侠岚碟的材质

学习目标

1）能使用基本物体来塑造侠岚碟的外形部分。

2）能使用“Bevel”（倒角）命令圆滑模型边棱。

3）能灵活使用“Split Polygon Tool”（分割多边形工具）和“Insert Edge Loop Tool”（插入循环边工具）命令为模型加线、改线。

4）能使用“Create Polygon Tool”（创建多边形工具）命令，快速制作多边形模型。

子任务1　制作侠岚牒基础形状

侠岚碟的基础形状是一个扁平的方形体，使用的方法是先创建方片和管状体，结合倒角、分割多边形命令修改拓扑结构，并运用创建多边形工具创建多边形平面，然后通过调整点、线完成基础体的制作。

制作流程

1）在Maya 2013的主界面菜单上执行“Create”（创建）→“Polygon Primitives”（多边形基本体）→“Plane”（平面）命令，在场景中创建出一个平面，如图2-206所示。	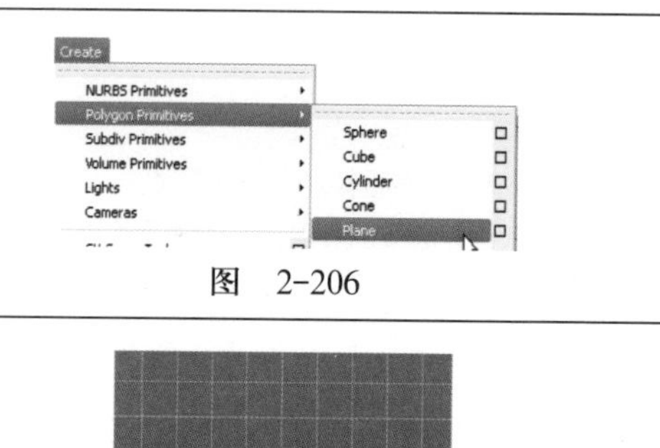 图　2-206
2）执行命令后，视窗中生成一个平面，如图2-207所示。	 图　2-207

3）创建平面后，在右边通道盒中的"INPUTS"（输入）选项卡中对平面的细分段数进行调整，"Subdivisions Width"（宽度细分数）为4，"Subdivisions Height"（高度细分数）为4，如图2-208所示。	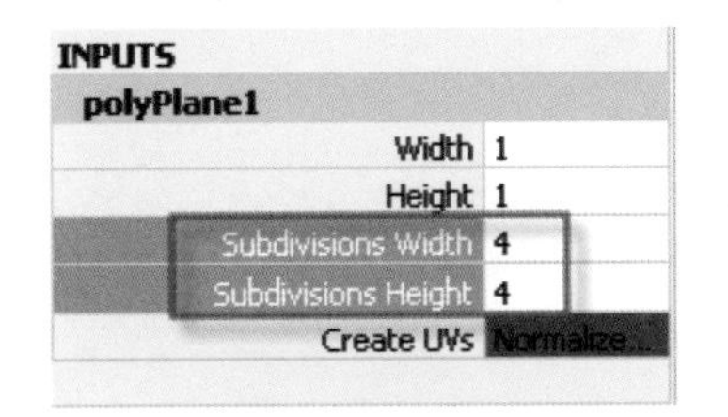 图　2-208
4）段数降低后，平面的拓扑网格效果如图2-209所示。	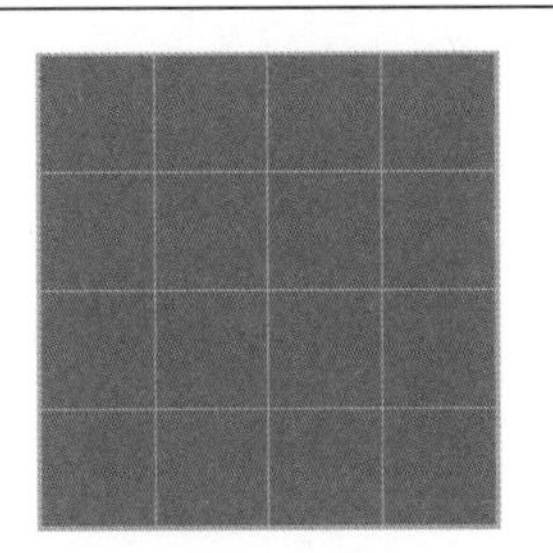 图　2-209
5）单击鼠标右键拖动到"Vertex"（顶点），进入点模式，如图2-210所示。	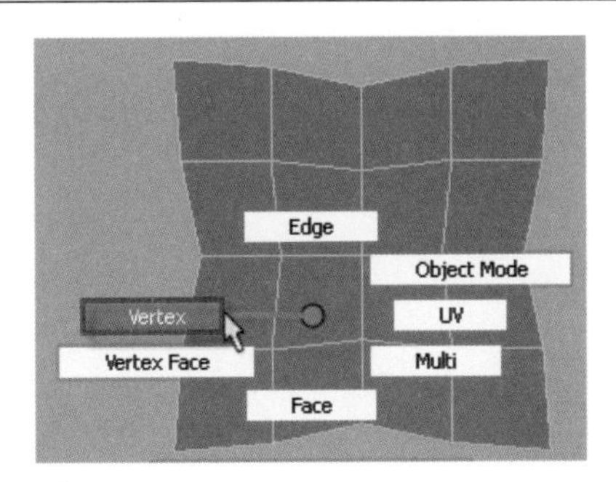 图　2-210
6）选择平面中间的点，按<R>键缩放点的大小，调节出侠岚碟的基础形状，如图2-211所示。 技法点拨：在调整对称点的位置时，经常用缩放工具来快速调整。	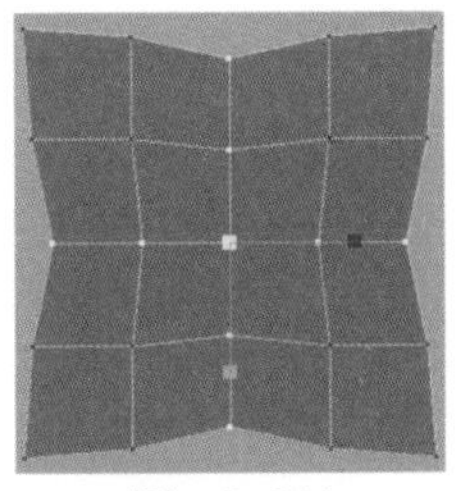 图　2-211
7）创建侠岚碟外圈厚度。执行"Create"（创建）→"Polygon Primitives"（多边形基本体）→"Pipe"（管状体）命令，创建一个新的管状体，如图2-212所示。	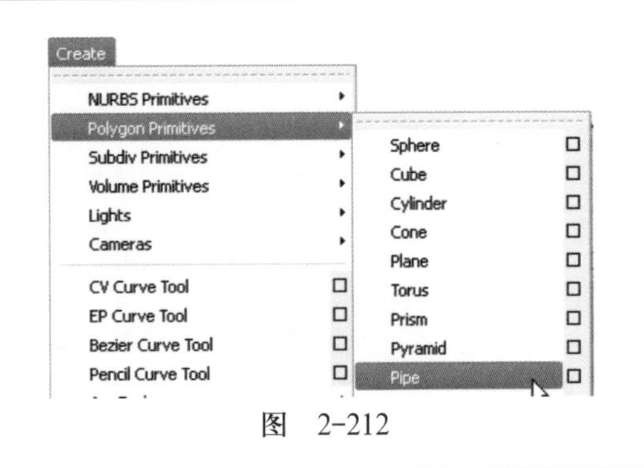 图　2-212

8）执行命令后，视窗中生成一个“Pipe”（管状体），如图2-213所示。

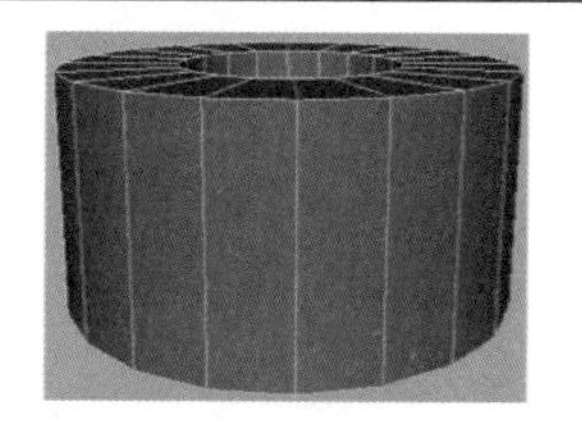

图 2-213

9）在右边通道盒中的“INPUTS”（输入）选项卡中对平面的细分段数进行调整，“Thickness”（厚度）为0.1，“Subdivisions Axis”（轴向细分数）为16，如图2-214所示。

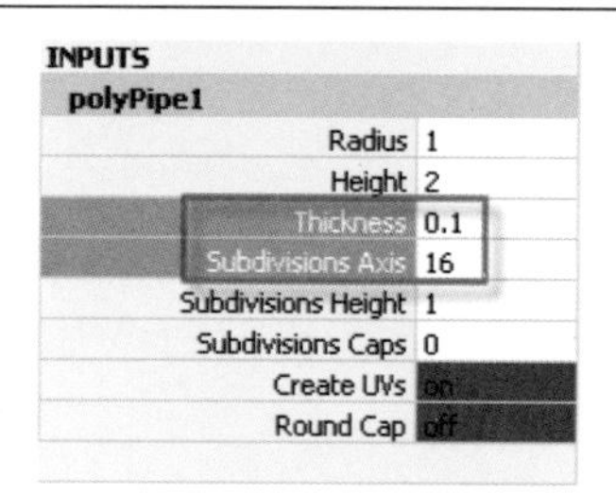

图 2-214

10）选择管状体，按<R>键调节适当的大小，为制作侠岚碟外框的厚度作准备，如图2-215所示。

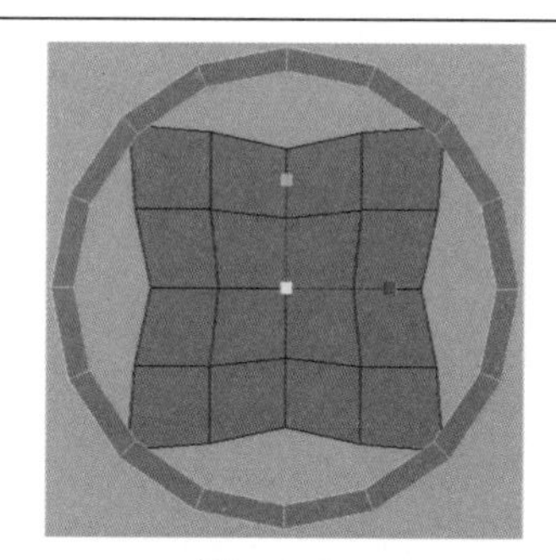

图 2-215

11）在“Point”（点）模式下，调整管状体的形状，将其包裹在平面的外围，如图2-216所示。

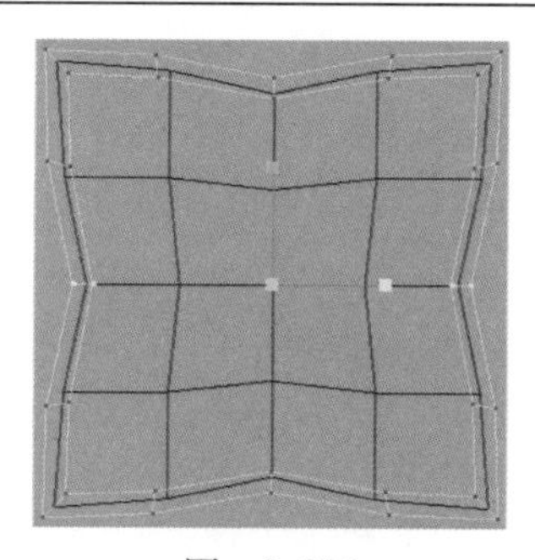

图 2-216

12）单击鼠标右键拖动到“Edge”（边），进入边模式，选择侠岚碟外框4个顶角上的环线，如图2-217所示。

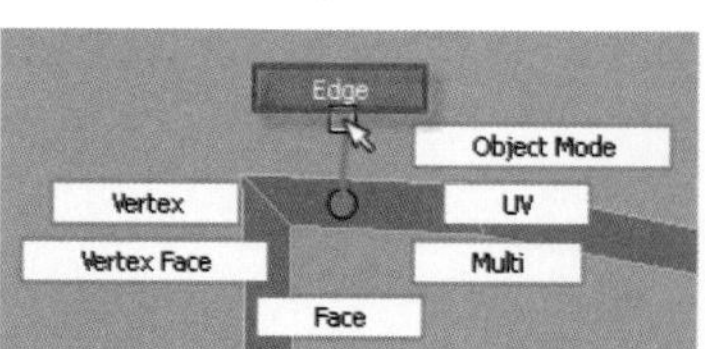

图 2-217

13）执行“Edit Mesh”（编辑网格）→“Bevel”（倒角）命令，单击■（选项窗口），打开“Bevel”（倒角）命令的选项窗口，如图2-218所示。	 图 2-218
14）在选项窗口中，将“Width”（宽度）改为0.4000，“Segments”（分段）改为2，调节倒出角的宽度和多生成的拓扑线段数，如图2-219所示。	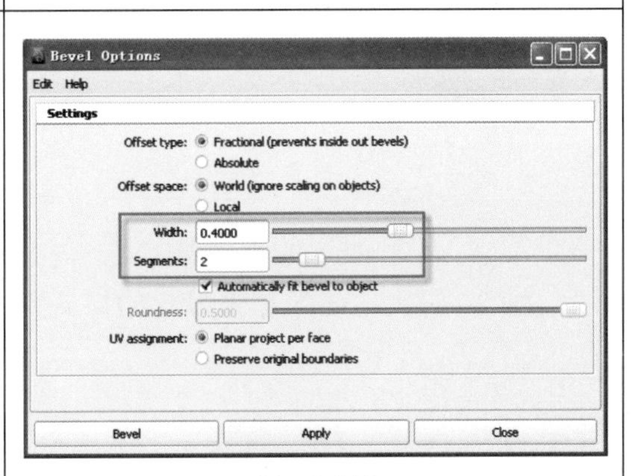 图 2-219
15）单击“Apply”（应用）按钮后，每个转角多出2条环线，转角过渡变得圆滑，如图2-220所示。	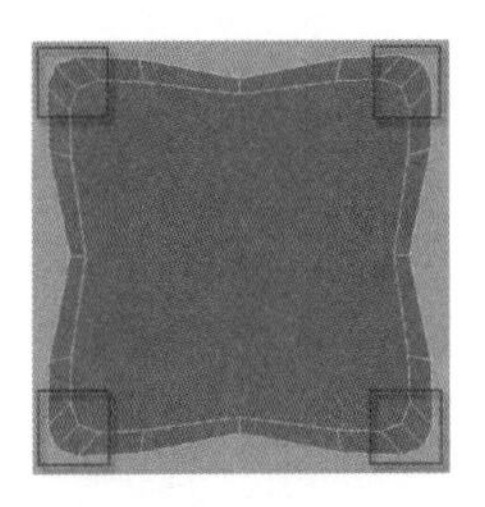 图 2-220

<table>
<tr><td>16）外框中部的段数也不够，选择中部的4段环线，同样执行“Bevel”（倒角）命令，如图2-221所示。</td><td>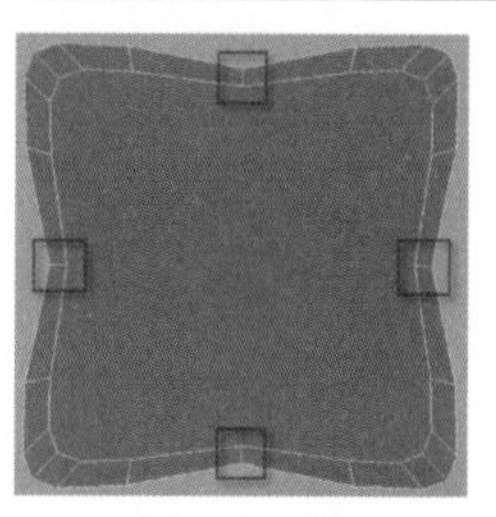
图　2-221</td></tr>
<tr><td>17）再执行“Bevel”（倒角）命令。在选项窗口中，将“Width”（宽度）调为0.5000，加宽倒角宽度，也就是加宽新生成环线间的距离，如图2-222所示。</td><td>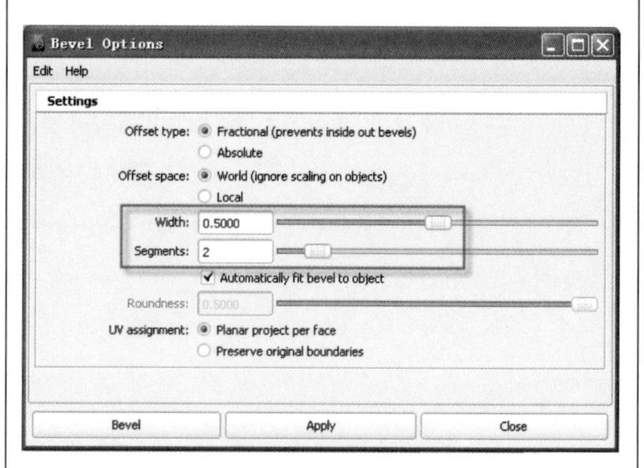

图　2-222</td></tr>
<tr><td>18）单击“Apply”（应用）按钮，观察执行“Bevel”（倒角）命令后外框的效果，如图2-223所示。</td><td>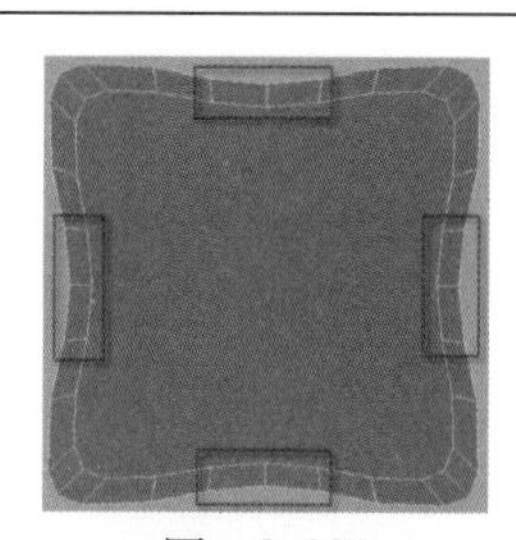
图　2-223</td></tr>
<tr><td>19）选择外框四周的点，按<R>键缩小点之间的距离，按照原画设计的样式调整边缘形状，如图2-224所示。</td><td>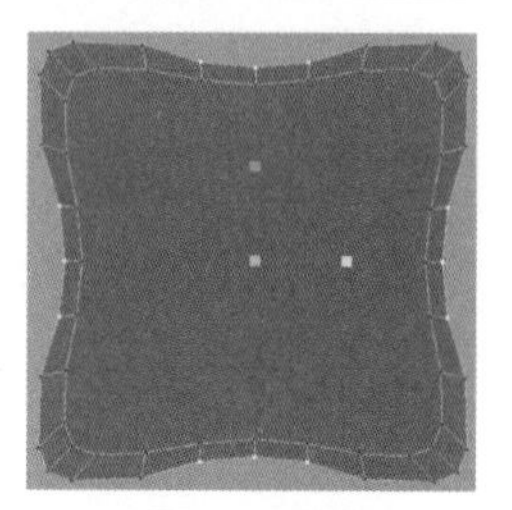
图　2-224</td></tr>
<tr><td>20）基本形状调整后，边棱还没有过渡，选择环线再次执行“Bevel”（倒角）命令，打开选项窗口，如图2-225所示。</td><td>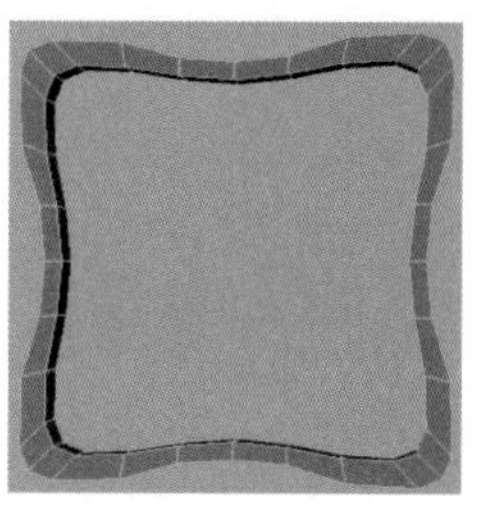
图　2-225</td></tr>
</table>

21）在选项窗口中，“Width”（宽度）改为0.1500，“Segments”（分段）改为1，让倒角的宽度减小，并且只多生成一条环线，如图2-226所示。

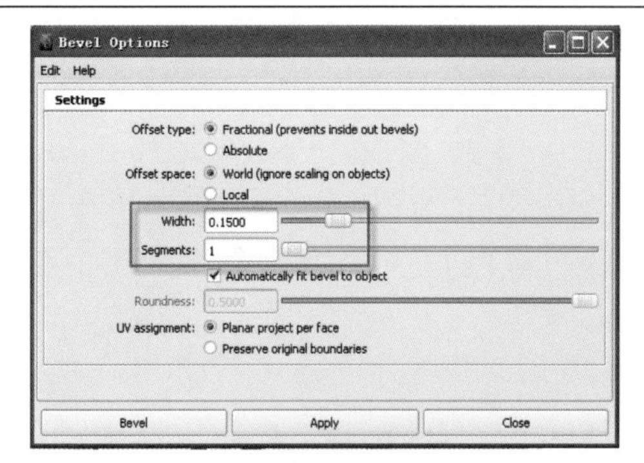

图 2-226

22）执行“Bevel”（倒角）命令后，外框边棱过渡平滑，局部效果如图2-227所示。

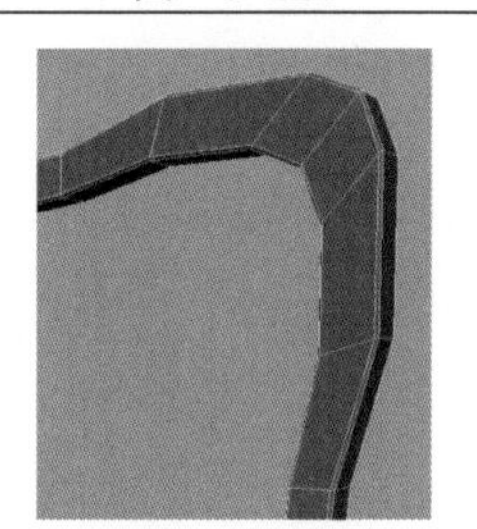

图 2-227

23）按<3>键预览“Smooth”（平滑）2次后模型的效果，并检查模型边棱硬度是否合适，如图2-228所示。

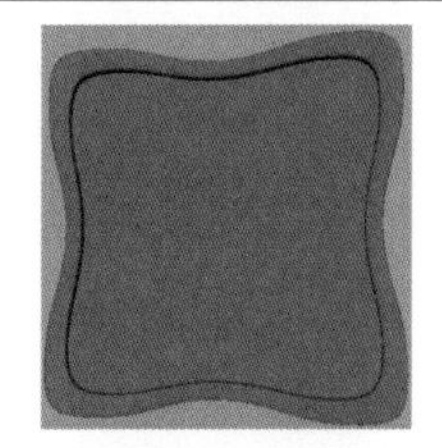

图 2-228

24）在主体中间添加一个圆环。执行“Create”（创建）→“Polygon Primitives”（多边形基本体）命令，单击“Pipe”（管状体），创建一个管状体，并调节其大小，如图2-229所示。

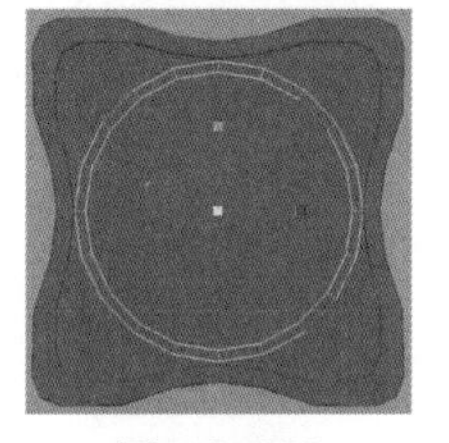

图 2-229

25）在侧视图视窗中，将中间圆环的厚度缩小，使其比外框的厚度略小，如图2-230所示。

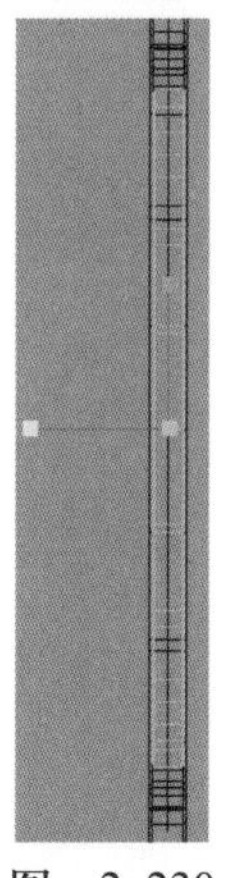

图 2-230

26）选择圆环边棱的环线，执行“Bevel”（倒角）命令，平滑边棱并让模型边棱保持一定的硬度，如图2-231所示。	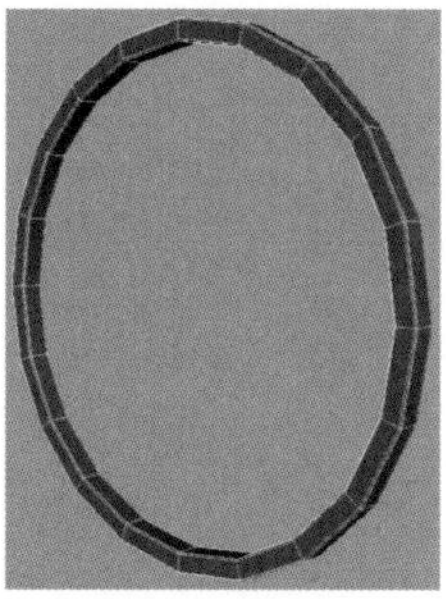 图 2-231
27）按<3>键预览“Smooth”（平滑）2次后模型的整体，如图2-232所示。	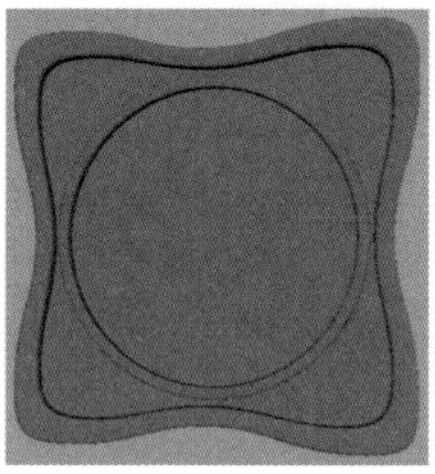 图 2-232
28）制作吊环部分。执行“Mesh”（网格）→“Create Polygon Tool”（创建多边形工具）命令，开始创建吊环基底的形状，如图2-233所示。	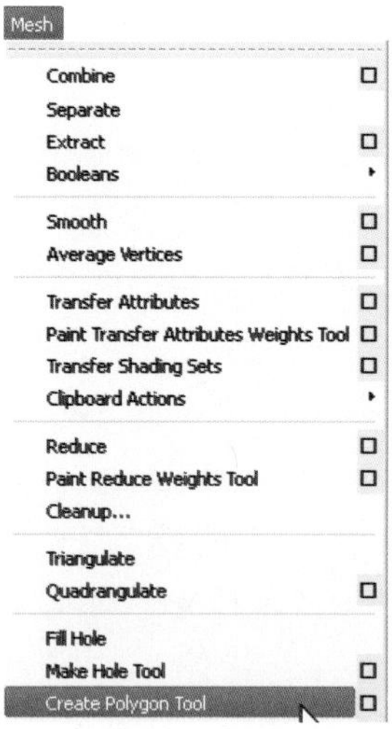 图 2-233
29）在前视图视窗中连续点击，创建多边形。此时多边形为粉红色，如图2-234所示。	 图 2-234
30）按<Enter>键后，完成多边形的创建，如图2-235所示。	 图 2-235

31）按<Ctrl>键+鼠标右键向左拖动到“Split”（分割）向右拖动到“Split Polygon Tool”（分割多边形工具），为模型合理地添加拓扑线，让多边形上的面都成为四边面，如图2-236所示。

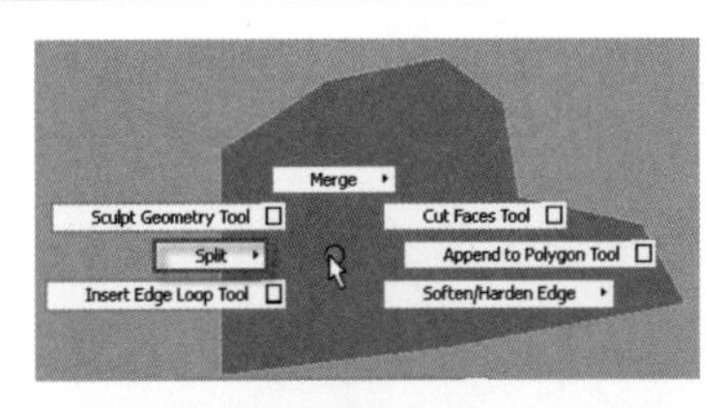

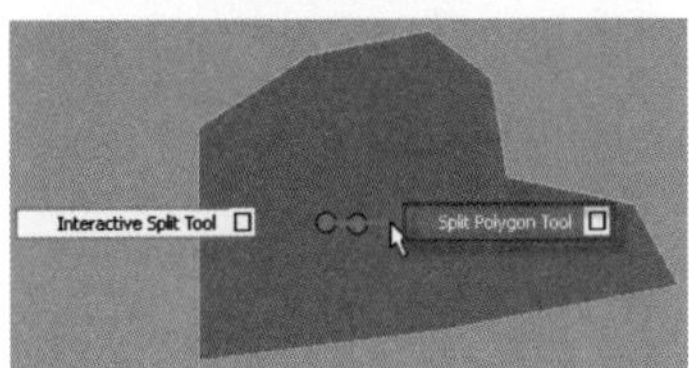

图　2-236

32）执行命令后，在多边形边缘线上滑动添加分割线。按<Enter>键生成分割线，如图2-237所示。

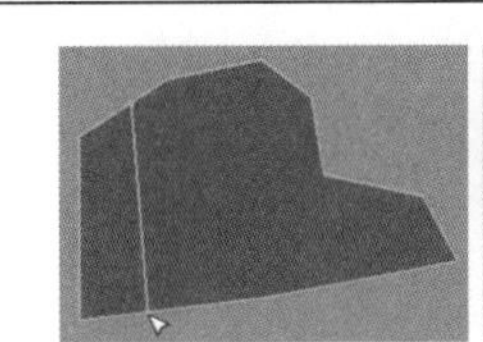

图　2-237

33）分割线添加完成并整理好位置后，按<Enter+D>组合键（复制），并把复制面在X轴方向的缩放值改为-1，如图2-238所示。

技法点拨：在沿中轴进行对称复制时，经常使用<Ctrl+D>组合键复制，再对应轴的“Scale”（缩放）中输入-1。

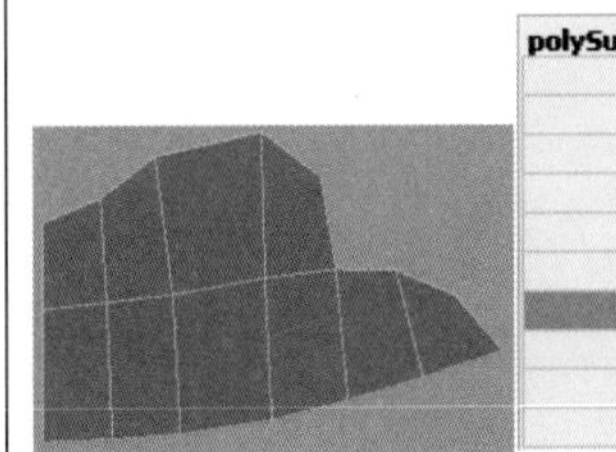

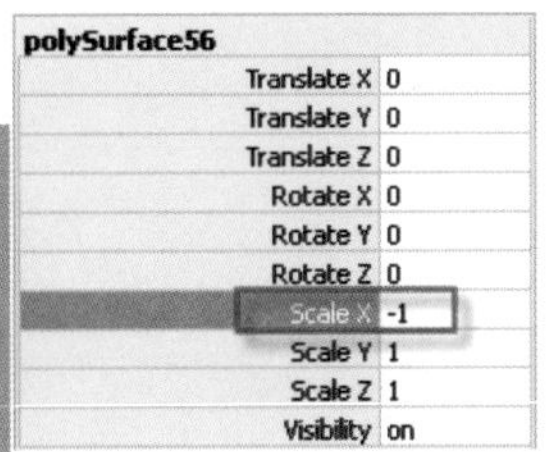

图　2-238

34）此时复制完成另一半多边形，如图2-239所示。

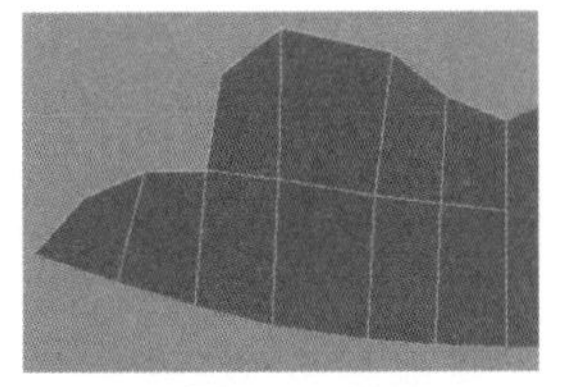

图　2-239

35）选择2个多边形，执行“Mesh”（网格）→“Combine”（结合）命令，结合2个多边形，如图2-240所示。

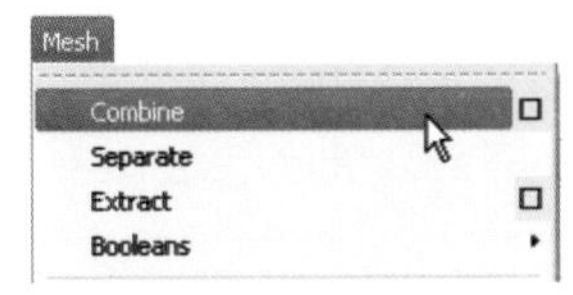

图　2-240

36）执行“Combine”（结合）命令后，2个多边形看起来变成了一个物体，如图2-241所示。

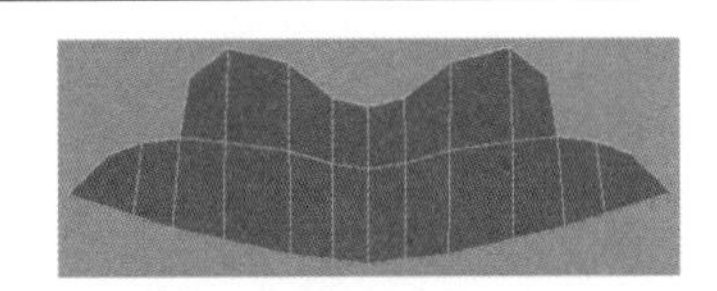

图　2-241

37）但此时2个物体还没有完全合并，选择连接部位的点，如图2-242所示。	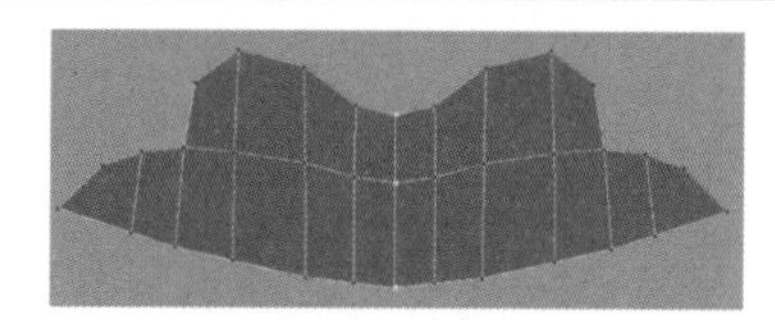 图　2-242
38）执行“Edit Mesh”（编辑网格）→“Merge”（合并）命令，单击■（选项窗口），打开“Merge”（合并）命令的选项窗口，如图2-243所示。	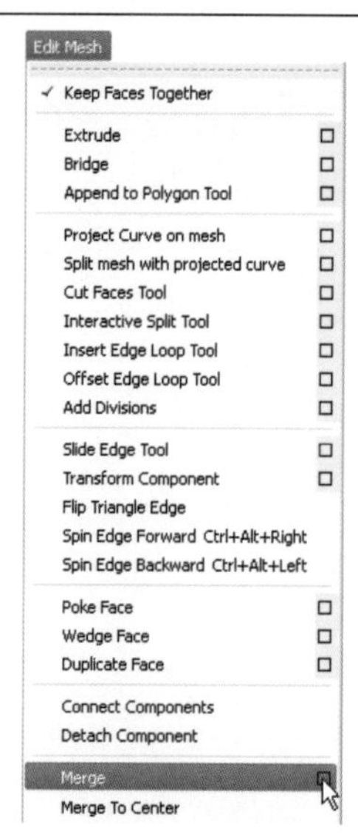 图　2-243
39）选项窗口中，将“Threshold”（阈值）调为0.0001，只缝合间距在0.0001以内的点，如图2-244所示。	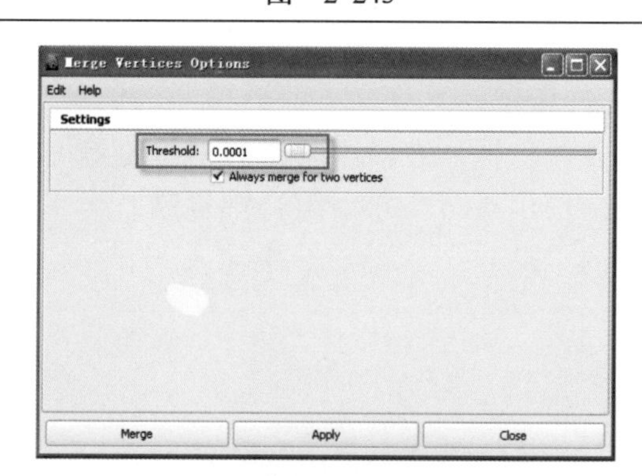 图　2-244
40）制作吊环。执行“Create”（创建）→“Polygon Primitives”（多边形基本体）→“Pipe”（管状体）命令，创建管状体，并调节其大小，如图2-245所示。	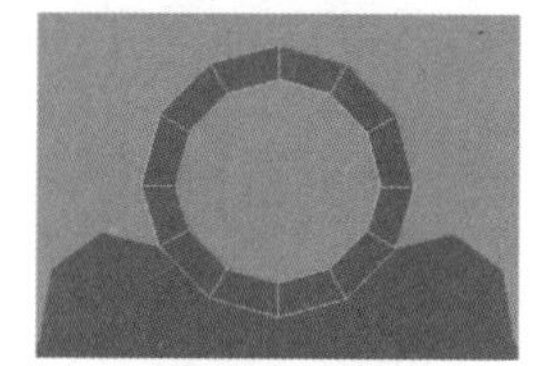 图　2-245
41）选一个紧挨基底边缘的面，将其沿着基底的外轮廓逐步挤出，如图2-246所示。	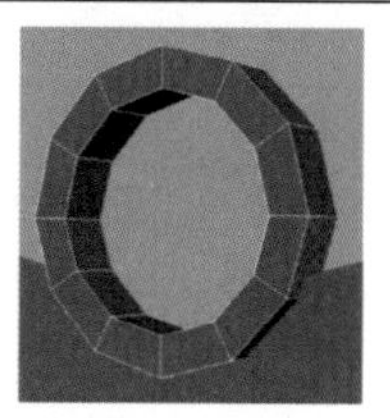 图　2-246

42）执行“Edit Mesh”（编辑网格）→“Extrude”（挤出）命令，做出吊环的边棱，如图2-247所示。	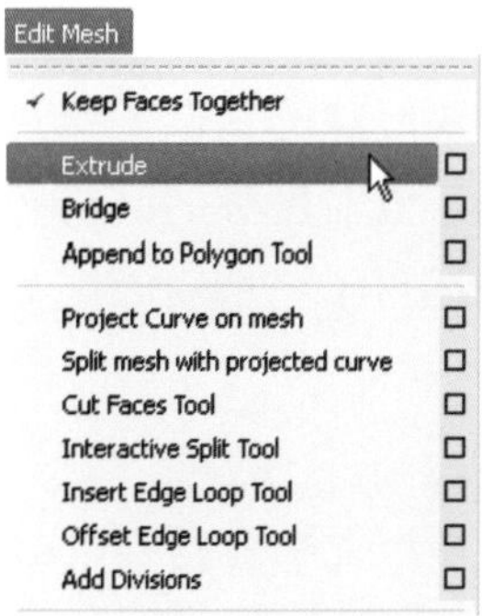 图 2-247
43）出现操纵器后，拖曳蓝色的Z轴方向手柄，将挤出的面拖动到相应的位置，如图2-248所示。	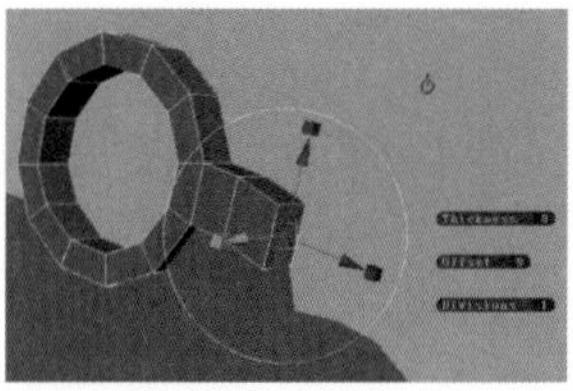 图 2-248
44）依次执行“Extrude”（挤出）命令，完成吊环一侧形状的制作。在此，可以使用快捷键，按<G>键重复上一步的命令。生成的外缘如图2-249所示。	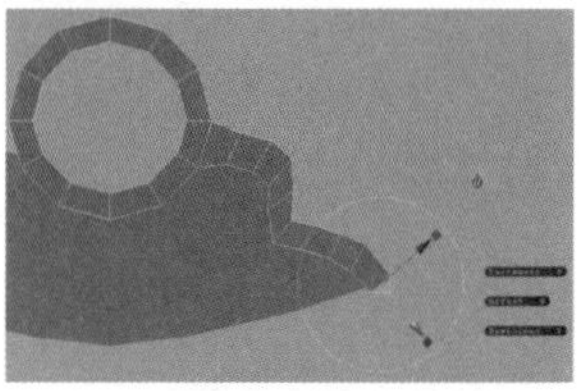 图 2-249
45）按<Delete>键删除左侧多余的面，留下右侧完整的吊环，如图2-250所示。	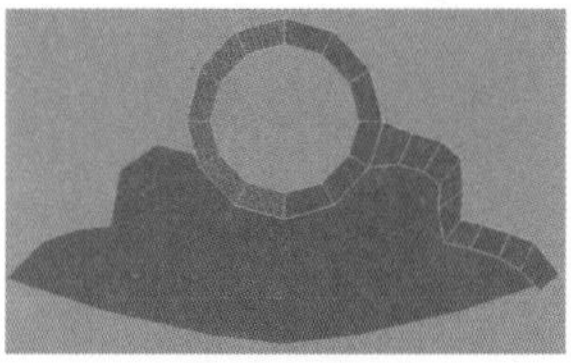 图 2-250
46）删除完成后，右侧完整的吊环形状如图2-251所示。	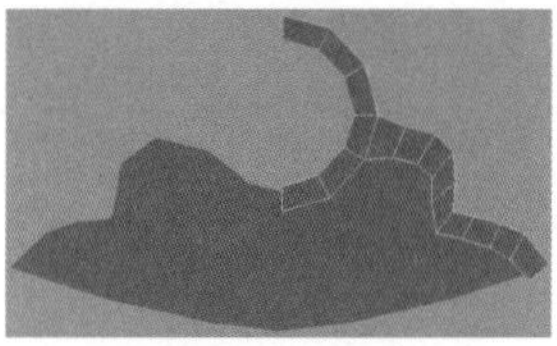 图 2-251
47）复制出另一半吊环，并选择两部分吊环，执行“Combine”（结合）命令和“Merge”（合并）命令，如图2-252所示。	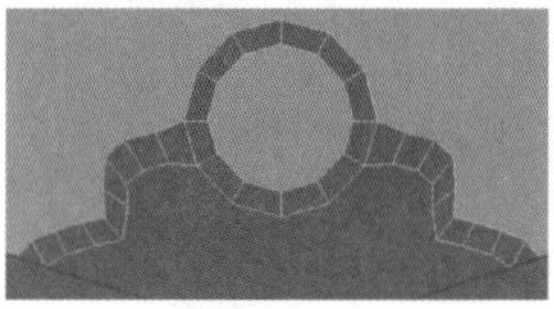 图 2-252

知识归纳

在制作侠岚碟的基础形状过程中，可以看到倒角命令不仅可以对模型硬边进行修饰，而且也可以对模型的网格拓扑结构进行编辑，这取决于倒角参数的设置；另外在该任务中也运用了一个新的工具，就是创建多边形工具，下面具体了解一下这两个方面的内容。

1. “Bevel”（倒角）

这个命令用来平滑较为粗糙的角和边。

单击模型或选择边、点，执行“Edit Mesh”（编辑网格）→“Bevel”（倒角）命令，如图2-253所示。

提示：通道栏中“Offset”（偏移）用于对原有的边框进行偏移处理，产生倒角，“Roundness”（圆弧）用于设置倒角圆滑程度，“Segments”（分段）用于控制倒角中间段数。

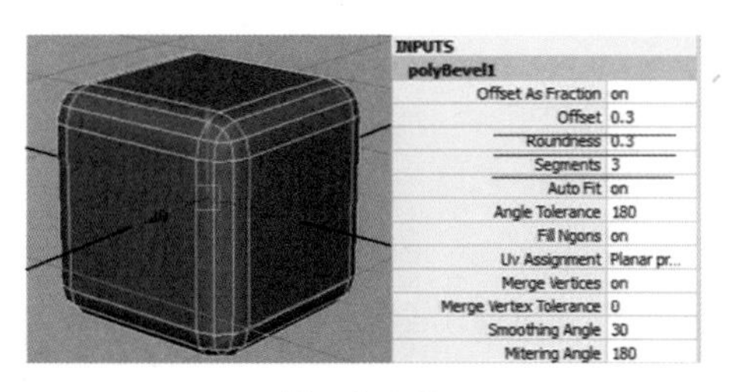

图 2-253

2. “Create Polygon Tool”（创建多边形工具）

该工具用点的方式来创建Polygon多边形的面，也就是创建Polygon表面，按<Shift>键可以锁定一个轴向画直线，按<Ctrl>键的同时在表面单击鼠标可以挖一个三角形的洞，但只能挖有三个边的洞，如果想多一些边则需按<Shift>键；创建落点时，可以按<Insert>键修改，如果需退回到上一个点的位置，则按<Backspace>键，形状满意后按<Enter>键确定即可。

执行“Mesh”（网格）→“Create Polygon Tool”（创建多边形工具）命令，单击鼠标，绘制点，如图2-254所示。结束时按<Enter>键，如图2-255所示。

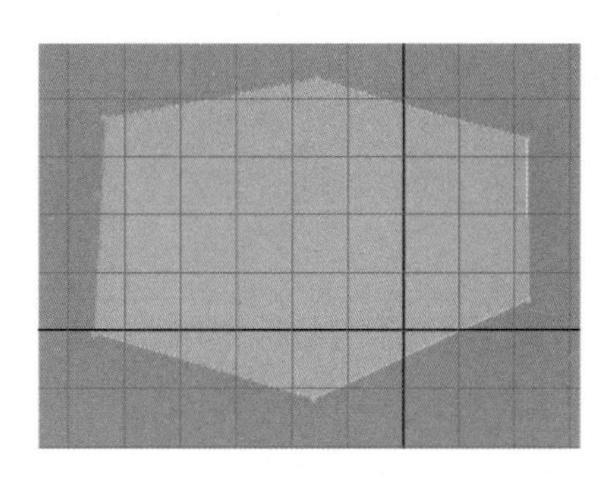

图 2-254

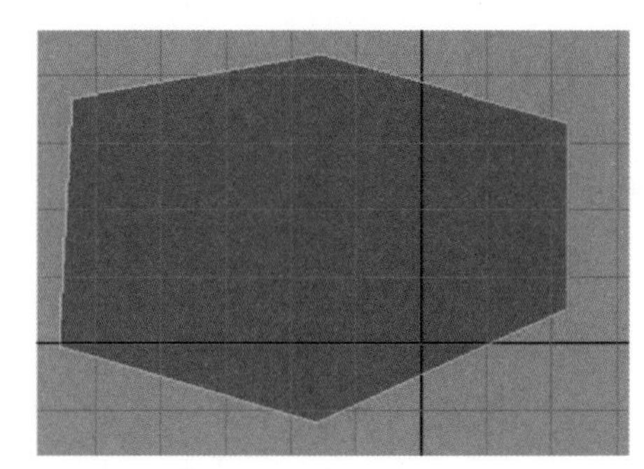

图 2-255

绘制时，按<Insert>键对落点进行编辑，如图2-256所示。

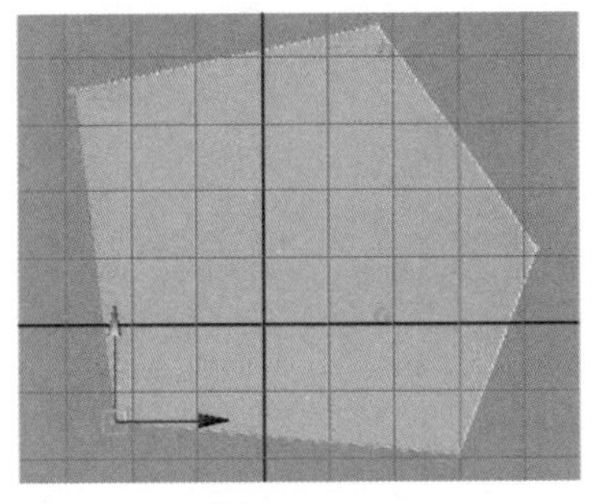

图 2-256

子任务2 制作侠岚牒的纹样和字体

制作侠岚牒上的细节：纹样和字体。主要运用“Insert Edge Loop Tool”（插入循环边工具）和“Split Polygon Tool”（分割多边形工具）刻画纹样轮廓，并运用“Extrude”（挤出）命令制作纹样厚度；通过创建多边形工具和分割多边形命令制作侠岚印的气旋平面和字体，结合“Extrude”（挤出）命令制作厚度，采用“Bevel”（倒角）命令修饰细节，最后通过使用平滑命令制作最终效果。

制作流程

1）基底上的花纹制作。由于吊环花纹是对称图形，为了制作方便，此时将基底删除一半，完成右侧的模型后复制到左侧即可，如图2-257所示。	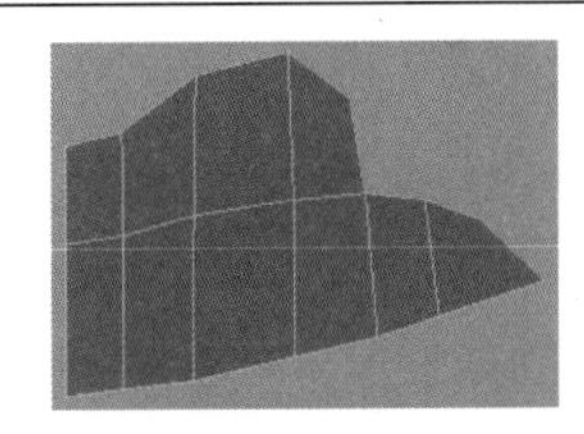 图 2-257
2）在“点”模式下，调整出花纹的轮廓。但因为形状模型上的线分布不足，无法进行更细致的制作，所以要执行“Insert Edge Loop Tool”（插入循环边工具）命令，如图2-258所示。	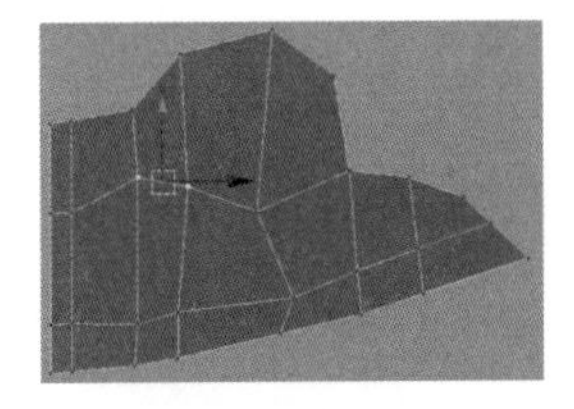 图 2-258
3）执行“Edit Mesh”（编辑网格）→“Insert Edge Loop Tool”（插入循环边工具）命令，插入一条环线，如图2-259所示。	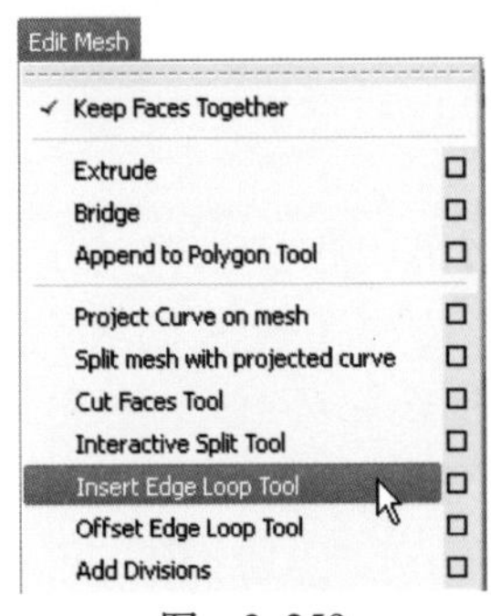 图 2-259

单元2

4）执行命令后，在模型的一条边上拖曳鼠标，生成一条环线，此时环线为虚线，如图2-260所示。	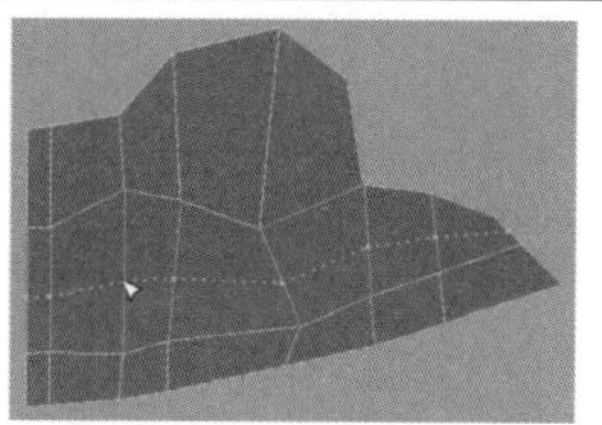 图 2-260
5）将环线拖动到适当位置，释放鼠标完成操作，如图2-261所示。	 图 2-261
6）综合运用“Insert Edge Loop Tool”（插入循环边工具）和“Split Polygon Tool”（分割多边形工具），刻画出花纹的轮廓，如图2-262所示。	 图 2-262
7）复制出左侧的基底，并选择左右两边的面，执行“Combine”（结合）命令和“Merge”（合并）命令，如图2-263所示。	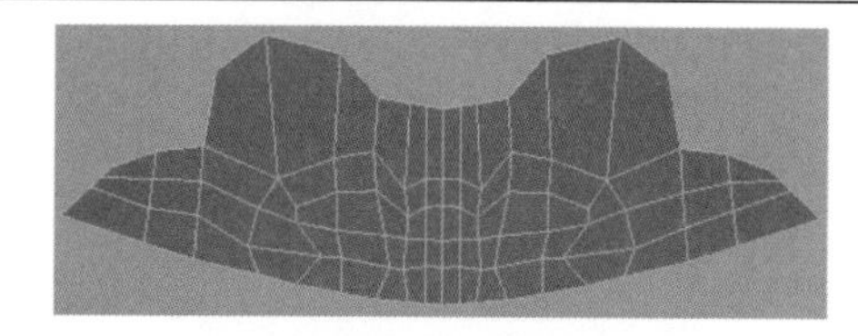 图 2-263
8）选择需要制作成花纹的面，如图2-264所示。	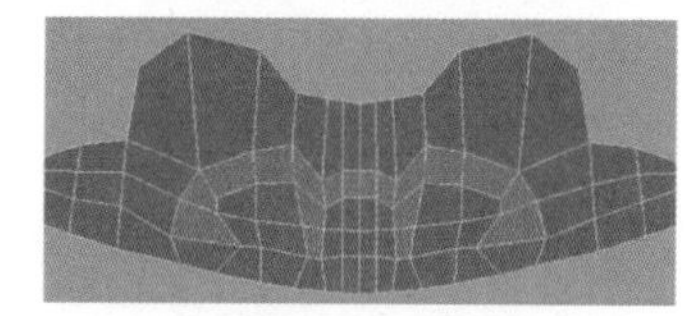 图 2-264
9）执行“Edit Mesh”（编辑网格）→“Extrude”（挤出）命令，挤压出花纹的厚度。如图2-265所示。	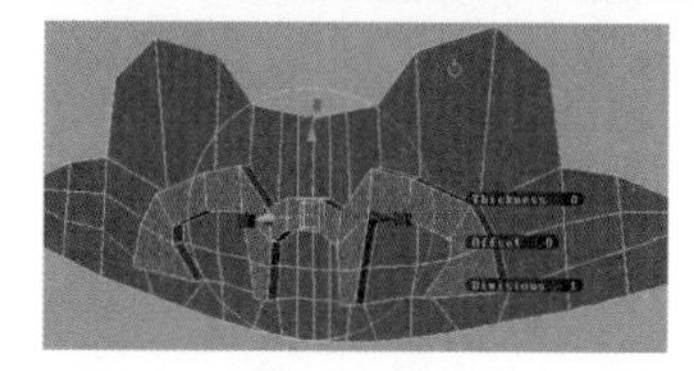 图 2-265
10）对凸出的花纹执行“Insert Edge Loop Tool”（插入循环边工具）”命令，添加2条环线，按＜3＞键预览“Smooth”（平滑）2次后，完成花纹原有硬边的平滑处理，如图2-266所示。	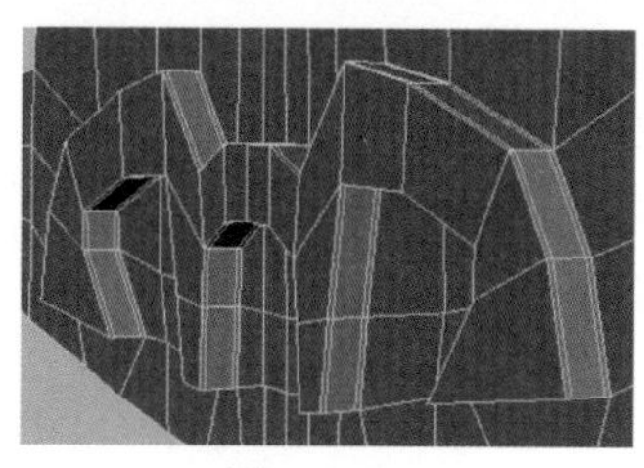 图 2-266

11）完成侠岚碟正面的吊环基底后，复制出背面的吊环基底，如图2-267所示。	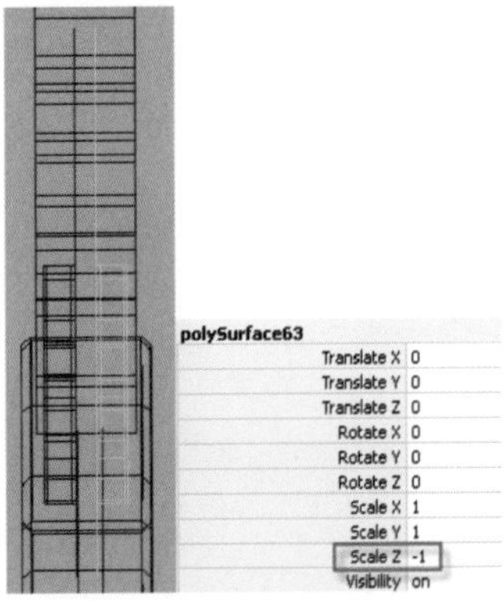 图 2-267
12）按<3>键预览“Smooth”（平滑）2次后吊环部分的效果，如图2-268所示。	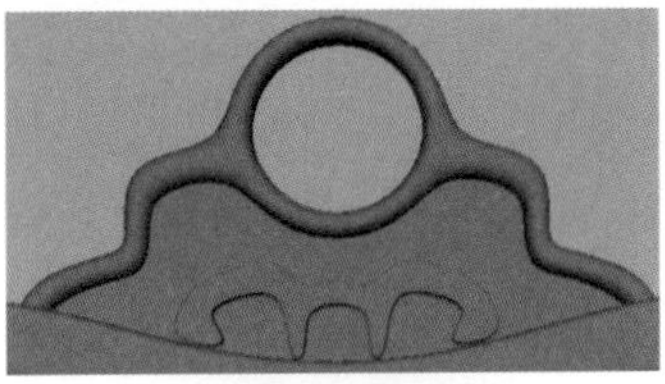 图 2-268
13）制作侠岚碟的主体面板。先将面板复制一个作为侠岚碟的背面，并略往Z轴的负方向移动，如图2-269所示。	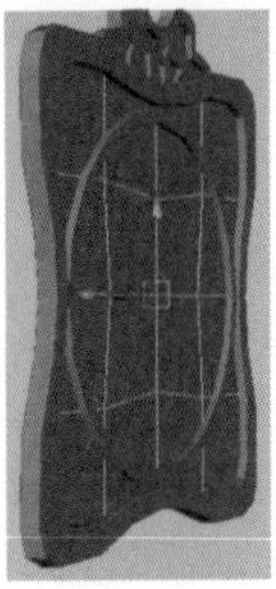 图 2-269
14）制作侠岚碟正面的面板。因为中间是一个圆形，所以将点尽量向圆环靠拢，如图2-270所示。	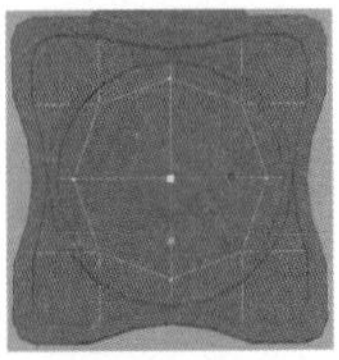 图 2-270
15）此时所需的拓扑线总体都不够，直接对模型执行“Smooth”（平滑）命令。执行“Mesh”（网格）→“Smooth”（平滑），添加模型整体的拓扑线，如图2-271所示。	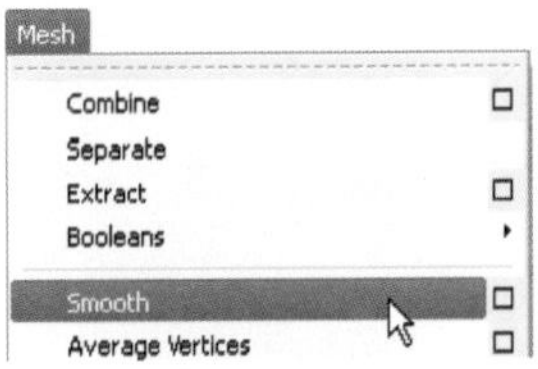 图 2-271
16）执行“Smooth”（平滑）命令后，视窗中的平面效果如图2-272所示。	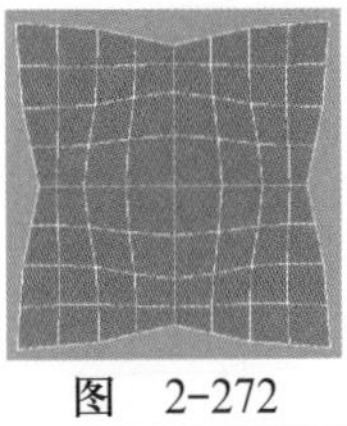 图 2-272

17）在点模式下，参照圆环的形状，继续调节基底上圆形的弧度，如图2-273所示。	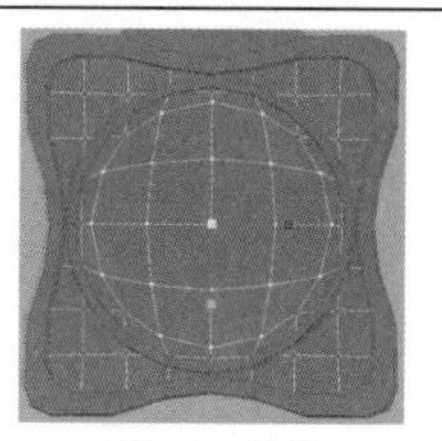 图　2-273
18）选择中间圆形的面，执行挤压命令，创建圆环中间的底纹，如图2-274所示。	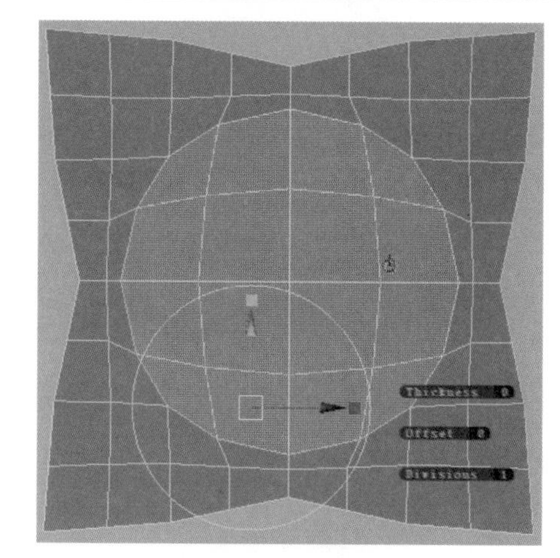 图　2-274
19）经过执行4次“Extrude”（挤出）命令后，生成了两层圆环形状，如图2-275所示。	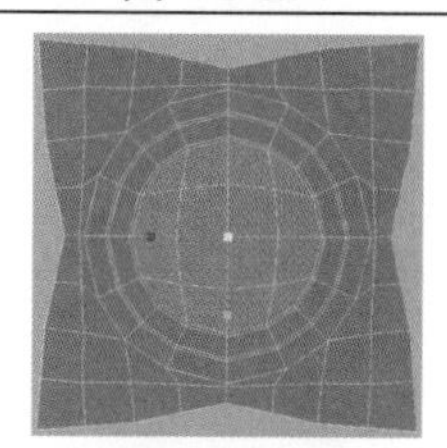 图　2-275
20）执行“Split Polygon Tool”（分割多边形工具）命令，完成左下角一个“，”的形状，如图2-276所示。	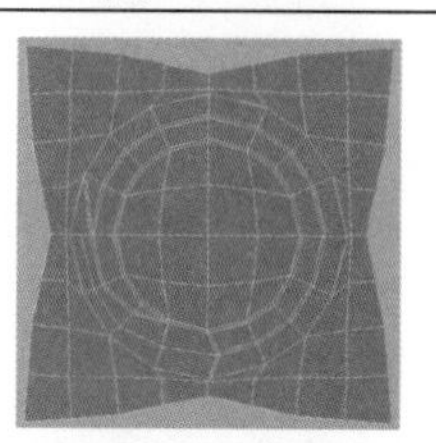 图　2-276
21）选择底纹的面，将其稍微挤出一个高度，如图2-277所示。	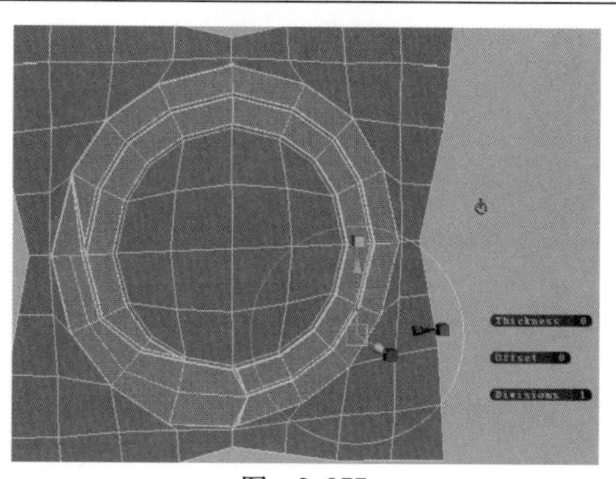 图　2-277

22）为底纹侧面添加环线后，按<3>键预览平滑2次后，面板的效果如图2-278所示。	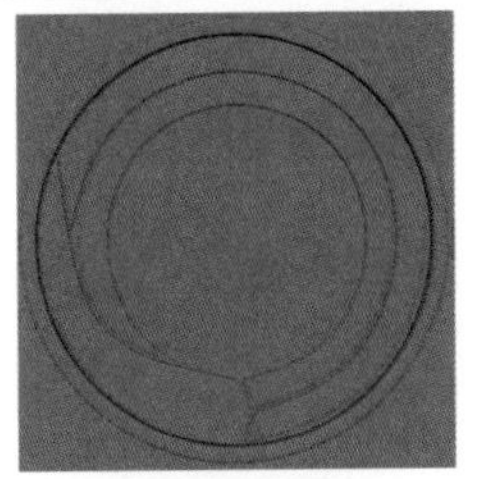 图　2-278
23）制作面板四周的侠岚印。在前视图视窗中，执行“Create Polygon Tool”（创建多边形工具）命令，连续单击，生成一个侠岚印，如图2-279所示。	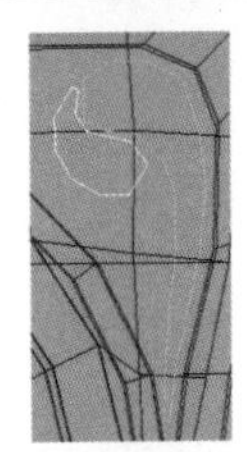 图　2-279
24）执行“Split Polygon Tool”（分割多边形工具）命令，为模型添加分割线，如图2-280所示。	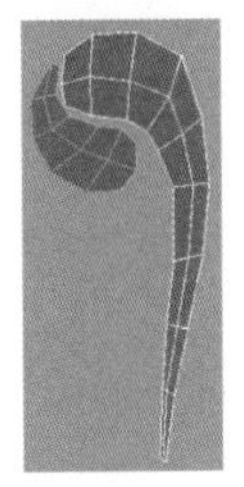 图　2-280
25）选择两部分侠岚印的面，共同执行“Extrude”（挤出）命令，创建出侠岚印的厚度，如图2-281所示。	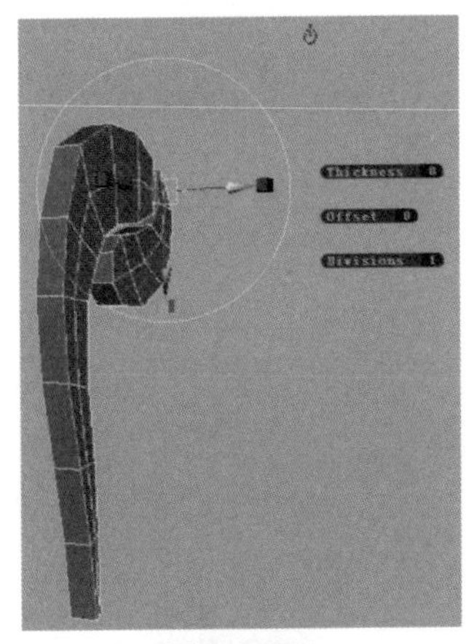 图　2-281
26）分别为两部分侠岚印的侧面添加2条环线，保持它的硬边，如图2-282所示。	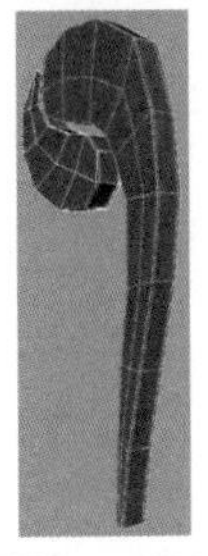 图　2-282

27）选择2个模型，执行“Edit”（编辑）→“Group”（组）命令，快捷键是<Ctrl+G>，将2个模型打包成一个组，以便统一控制它们的坐标，如图2-283所示。

技法点拨：“Group”（组）命令，快捷键是<Ctrl+G>，是将多个模型打包成一个组，以便统一控制它们的坐标。

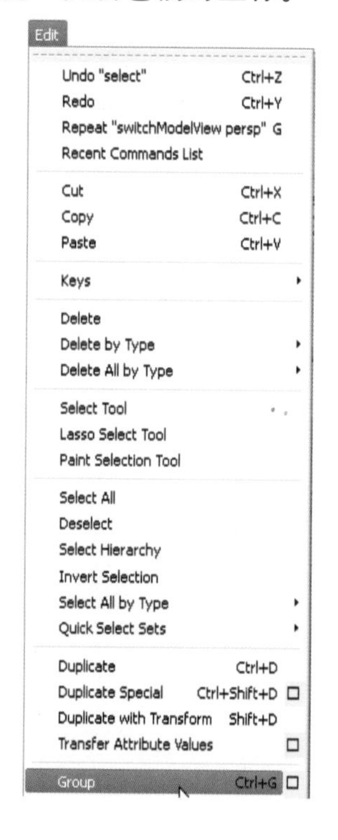

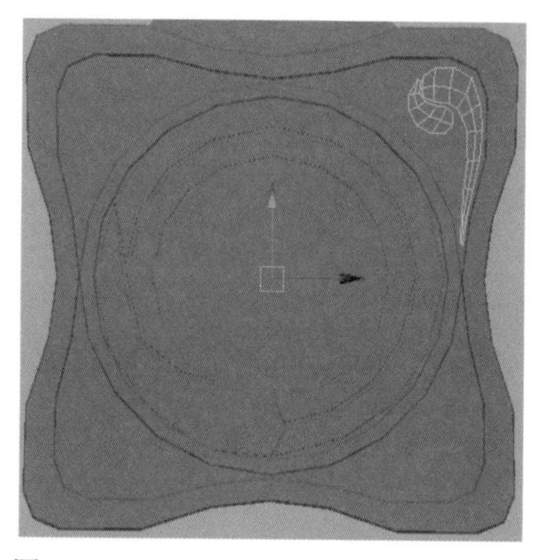

图 2-283

28）复制“Group”（组），按<E>键把侠岚印在Z轴方向上旋转90°，如图2-284所示。

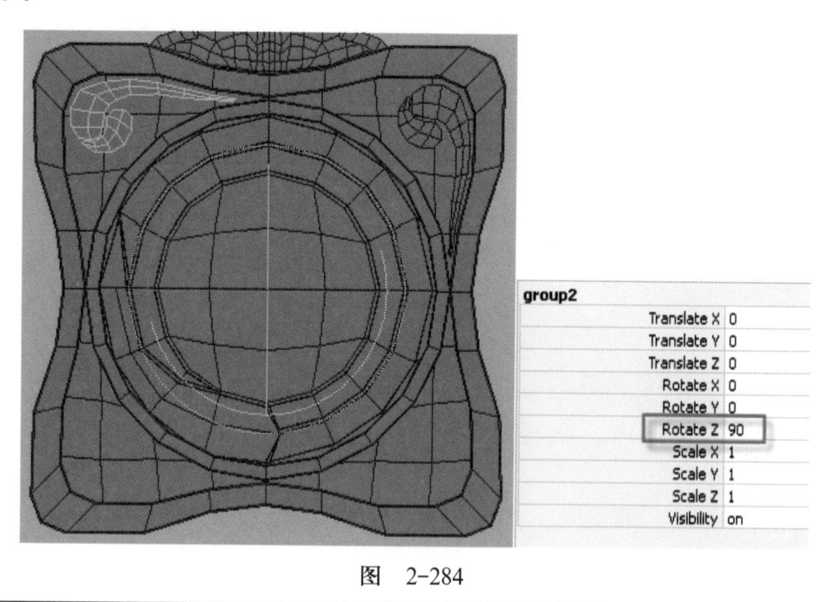

图 2-284

29）在执行复制命令后，执行“Edit”（编辑）→“Duplicate with Transform”（复制并变换）命令，快捷键是<Shift+D>组合键。连续按<Shift+D>组合键生成另外2组模型，如图2-285所示。

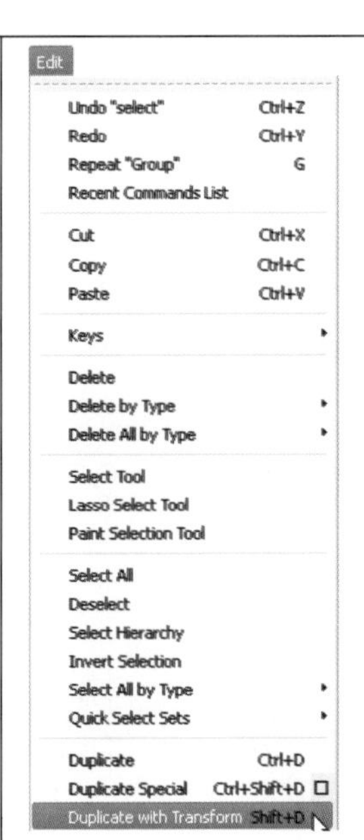

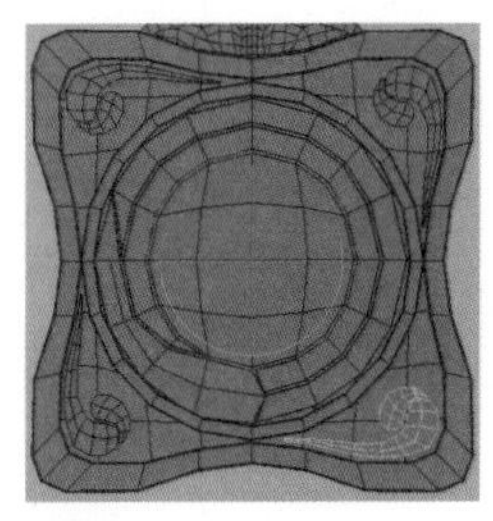

图 2-285

30）文字“金”的制作。执行“Create Polygon Tool”（创建多边形工具）命令和“Split Polygon Tool”（分割多边形工具）命令，做出右侧的“金”字，如图2-286所示。

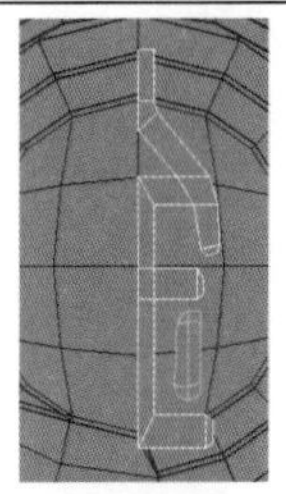

图 2-286

31）调整好字体形状之后，复制出左侧的“金”字，并执行“Combine”（结合）命令和“Merge”（合并）命令，如图2-287所示。

图 2-287

32）选择“金”字所有的面，执行“Extrude”（挤出）命令，创建出字体的厚度，如图2-288所示。

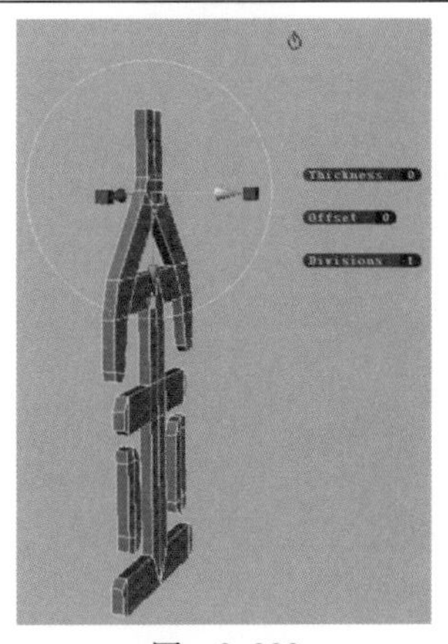

图 2-288

单元2

33）在内转角处执行“Bevel”（倒角）命令，并在侧边添加两圈环线，确保字体转角处和边棱的硬度，如图2-289所示。	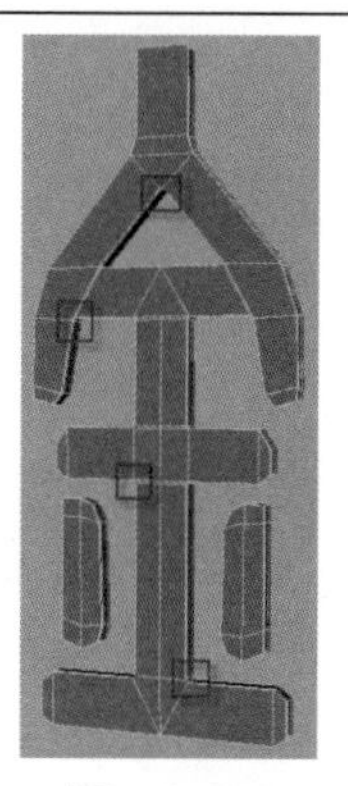 图　2-289
34）按<3>键预览平滑2次后字体的效果，如图2-290所示。	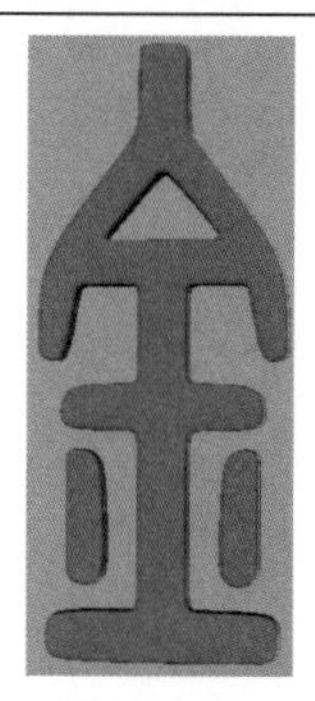 图　2-290
35）侠岚碟制作完成，整体的正、反面效果如图2-291所示。	 图　2-291

知识归纳

在学习道具模型制作的过程中，大家会发现有几个多边形建模命令会反复使用，包括前面已经介绍的“Extrude”（挤出）命令、环形切分工具等，当然还包含以下几个命令，下面一起了解一下。

1．平滑处理多边形

因为多边形面的边都是直线段，简单模型外形会显得不平滑，所以Maya为用户提供了一些可以直接平滑处理模型的工具，如“Smooth”（平滑）命令。

单击模型，执行“Mesh”（网格）→“Smooth”（平滑）命令，Maya直接对多边形进行细分，并且自动调整顶点位置以得到圆滑的外观，如图2-292所示为右边的立方体经过3次平滑的效果。

提示：可以通过通道栏的“INPUTS”（输入）选项卡修改“Divisions”（分段）来设置平滑级别。

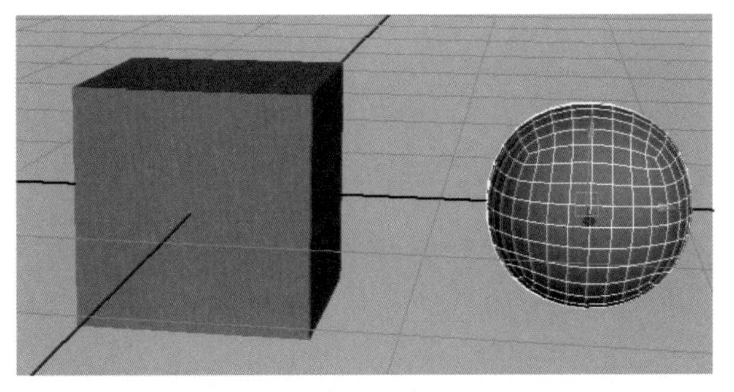

INPUTS	
polySmoothFace1	
Method	Exponential
Continuity	1
Divisions	3
Smooth UVs	on
Keep Border	on
Keep Selection Border	on
Keep Hard Edge	off
Keep Map Borders	Internal
Keep Tessellation	on
Subdivision Levels	1
Divisions Per Edge	1
Push Strength	0.1
Roundness	1

图　2-292

2. 结合多边形

使用“Combine”（结合）命令可以将几个不同的多边形对象结合为一个对象，以便合并点、连接接缝等操作。

选择多个多边形对象，执行“Mesh”（网格）→“Combine”（结合）命令，如图2-293所示。

提示：使用“Combine”（结合）命令将多个多边形结合为一个物体时，结合在一起的多边形有些边、点可能重合，但并没有真正共享边，实际上并不是一个整体，而是独立的几片。

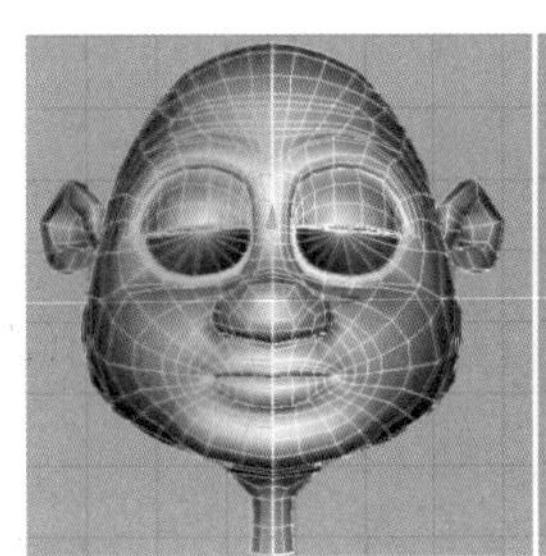
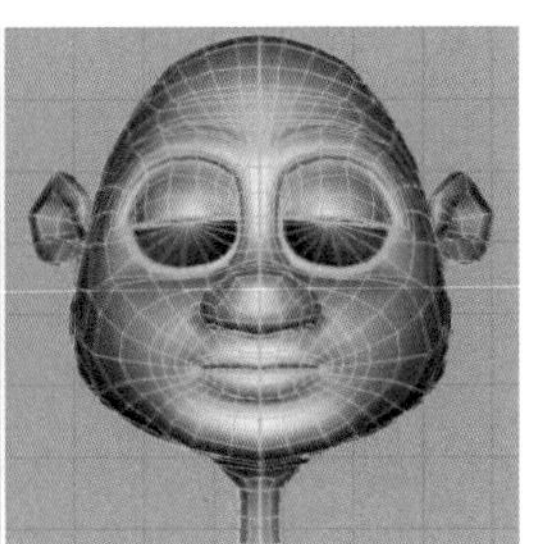

图　2-293

3. 合并点

使用“Merge”（合并）命令将同一个多边形网格结构中的两个或两个以上的顶点合并在一起。

选择同一个多边形的两个或多个点，执行“Edit Mesh”（编辑网格）→“Merge”（合并）命令。

提示：点融合一定是一个多边形对象，如果不是，则应先使用“Combine”（结合）命令结合多边形，如图2-294所示。

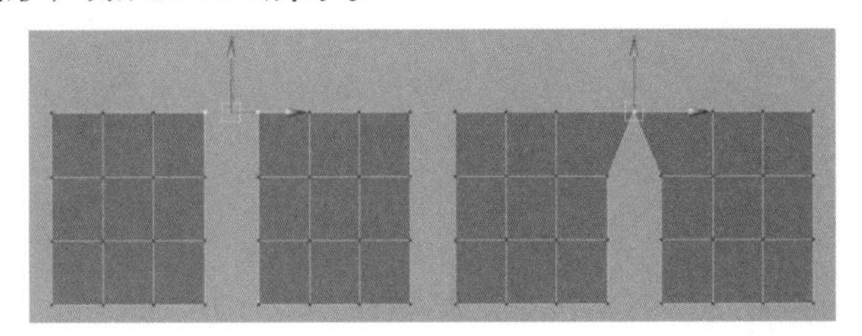

图　2-294

子任务3　制作侠岚碟的材质

侠岚碟为金属材质，且部分表面呈粗糙状，通过添加“Bump Mapping”（凹凸节点）贴图制作机理。

制作流程

1）打开模型文件，在材质编辑器中新建两个“Blinn”（布林）材质球。“blinn1”（布林1）材质球作为侠岚碟凸出部分的材质；“blinn2”（布林2）材质球作为侠岚碟基础底板的材质，如图2-295所示。

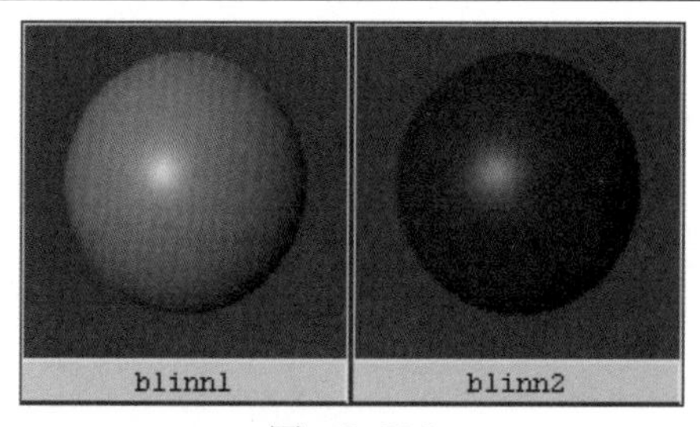

图　2-295

2）分别单击材质编辑器中“Color”（颜色）和“Bump Mapping”（凹凸节点）后面的（输入节点），添加“noise1”（噪点1），如图2-296所示。

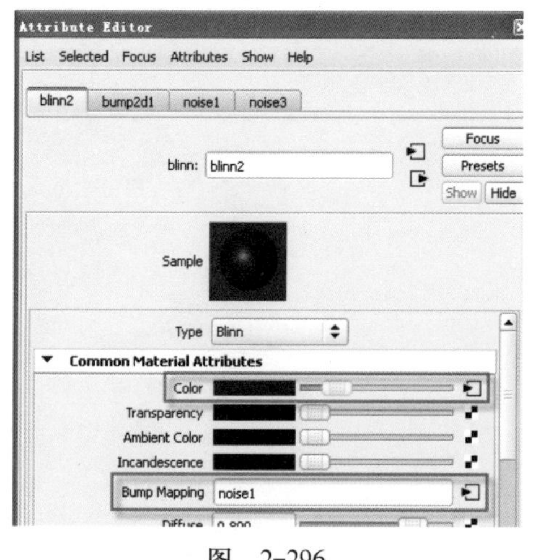

图　2-296

3）侠岚碟底板颜色较深，并且颜色不均匀，将“noise3”（噪点3）的颜色部分调节成合适的颜色，如图2-297所示。

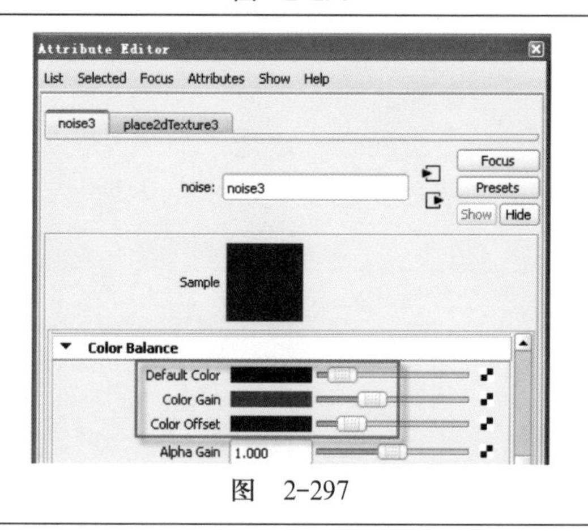

图　2-297

4）侠岚碟底板粗糙度比较浅，将“Bump Depth”（凹凸深度）改为-0.030，并适当调整“Noise Attributes”中的参数，如图2-298所示。

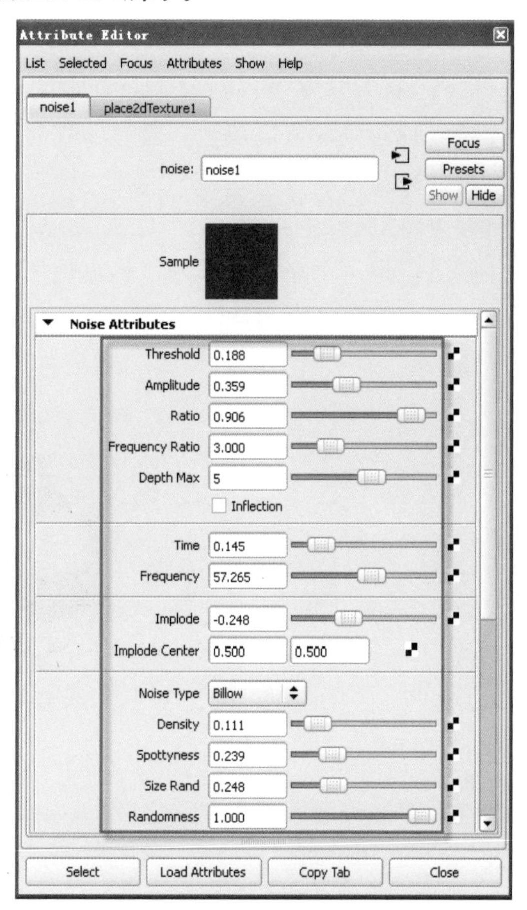

图 2-298

5）添加“Noise”（噪点）节点后，“blinn2”（布林2）材质球的整体效果如图2-299所示。

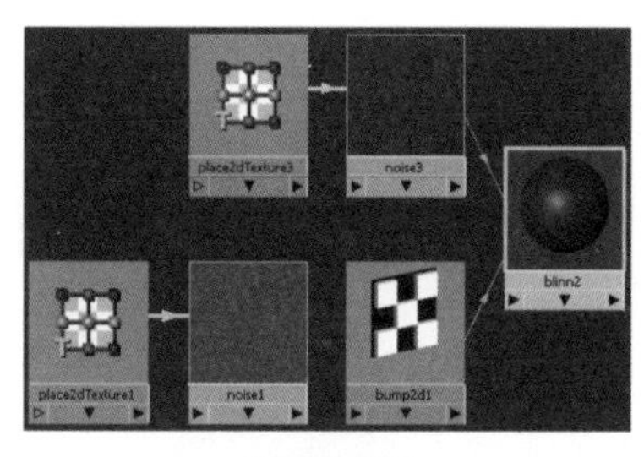

图 2-299

6）侠岚碟的最终效果如图2-300所示。

图 2-300

知识归纳

1．纹理贴图

Maya具有许多可以映射到对象上的纹理。若要将纹理应用到对象，则将它映射（连接）到对象的材质属性。纹理所连接到的属性确定纹理是如何使用的，以及它是如何影响最终结果的。

如果将Maya的2D黑白“Checker”（棋盘格）纹理连接到对象的材质的颜色属性，则已应用了一个颜色贴图；棋盘格图案决定对象的哪些部分显示为黑色以及哪些部分显示为白色（或者其他颜色，如果调整了纹理的颜色属性）。如图2-301所示为纹理贴图修改。

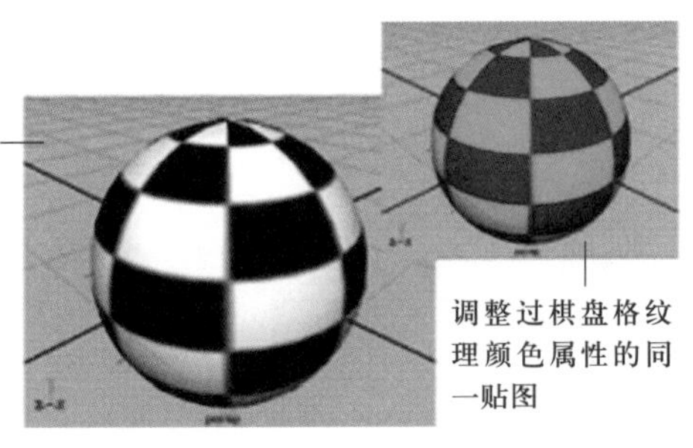

图 2-301

2．映射方法

映射方法确定纹理和表面之间的关系。法线映射（默认值）在映射2D纹理时，可以选择Maya用于将纹理应用于对象的映射技术。法线、投影或蒙板。映射技术确定纹理和表面之间的关系。在默认情况下，纹理映射为法线贴图。如图2-302a所示为法线贴图，图3-302b所示为投影贴图。

a)

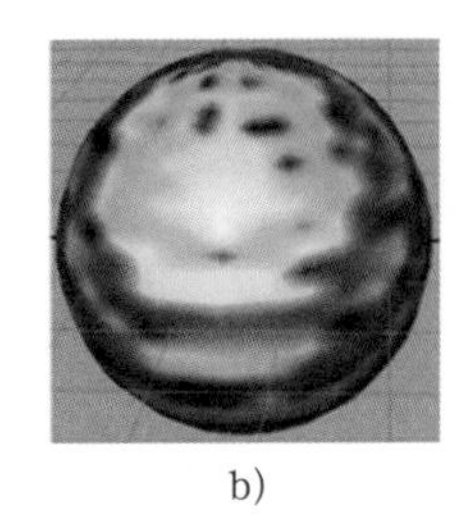

b)

图 2-302

3．2D纹理节点

2D放置可以直接通过曲面的UV空间获得或间接通过投影节点获得（如果纹理已进行投影贴图）。可以缩放（重复）、移动（定位）或旋转place2DTexture 来更改纹理在其所映射到的曲面上的显示方式。其他值（例如，覆盖范围和默认颜色）允许分别指定纹理帧覆盖的曲面区域以及纹理周围的边界颜色（仅当覆盖范围设定为小于1时才会出现）。

共享2D纹理节点放置：不同的纹理可以连接到同一个place2DTexture节点，以便它们的位置相同。编辑place2DTexture节点会影响与其连接的所有纹理。建议与需要精确放置的颜色贴图、凹凸贴图、镜面反射贴图及其他贴图共享纹理。

着色网络中的2D放置节点定义纹理在几何体UV空间内的位置和方向，如图2-303所示。

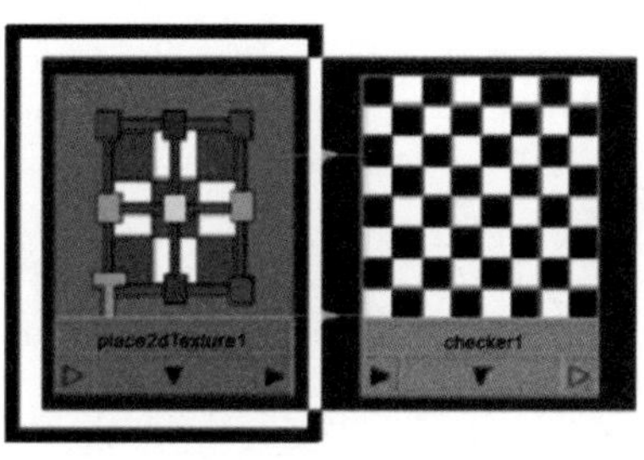

图 2-303

道具——侠岚碟的制作评价表

评价标准	个人评价	小组评价	教师评价
1）能创建基本体并按要求进行调整，来塑造侠岚碟的外形部分，使模型构造与设计稿一致			
2）能正确使用“Bevel”（倒角）命令，使模型边棱圆润平滑			
3）能灵活使用“Split Polygon Tool”（分割多边形工具）和“Insert Edge Loop Tool”（插入循环边工具）命令给模型加线、改线，使模型上的细节边角突出、纹样清晰			
4）能使用“Create Polygon Tool”（创建多边形工具）命令，快速制作不规则的多边形模型，并使用“Merge”（合并）命令将模型各个部分进行结合			

备注：A为能做到；B为基本能做到；C为部分能做到；D为基本做不到。

拓 展 任 务

完成如图2-304所示的道具“椅子”的制作，要求如下。

1）认真分析道具的结构，分为座椅、把手和底座3个部分进行制作。

2）注意椅子各部分的连接关系，确保制作中没有穿帮的面。

3）调整好椅子的倾斜度和弧度，尽量与原图一致。

4）材质可以到互联网上下载木质材质贴图。

图 2-304

主要制作流程如下。

1）底座和扶手都是流线型，因此，选择用NURBS建模方式。运用类似神坠挂绳制作的挤出方法来完成。

2）椅背上头枕的部分可以使用多边形建模方式，先创建立方体，再通过加线、调点等操作完成弧度形态，如图2-305所示。

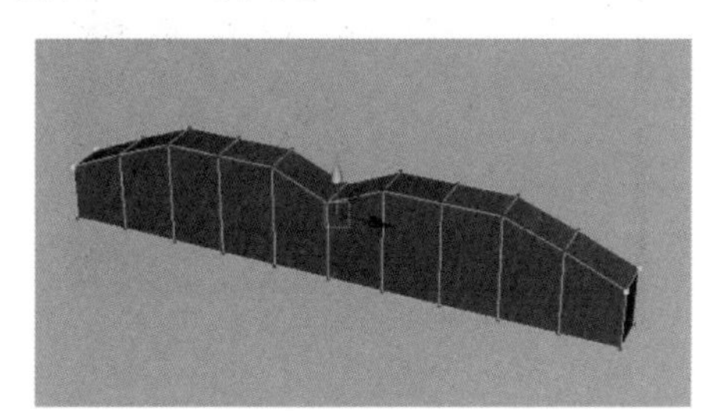

图 2-305

单元知识总结与提炼

本单元跟随公司三维制作人员共同完成了几件道具的制作，了解了道具制作的根本原则就是要严格遵循导演稿的设计要求，造型和材质要符合角色和情境的需要，艺术性上要贴合时代、大环境等。

出色地完成三维道具造型需要有较强的美术知识和空间意识，本单元道具大多属于小型独体模型，大结构容易把握，但制作中不难发现，好的模型有很多细节表现，要非常细心，认真刻画细节，确保装饰部分与主体的结合要平滑，接缝整齐才不会穿帮。广泛阅读或查看参考资料，可以提高自己对道具制作的领悟能力；反复练习可以更好地理解物体的空间结构；操作时可以利用X光显示效果准确调整细节，通过不同视图观察，才能发现物体穿帮问题。

制作道具过程中还学习了曲面与多边形建模方式的特点与适用范围，在有些情况下需要两种模式协同配合才能使造型达到预期效果。针对道具细节的打造，重点应用了如下几种多边形建模命令。

1）"Insert Edge Loop Tool"（插入循环边工具）：在已有的多边形模型上添加环线，来处理出模型上的细节效果。

2）"Extrude"（挤出）：将多边形的面或边向一个方向挤出，可在基本体基础上演变出复杂的形状。这种操作多用于生成与主体模型紧密相连的部件。

3）"Smooth"（平滑）：增加多边形模型的网格，使其更平滑。需要注意的是一旦平滑多次后再想通过调点调线的方式改变模型将不可行。

4）"Chamfer Vertex"（倒角顶点）：将指定的多边形顶点切掉，形成一个新的面。通常用来创建圆角。

5）“Split Polygon Tool”（分割多边形工具）：可以在多边形模型上添加新的边、点、面，增加更多细节，以便进一步调整造型。

6）“Combine”（结合）：将多个模型结合成一个，但它们不一定紧密相连。常被用在合并边、点之前。

7）“Merge”（合并）：将不同的模型真正连接到一起。

8）“Duplicate Special”（特殊复制）：通过在复制选项窗口中设置反方向镜像复制，制作出另一半。

9）“Bridge”（桥接）：可以在不同模型的各边界边之间构建面，将它们连接起来。

10）“Create Polygon Tool”（创建多边形工具）：可用绘制的方法来创建复杂的模型。

在设置材质和渲染的过程中了解了：

1）着色网格，指连接渲染节点的统称，不同的组合决定不同的渲染效果。

2）渲染节点，是将其相互连接起来用作构建块以生成所有渲染效果的各个组件。

3）2D和3D纹理，表现平面的和有凹凸感的材质效果。

4）Mental Ray渲染器，不仅提供了真实照片级渲染，而且还融入了大多数渲染软件所没有的一些功能。

5）高动态范围图像纹理贴图，可以基于图像的照明将灯光（和灯光颜色）显示在提供的图像中以照亮场景。

单元

3

UNIT 3

场景制作

CHANGJING ZHIZUO

在单元2中已经以3个独具特色的道具为载体，学习了动画项目中道具的特点，对在实际工作任务中道具的制作工作流程有了基本了解。在制作三维道具模型中学习了几种Polygon多边形建模命令和几种NURBS曲面建模命令，并在实际应用中进一步理解了它们的区别和联系。从本单元开始，将进入场景制作的工作任务。

本单元主要是学习动画典型场景模型的制作。影视动画场景设计就是指动画影片中除角色造型以外的随着时间改变而变化的一切物的造型设计。场景是随着故事的展开，围绕在角色周围，与角色发生关系的所有景物，即角色所处的生活场所、陈设道具、社会环境、自然环境以及历史环境，甚至包括作为社会背景出现的群众角色，都是场景设计的范围。场景一般分为内景、外景和内外结合场景。

在本单元中，选取了2个较有代表性的室外与室内场景作为学习任务，较为全面地分析室内、外场景的建筑风格特色、架构特点。在此基础上总结出不同结构场景的主要搭建流程以及相关的技术要点。在技术实现方法上介绍了在场景建模中常用的Polygon多边形建模命令，并在具体制作过程中进行了命令组合运用。

本单元所用的图片、源文件及渲染图，参见光盘中“单元3”文件夹中的相关文件。

单元学习目标

1）能描述场景结构布局特征。
2）能分析典型室内、室外场景效果。
3）能根据设计图进行制作规划。
4）掌握Maya场景建模的比例和布局搭建方法。

任务1　室内场景——辣妈饺子馆的制作

任务描述

场景制作部门收到辣妈饺子馆的制作任务，完成效果图如图3-1所示。制作要求如下。

艺术要求：饺子馆在造型结构上以木质梁柱和白色砖墙为主，环绕古树而建，整个场景要求营造古朴而幽静的视觉效果。布局要求：场景内需要包括错落放置的几张木质的四方桌子、陈旧的柜子、几十坛尚未开封的酒坛以及灯笼等饰品。场景制作组需在2天内完成上下两层的饺子馆室内场景的制作。

建议学习14课时。

图　3-1

任务分析

因为室内场景的搭建一般遵循由大到小、由主到次、由整体到局部的搭建原则，所以在本任务中应通过摄像机视图观察整个室内场景，制作顺序为先搭建墙体和主梁，确定室内环境的空间关系，再具体完成室内陈设与楼梯等模型，各个模型之间注意比例关系和空间摆放，在所有模型制作完成后再为它们统一添加材质。本任务包括3个子任务。

- 子任务1　架设摄像机，制作饺子馆框架部分
- 子任务2　制作楼梯、桌椅等室内摆设
- 子任务3　制作室内场景的材质

学习目标

1）能准确理解饺子馆室内布局特点，合理搭建饺子馆的框架部分，能掌握室内场景的搭建流程。

2）能根据物体造型特点，合理创建相关的基本物体并进行适当编辑完成饺子馆内部各相关室内摆设的制作。

3）能自主创建新摄像机，设置合适的渲染角度。

4）能灵活使用“Bevel”（倒角）、“Combine”（结合）、“Merge”（合并）、“Split Polygon Tool”（分割多边形工具）和“Insert Edge Loop Tool”（插入循环边工具）等命令完成各室内物体的调节与细化。

5）能准确理解白瓷、铜壶以及木质等材质特点，掌握在材质编辑器中进行相关调节的方法。

6）能在制作的基础上掌握小型室内场景的制作技巧，掌握多种道具的建模方式和处理方法，并进一步总结出道具类模型的制作要领。

子任务1　架设摄像机，制作饺子馆框架部分

在三维场景的制作过程中，摄像机的视角决定了取景的范围以及景深的大小，所以首先要架设新的摄像机，通过摄像机视图观察制作的模型，确保空间位置布局合理。在本任务中首先要使用平面或盒子完成基础墙体的搭建，使用圆柱体完成木质柱子的搭建，并结合“Extract”（提取）、“Extrude”（挤出）和吸附等命令完成墙体高度与位置的调整。

制作流程

辣妈饺子馆的墙体是三面环绕的构造，由此在制作上可以考虑使用接近于原设计

形状的基本物体来制作，在这里主要使用平面或盒子完成基础墙体的搭建，使用圆柱体完成木质柱子的搭建。

1）在Maya 2013的主界面中执行“Create”（创建）→“Cameras”（摄像机）命令，创建出一个新的摄像机，以便在这个特定的摄像机视角中创建场景，如图3-2所示。	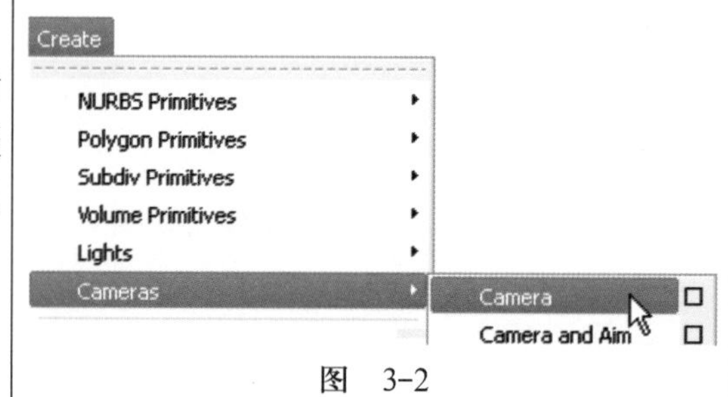 图 3-2
2）在Maya 2013的视窗中，生成一个摄像机，如图3-3所示。	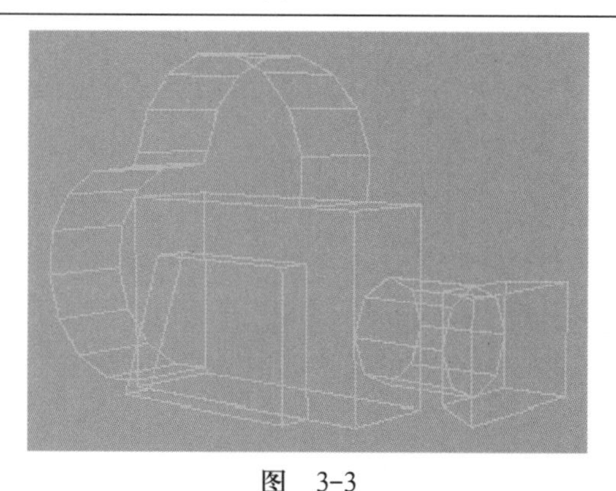 图 3-3
3）在视图菜单栏中，执行“Panels”（面板）→“Look Through Selected”（沿选定对象观看）命令，进入摄像机视角，如图3-4所示。	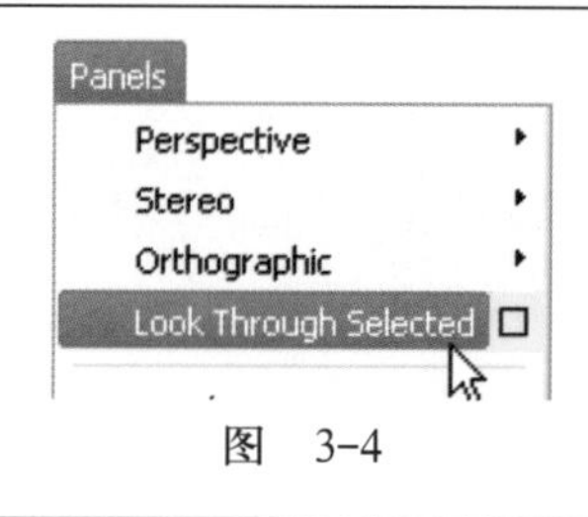 图 3-4
4）在视图菜单栏中，执行“View”（视图）→“Camera Settings”（摄像机设置）命令，在展开的扩展菜单中分别选中“Resolution Gate”（分辨率指示器）、“Safe Action”（动作安全区）和“Horizontal”（水平）复选框，确定好即将创建模型的画面范围，如图3-5所示。	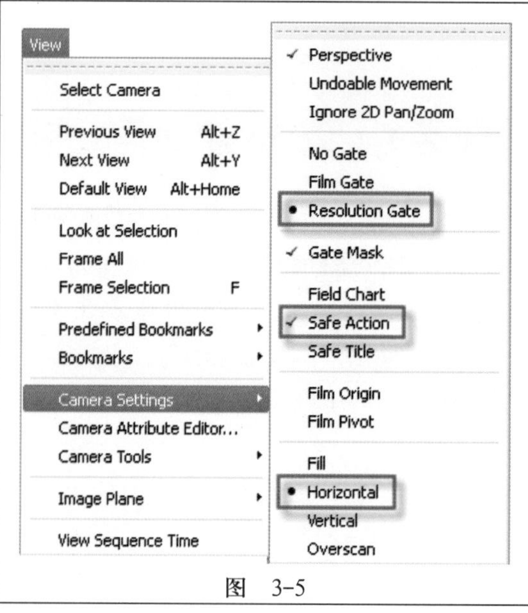 图 3-5

单元3

5）视窗中生成2个边框，本单元制作的模型就在外圈的框内进行构图与摆放，如图3-6所示。

图　3-6

6）在状态栏中选择图标，打开“Render Settings”（渲染设置）对话框，将渲染分辨率改为“Width”（宽度）812、“Height”（高度）609，使Maya中的分辨率与参考图相匹配，如图3-7所示。

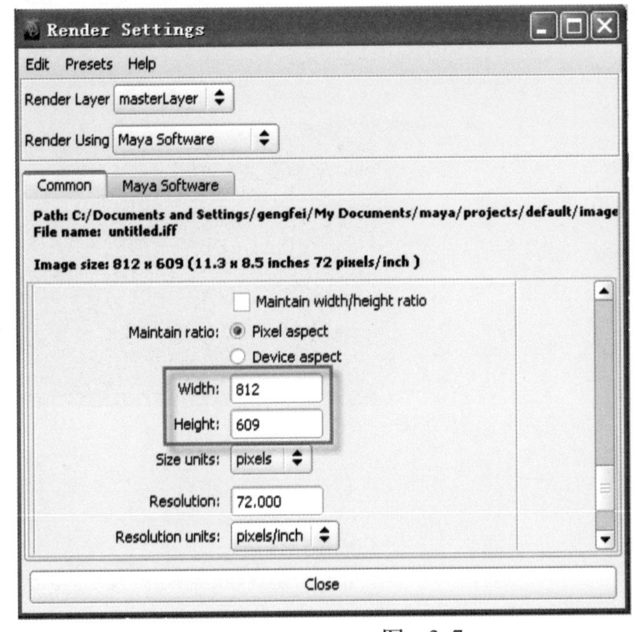

图　3-7

7）渲染设置修改后，视窗上方显示的分辨率也随之改变，如图3-8所示。

到这步为止，准备工作已经完成，可以进入模型制作了。

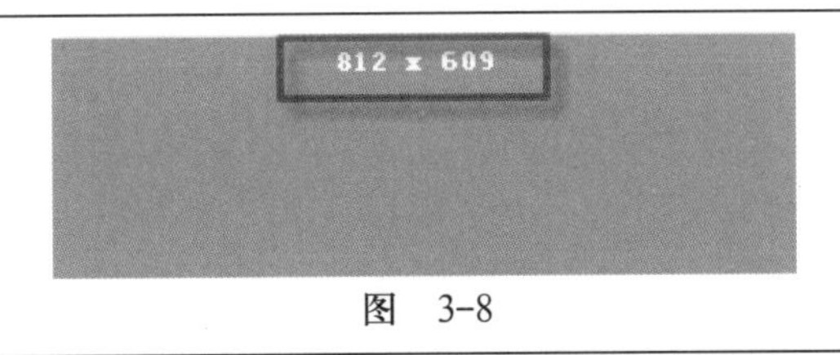

图　3-8

8）执行“Create”（创建）→“Polygon Primitives”（多边形基本体）→“Cube”（立方体）命令，在场景中创建一个立方体，如图3-9所示。

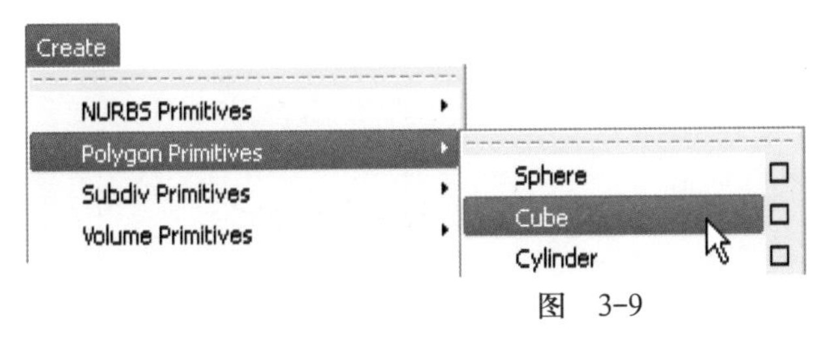

图　3-9

单元3

9）在视窗的原始坐标中心点上，生成了一个立方体，如图3-10所示。	 图　3-10
10）删除立方体顶面和前面两个面，并在摄像机视角中调整大小，根据参考图的透视角度摆放摄像机的视角，如图3-11所示。	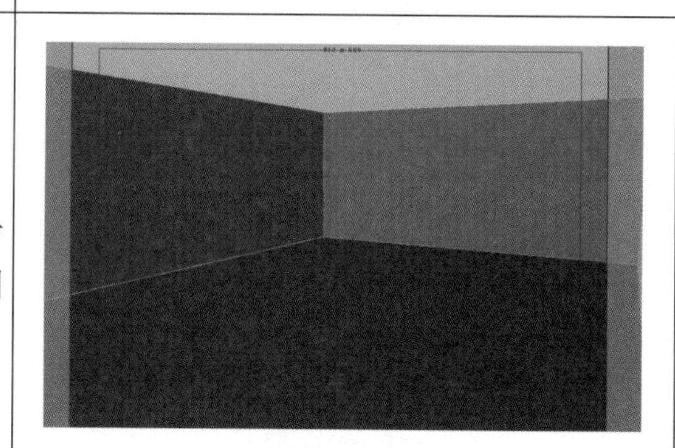 图　3-11
11）摆放好的摄像机视角，为避免后面制作过程中的误操作，需要锁定摄像机1。将右侧通道盒中的移动、旋转、缩放和可视性全部拖动选择，如图3-12所示。	camera1 Translate X　3.647 Translate Y　0.764 Translate Z　7.877 Rotate X　-7.8 Rotate Y　29.2 Rotate Z　0 Scale X　1 Scale Y　1 Scale Z　1 Visibility　on 图　3-12
12）在通道栏空白处单击鼠标右键，在弹出的快捷菜单中选择“Lock Selected”（锁定选择）命令，如图3-13所示。	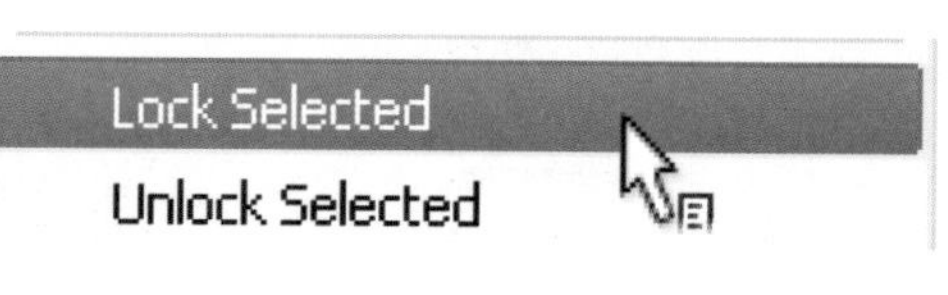 图　3-13

<table>
<tr>
<td>13）执行命令后，右侧通道栏数字的部分变成蓝灰色，表示摄像机1的数值不可被调节，如图3-14所示。</td>
<td>camera1
Translate X 3.647
Translate Y 0.764
Translate Z 7.877
Rotate X -7.8
Rotate Y 29.2
Rotate Z 0
Scale X 1
Scale Y 1
Scale Z 1
Visibility on
图　3-14</td>
</tr>
<tr>
<td>14）将视图调节成双视图，左边定为透视图，方便制作；右边定为摄像机1的视图，方便观察，如图3-15所示。</td>
<td>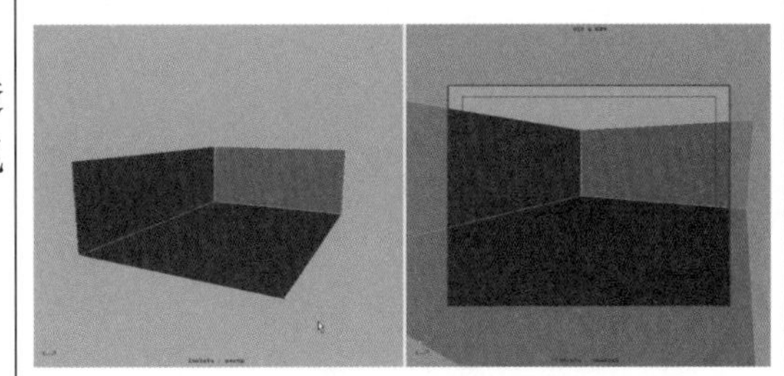
图　3-15</td>
</tr>
<tr>
<td>15）在摄像机视图中，执行“Edit Mesh”（编辑网格）→“Extrude”（挤出）命令，根据参考图，将左侧的墙壁提升墙壁高度，如图3-16所示。</td>
<td>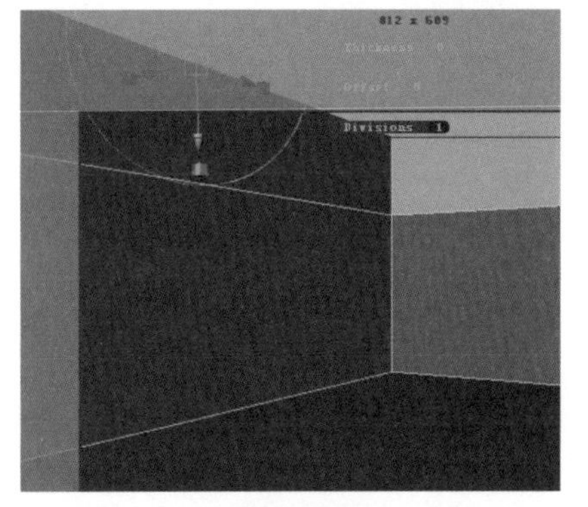
图　3-16</td>
</tr>
<tr>
<td>16）需要将地面单独分离出来，单击鼠标右键，在弹出的快捷菜单中选择“Face”（面）命令，选中底面，如图3-17所示。</td>
<td>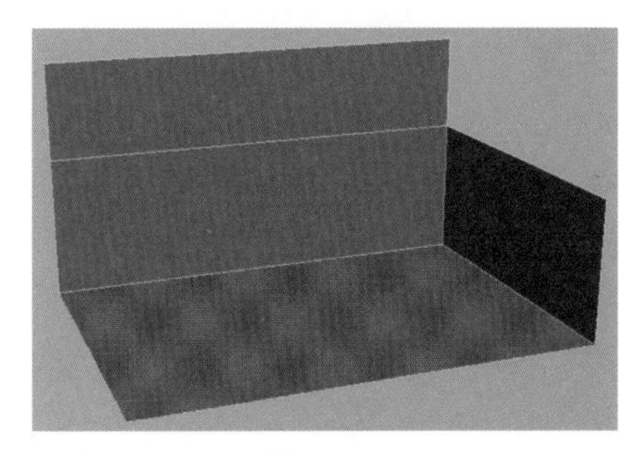
图　3-17</td>
</tr>
</table>

<table>
<tr>
<td>17）执行“Mesh”（网格）→“Extract”（提取）命令，把地面单独提取出来，如图3-18所示。</td>
<td>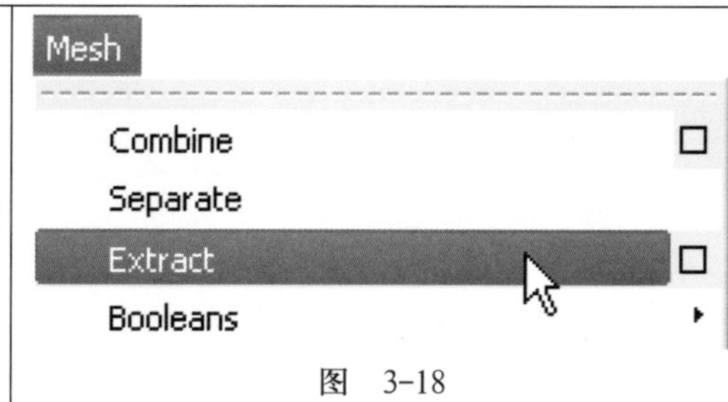

图　3-18</td>
</tr>
<tr>
<td>18）提取后按<R>键，将地面稍微放大一些，如图3-19所示。</td>
<td>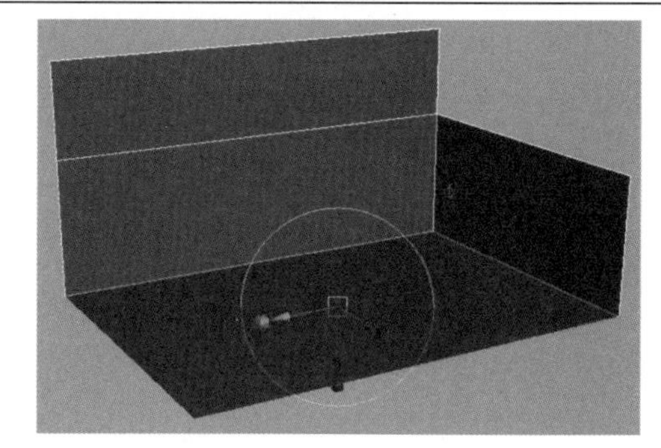
图　3-19</td>
</tr>
<tr>
<td>19）地面确定后，需要架设右侧走廊的顶棚。执行“Create”（创建）→“Polygon Primitives”（多边形基本体）→“Plane”（平面）命令，创建一个平面，如图3-20所示。</td>
<td>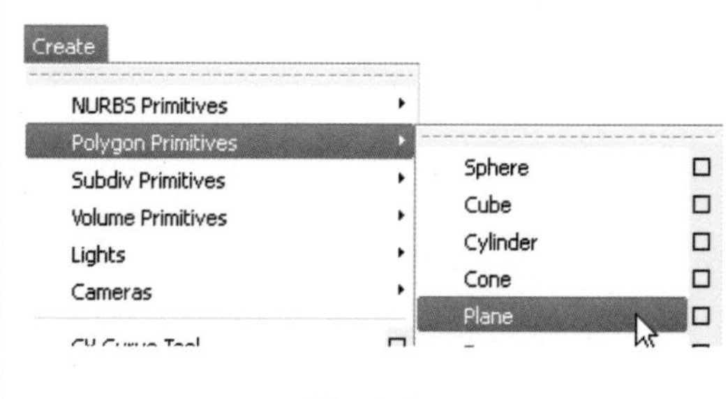

图　3-20</td>
</tr>
<tr>
<td>20）执行命令后，在视图中显示出新建的平面，如图3-21所示。为使平面的段数与横梁个数相符合，现在需要调整平面的细分段数。</td>
<td>
图　3-21</td>
</tr>
<tr>
<td>21）在右侧通道栏中的“INPUTS”（输入）选项卡下调整平面的细分段数，调整“Subdivisions Width”（宽度细分数）选项的数值为1，“Subdivisions Height”（高度细分数）为5，如图3-22所示。</td>
<td>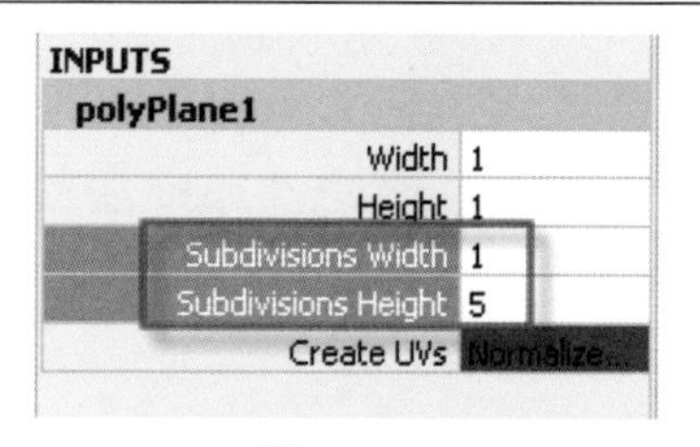

图　3-22</td>
</tr>
</table>

22）调整之后的效果，如图3-23所示。

图　3-23

技法点拨：为方便将平面吸附到右侧墙角上，可以将平面的坐标移动到右后方的角上，同时按住<D+V>组合键，此时坐标中心点变成圆环形，如图3-24所示。

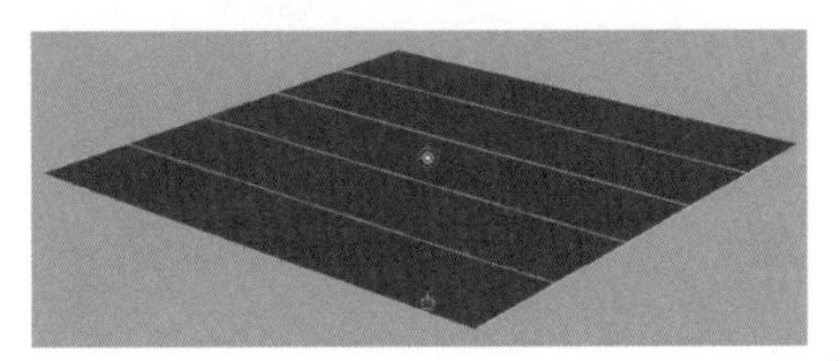

图　3-24

技法点拨：按住<D+V>组合键的同时，单击鼠标滚轮，将坐标吸附到右后方的点上，如图3-25所示。

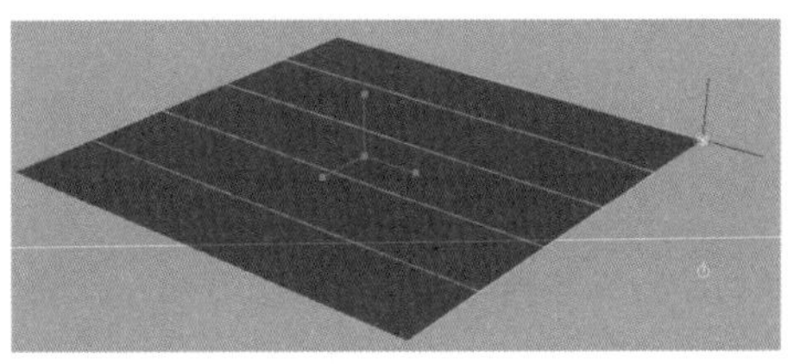

图　3-25

技法点拨：释放鼠标和键盘，坐标中心点变回小方框，坐标移动完成，如图3-26所示。

图　3-26

23）将平面吸附到墙壁右上方，并在摄像机视图中调整大小，如图3-27所示。

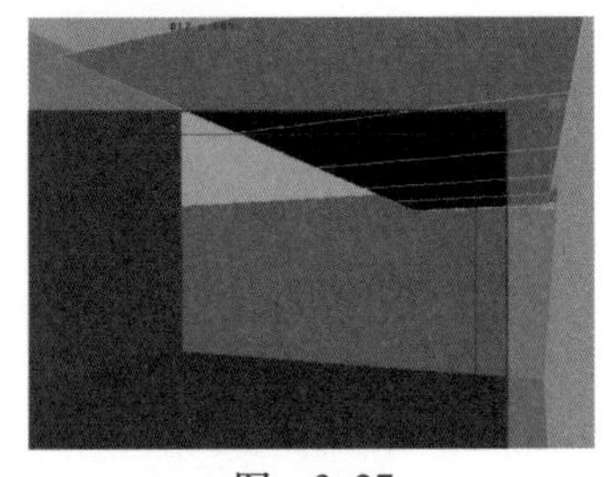

图　3-27

24）接下来制作顶棚横梁。执行“Create”（创建）→“Polygon Primitives”（多边形基本体）→“Cube”（立方体）命令，创建一个立方体，将其吸附到墙角并调整大小，如图3-28所示。

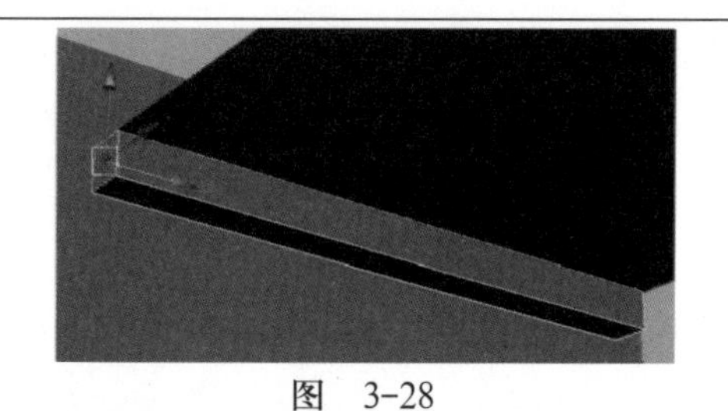

图 3-28

25）单击鼠标右键，在弹出的快捷菜单中选择“Edge”（边）命令，选择横梁所有的边，如图3-29所示。

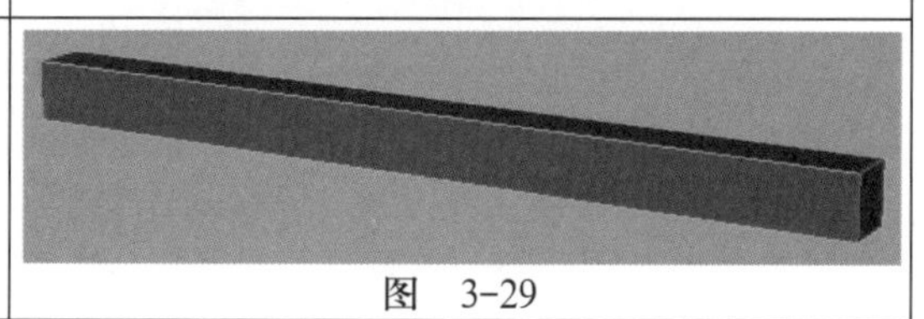

图 3-29

26）执行“Edit mesh”（编辑网格）→“Bevel”（倒角）命令。单击（选项窗口）按钮，在打开的“Bevel Options”（倒角选项）对话框，设置“Width”（宽度）选项的数值为0.2，如图3-30所示。

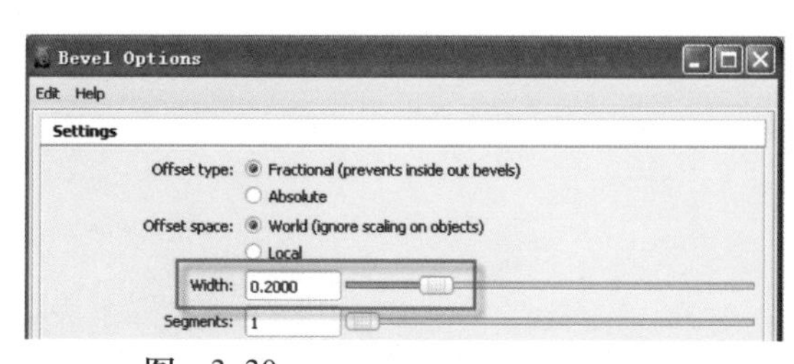

图 3-30

27）倒角后的效果，如图3-31所示。

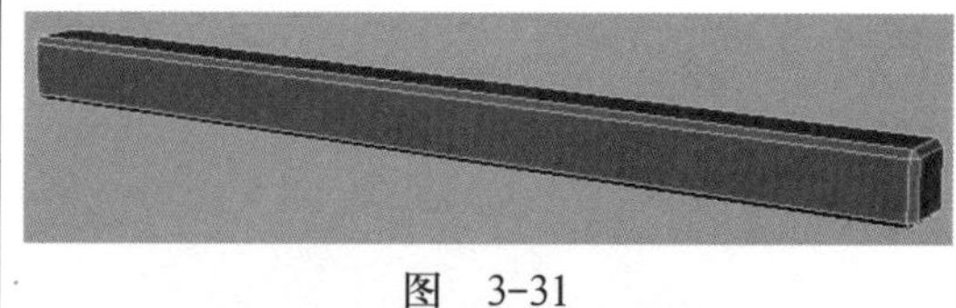

图 3-31

28）按<Shift+D>组合键，复制出4个横梁，并依次将它们吸附到平面预留的分段线上，如图3-32所示。

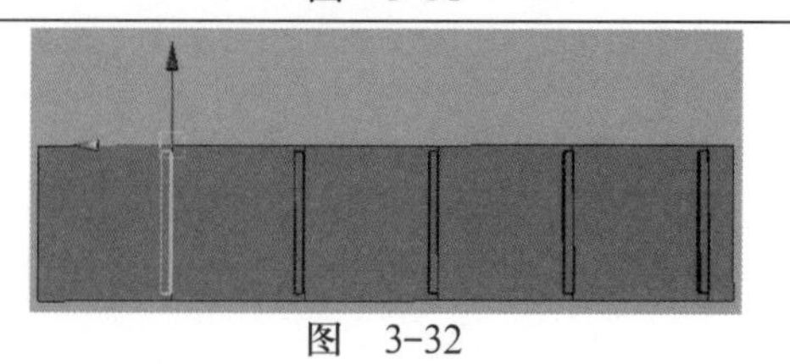

图 3-32

29）再复制2个横梁，调整大小，旋转90°移动到顶棚两侧，如图3-33所示。

图 3-33

30）执行“Create”（创建）→“Polygon Primitives”（多边形基本体）→“Cylinder”（圆柱体）命令，创建一个圆柱体，用来制作柱子，如图3-34所示。

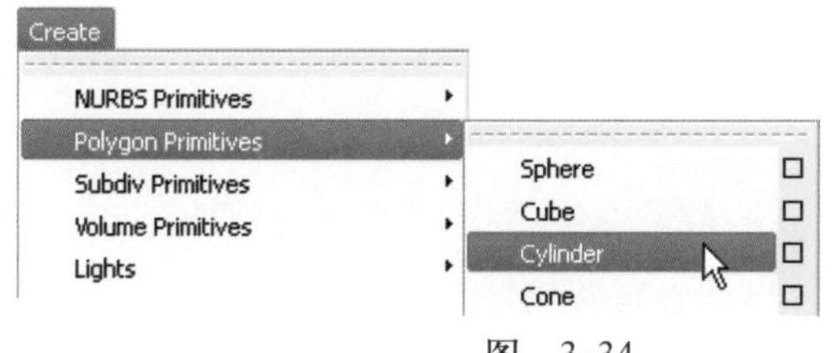

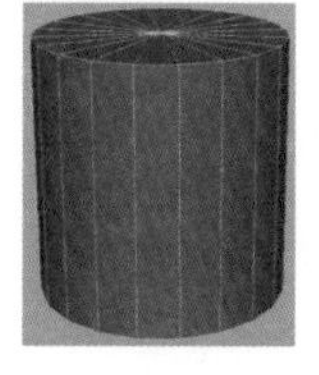

图 3-34

31）在右侧通道栏中的“INPUTS”（输入）选项卡下调整圆柱体的细分段数，调整“Subdivisions Axis”（轴向细分数）选项的数值为12，如图3-35所示。

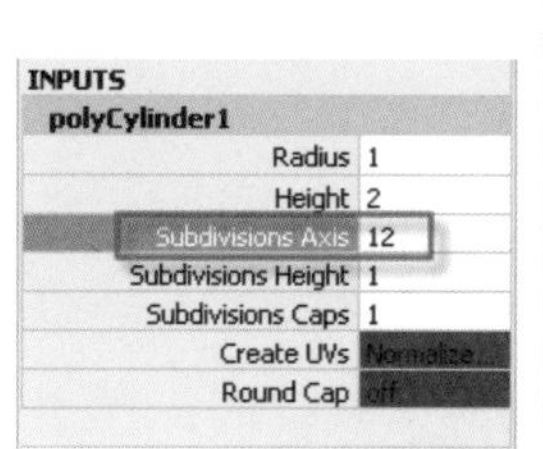

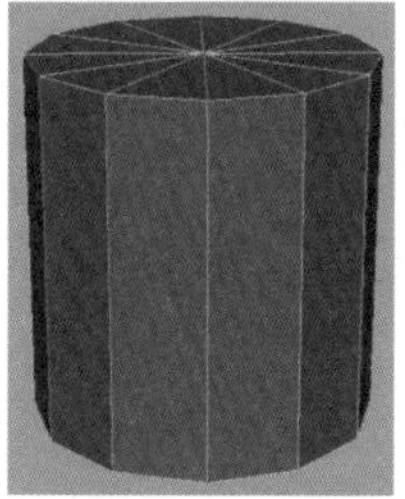

图 3-35

32）单击鼠标右键，在弹出的快捷菜单中选择“Face”（面）命令，删除柱子上下两端的面，如图3-36所示。

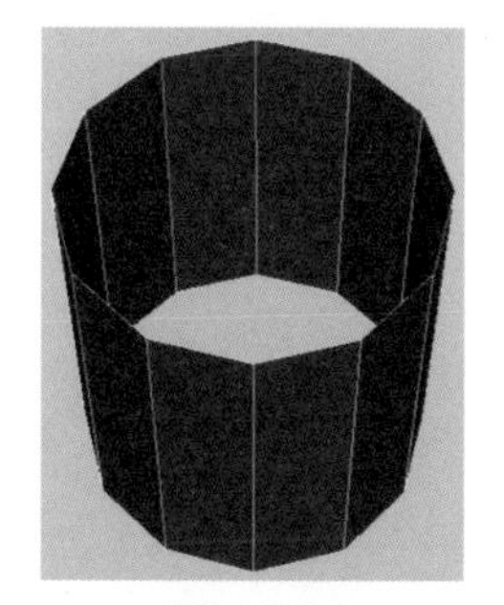

图 3-36

33）在摄像机视图中调整圆柱体的大小，并复制出两侧的两个柱子摆放到合适的位置，如图3-37所示。这样，饺子馆场景的基础框架就搭建完成了。

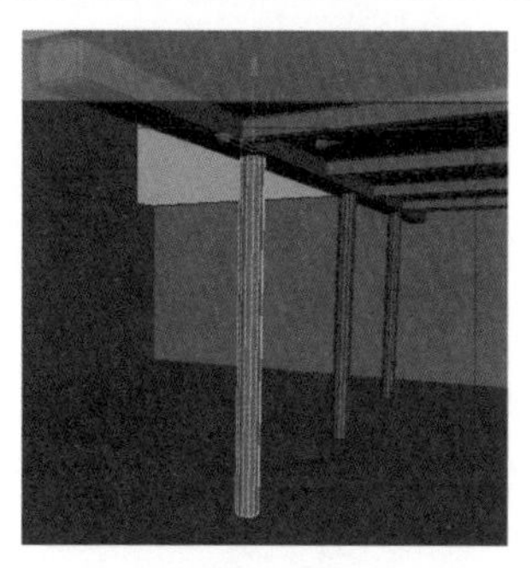

图 3-37

知识归纳

1．场景设计的概念、功能和设计风格分类

（1）场景设计的概念

场景设计是指动画影片中除角色造型以外的，随着时间改变而变化的一切物的造型设计。场景设计一般分为内景设计和外景设计。

1）内景设计。

内景是指在场景结构形体中，被封闭在形体内部的空间，如房间内、教室内、山洞内和本任务的饺子馆内等。内景相对较小、较封闭。

2）外景设计。

外景是指在场景结构形体中，被隔离在形体外部的一切宇宙空间。外景环境相对较大、较开阔。

（2）动画场景设计的功能

在动画作品中，场景设计归纳起来，主要有以下功能。

1）传达时间与空间信息。

通过动画场景中的色彩、建筑、陈设、自然景观等形象与形式，传达出动画故事发生的时间、年代和地域的信息。观众通过场景就可以了解角色所处的环境和时代，因此，动画作品的场景设计要符合故事发生的年代和环境，不能仅凭想象来设计，否则会混淆故事发生的时间和空间，产生虚假感。不仅在情节上让人难以理解，而且削弱了动画的感染力。

2）烘托角色情绪和性格。

场景设计可以从侧面烘托角色人物的情绪、命运或事件的本质意义。比如，当角色情绪悲壮的时候，场景就设计成较为暗淡、灰暗的色调，景物的轮廓模糊不清。当角色欢快的时候，场景的轮廓清晰、色彩鲜明、呈现暖色调。在烘托角色性格上也是如此，当性格阴暗的角色出场时，场景出现冷灰色调，景物暗淡模糊；而性格阳光的英雄出场时，色彩变成明快、鲜明的暖色调。

3）渲染环境氛围。

在动画作品中，场景设计结合故事的发展，还起着渲染环境氛围的作用。有欢快的、凄凉的、绝望的、危险的等不同的环境氛围。通过人物对景物的感受和反应，以景写人，借景抒情，情景交融，表现和烘托人物的思想、性格和情绪色彩，起到增强剧本及未来影片的艺术魅力的作用。景物设计要从生活出发，符合故事情节和人物性格发展的假定情境，要有生活气息和时代特点。优秀的场景设计所渲染的环境氛围能深深地感染观众，增强作品的感染力。如动画片《狮子王》所营造的恢宏气氛，牢牢地吸引了观众。

4）暗示与隐喻故事情节的发展。

在设计中将相似的景物或本来并不相联结的景物并列起来，会产生一种象征性含义，这就是暗示与隐喻。隐喻可以对剧情作出提示或阐释，并表现了角色、主人公在特定情境中的内心世界，借以升华形象的内涵。这将诗的元素融入背景中，求得诗意的效果，会对观众造成情感的冲击，或引发其思考的兴趣。在设计时要尽可能避免将不可比附的事物勉强连结在一起，要尽可能自然，没有人为的痕迹。

（3）动画场景设计的风格

根据造型设计的特点，可以将场景设计划分为4种不同的风格，不同的风格有不同的特点，场景设计师应在理解动画剧本的基础上，多与导演沟通和交流，确定场景的风格。

一般地说，商业片大多采用写实的风格，比较真实、可信、耐看，比较符合多数人的欣赏习惯。艺术动画片的风格则比较多样，采用写实风格的较少。

1）写实风格。动画场景设计中最常用的设计风格。这种风格的背景比较写实，无论从造型上、色彩关系上，还是空间表现上都比较符合真实、客观的自然物体。美国迪斯尼的动画片基本上都是写实风格的，如图3-38所示为电影《狮子王》的场景截图。

图 3-38

2）漫画风格。漫画风格基本上沿用了漫画的表现手法，造型较为夸张，色彩鲜明，色调明快，透视强烈、构图富有变化。在日本，大部分动画作品改编自漫画，因此，日本漫画风格的场景设计运用的较多。如中国动画片《三个和尚》是漫画风格；欧洲的动画片也大量采用漫画风格，如法国的《叽里咕噜》，如图3-39所示为动画《海贼王》的场景截图。

图 3-39

3）装饰风格。装饰风格的背景造型比较概括、简练，富有装饰感，许多模仿各种工艺品的造型。工艺品由于制作和材料的限制，其造型、色彩等带来许多局限。不能真实地表现客观事物，但也就是这些局限，带来了一种特殊的装饰风格。比较典型的如中国动画《大闹天宫》吸收了中国古代壁画的风格，动画《渔童》吸收了剪纸的风格，如图3-40所示。

图 3-40

4）抽象风格。抽象风格经过对自然形象的提炼和概括，造型非常单纯，简练。大多呈现几何形或接近几何形，因此，比较抽象。但这和绘画上的抽象比，还是有形象的，仍然可以辨别出具体角色和场景。动画是一种大众的艺术，必须让人看得懂，在抽象上要掌握好度，不能过分。

2．对齐和捕捉工具

（1）捕捉到栅格、曲线、点或视图平面

使用“Move Tool”（移动工具）和各种创建工具时，可以捕捉到场景中的现有对象。若要捕捉移动，则在要捕捉到的对象上按鼠标滚轮（单击鼠标左键只会选中该对象）。注意，如果已启用捕捉并在位置操纵器上拖动箭头，则操纵器将沿该轴捕捉到第一个可用的点。几种相应的对齐命令及其快捷键见表3-1。

表3-1　对齐命令及其快捷键

捕　捉　到	需按住的快捷键	状态栏对应图标
栅格焦点	<X>	
曲线	<C>	
定点	<V>	
平面		

(2) 对齐对象

对齐对象的具体操作方法如下。

1）执行“Modify”（修改）→“Align Tool”（对齐工具）命令，如图3-41所示。

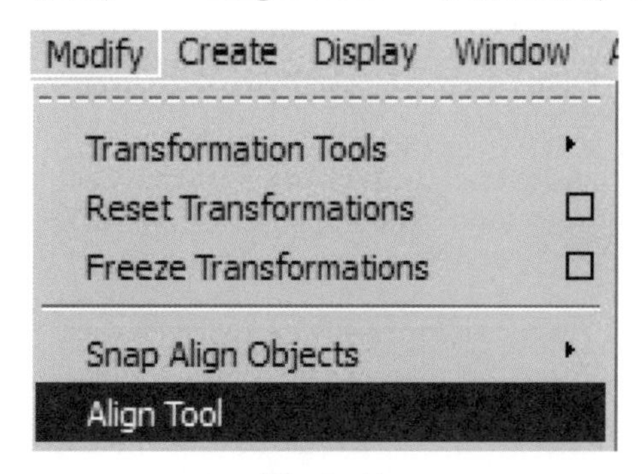

图 3-41

2）按住<Shift>键选择要对齐的对象，如图3-42所示。

技法点拨：其他对象将对齐到最后一个选定（关键）的对象，该对象将亮显为绿色。

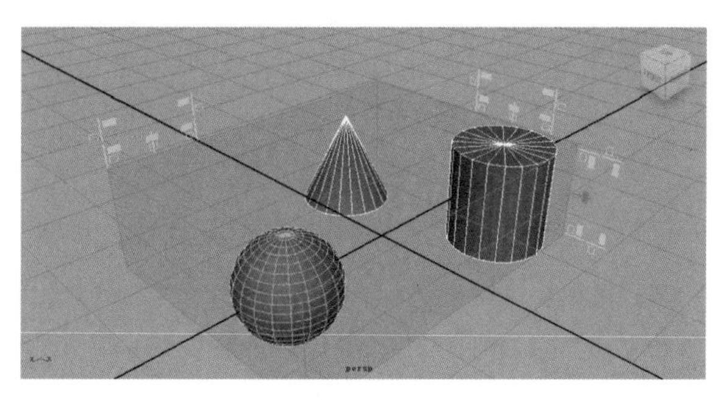

图 3-42

3）在视图窗口中选择如图3-43所示的任意图标操作对齐对象，图标会显示边界框的对齐方式。

图 3-43

4）居中对齐后的效果如图3-44所示。

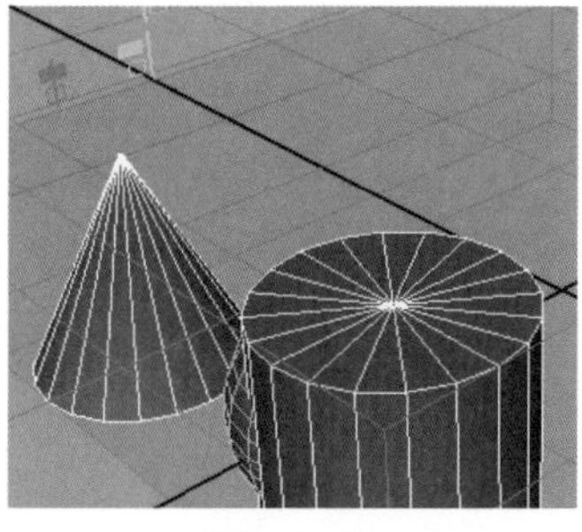

图 3-44

子任务2　制作楼梯、桌椅等室内摆设

在本任务中将结合基本的多边形立方体创建出楼梯和桌椅的基本造型，使用“Bevel”（倒角)命令制作出桌椅的棱角，结合“Combine”（结合）和“Merge”（合并）命令完成楼梯的最终创建。结合调节“Vertex”（顶点）命令和“Insert Edge Loop Tool”（插入循环边工具）命令完成酒罐封布的调节。

制作流程

因为楼梯台阶是由很多立方体组成的，所以在创建的时候首先确定第一个立方体的大小，接下来才能复制出适合的楼梯层级。桌椅的制作应首先从桌椅的面开始入手，创建多边形立方体。

1）楼梯的制作。执行“Create”（创建）→“Polygon Primitives”（多边形基本体）→Cube（立方体）命令，创建一个立方体。按<R>键进行变形操作。单击鼠标右键，在弹出的快捷菜单中选择“Face”（面）命令，删除4个面，只留下台阶面上的2个面，调整大小作为一级台阶，如图3-45所示。	 图　3-45
2）移动坐标轴到左下角，按<Ctrl+D>组合键，复制第二级台阶，按<V>键点吸附到一级台阶的上端，如图3-46所示。	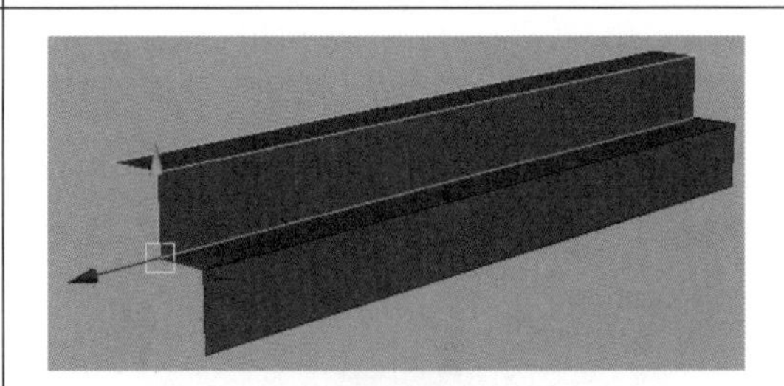 图　3-46
3）连续按<Shift+D>组合键，执行“连续复制”命令，复制出若干级台阶，如图3-47所示。	 图　3-47

4）先将台阶全部选定，然后执行“Mesh”（网格）→“Combine”（结合）命令，合并所有级台阶成为一个整体，如图3-48所示。

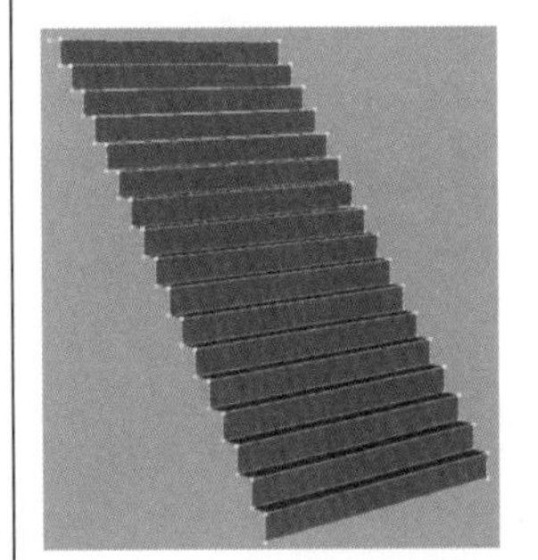

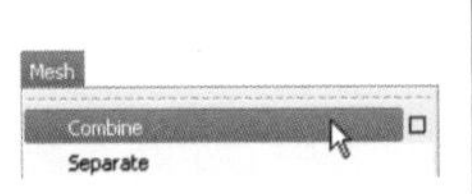

图 3-48

5）单击鼠标右键，在弹出的快捷菜单中选择“Vertex”（顶点）命令，进入点模式，选中所有点，如图3-49所示。

图 3-49

6）执行“Edit Mesh”（编辑网格）→“Merge”（合并）命令，将台阶真正地合并成为一个模型，如图3-50所示。

在摄像机视图中，将台阶移动到饺子馆的左侧墙角，观察并调整其倾斜角度和宽度，如图3-51所示。

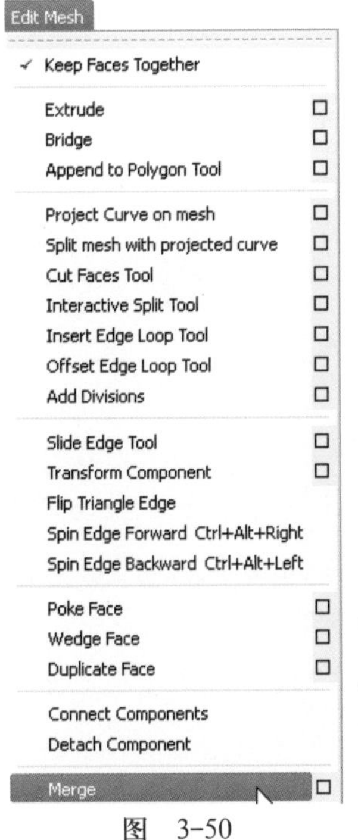

图 3-50

图 3-51

单元3

7）执行“Create”（创建）→“Polygon Primitives”（多边形基本体）→“Cube”（立方体）命令，创建一个立方体。按<R>键进行变形操作。 执行“Edit Mesh”（编辑网格）→“Bevel”（倒角）命令，将其倒角，准备制作台阶的扶栏，如图3-52所示。	 图 3-52
8）结合摄像机视图观察，将横木排列到台阶两侧适当的位置。可以全部制作好一侧的扶栏后，集体复制到台阶另一侧，如图3-53所示。	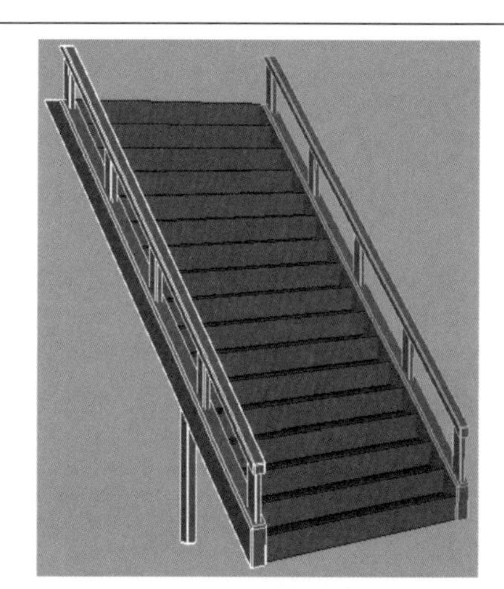 图 3-53
9）桌、凳的制作。创建一个立方体，调整大小作为桌面，如图3-54所示。	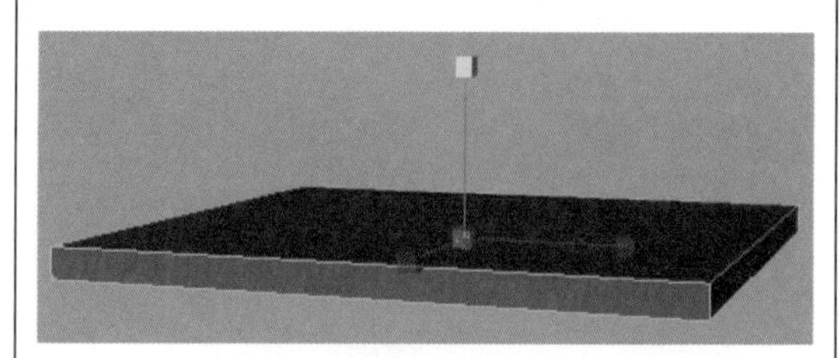 图 3-54
10）执行“Create”（创建）→“Polygon Primitives”（多边形基本体）→“Cube”（立方体）命令，再创建一个立方体，删除顶面，调整大小，摆放到桌面一角下方，作为桌子腿，如图3-55所示。	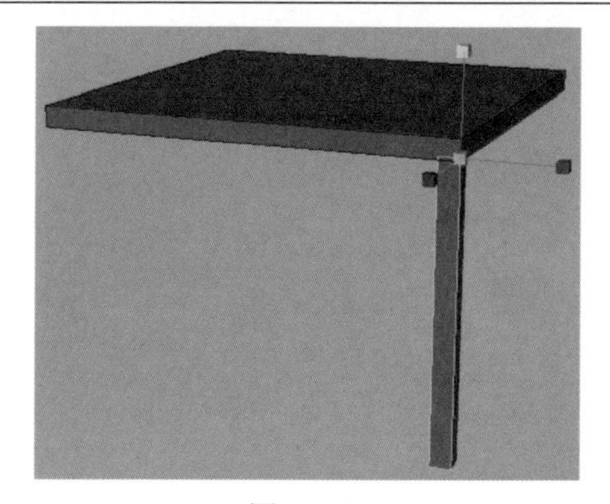 图 3-55

11）执行“Edit Mesh”（编辑网格）→“Bevel”（倒角）命令，分别为桌面和桌腿应用“Bevel”（倒角）命令，再把其余3条腿复制出来，将桌面扩大一些防止桌腿穿帮，如图3-56所示。	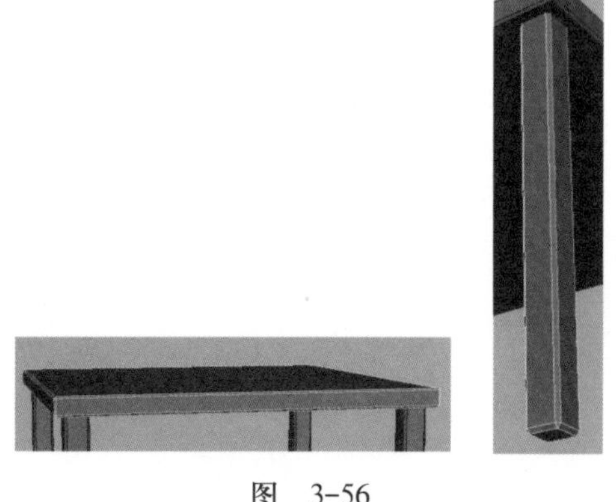 图 3-56
12）制作一根小横梁，对照图3-1摆放到适当位置，如图3-57所示。	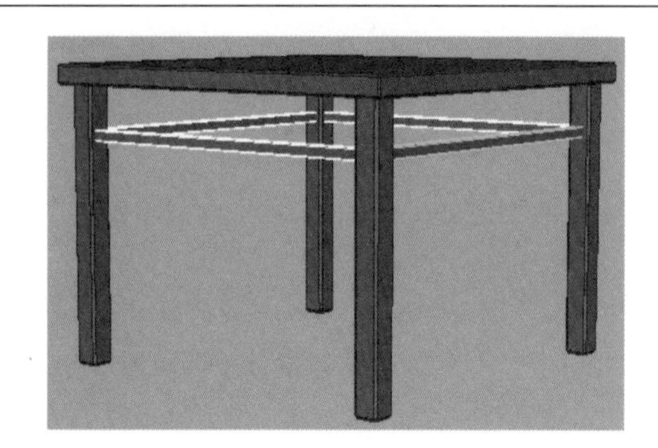 图 3-57
13）凳子的形状与桌子基本类似，可以复制一个桌子，将其作适当调整。桌、凳比例如图3-58所示。	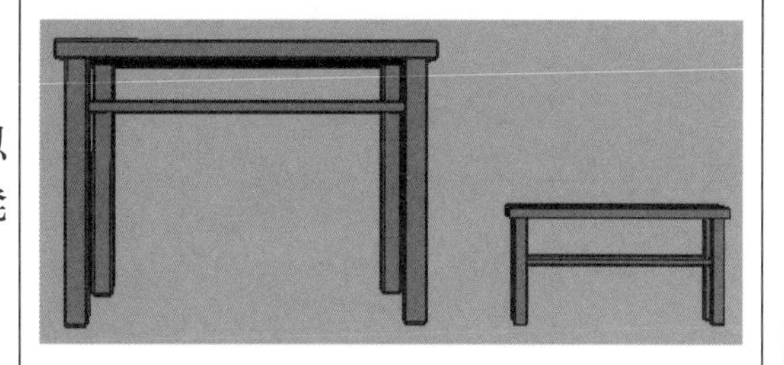 图 3-58
14）酒坛的制作。制作坛身参见单元1中盘子的制作方法，这里不再作说明，形状如图3-59所示。	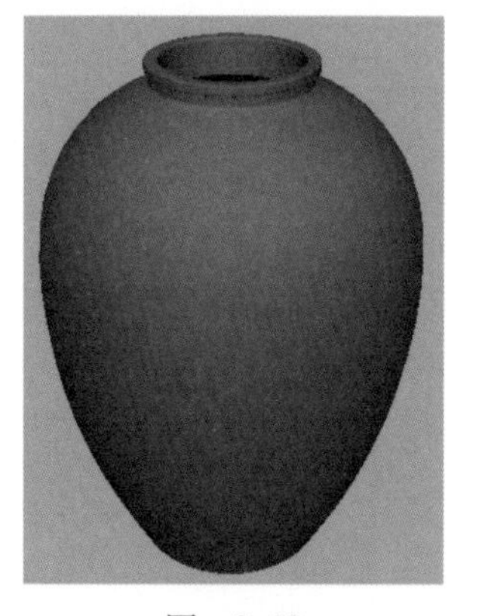 图 3-59

15）创建一个圆柱体，在通道栏的“INPUTS”（输入）选项卡下调整圆柱体的细分段数，设置“Subdivisions Cap”（端面细分数）选项的数值为5。删除下边的面，只留下一个圆片，如图3-60所示。	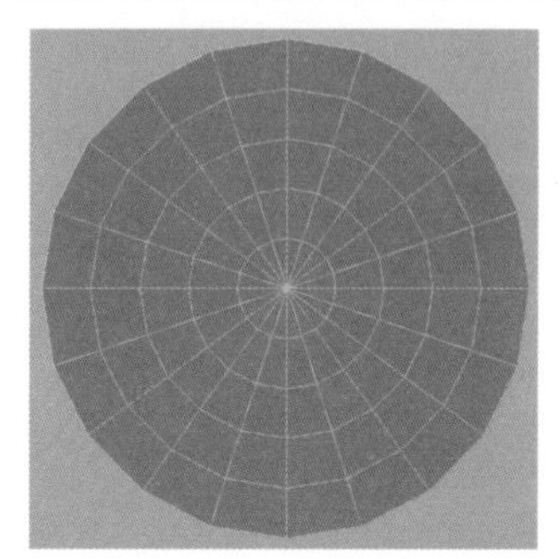 图 3-60
16）进入侧视图，单击鼠标右键，在弹出的快捷菜单中选择“Edge”（边）命令，对着坛子口部，依次选择圆片上的环线向下移动，摆出封布的基本形态，如图3-61所示。	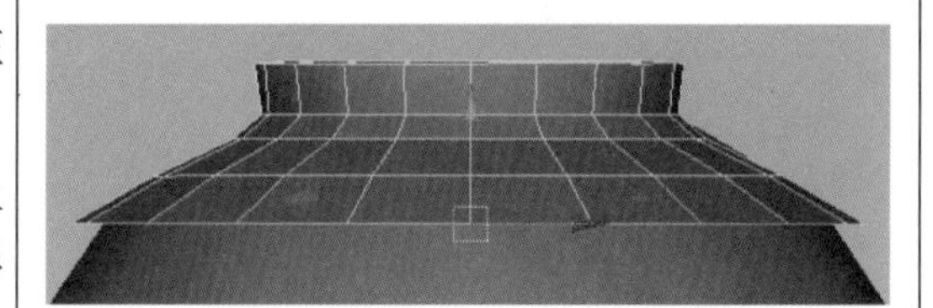 图 3-61
17）进入“Top”（顶视图），调节封布外围的点，让其形状更自然。如图3-62所示。	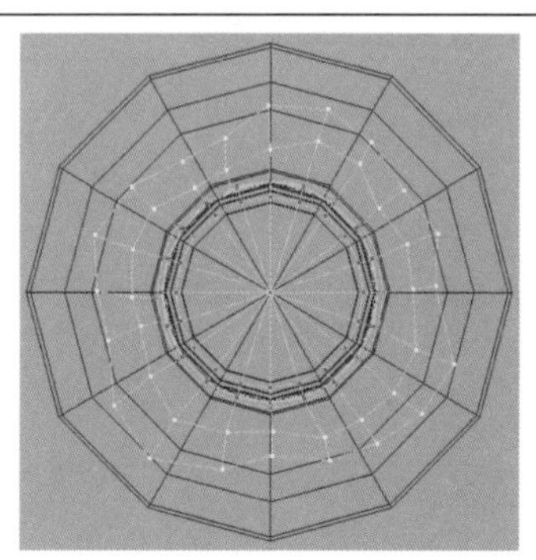 图 3-62
18）执行“Edit Mesh”（编辑网格）→“Insert Edge Loop Tool”（插入循环边工具）命令，添加适当环线段，让封布过渡顺畅，如图3-63所示。	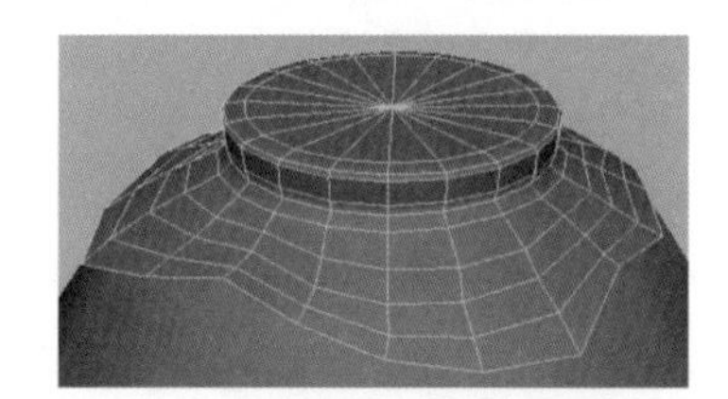 图 3-63
19）在摄像机视图中，复制多个酒坛，按照参照图摆放到适当位置，如图3-64所示。	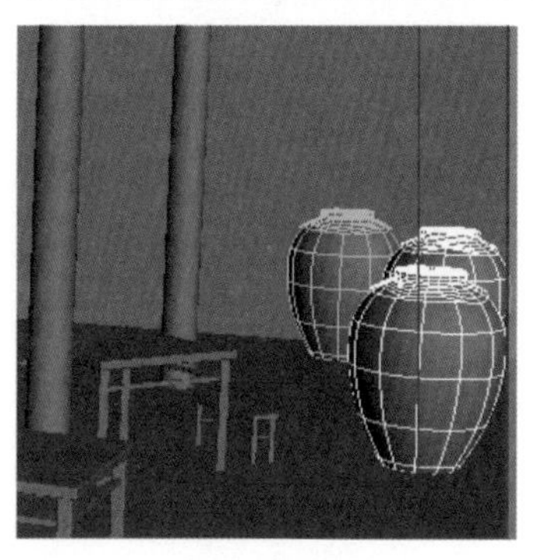 图 3-64

单元3

20）辣妈饺子馆总体效果如图3-65所示。	 图 3-65

知识归纳

“Insert Edge Loop Tool”（插入循环边工具）

通过“Insert Edge Loop Tool”（插入循环边工具）可以在多边形网格的整个或部分环形边上插入一个或多个循环边。循环边是按共享顶点顺序连接的多边形边的路径。环形边是按共享面顺序连接的多边形边的路径。

插入循环边时，会分割与选定环形边相关的多边形面。通过“Insert Edge Loop Tool”（插入循环边工具）可以在整个、部分或多方向环形边上插入一个或多个循环边。

如果要在多边形网格的较大区域中添加细节或者要沿着用户定义的路径插入边，则“Insert Edge Loop Tool”（插入循环边工具）非常有用。也可以修改插入循环边的轮廓，创建沿插入循环边在多边形网格上凸出或凹进的特征。具体操作方法及主要选项的含义如下。

1）创建一个如图3-66所示的图形。

2）执行“Edit Mesh”（编辑网格）→“Insert Edge Loop Tool”（插入循环边工具）→❒命令，即可打开如图3-67所示的“Tool Settings”（工具设置）对话框。

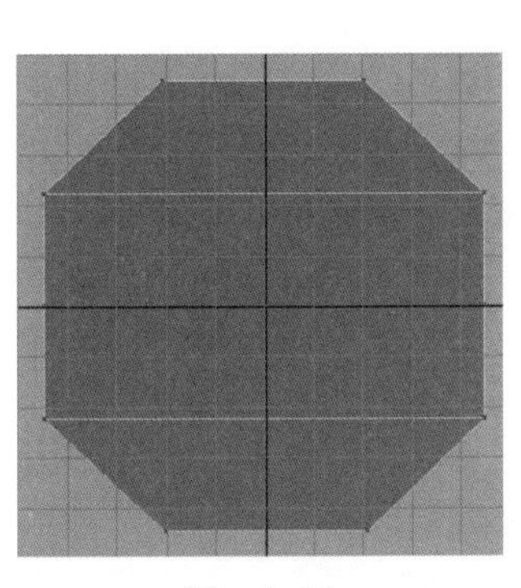

图 3-66

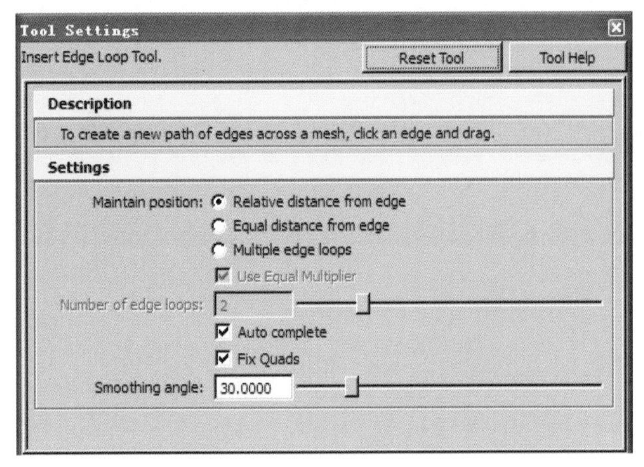

图 3-67

3）“Maintain position”（保持位置）选项卡用于指定如何在多边形网格上插入新边。其中选择“Relative distance from edge”（与边的相对距离）选项时，会基于选定边上的百分比距离，沿着选定边放置点插入边预览定位器，如图3-68所示。

4）选择“Equal distance from edge”（与边的相等距离）选项时，将沿着选定边按照基于选择第一条边的位置的绝对距离放置点插入边预览定位器，如图3-69所示。

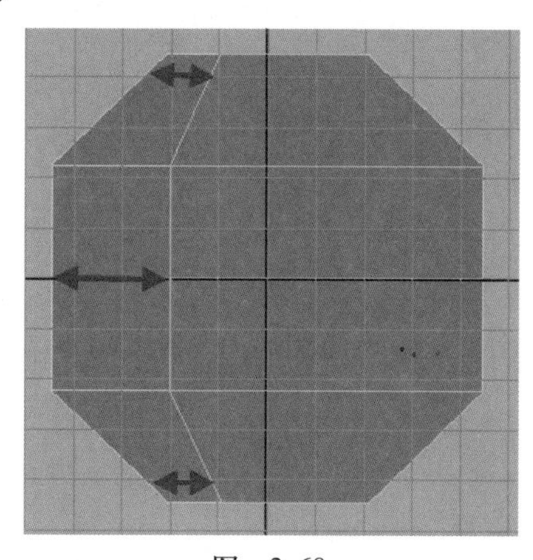

图　3-68

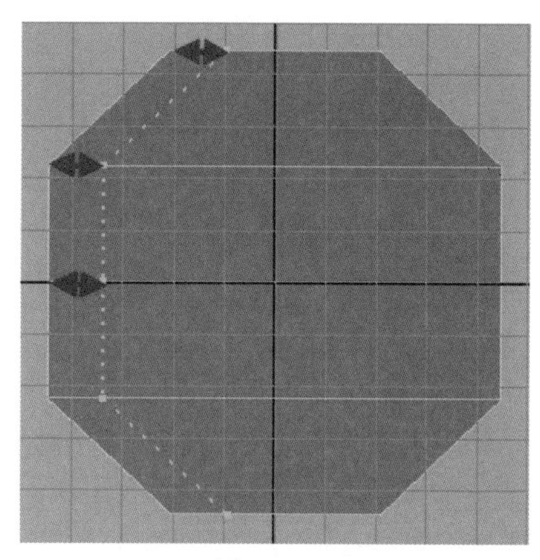

图　3-69

5）“Multiple edge loops”（多个循环边）选项可以根据“Number of loops”（循环数）设置中指定的数量，沿选定边插入多个等距循环边。无法手动重新定位多个循环边。启用“Multiple edge loops”（多个循环边）时，保持位置设置不可用。如图3-70所示为“循环数”设置为2时的效果。

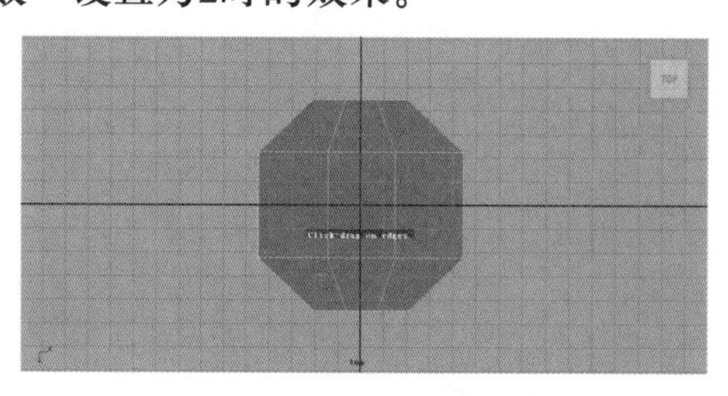

图　3-70

子任务3　制作室内场景的材质

本任务主要是针对前2个任务中已经完成的饺子馆框架及其部件模型进行材质、渲染处理。

制作流程

在材质编辑器中，分别处理白瓷碗及铜壶的材质，通过设置参数调整材质颜色和质感，设置木质材质及凹凸质感表现场景中的木质模型的真实机理。

1）执行“Window”（窗口）→“Rendering Editors”（渲染编辑）→“Hypershade”（材质编辑器）命令，打开“Hypershade”（材质编辑器）窗口。在其中单击“Blinn”（布林）按钮，创建一个“blinn1”（布林）材质球。

选中材质球，在右侧的编辑对话框中设置瓷器质感的白碗，将其中的“Eccentricity”（高光范围）选项的数值调小；将“Specular Roll Off”（高光强度）选项的数值提高，如图3-71所示。

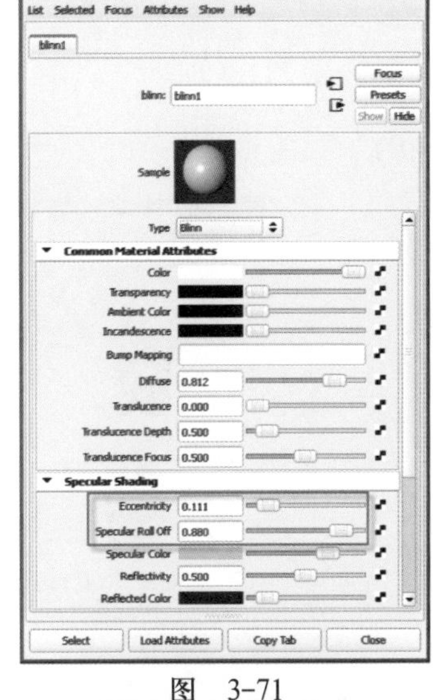

图 3-71

2）选中设置好的材质球，按住鼠标滚轮，将材质球赋予模型，效果如图3-72所示。

图 3-72

3）在材质编辑器中新建一个“blinn2”（布林2）材质球，制作铜质的大茶壶。将“Diffuse”（漫反射）选项的数值稍微降低；降低“Eccentricity”（高光范围）选项的数值；调高“Specular Roll Off”（高光强度）选项的数值；将“Specular Color”调节成淡黄色选项的数值；稍微调节“Reflectivity”（反射强度）选项的数值，提升铜壶的质感。参数如图3-73所示。

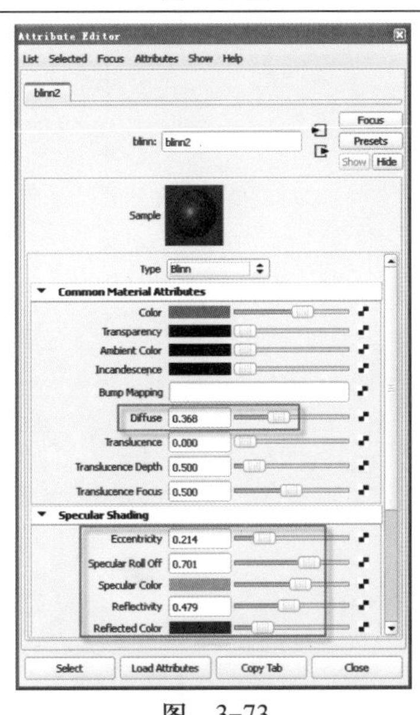

图 3-73

4）将材质球赋予模型，效果如图3-74所示。

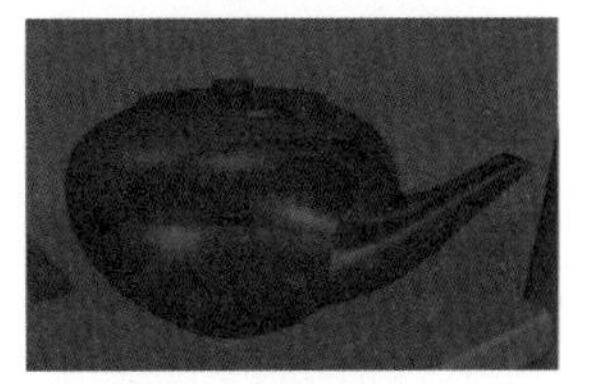

图 3-74

5）制作木头顶棚的材质。创建一个“Lambert”（兰伯特）材质球，单击“Color”（颜色）后面的（输入节点）按钮，在打开的“Create Render Node”（创建节点）对话框中单击“File”（文件）按钮。在打开的对话框中选择要添加的文件，如图3-75所示。

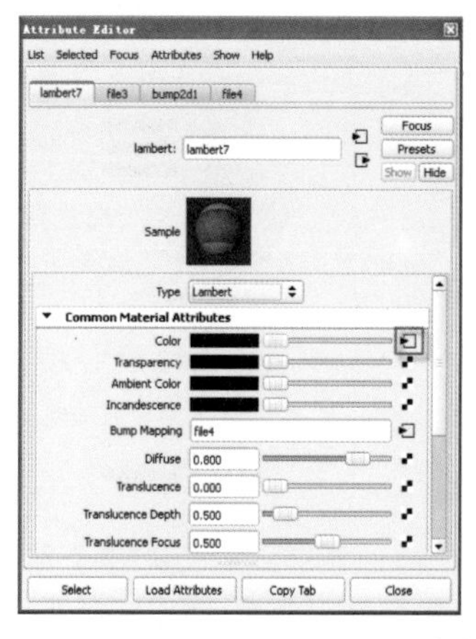

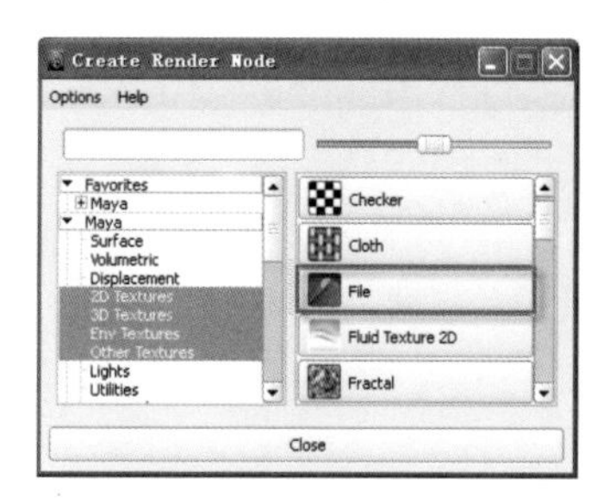

图 3-75

6）单击按钮导入“Color”（颜色）贴图和“Bump”（凹凸）贴图，如图3-76所示。

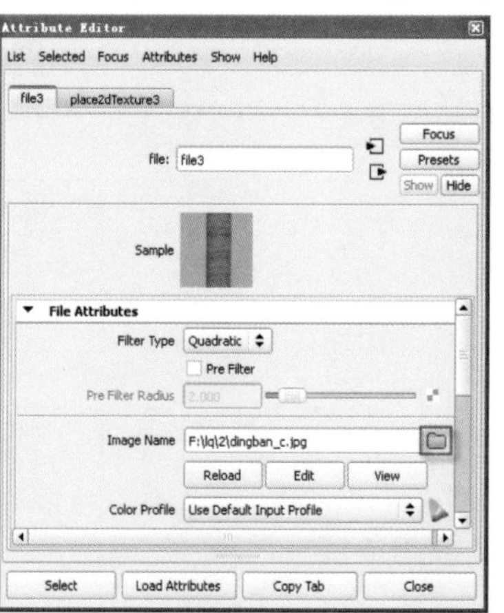

图 3-76

7）单击按钮导入“Color”（颜色）贴图和“Bump”（凹凸）贴图，如图3-77所示。

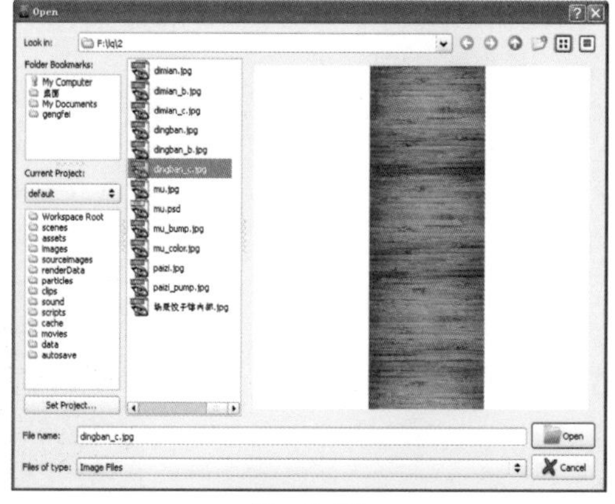

图 3-77

8）双击“bump2d1”（2D凹凸手柄）节点，如图3-78所示。

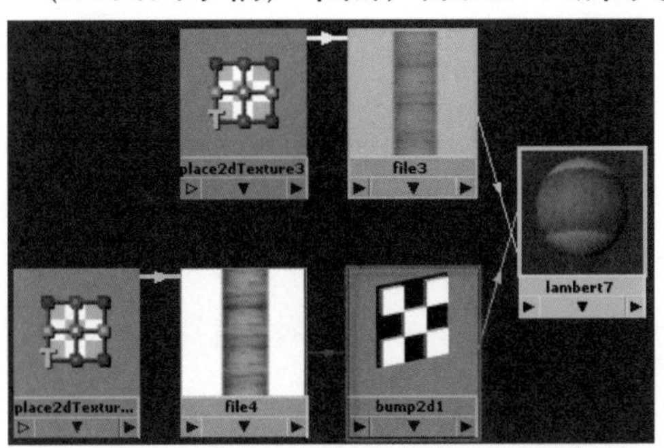

图 3-78

9）在打开的“2d Bump Attributes”（2D凹凸属性）选项卡中设置“Bump Depth”（凹凸深度）选项的数值为0.04，如图3-79所示。

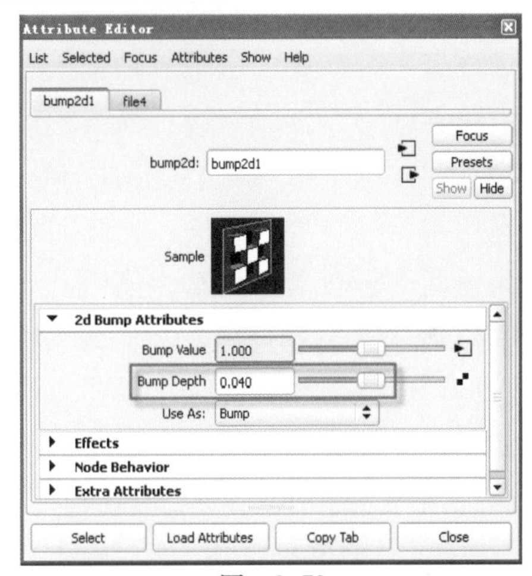

图 3-79

10）将材质球赋予模型后，效果如图3-80所示。

图 3-80

11）将模型依次赋予材质球后，最终渲染如图3-81所示。

图 3-81

知识归纳

动画场景的色彩设计

1）场景的色调。

“调子”原指音乐艺术中的一个术语，用来表现一首音乐作品的“音高”，是支配乐曲的音调标准，如D大调、C大调等。在动画场景中和绘画中的色调的意义是相同的，指的是画面色彩的总体倾向。如秋天的风景色彩的总体倾向是金黄色的，那么秋天就是金黄的色调。

不同的色调具有不同的功能，它能引起不同的心理联想。色调还能在表现动画场景的情调、意境，传达情感。

淡色调——明媚、清澈、轻柔、成熟、透明、浪漫、爽朗。

浅色调——清朗、欢愉、简洁、成熟、妩媚、柔弱。

鲜色调——艳丽、华美、生动、活跃、外向、发展、兴奋、悦目、刺激、自由、激情。

亮色调——青春、鲜明、光辉、华丽、欢愉、健美、爽朗、清澈、甜蜜、新鲜。

深色调——沉着、生动、高尚、干练、深邃、古风、传统性。

暗色调——稳重、刚毅、干练、质朴、坚强、沉着、充实。

浅灰调——温柔、轻盈、柔弱、消极、成熟。

浊色调——朦胧、宁静、沉着、质朴、稳定、柔弱。

灰色调——质朴、柔弱、内向、消极、成熟、平淡、含蓄。

2）场景色彩的象征性。

色彩由于心理、社会、文化的影响，被赋予了许多象征意义，是在动画背景色彩设计时应当考虑的一个重要因素。

一种颜色通常不只是具有一种象征意义，有时会有截然不同的诠释。除此之外，个人的年龄、性别、职业、所处的社会文化及教育背景，都会使人对同一色彩产生不同联想。中国人对红色和黄色特别有好感，究其原因可能和中华民族的发源地黄土高原有关系，在不同的文化背景下，色彩会赋予不同的特定意义。比如，紫色在西方的一些国家中，是一种代表尊贵的颜色，但在另外一些国家中，紫色却是一种禁忌的颜色。

3）色彩具有的主要象征意义见表3-2。

表3-2　色彩具有的主要象征意义

色彩	色块
红色——血、夕阳、火、热情、危险	
橙色——晚霞、秋叶、温情、积极	
黄色——黄金、黄菊、注意、光明	
绿色——草木、安全、和平、理想、希望	
蓝色——海洋、蓝天、沉静、忧郁、理性	
紫色——高贵、神秘、优雅	
白色——纯洁、素雅、神圣	
黑色——夜、死亡、邪恶、严肃	

室内场景——辣妈饺子馆的制作评价表

评价标准	个人评价	小组评价	教师评价
1）能准确理解饺子馆室内布局特点，合理搭建饺子馆的框架部分，透视符合设计图			
2）能根据物体造型特点，合理创建相关的基本物体并进行适当编辑，完成饺子馆内部各相关室内摆设的制作，单体结构合理			
3）能自主创建新摄像机，设置渲染角度到位			
4）能准确理解白瓷、铜壶以及木质等材质特点，掌握在材质编辑器中进行相关调节的方法			

备注：A为能做到；B为基本能做到；C为部分能做到；D为基本做不到。

任务2　室外场景——桃源镇小院的制作

任务描述

场景制作部门接到制作桃源镇小院的任务参见图3-82。具体制作要求如下：整个室外场景要求采用对称式的构图方式，要求营造古朴而幽静的视觉氛围。小院以阁楼、树木及篱笆环绕而建成，主体阁楼分为上下两层的房屋结构，重点表现顶部和窗格。主体要求使用砖材质墙体，屋檐及门窗部分使用木质材质，篱笆要求使用单体木板构成，圈起四方形院落。树木的树冠制作注意面的体积感表现要真实，本任务需在2天内制作。

建议学习和实践时间为20课时。

图　3-82

任务分析

在创建室外建筑的过程中主要分为由上至下或者由下至上两种制作顺序。在本任务中，场景桃源镇小院的构成元素较多，因此，分为6个子任务来完成，场景建模遵循由下至上、由整体到局部的搭建顺序。在任务实施过程中先搭建屋檐部分，接着制作阁楼的主体部分，再具体完成门窗等细节；场景内的树木应从树干建模开始，再通过基础形—— 面片搭建树叶；制作的栅栏要制作出高低错落有致的效果。最后添加场景内所有模型的材质。

- 子任务1　制作场景阁楼的屋檐部分
- 子任务2　制作场景阁楼的主体部分
- 子任务3　制作场景阁楼的门窗
- 子任务4　制作小院中的树
- 子任务5　制作小院的外部环境栅栏
- 子任务6　制作场景的材质

完成效果如图3-82所示。

学习目标

1）能准确理解阁楼的造型特点，正确创建基本物体来搭建场景阁楼的框架部分。

2）能对造型相似的模型进行归类，合理的重复利用基础模型进行调整，提高工作效果。

3）能使用“Extrude Face”（挤出面）命令制作不规则形体并进行调整。

4）能使用“Duplicate Face”（复制面）命令对物体拆分并在复制的基础上继续造型。

子任务1　制作场景阁楼的屋檐部分

在本任务中，阁楼的屋檐是最有特色的部分，因此，选择由上至下的顺序进行创建。使用“Duplicate Face”（复制面）命令提取出梯形作为屋顶的基本形状，结合“Insert Edge Loop Tool”（插入循环边工具）等调整屋檐的形状并使用“Extrude”（挤出）命令制作出屋檐的厚度。

制作流程

因为阁楼的外形看上去类似长方体，并且阁楼顶部为梯形的形状，所以在制作时就可以考虑使用接近于原设形状的立方体作为基本物体来创建阁楼的基础形状并调整屋顶为梯形。

1）在Maya 2013的主界面中执行“Create”（创建）→“Polygon Primitives”（多边形基本体）→“Interactive Creation”（交互式创建）命令，取消选中状态，这样在创建物体时，物体会以原始大小直接创建在场景的中心位置。这样做的目的是为了方便以后对物体的操作，如图3-83所示。	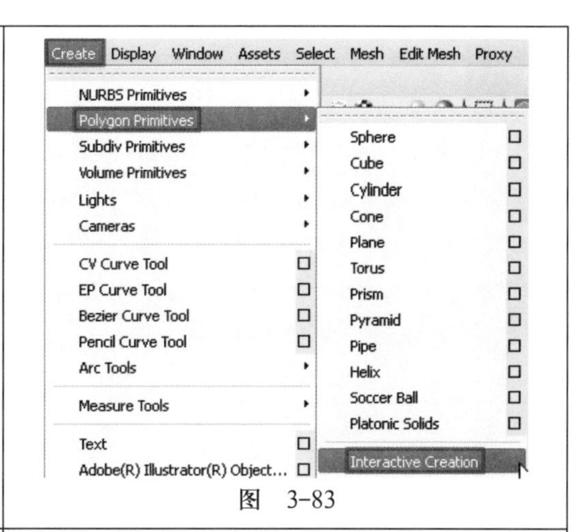 图 3-83
2）执行“Create”（创建）→“Polygon Primitives”（多边形基本体）→“Cube”（立方体）命令，即可在场景中创建出一个方形物体，如图3-84所示。	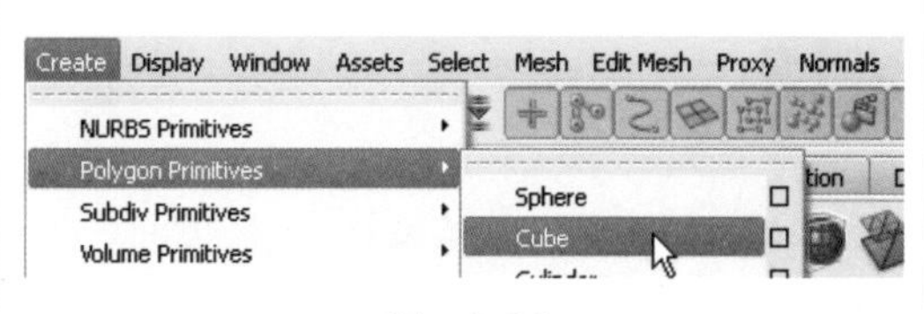 图 3-84
3）创建好立方体后，按<R>键切换到缩放工具，将立方体的大小调整到屋子整体的比例大小，如图3-85所示。	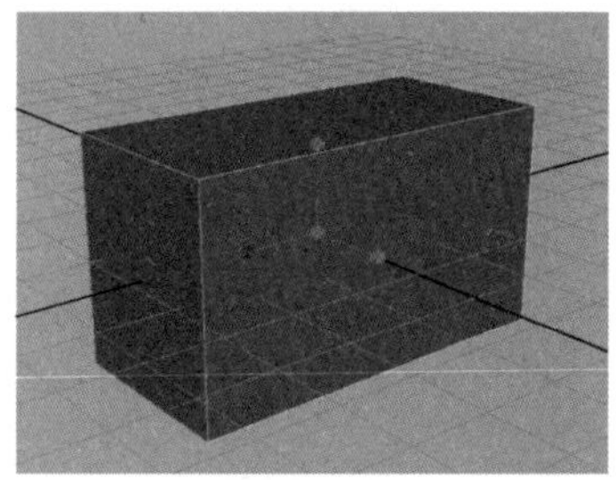 图 3-85
4）调整好基础形状后，执行“Create”（创建）→“Polygon Primitives”（多边形基本体）→“Plane”（平面）命令，在视图中创建一个平面模型，放大后作为场景的地面模型，如图3-86所示。	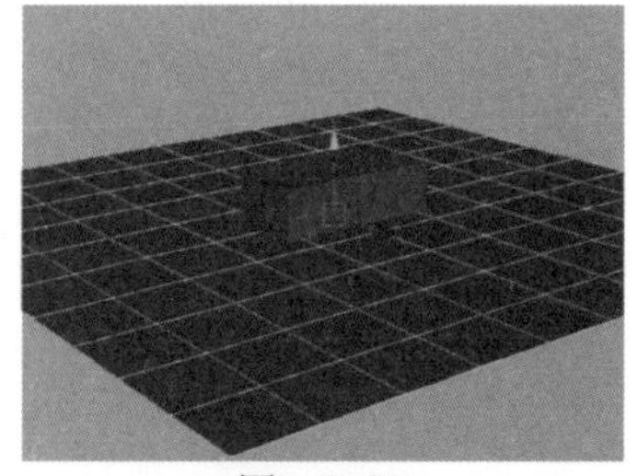 图 3-86
5）将视图切换到“Side”（侧面视图），选中立方体模型，按<W>键切换到位移工具，将其提到地面以上位置，如图3-87所示。	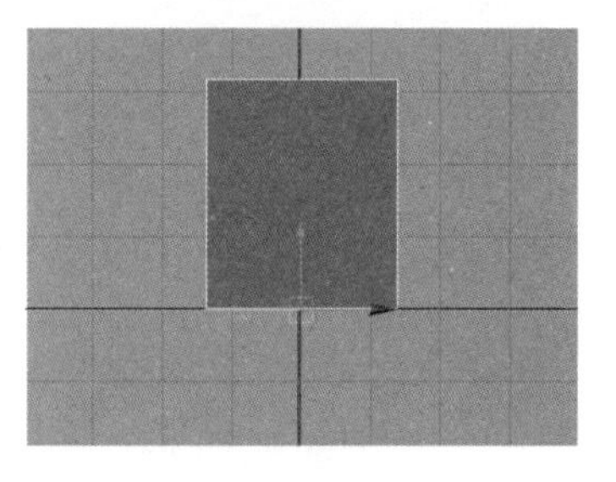 图 3-87

6)选中立方体模型，执行“Edit Mesh”（编辑曲面）→“Insert Edge Loop Tool”（插入循环边工具）命令，在模型上面添加一条线段，区分出屋子上下楼的2个部分，如图3-88所示。	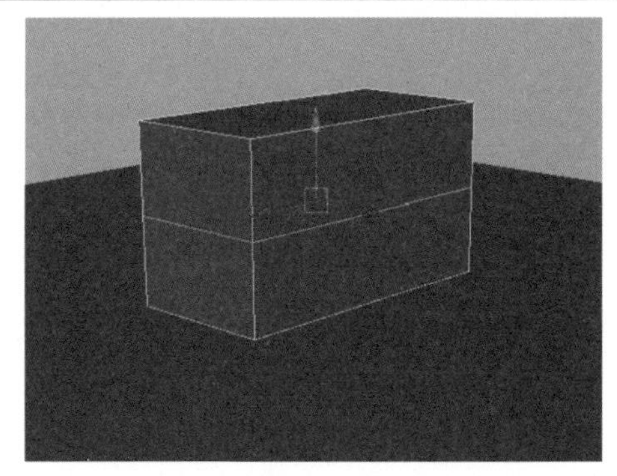 图 3-88
7）选中模型，单击鼠标右键，在弹出的快捷菜单中选择“Face”（面）命令，进入“Face”（面）模式。选中顶部的面，执行“Mesh”（曲面）→“Extrude”（挤出）命令，向上为模型挤出立方体，作为房顶的基础模型，如图3-89所示。	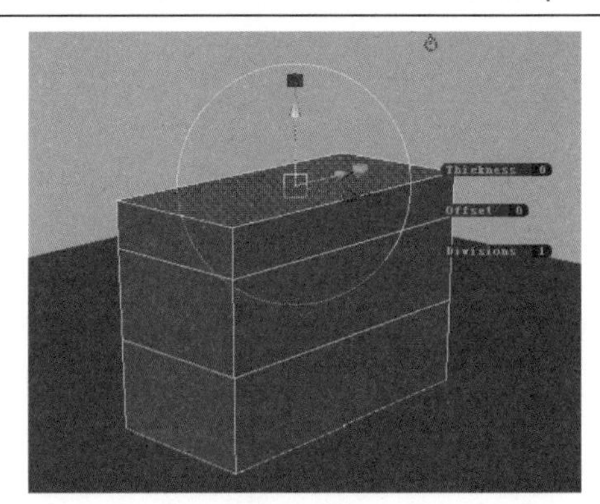 图 3-89
8）按<R>键切换到缩放工具，调整为梯形的屋脊形状，如图3-90所示。	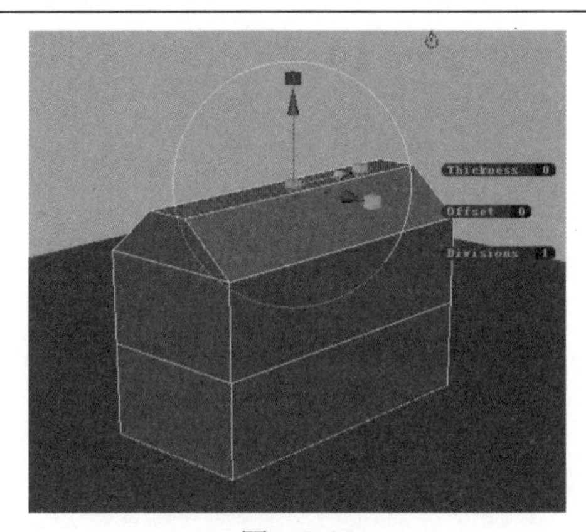 图 3-90
9）单击鼠标右键，在弹出的快捷菜单中选择“Face”（面）命令，进入“Face”（面）模式。选中屋顶梯形的3个面，如图3-91所示。	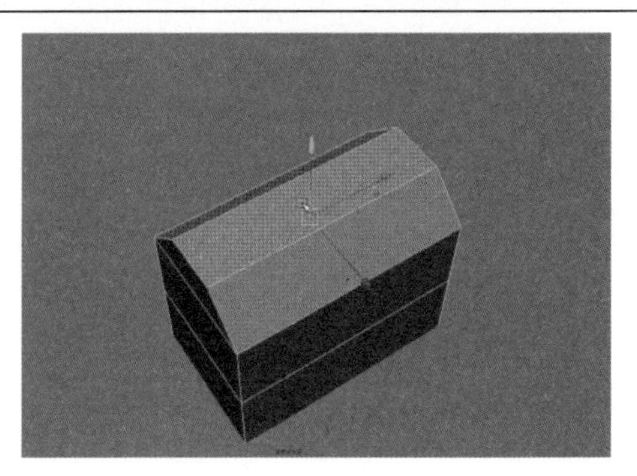 图 3-91

10）按住<Shift>键并单击鼠标右键，在弹出的快捷菜单中选择“Duplicate Face”（复制面）命令，将屋顶部分复制，如图3-92所示。	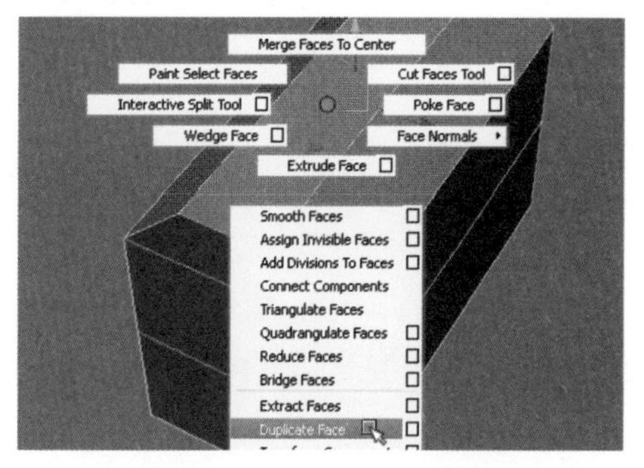 图　3-92
11）由此分离出的白线显示模型，就成为制作小屋顶部屋脊的基础模型，如图3-93所示。	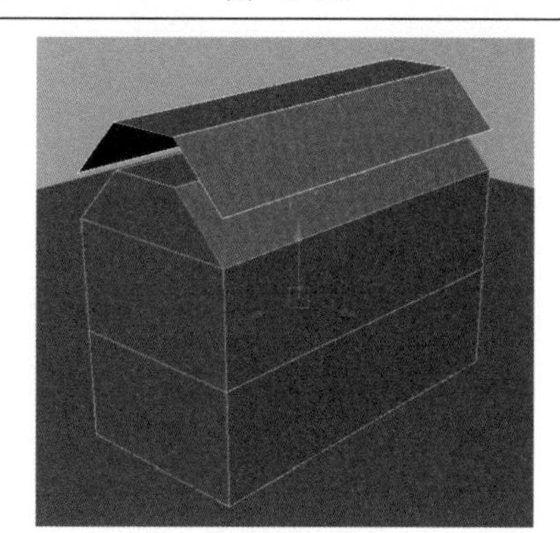 图　3-93
12）单击鼠标右键，在弹出的快捷菜单中选择“Edge”（边）选项，进入“Edge”（边）模式。选中边缘的部分的边向下拖曳，确定屋檐的边缘，如图3-94所示。	 图　3-94
13）选中模型，执行“Edit Mesh”（编辑网格）→“Insert Edge Loop Tool”（插入循环边工具）命令，对屋脊部分进行加线，为下一步调整造型做准备，如图3-95所示。	 图　3-95

14）单击鼠标右键，在弹出的快捷菜单中选择“Edge”（边）命令，进入“Edge”（边）模式。依次选中相应的边调整成图3-82的形状，如图3-96所示。

图 3-96

15）重复使用以上命令加线并进入“Edge”（边）模式进行调整，如图3-97所示。

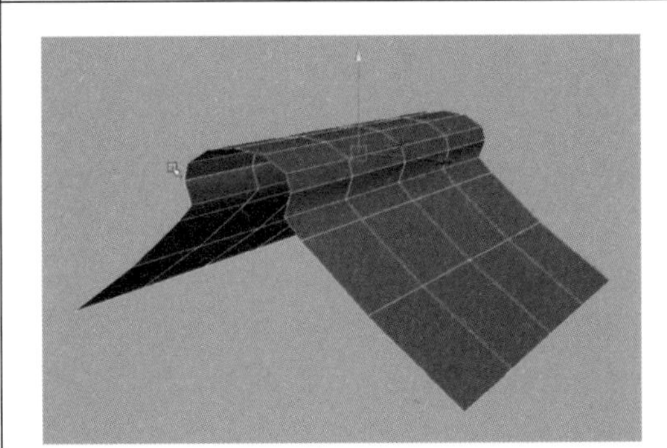

图 3-97

16）执行“Edit Mesh”（编辑网格）→“Insert Edge Loop Tool”（插入循环边工具）命令，在边缘处加一条线，制作出屋脊两侧凸起的部分，如图3-98所示。

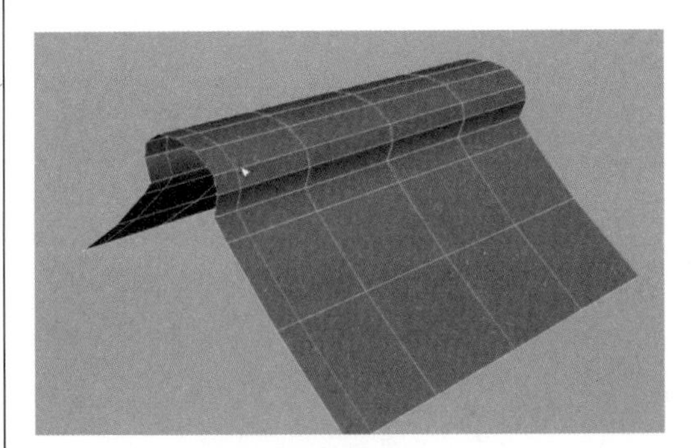

图 3-98

17）选中视图中的其中一段，按住<Ctrl>键+鼠标右键并拖动，在弹出的快捷菜单中选择“Edge Ring Utilities”（环形边工具）命令，如图3-99所示。

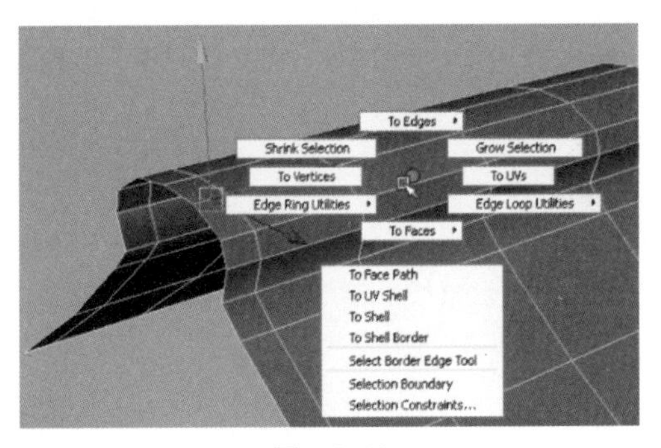

图 3-99

18）继续按住<Ctrl>键+鼠标右键并拖动，在弹出的快捷菜单中选择“To Edge Ring”（到环形边）命令，如图3-100所示。

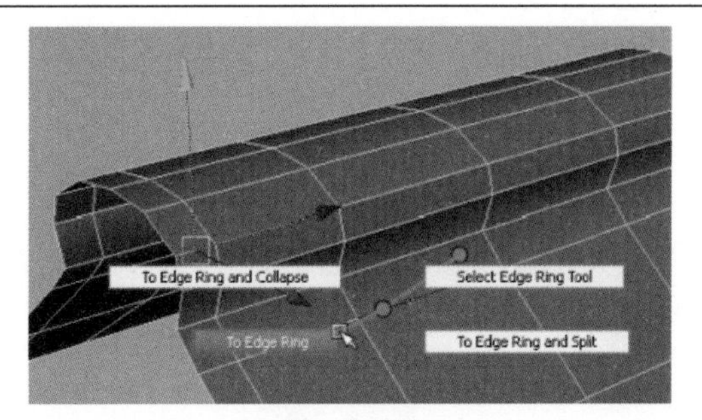

图 3-100

19）上述操作完成后就在按住<Shift>键的同时选择纵向一圈环线，如图3-101所示。

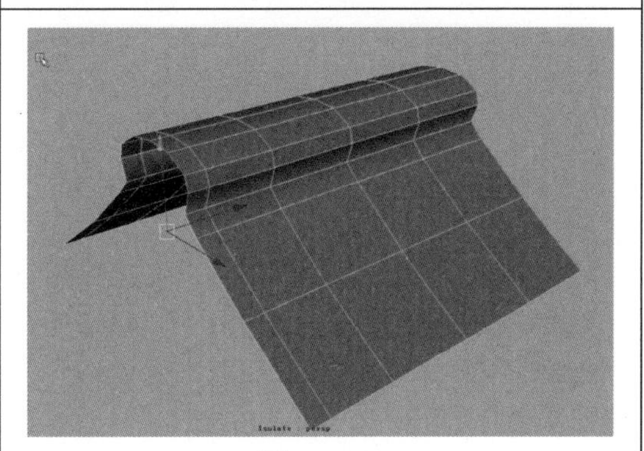

图 3-101

20）继续按住<Ctrl>键+鼠标右键并拖动，在弹出的快捷菜单中选择“To Faces”（转化到面）命令，如图3-102所示。

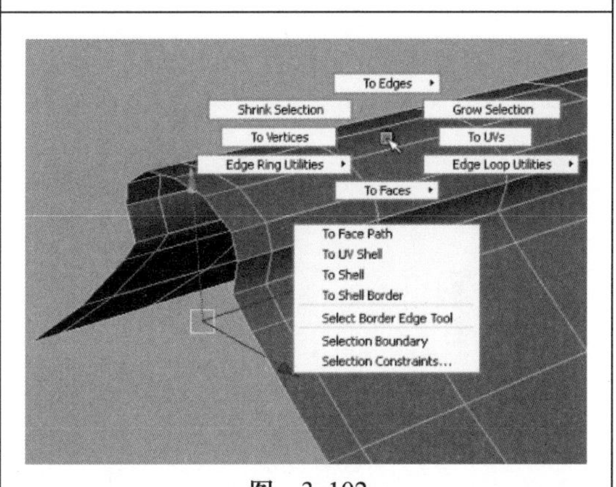

图 3-102

21）继续按住<Ctrl>键+鼠标右键并拖动，选择视图中的“To Faces”（转化到面）命令，如图3-103所示。

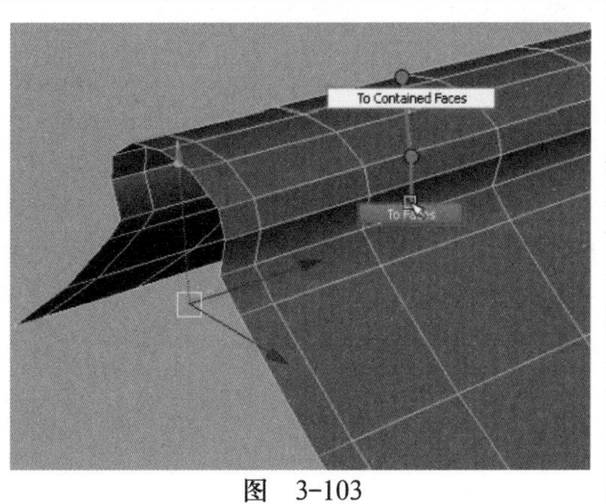

图 3-103

单元3

22）得到边缘面被选中的效果，如图3-104所示。

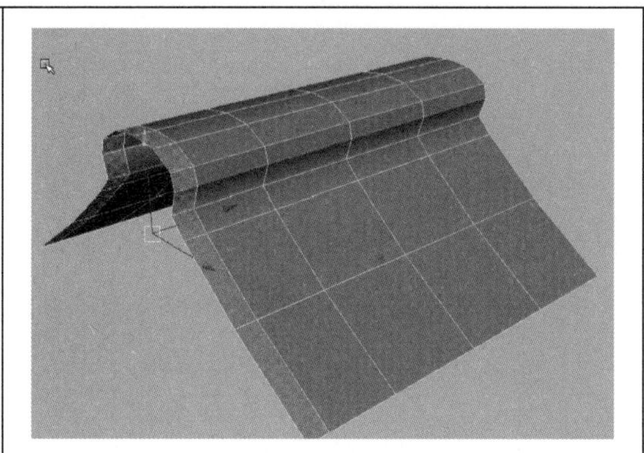

图 3-104

23）在选中所需要的面后，按住<Shift>键+鼠标右键并拖动，在弹出的快捷菜单中选择“Duplicate Face”（复制面）命令，如图3-105所示。

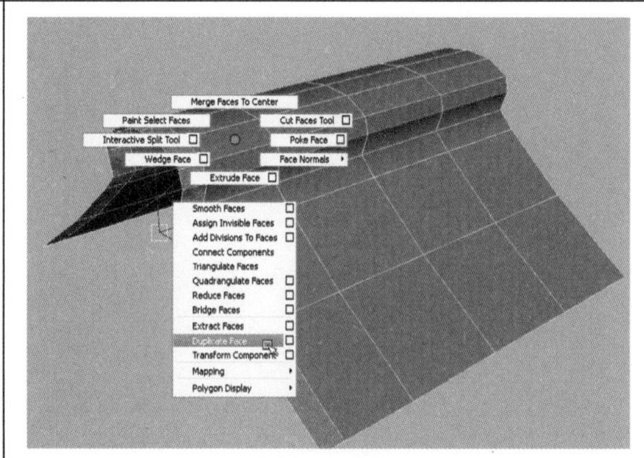

图 3-105

24）复制出来的模型用来制作屋脊的两边的形态，如图3-106所示。

图 3-106

25）调整大型后选中所有的面，按住<Shift>键+鼠标右键拖动鼠标，在弹出的快捷菜单中选择“Extrude Face”（挤出面）命令，如图3-107所示。

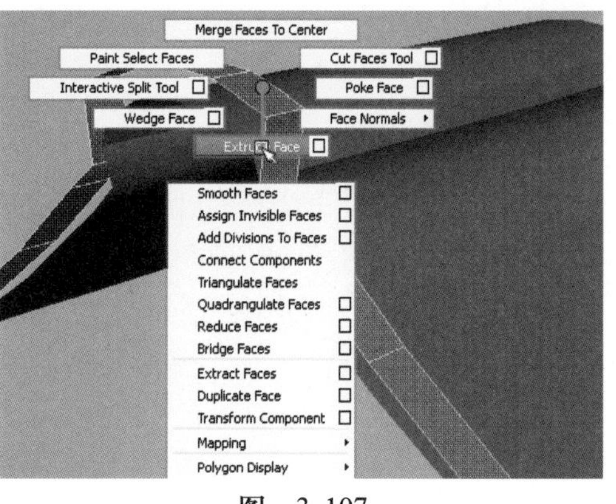

图 3-107

26）挤出屋脊两侧的厚度，如图3-108所示。

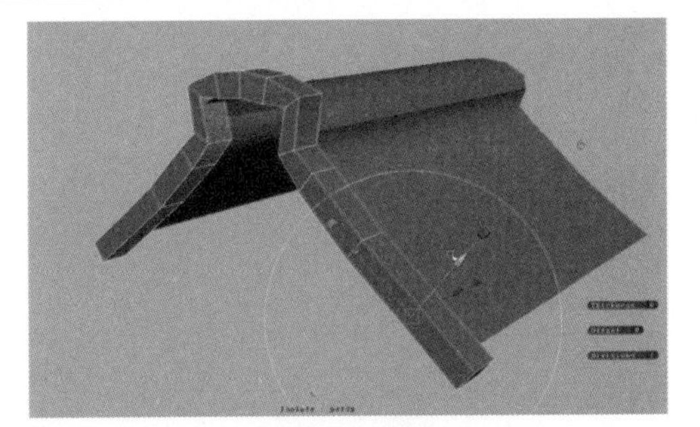

图 3-108

27）挤出了屋脊之后继续调整模型形态，如图3-109所示。

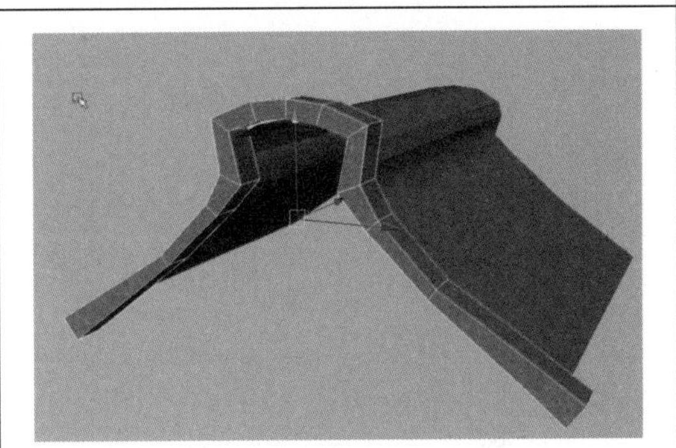

图 3-109

28）选择结构线继续加线调整，如图3-110所示。

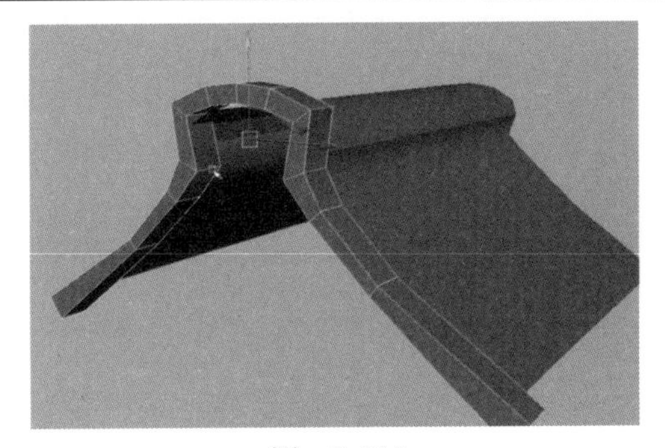

图 3-110

29）执行“Edit Mesh”（编辑网格）→“Bevel”（倒角）命令，如图3-111所示。

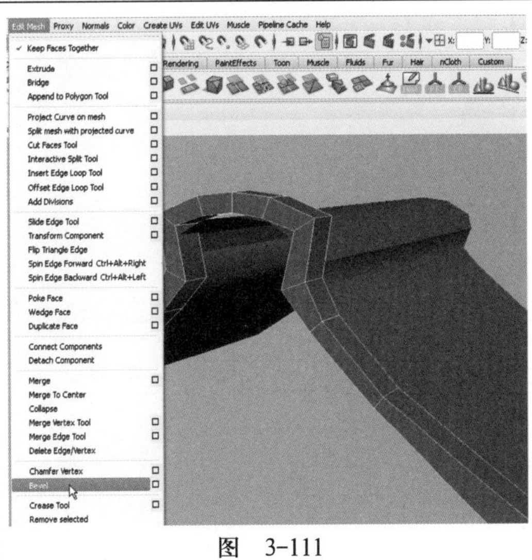

图 3-111

30）在通道栏中单击“INPUTS”（输入）→“polyBevel4”（倒角），设置“Offset”（偏移）选项的数值为0.17，如图3-112所示。

Offset As Fraction	on
Offset	0.17
Roundness	0.5
Segments	1
Auto Fit	on
Angle Tolerance	180
Fill Ngons	on
Uv Assignment	Planar pr...
Merge Vertices	on
Merge Vertex Tolerance	0
Smoothing Angle	30
Mitering Angle	180

图 3-112

31）继续执行“Edit Mesh”（编辑网格）→“Insert Edge Loop Tool”（插入循环边工具）命令，进一步对模型进行加线调整，为下一步整体倒角做好准备，如图3-113所示。

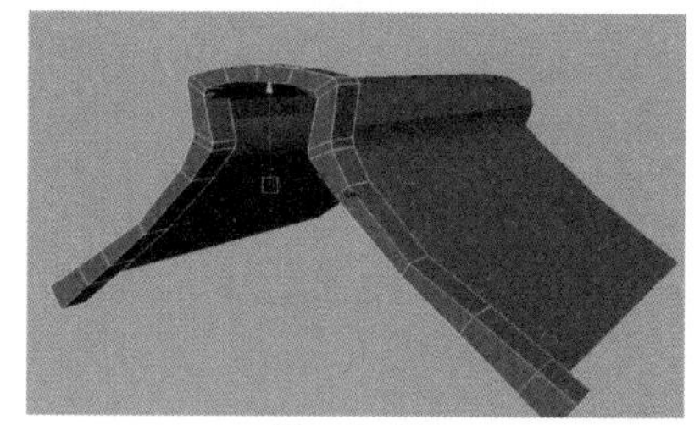

图 3-113

32）单击鼠标右键，在弹出的快捷菜单中选择“Edge”（边）命令，进入“Edge”（边）模式。按住<Shift>键的同时选择模型边缘的线，注意不要漏选或者多选，如图3-114所示。

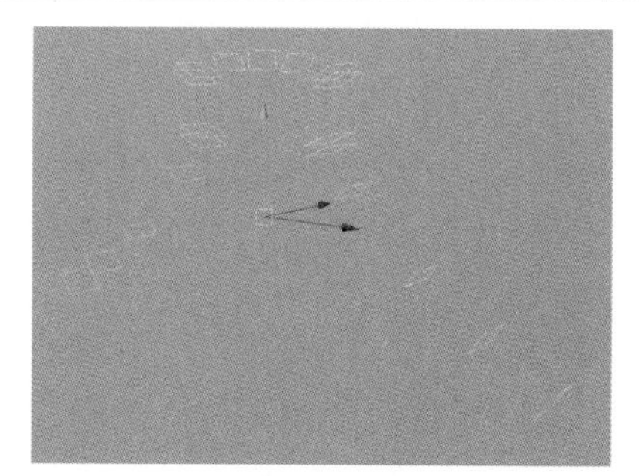

图 3-114

33）执行“Edit Mesh”（编辑网格）→“Bevel”（倒角）命令，如图3-115所示。

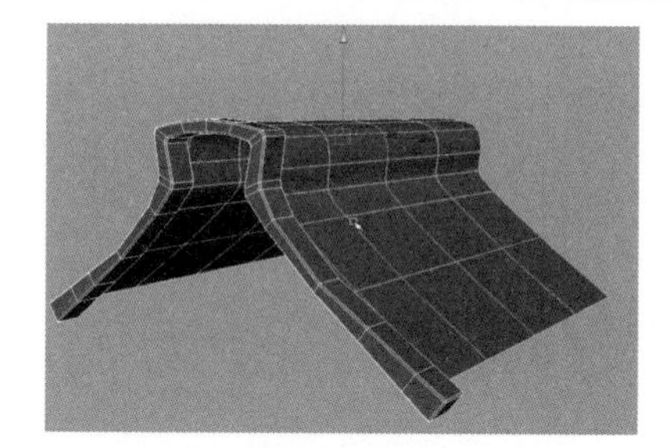

图 3-115

34）完成后的屋顶效果，如图3-116所示。

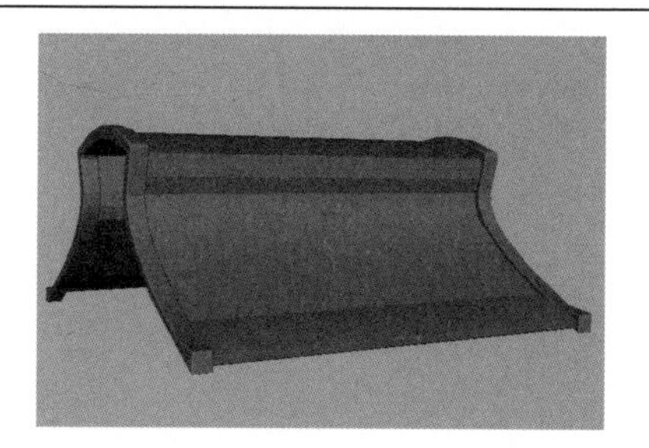

图 3-116

知识归纳

1．中国古建筑建模思路

中国古建筑模型是由多个几何体搭建而成。建模的流程视同学们的习惯而定，比较常见的是两种方式。一种是首先创建CV曲线，再由线生成面；另外一种是首先创建基本体，然后通过点与面的调节，完成基础造型，使用挤出等操作得到几何形体，如屋顶、斗拱、走兽、门窗等，最后将各种几何形体组合起来，并使用凹凸贴图等操作来制作模型细节。通常中国的古建筑在屋顶的造型上会有较大的不同，因此，常用的搭建流程是从屋顶的造型着手，进一步延伸到建筑主体，最后进行门窗等细节的制作。

2．古建筑的形式

中国古建筑中不同的级别使用不同的建筑形式，主要体现在屋顶造型上。

中国传统屋顶共分九级，其中以重檐庑殿顶、重檐歇山顶为级别最高，其次为单檐庑殿、单檐歇山顶，再次是悬山顶、硬山顶、攒尖顶、卷棚顶和半坡顶。下面简单介绍几种，经过本任务的学习后，读者可以参考介绍和图例进行更多的练习。

（1）庑殿顶

四面斜坡，有一条正脊和四条斜脊，屋面稍有弧度，宋时称四阿顶。以重檐庑殿顶级别最高，如北京的太和殿，如图3-117所示。

（2）歇山顶

是庑殿顶和硬山顶的结合，即四面斜坡的屋面上部转折成垂直的三角形墙面。有一条正脊、四条垂脊和四条依脊组成，因此，又称九脊顶。一般佛教寺院中的大雄宝殿的顶就是重檐歇山顶，如图3-118所示。

图 3-117

图 3-118

（3）悬山顶

屋面双坡，两侧伸出山墙之外。屋面上有一条正脊和四条垂脊，又称挑山顶，如图3-119所示。

（4）硬山顶

屋面双坡，两侧山墙同屋面齐平，或略高于屋面，如图3-120所示。

图 3-119

图 3-120

（5）攒尖顶

平面为圆形或多边形，上为锥形的屋顶，没有正脊，有若干屋脊交于上端。一般亭、阁、塔常用此式屋顶，如图3-121所示。

（6）卷棚顶

屋面双坡，没有明显的正脊，即前后坡相接处不用脊而砌成弧形曲面，如图3-122所示。

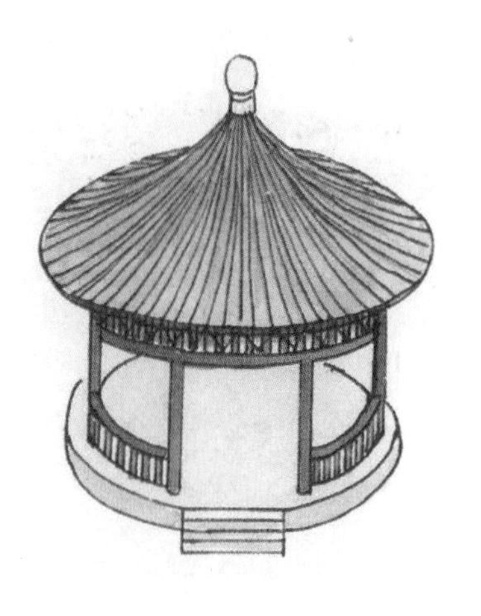

图 3-121

图 3-122

单元3

子任务2　制作场景阁楼的主体部分

本任务是制作主体阁楼的部分，使用“Extrude Edge”（挤出边）命令挤出阁楼的四面墙并为模型调整布线。结合“Extrude”（挤出）和“Delete”（删除）等命令制作出窗檐和门框等部分，完成阁楼的主体框架。

制作流程

主体阁楼的制作过程采用由上至下的创建方式，阁楼的外形主框架要和屋顶相匹配，制作主体的屋子时就要参考屋顶的模型，使这两部分结合完美。

1）用屋脊中间模型的部分做出更加贴切的屋子下半部分，如图3-123所示。	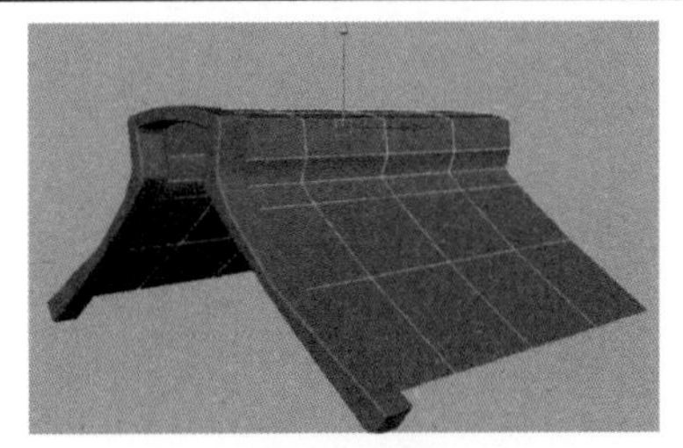 图　3-123
2）单击鼠标右键，在弹出的快捷菜单中选择“Edge”（边）命令，进入“Edge”（边）模式。选择需要制作成墙面的线，注意模型线的选择取舍，如图3-124所示。	 图　3-124
3）按住<Shift>键+鼠标右键并拖动，在弹出的快捷菜单中选择“Extrude Edge”（挤出边）命令，如图3-125所示。	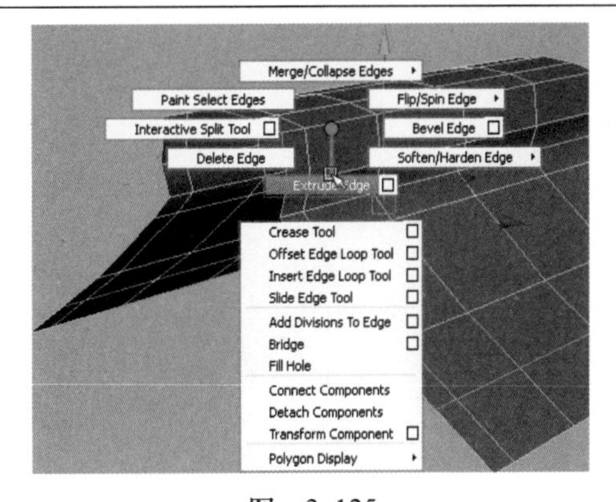 图　3-125
4）向下拖曳出屋子四面墙的模型，如图3-126所示。	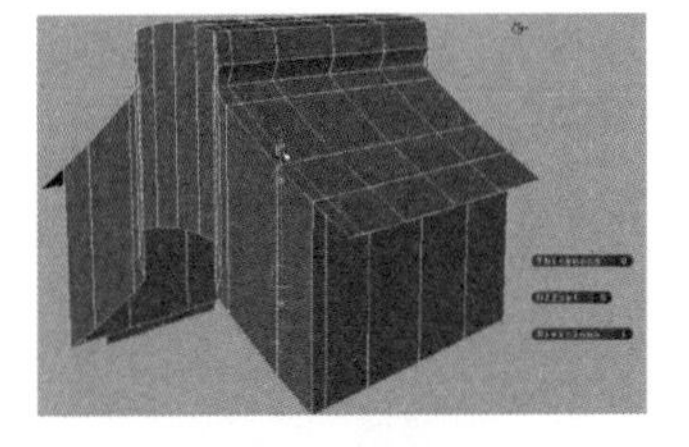 图　3-126
5）挤出屋子的墙面后，选中不合适的线段删除调整，如图3-127所示。	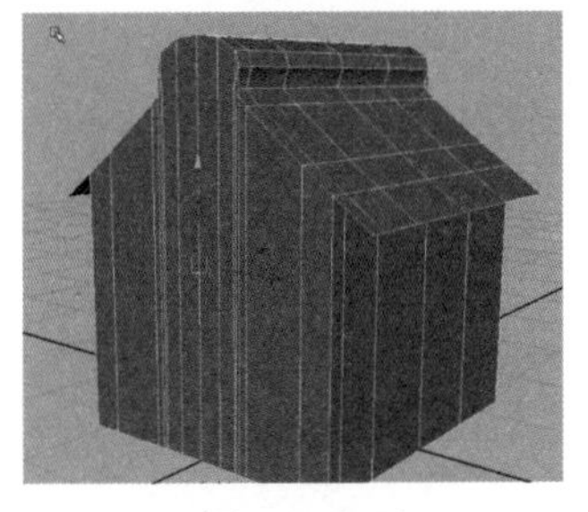 图　3-127

6）将之前单一的竖向线段调整为横竖规则的布线效果，如图3-128所示。	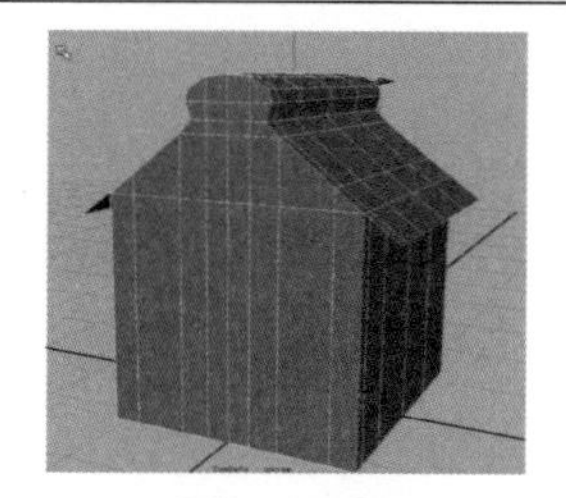 图　3-128
7）单击鼠标右键，在弹出的快捷菜单中选择“Face”（面）命令，进入“Face”（面）模式。选择出屋子四面墙的部分，和屋顶区分开，需要将它们区分成2个物体，如图3-129所示。	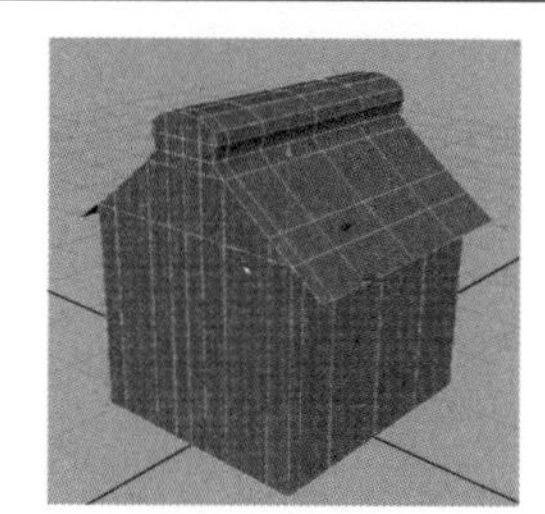 图　3-129
8）选择面之后，按住<Shift>键+鼠标右键并拖动，在弹出的快捷菜单中选择“Duplicate Face”（复制面）命令，如图3-130所示。	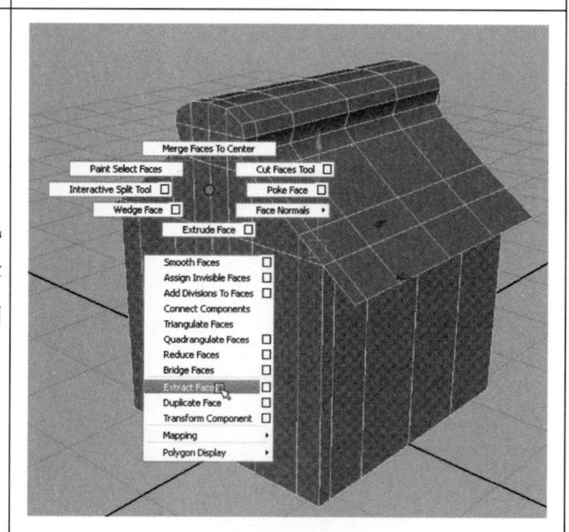 图　3-130
9）绿色线框的模型就作为屋子的主体部分，如图3-131所示。	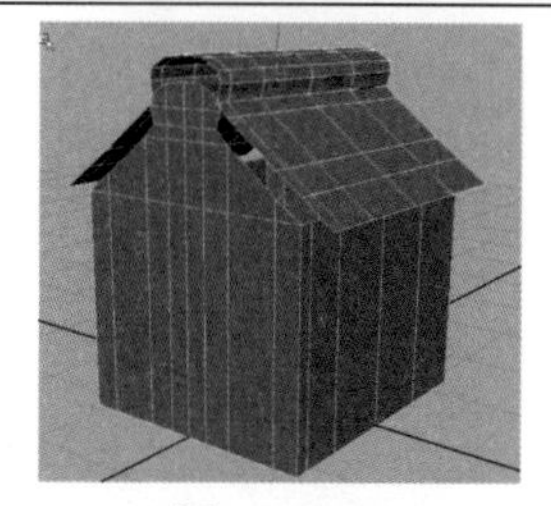 图　3-131
10）执行“Edit Mesh”（编辑网格）→“Insert Edge Loop Tool”（插入循环边工具）命令，对阁楼主体继续加细，区分出楼体的上下2个部分，如图3-132所示。	 图　3-132

11）单击鼠标右键，在弹出的快捷菜单中选择“Face”（面）命令，进入“Face”（面）模式。选择出要制作成窗户的面，如图3-133所示。

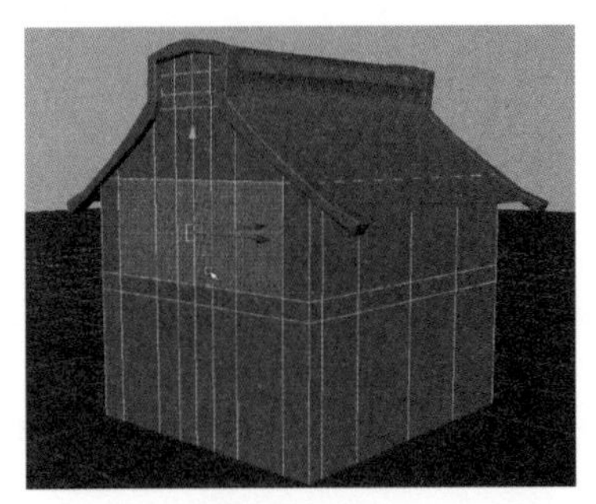

图　3-133

12）选择出要制作成窗户的面，执行“Edit Mesh”（编辑网格）→“Extrude”（挤出）命令，制作出窗户，如图3-134所示。

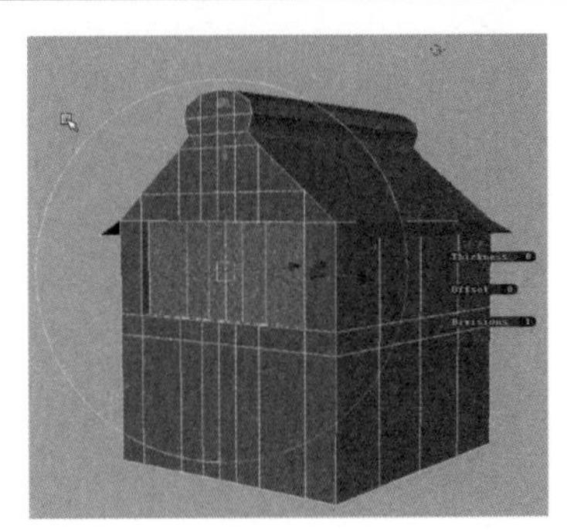

图　3-134

13）选择出要制作成窗户的面，执行“Edit Mesh”（编辑网格）→“Keep Face Together”（保持面）命令，如图3-135所示。

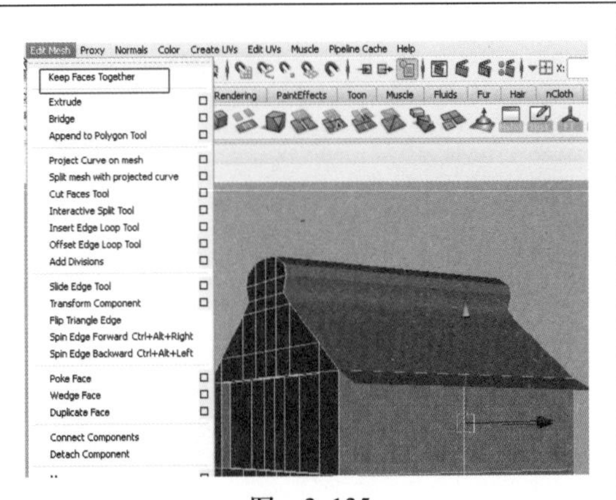

图　3-135

14）单击鼠标右键，在弹出的快捷菜单中选择“Face”（面）命令，进入“Face”（面）模式。选择窗户所在的面，使用“Extrude”（挤出）命令制作出前面的窗户，如图3-136所示。

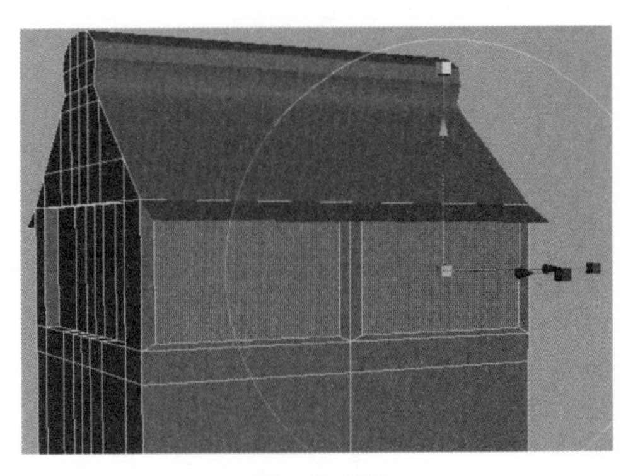

图　3-136

15）选中挤出的窗户的位置，按住<Delete>键，删除选中的面，如图3-137所示。	 图 3-137
16）执行“Edit Mesh”（编辑网格）→“Insert Edge Loop Tool”（插入循环边工具）命令，为模型加线。通过加线，区分出屋子楼体下部的窗户和门的位置，如图3-138所示。	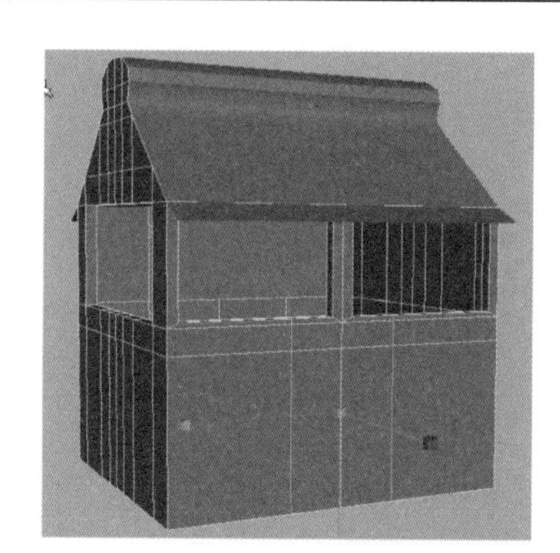 图 3-138
17）选中门的位置，执行“Edit Mesh”（编辑网格）→“Extrude”（挤出）命令，并按<G>键重复应用“Extrude”（挤出）命令，制作出下面的门，如图3-139所示。	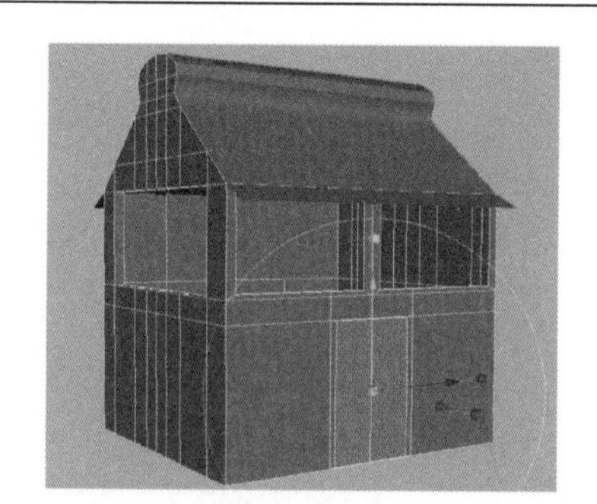 图 3-139
18）选中门的位置，执行“Edit Mesh”（编辑网格）→“Extrude”（挤出）命令，并按<G>键重复应用“Extrude”（挤出）命令，制作出下面的窗户，如图3-140所示。	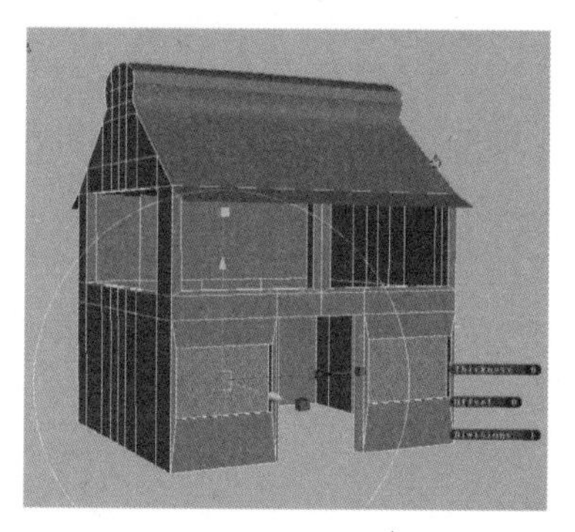 图 3-140

19）按<Delete>键把所有窗户和门的位置删除，用复制的方法把模型调整好，如图3-141所示。	 图 3-141
20）为了使对称物体的模型左右一致，将左侧调整好的模型保留，删除右边模型，如图3-142所示。	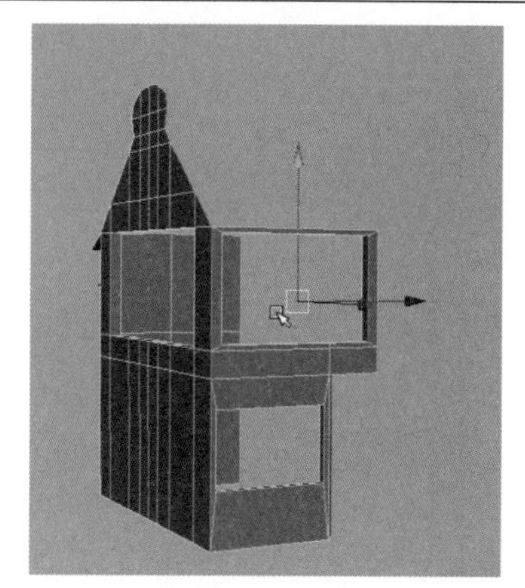 图 3-142
21）将调整好的部分复制，重新组合成模型，如图3-143所示。 技法点拨：此方法适用于对称物体。	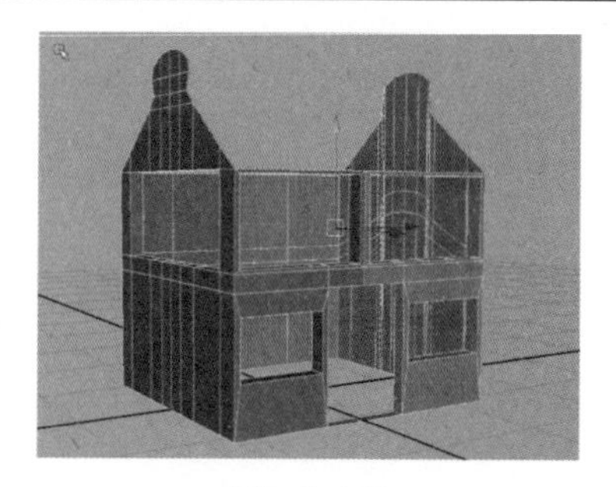 图 3-143
22）得到左右两边相一致的模型，如图3-144所示。	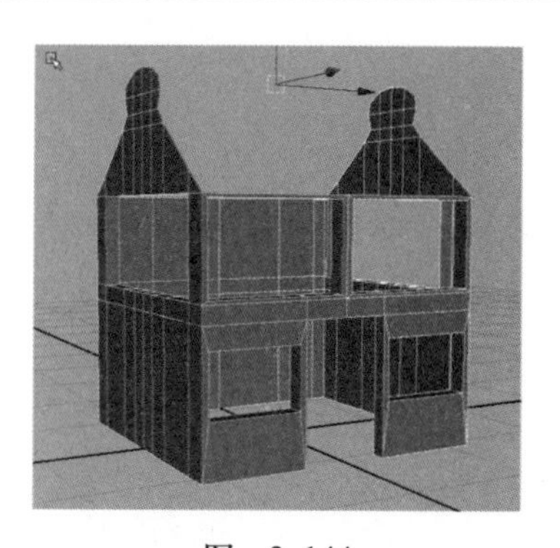 图 3-144

23）把物体都选中，执行“Mesh”（网格）→“Combine”（结合）命令，将模型组合，如图3-145所示。

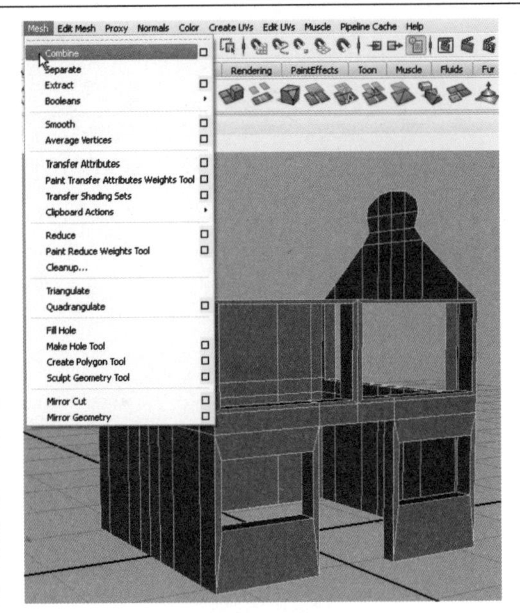

图　3-145

24）转到Maya的“Front”（前视图）中，单击鼠标右键，在弹出的快捷菜单中选择“Vertex”（顶点）命令，选择连接左右部分的所有点，如图3-146所示。

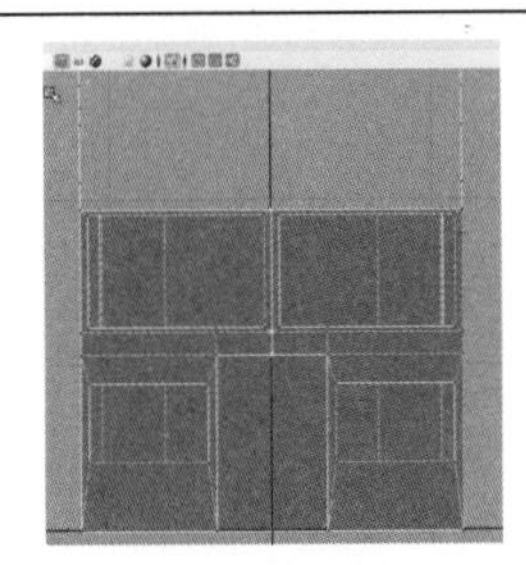

图　3-146

25）执行“Edit Mesh”（编辑网格）→“Merge”（合并）命令，设置参数，如图3-147所示。

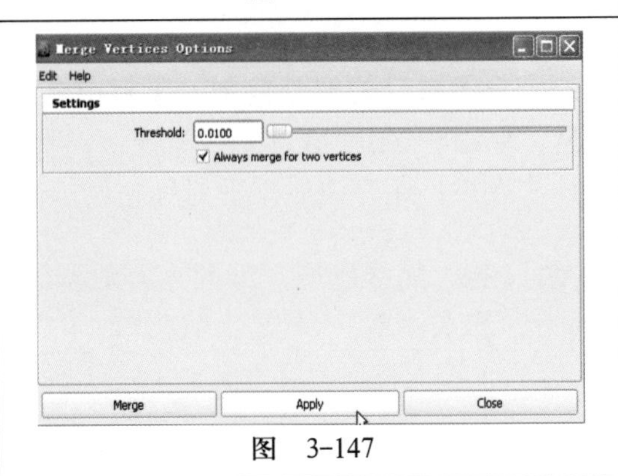

图　3-147

26）执行“Edit Mesh”（编辑网格）→“Insert Edge Loop Tool”（插入循环边工具）命令，在合并好的模型中间加一条线，如图3-148所示。

按住<Shift>键+鼠标右键并拖动，选择视图中的“Extrude Edge”（挤出边）命令。

图　3-148

单元3

27）执行“Edit Mesh”（编辑网格）→“Extrude”（挤出）命令，制作出下面的窗沿，如图3-149所示。	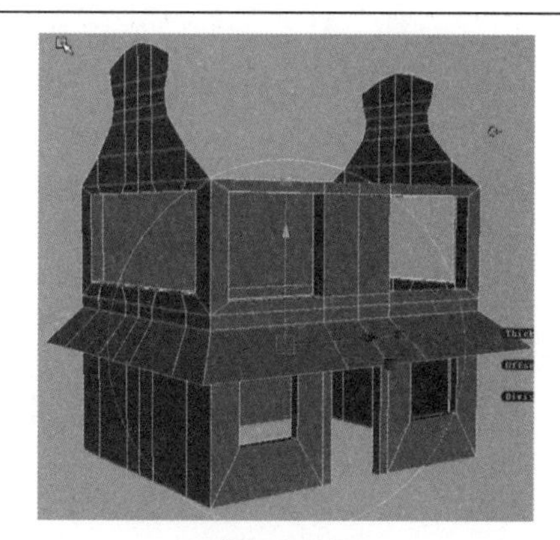 图 3-149
28）屋子的主题框架做好了，下面依次做出窗户的装饰，如图3-150所示。	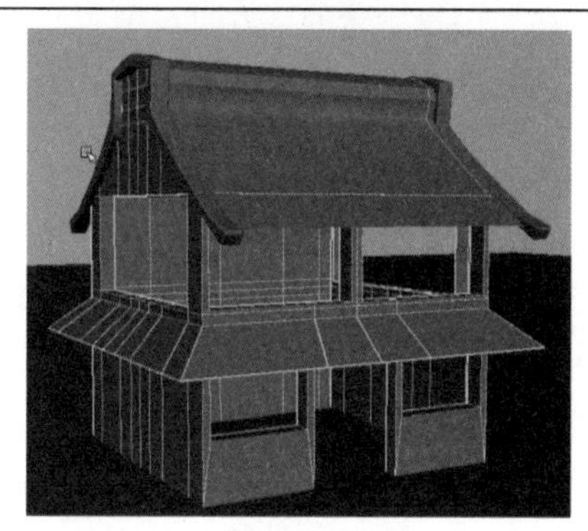 图 3-150

知识归纳

中国古代建筑的特点。

中国建筑具有审美价值的特征形式和风格，自先秦时期至19世纪中叶基本是一个封闭的独立的体系，2000多年间风格变化不大，统称为中国古代建筑艺术。

1. 中国古代建筑艺术

中国古代建筑艺术在封建社会中发展成熟，它以汉族木结构建筑为主体，也包括各少数民族的优秀建筑，是世界上延续历史最长、分布地域最广、风格非常显明的一个独特的艺术体系。中国古代建筑对于日本、朝鲜和越南的古代建筑有直接影响，17世纪以后，也对欧洲产生过影响。

2. 艺术特征

和欧洲古代建筑艺术比较，中国古代建筑艺术有3个最基本的特征。

1）审美价值与政治伦理价值的统一。艺术价值高的建筑，也同时发挥着维系、加强社会政治伦理制度和思想意识的作用。

2）植根于深厚的传统文化，表现出鲜明的人文主义精神。建筑艺术的一切构成因素，如尺度、节奏、构图、形式、性格和风格等，都是从当代人的审美心理出发，为人所能欣赏和理解，没有大起大落、怪异诡谲、不可理解的形象。

3）总体性、综合性很强。古代优秀的建筑作品，几乎都是动员了当时可能构成建筑艺术的一切因素和手法综合而成的一个整体形象，从总体环境到单座房屋，从外部序列到内部空间，从色彩装饰到附属艺术，每一个部分都不是可有可无的，抽掉了其中一项，也就损害了整体效果。

子任务3　制作场景阁楼的门窗

本任务是在搭建完成主体建筑之后进行阁楼门窗的制作，在这部分的制作中，窗户模型主要由“Polygon Primitives”（多边形基本体）中的“Plane”（平面）命令来创建，从简单的单一形体拼接成最终的效果，运用“Extrude”（挤出）命令制作出厚度。

制作流程

在完成门窗创建的任务时，对于规范的形体可以从面开始制作，再对边、面进行挤出，可以快速制作出带有厚度的窗框。类似的模型较多，合理地重复利用可以有效提高效率。

1）执行“Create”（创建）→“Polygon Primitives”（多边形基本体）→“Plane”（平面）命令，在通道栏中单击“INPUTS”（输入）→“polyPlane1”（平面），选择里面的“Subdivisions Width”和“Subdivisions Heigth”将数值调整为1，如图3-151所示。

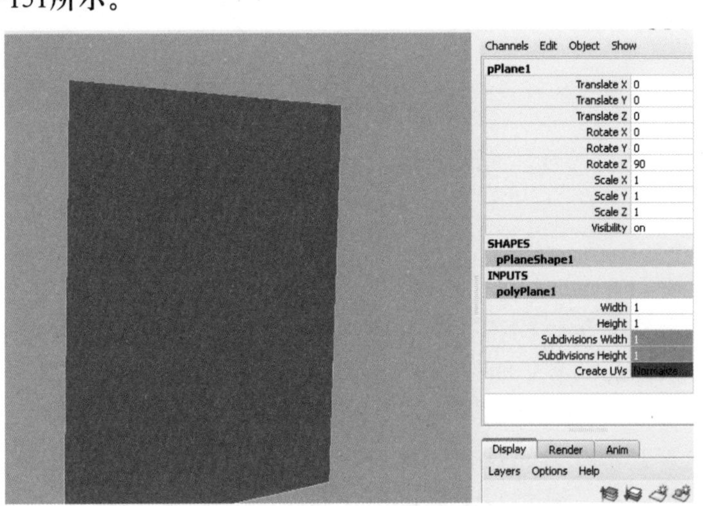

图　3-151

2）单击鼠标右键，在弹出的快捷菜单中选择“Edge”（边）命令，进入“Edge”（边）模式。选中外边缘线，执行“Edit Mesh”（编辑网格）→“Extrude”（挤出）命令，挤出窗框的外缘，如图3-152所示。

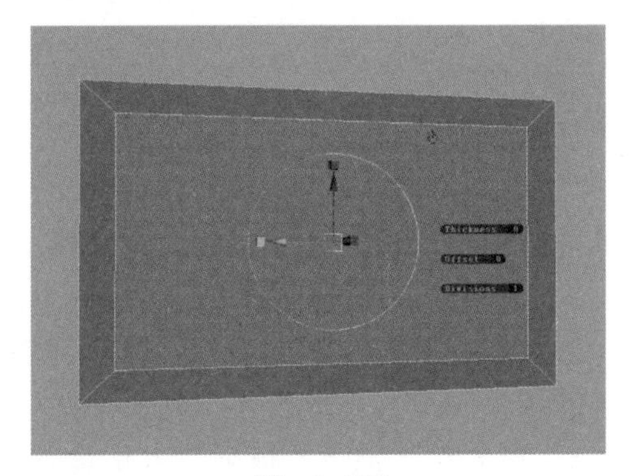

图　3-152

<table>
<tr>
<td>3）单击鼠标右键，在弹出的快捷菜单中选择“Face”（面）命令，进入“Face”（面）模式。删除中间的面，选择剩余的面做出窗框的厚度，如图3-153所示。</td>
<td>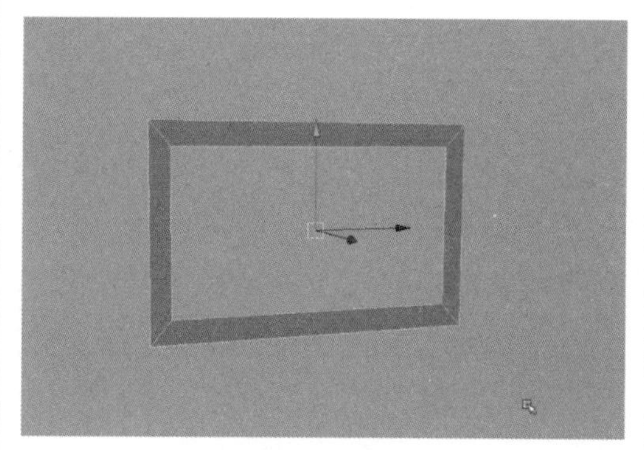
图 3-153</td>
</tr>
<tr>
<td>4）通过挤出后得到窗户框模型，单击鼠标右键，在弹出的快捷菜单中选择“Edge”（边）命令，进入“Edge”（边）模式。选中所有的线，如图3-154所示。</td>
<td>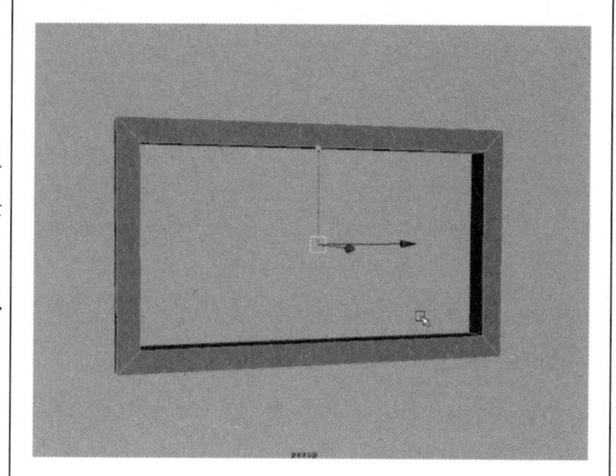
图 3-154</td>
</tr>
<tr>
<td>5）执行“Edit Mesh”（编辑网格）→“Bevel”（倒角）命令，如图3-155所示。</td>
<td>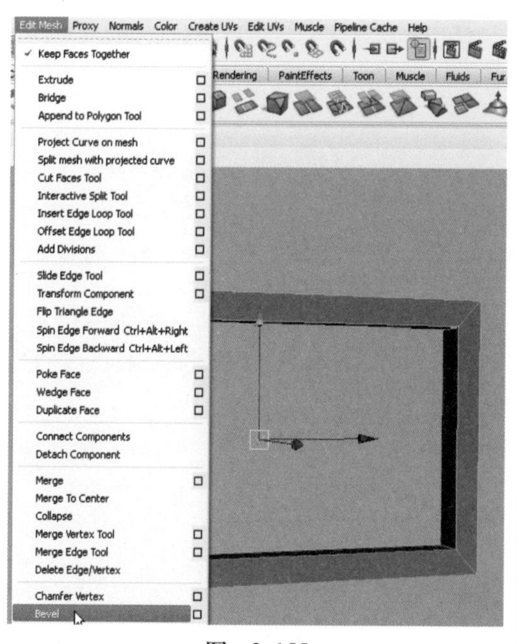

图 3-155</td>
</tr>
</table>

单元3

<table>
<tr>
<td>6）设置完倒角后的窗户框效果，如图3-156所示。</td>
<td>
图　3-156</td>
</tr>
<tr>
<td>7）执行“Create”（创建）→“Polygon Primitives”（多边形基本体）→“Cube”（立方体）命令，如图3-157所示。</td>
<td>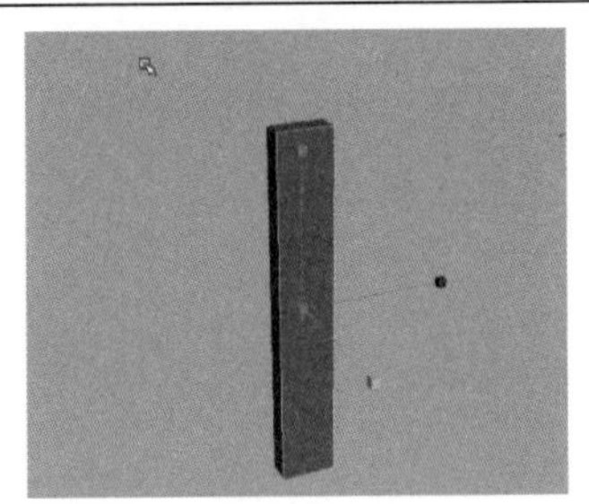
图　3-157</td>
</tr>
<tr>
<td>8）单击鼠标右键，在弹出的快捷菜单中选择“Edge”（边）命令，进入“Edge”（边）模式。选中模型所有的边，如图3-158所示。</td>
<td>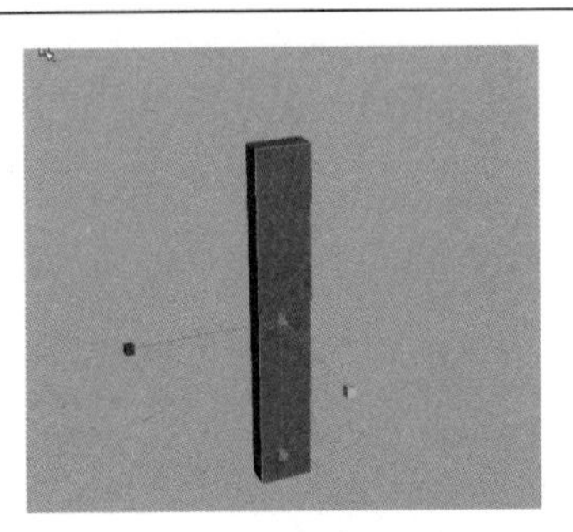
图　3-158</td>
</tr>
<tr>
<td>9）执行“Edit Mesh”（编辑网格）→“Bevel”（倒角）命令，如图3-159所示。</td>
<td>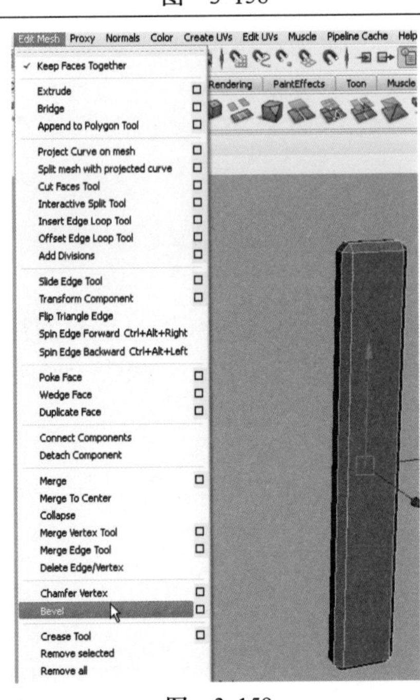

图　3-159</td>
</tr>
</table>

单元3

10）在通道栏中单击“INPUTS”（输入）→“polyBevel4”（倒角），选择里面的“Offset”（偏移），将数值调整为0.23，如图3-160所示。	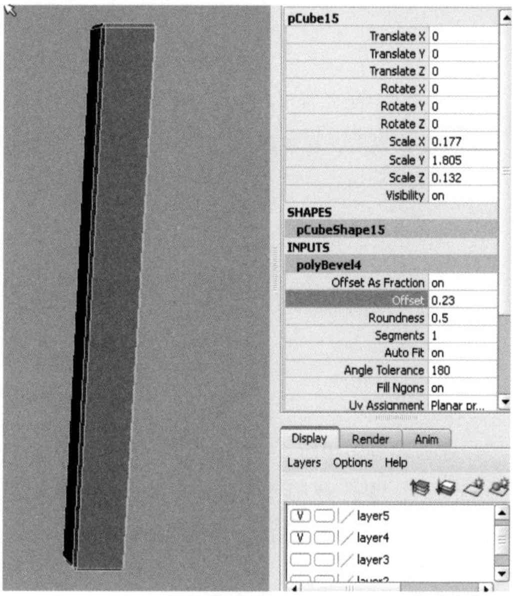 图 3-160
11）把做出的窗户中隔和窗框调节调整好，如图3-161所示。	 图 3-161
12）用做窗户框的方法做出窗户中间的装饰图案，如图3-162所示。	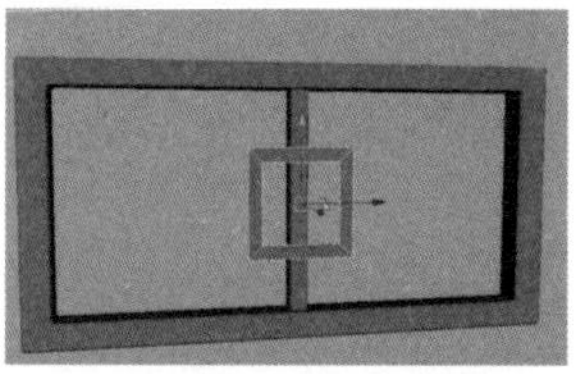 图 3-162
13）根据设计图摆出合适的造型，如图3-163所示。	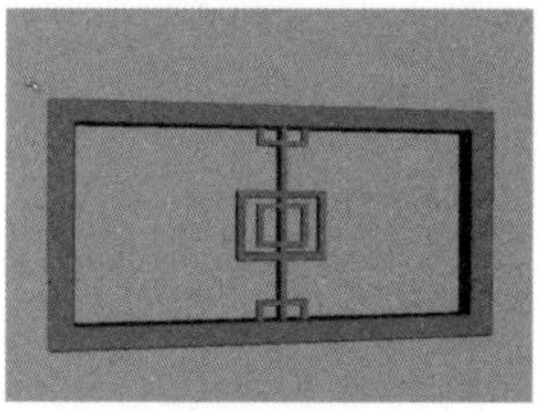 图 3-163
14）最终制作完成，如图3-164所示。	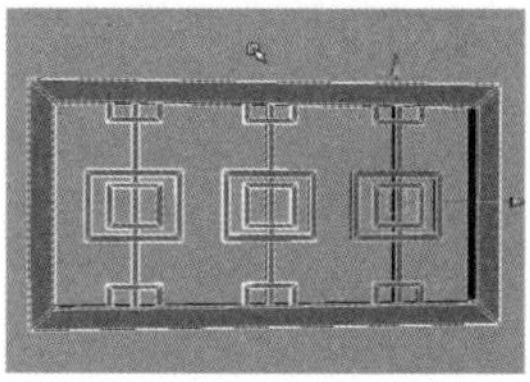 图 3-164

15）选中所有窗户的模型按住<Ctrl+G>组合键把模型打成一个组，如图3-165所示。	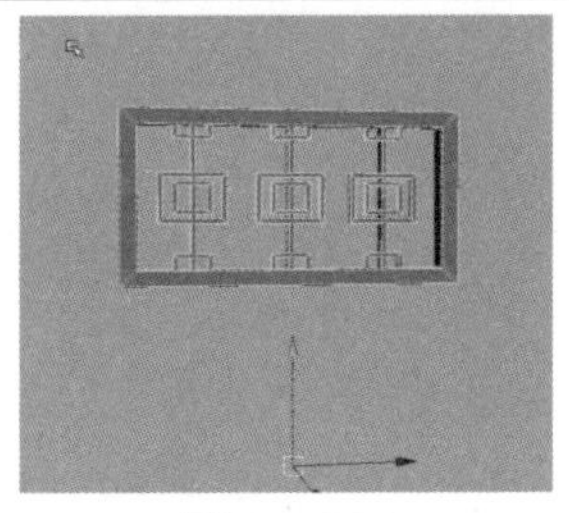 图　3-165
16）执行“Modify”（修改）→“Center Pivot”（归中心点）命令，将坐标位置调节到模型中心区域，方便对物体进行位移操作，如图3-166所示。	 图　3-166
17）把做好的窗户模型摆放到屋子主体的相应位置，如图3-167所示。	 图　3-167
18）将所有窗户依次制作摆放完毕，如图3-168所示。	 图　3-168
19）执行“Create”（创建）→“Polygon Primitives”（多边形基本体）→“Cube”（立方体），创建2个立方体分别作为屋子的门和门槛，如图3-169所示。	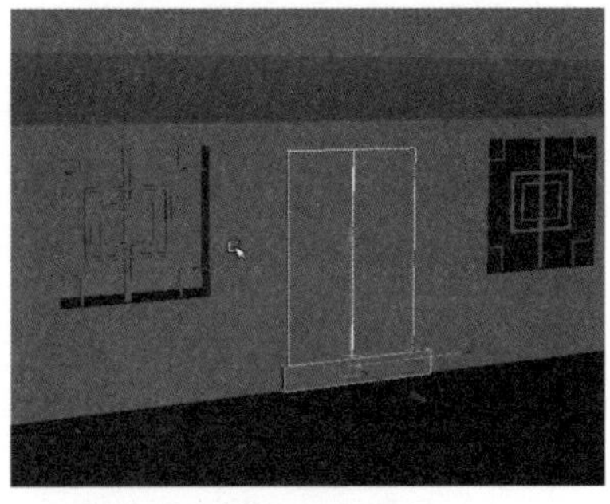 图　3-169

20）执行“Edit Mesh”（编辑网格）→“Bevel”（倒角）命令，如图3-170所示。

图 3-170

21）执行“Edit Mesh”（编辑网格）→“Insert Edge Loop Tool”（插入循环边工具）命令，为物体加上一定段数的线，如图3-171所示。

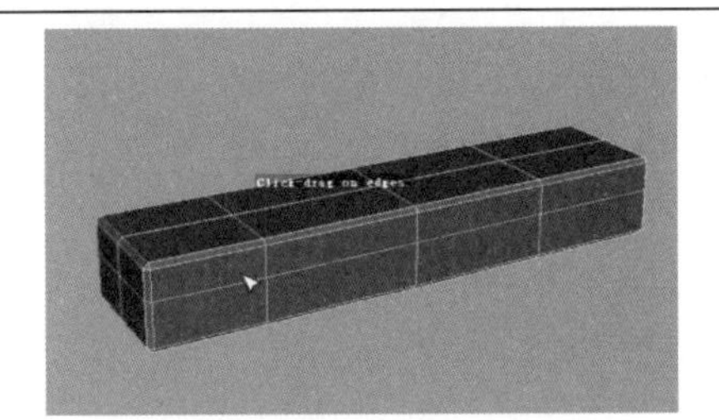

图 3-171

22）单击鼠标右键，在弹出的快捷菜单中选择“Vertex”（顶点）命令，进入“Vertex”（顶点）模式。调整门槛的造型，如图3-172所示。

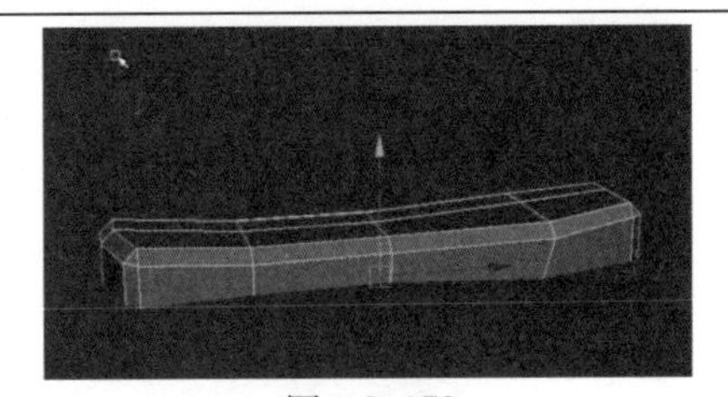

图 3-172

23）选中门框的边线，执行“Edit Mesh”（编辑网格）→“Bevel”（倒角）命令，如图3-173所示。

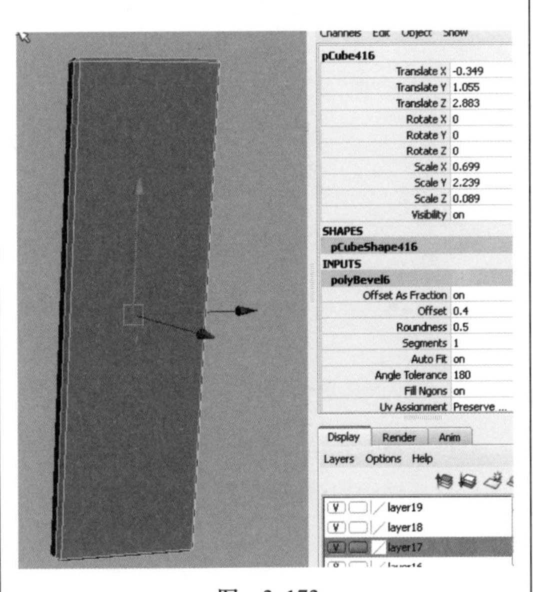

图 3-173

24）选中门框加线，并复制出另一半的门，如图3-174所示。

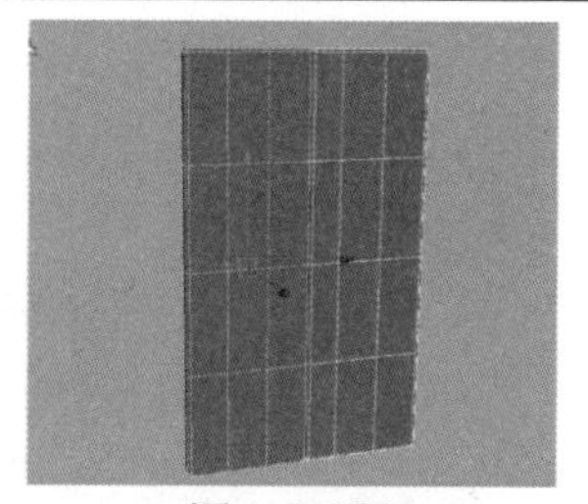

图　3-174

25）对模型的线进行详细调整，如图3-175所示。

图　3-175

26）执行“Create”（创建）→“Polygon Primitives”（多边形基本体）→“Cylinder”（圆柱体）命令，创建圆柱体。在通道栏中单击“INPUTS”（输入）→“poly Cylinder1”（圆柱体），选择里面的“Subdivisions Axis”（轴向细分数），将数值调整为12，如图3-176所示。

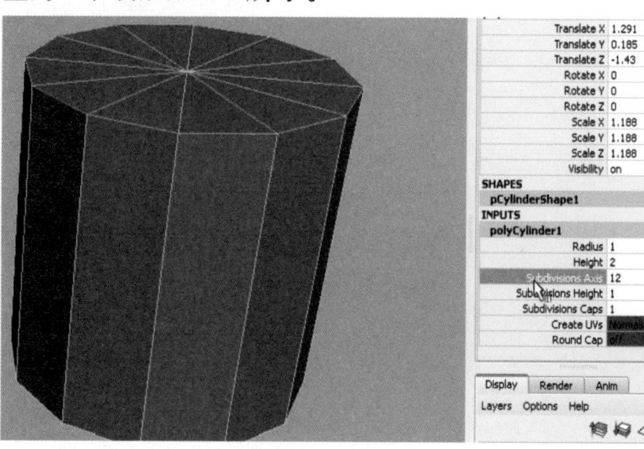

图　3-176

27）删除选择的模型，只保留一般制作门上的装饰，如图3-177所示。

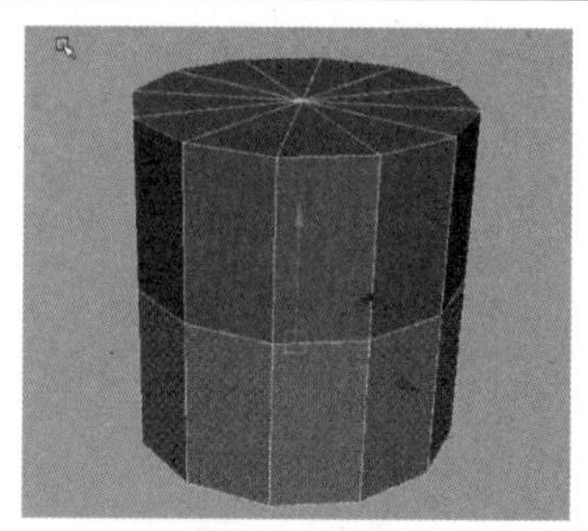

图　3-177

28）把模型翻转90°，并加上一定的段数，如图3-178所示。	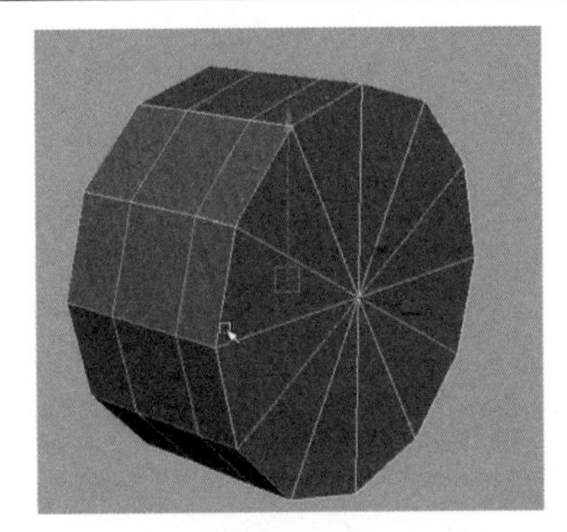 图 3-178
29）缩放调整模型，如图3-179所示。	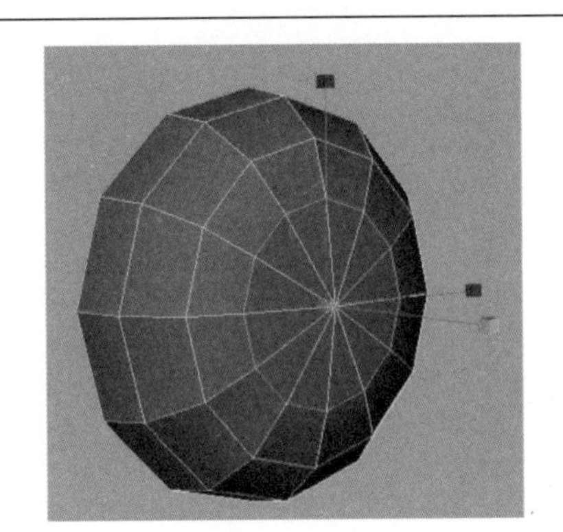 图 3-179
30）调整之后的效果，如图3-180所示。	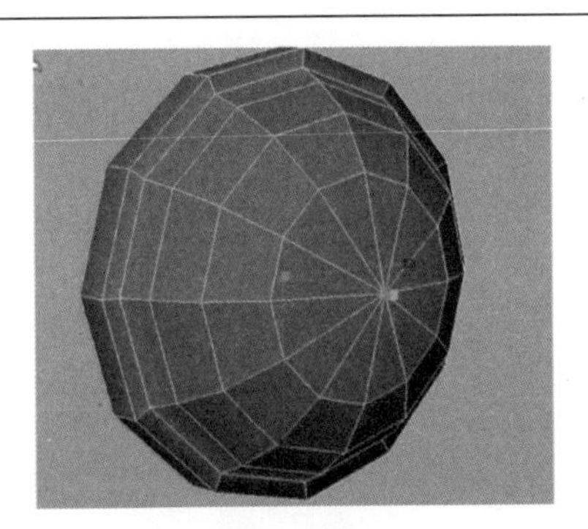 图 3-180
31）执行“Create”（创建）→“Polygon Primitives”（多边形基本体）→“Torus”（圆环）命令，在通道栏中单击“INPUTS”（输入）→“polyTorus”（圆环），选择里面的“Section Radius”（段数）将数值调整为0.03，如图3-181所示。	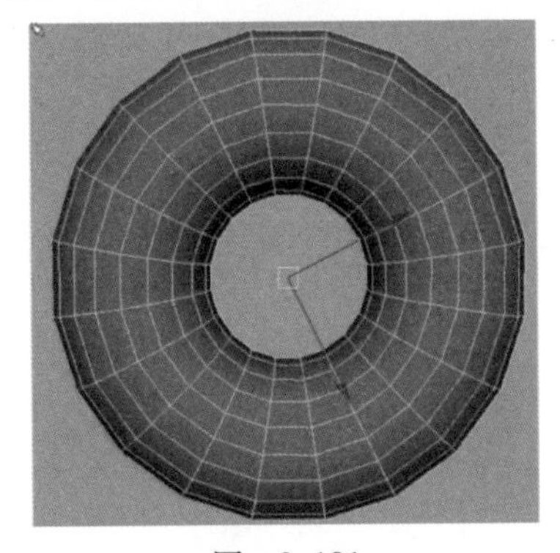 图 3-181

32）选中2个模型物体，执行“Mesh”（网格）→“Combine”（结合）命令，如图3-182所示。

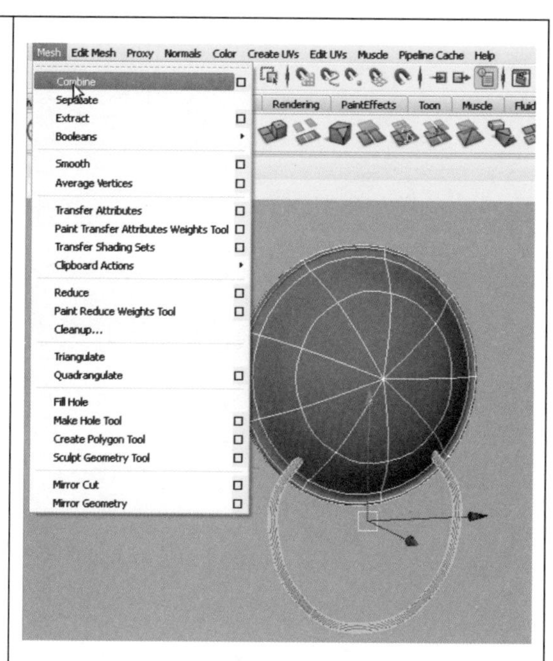

图 3-182

33）把圆环模型移动到合适的位置，如图3-183所示。

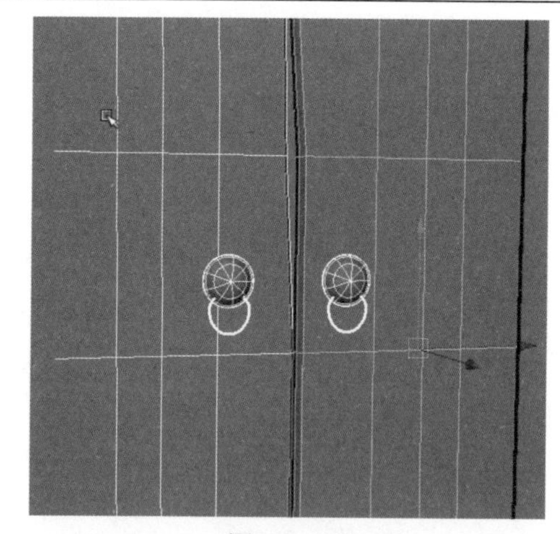

图 3-183

34）最终完整的门，如图3-184所示。

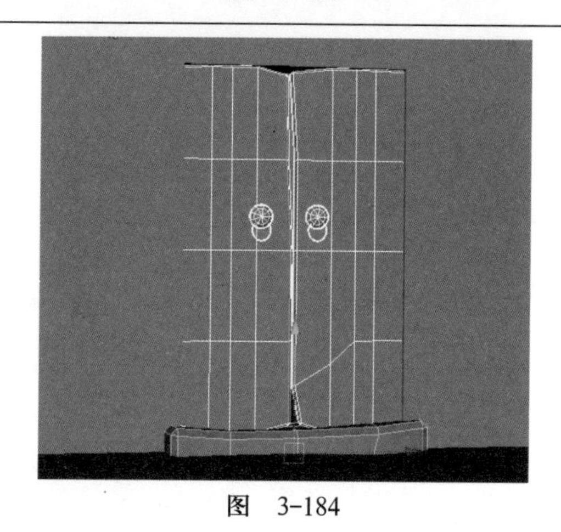

图 3-184

单元3

35）执行“Create”（创建）→“Polygon Primitives”（多边形基本体）→“Cube”（立方体）命令，制作屋子最上面的牌匾，如图3-185所示。	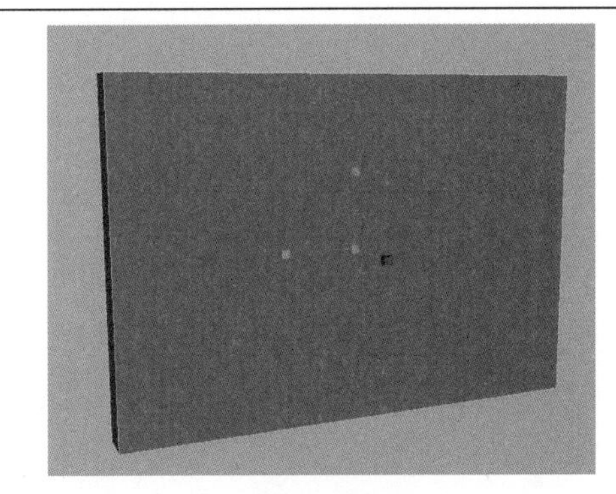 图 3-185
36）利用“Extrude”（挤出）命令为牌匾做出凹槽，如图3-186所示。	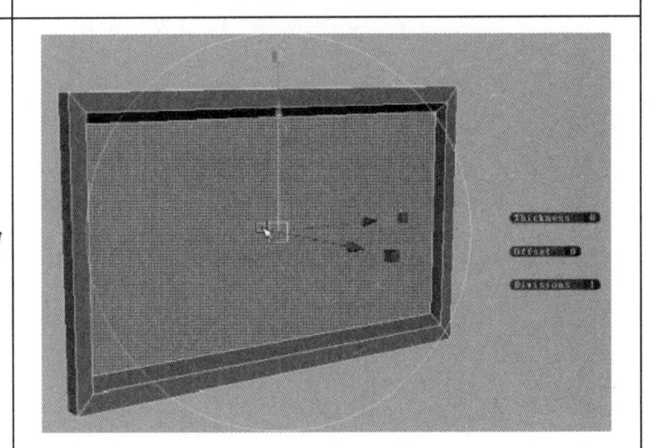 图 3-186
37）对牌匾模型添加线条调整出造型，如图3-187所示。	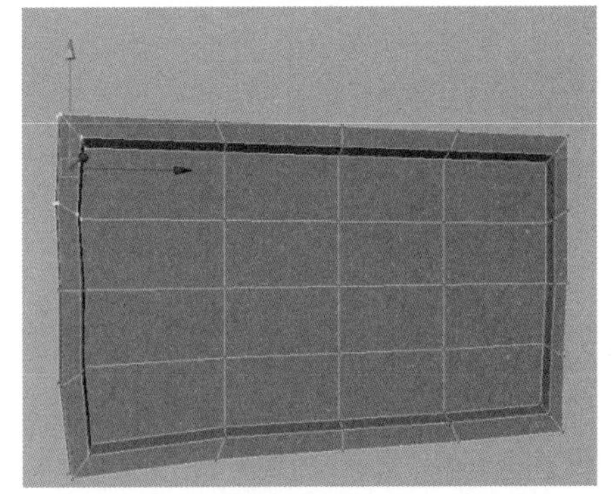 图 3-187
38）完成小屋，如图3-188所示。后面进行其他模型的制作。	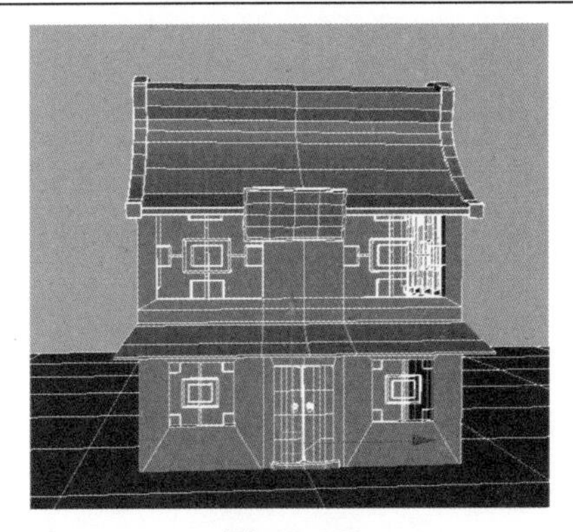 图 3-188

知识归纳

中国古代建筑的艺术形式与多边的室内空间

1．中国古代建筑艺术形式的构成因素

铺陈展开的空间序列中国建筑艺术主要是群体组合的艺术，群体间的联系、过渡、转化，构成了丰富的空间序列。木结构的房屋多是低层（以单层为主），所以组群序列基本上是横向铺陈展开。空间的基本单位是庭院，共有3种形式。

1）十字轴线对称，主体建筑放在中央，这种庭院多用于规格很高、纪念性很强的礼制建筑和宗教建筑，数量不多。

2）以纵轴为主，横轴为辅，主体建筑放在后部，形成四合院或三合院，大至宫殿小至住宅都广泛采用，数量最多。

3）轴线曲折或没有明显的轴线，多用于园林空间。序列又有规整式与自由式之别。现存规整式序列最杰出的代表就是明清北京宫殿。

在自由式序列中，有的庭院融于环境，序列变化的节奏较缓慢，如帝王陵园和自然风景区中的建筑；也有庭院融于山水花木，序列变化的节奏较紧促，如人工经营的园林。但不论哪一种序列，都是由前序、过渡、高潮和结尾4个部分组成，抑扬顿挫一气贯通。

2．灵活多变的室内空间

使简单规格的单座建筑有不同的个性，在室内主要是依靠灵活多变的空间处理。例如，一座普通的三五间小殿堂，通过不同的处理手法，可以成为府邸的大门、寺观的主殿、衙署的正堂、园林的轩馆、住宅的居室、兵士的值房等内容完全不同的建筑。室内空间处理主要依靠灵活的空间分隔，即在整齐的柱网中间用板壁、碧沙橱、帐幔和各种形式的花罩、飞罩、博古架隔出大小不一的空间，有的还在室内部分上空增加阁楼、回廊，把空间竖向分隔为多层。再加以不同的装饰和家具陈设，就使得建筑的性格更加鲜明。另外，天花、藻井、彩画、匾联、佛龛、壁藏、栅栏、字画、灯具、幡幢、炉鼎等，在创造室内空间艺术中也都起着重要的作用。

子任务4　制作小院中的树

本任务是制作小院中的树木，树木类模型总体上分为树干和树叶两部分，树干的部分又分为主干和分枝。在制作过程中，使用“Polygon Primitives”（多边形基本体）中的“Cylinder”（圆柱体）命令结合“Extrude”（挤出）和“Insert Edge Loop Tool”（插入循环边工具）等命令制作树干。使用“Plane”（平面）和“Mesh”（编辑网格）中的“Combine”（结合）等命令制作树叶，通过简单的单一形体拼接组成最终的效果。在叶面组织过程中要注意对整体结构的观察，通过三视图检查树冠的结构是否自然合理。

制作流程

树的结构主要是由主干、分枝和树叶组成，在制作时应先制作主干和分支，再完成分支上的树杈和树叶，经多次复制调整环线和节点，真实表现树杈。

<table>
<tr><td colspan="2">1）执行“Create”（创建）→“Polygon Primitives”（多边形基本体）→“Cylinder”（圆柱体）命令，在通道栏中单击“INPUTS”（输入）→“polyCylinder1”（圆柱体）卷展栏，选择里面的“Subdivisions Axis”（轴向细分数）将数值调整为10，如图3-189所示。
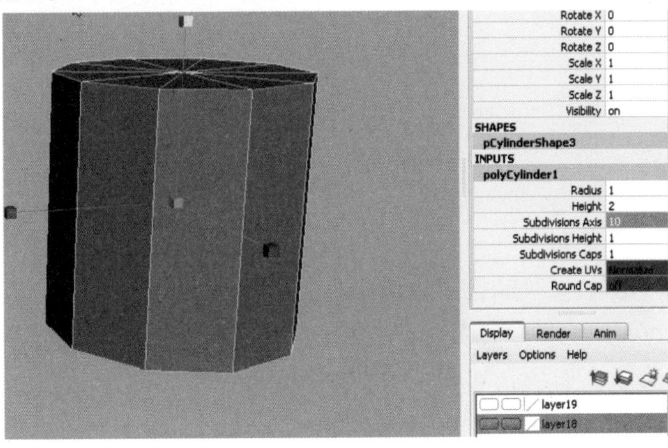

图 3-189</td></tr>
<tr><td>2）通过缩放加线在圆柱型上调整出树干的主体部分，如图3-190所示。</td><td>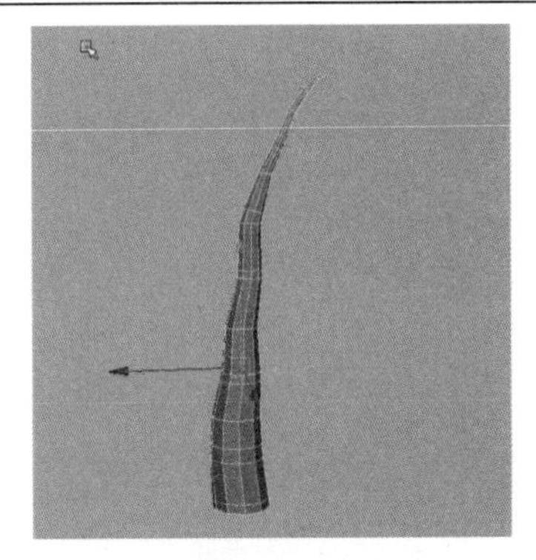
图 3-190</td></tr>
<tr><td>3）在树的主干侧面选择挤出树的枝干部分，如图3-191所示。</td><td>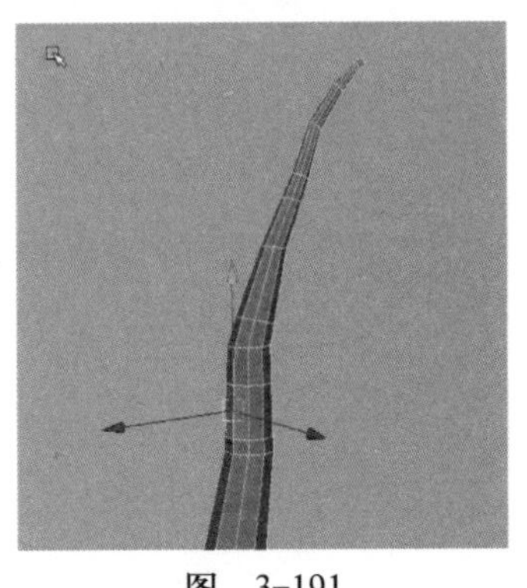
图 3-191</td></tr>
</table>

4）单击鼠标右键，在弹出的快捷菜单中选择“Face”（面）命令，进入“Face”（面）模式。选择相应的面，执行“Edit Mesh”（编辑网格）→“Extrude”（挤出）命令，挤出面用来制作树枝，如图3-192所示。	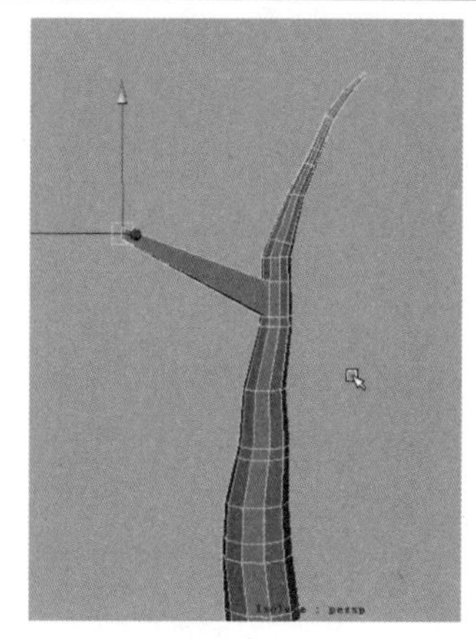 图 3-192
5）执行“Edit Mesh”（编辑网格）→“Insert Edge Loop Tool”（插入循环边工具）命令，通过缩放加线在圆柱型上调整出树干的分枝部分，如图3-193所示。	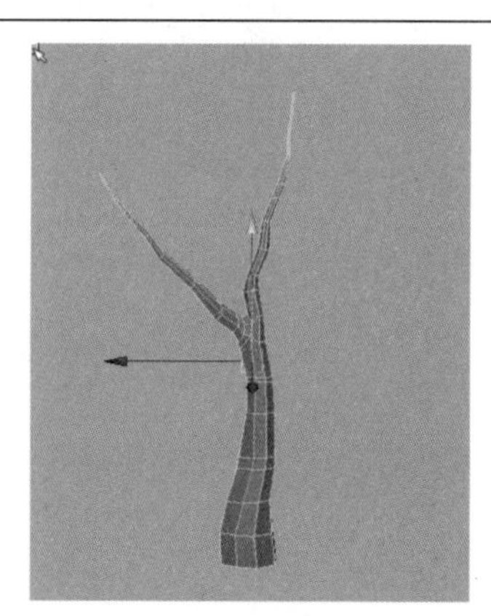 图 3-193
6）执行“Create”（创建）→“Polygon Primitives”（多边形基本体）→“Cube”（立方体）命令，创建一个立方体，添加段数并调整出树干的枝杈形状，如图3-194所示。	 图 3-194
7）按照相同的方法在场景中复制出几个枝杈模型，调整摆放成树杈，如图3-195所示。	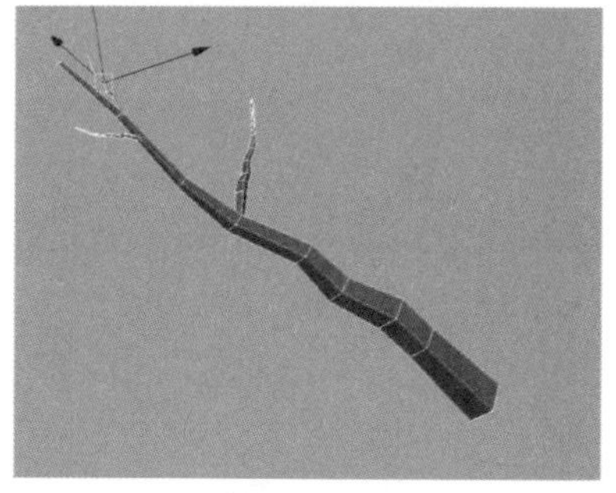 图 3-195

单元3

8）将小段的枝杈摆放到主体树干上，如图3-196所示。

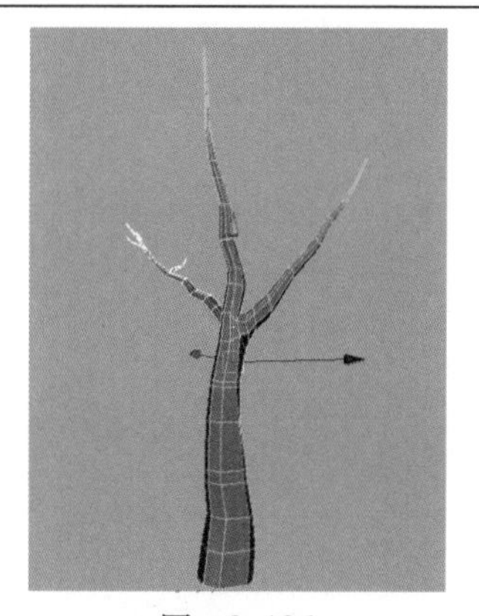

图　3-196

9）继续按＜Ctrl+D＞组合键复制摆放树杈，得到最终效果，如图3-197所示。

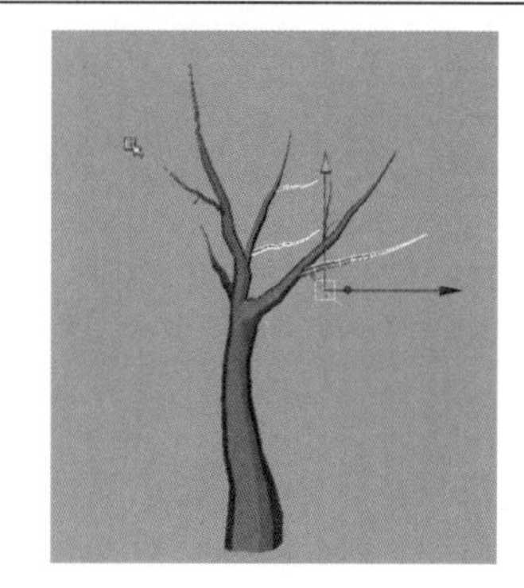

图　3-197

10）执行“Create”（创建）→“Polygon Primitives”（多边形基本体）→“Plane”（平面）命令，创建一个平面。在通道栏中单击“INPUTS”（输入）→“polyPlane1”（平面），选择里面的“Subdivisions Width”（宽度细分数）和“Subdivisions Height”（高度细分数），将数值分别调整为2和1，如图3-198所示。

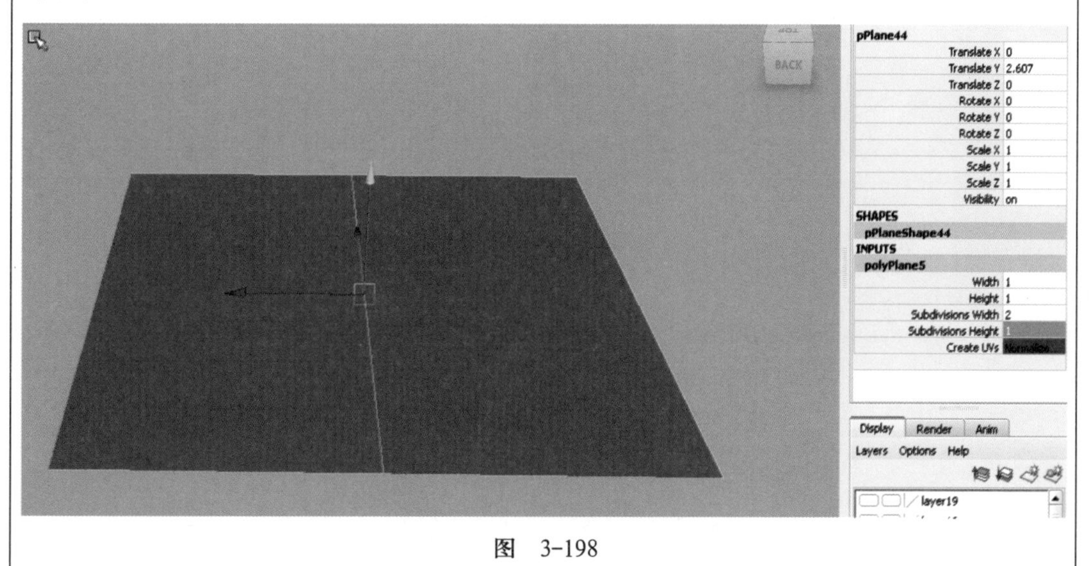

图　3-198

11）选择创建好的平面，按<Ctrl+D>组合键对平面进行复制，执行“Mesh”（网格）→“Combine”（结合）命令，将模型结合，如图3-199所示。

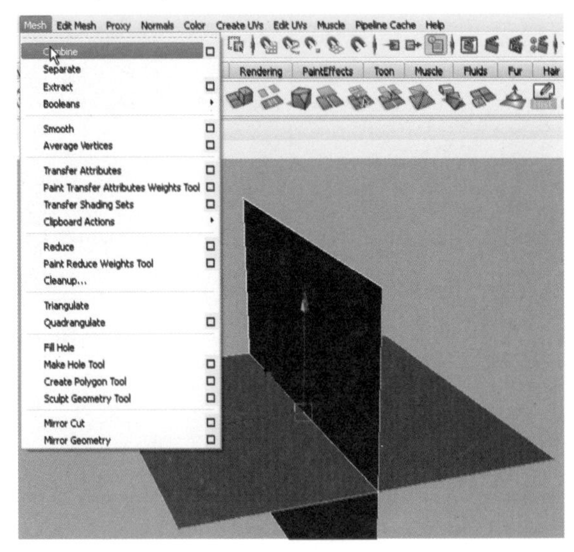

图　3-199

12）选择图3-199中创建好的模型，按<Ctrl+D>组合键对模型进行3次复制，成簇状摆放，如图3-200所示。

图　3-200

13）执行“Mesh”（网格）→“Combine”（结合）命令把3个物体结合成1个物体，如图3-201所示。

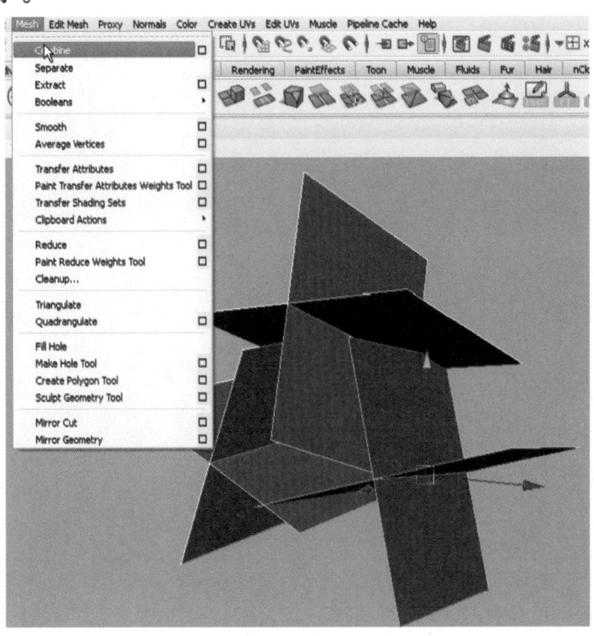

图　3-201

14）按<Ctrl+D>组合键对模型进行多次复制并成簇状摆放，如图3-202所示。	 图　3-202
15）继续按<Ctrl+D>组合键对模型进行多次复制摆放，让整个模型呈扇形摆放，如图3-203所示。	 图　3-203
16）把做好的团状树叶摆放到树干模型的树枝上，如图3-204所示。	 图　3-204
17）将树干的其他位置都按照图3-204摆放好树叶，得到最终的树的完整模型，如图3-205所示。	 图　3-205

18）制作完小屋和树后，做出环境中的栅栏，如图3-206所示。	 图　3-206

知识归纳

树木几何模型的创建

1．树枝模型的建立

根据对Maya软件中NURBS建模、Polygon建模、Subdivision建模这3种建模方法的了解和对比，结合该项目的应用领域与建立模型的要求，最终选择使用Polygon建模来制作树枝的模型，因为树枝没有规律，所以使用Polygon建模工具制作起来比较方便。通过分析树枝的构成，确定树枝分为主干和枝条两部分。主干是树的主体部分，树枝上几乎没有树叶，它构成树的框架。枝条是树的附加部分，枝条上有大量的树叶及分支。

在创建树枝模型的初期需要使用分割多边形命令给圆柱体加线；在创建树枝模型中期需要使用挤出命令形成树枝的枝条和整体形态；在创建树枝模型的后期需要使用合并定点命令做收尾工作。一般情况下，树枝的物理结构都是其中一端生长在其母干上，另一端是自由的，中间有一定数目的分支。首先创建一个基本体，如图3-207所示，因为树枝横截面为圆形，所以选择圆柱体来制作。

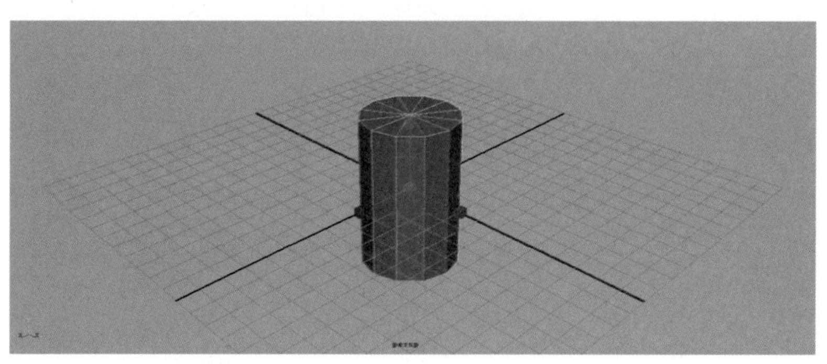

图　3-207

接下来制作分叉树枝，使用“Extrude”（挤出）命令继续挤出树枝。然后制作比较复杂的分树枝，要考虑到后面的树叶模型和摆放位置。制作分枝的时候应多参考真实树木的生长规律，这样创建的树枝几何模型的形态会更真实。最后的收尾工作要使用“Combine”（结合）命令将树枝末端圆柱体的所有顶点结合为一点，最终树木枝干部分的整体模型效果如图3-208所示。

图 3-208

2. 树叶模型的建立

在制作树叶模型的时候，要先考虑到后面贴图的方式，因为后期将使用透明贴图来制作树叶，所以在建立树叶模型的时候不用把模型的形状制作出来，后期将使用贴图来制作形状。这里只需使用多边形建模命令制作一个面片为单个树叶模型。制作出一个面片以后，接下来复制面片并摆放树叶的相应位置。因为树叶繁多，所以在制作的时候需要足够的耐心。树叶模型摆放位置是根据真实树枝和树叶的生长关系来确定的，所以要多观察树，树叶和树干是根据树枝的骨骼进行蒙皮产生连接。最后的效果如图3-209所示。

图 3-209

子任务5　制作小院的外部环境栅栏

本任务是使用“Polygon Primitives”（多边形基本体）中的“Cube”（立方体）命令结合“Vertex”（顶点）命令调整木板形状来完成栅栏的制作。

制作流程

栅栏是由不同的单体木板摆放拼接而成的，所以制作中只需要制作出几个不同外形的木板然后穿插摆开，组合成最终的栅栏模型即可。

<table>
<tr>
<td>1）执行“Create”（创建）→“Polygon Primitives”（多边形基本体）→“Cube”（立方体）命令，创建一个立方体用来制作木板的形状，如图3-210所示。</td>
<td>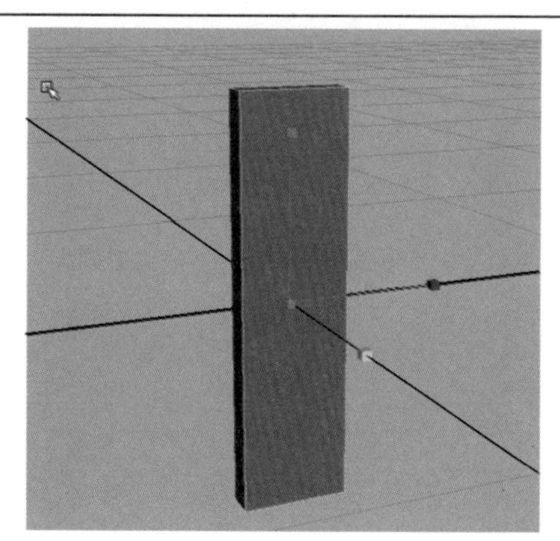
图　3-210</td>
</tr>
<tr>
<td>2）单击鼠标右键，在弹出的快捷菜单中选择“Edge”（边）命令，进入“Edge”（边）模式。选择立方体的边线，执行“Edit Mesh”（编辑网格）→“Bevel”（倒角）命令，给物体倒角并加上一定段数的线，如图3-211所示。</td>
<td>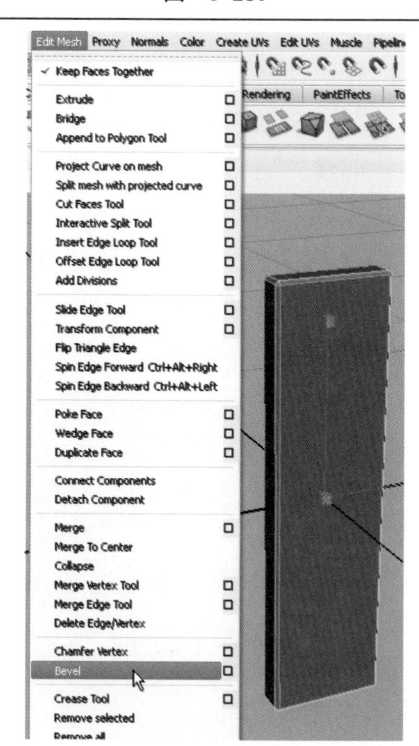

图　3-211</td>
</tr>
<tr>
<td>3）执行“Edit Mesh”（编辑网格）→“Insert Edge Loop Tool”（插入循环边工具）命令，给模型加线，如图3-212所示。</td>
<td>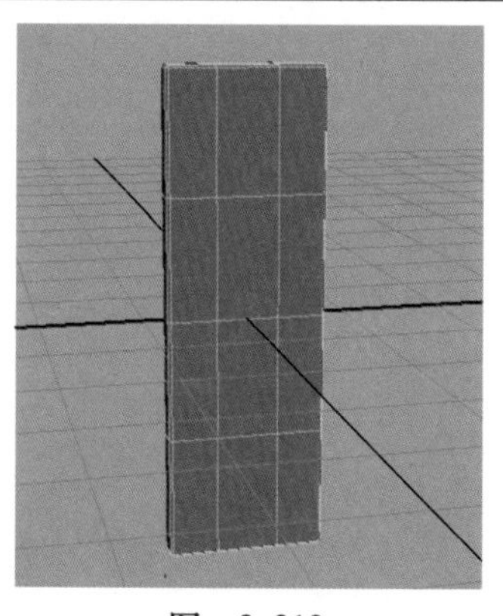
图　3-212</td>
</tr>
</table>

<table>
<tr><td>4）单击鼠标右键，在弹出的快捷菜单中选择“Vertex”（顶点）命令，进入“Vertex”（顶点）模式。编辑模型调整成木板形状，如图3-213所示。</td><td>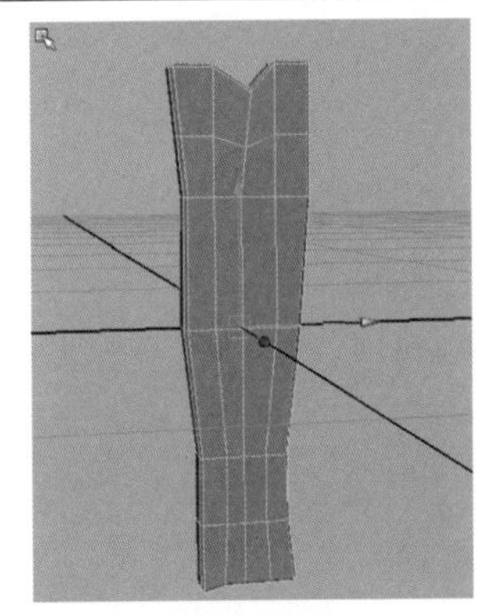
图　3-213</td></tr>
<tr><td>5）继续用上面的方法制作出造型各异的木板，如图3-214所示。</td><td>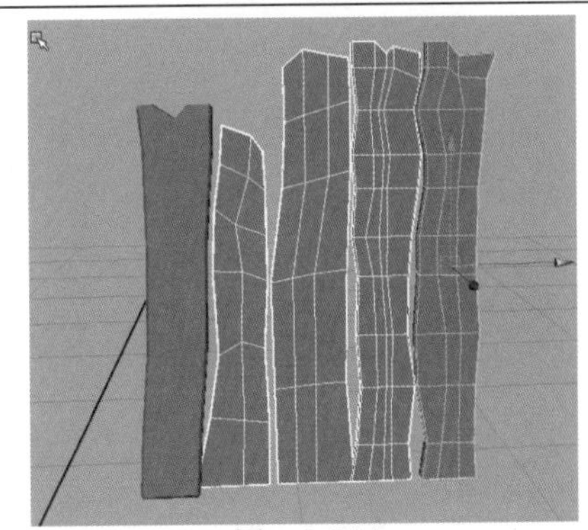
图　3-214</td></tr>
<tr><td>6）将制作的木板穿插摆放到小屋环境的周围，如图3-215所示。</td><td>
图　3-215</td></tr>
<tr><td>7）在模型制作的过程中，模型的历史记录会占用更多的系统资源，所以选中所有物体，执行“Edit”（编辑）→“Delete by Type”（按类型删除）→“History”（历史记录）命令，将这些物体的历史记录进行删除，从而节约计算机的系统资源，如图3-216所示。</td><td>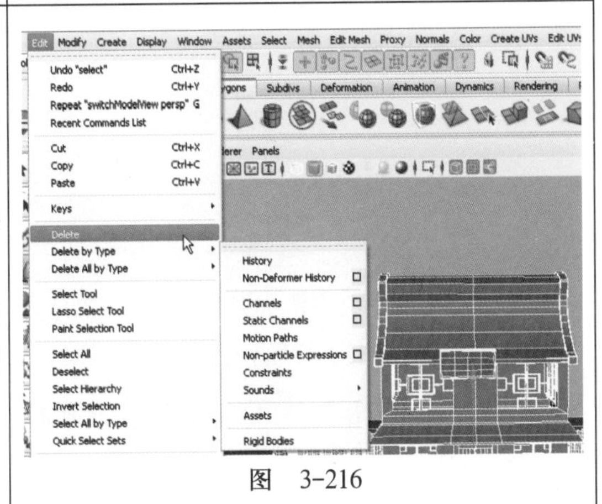

图　3-216</td></tr>
</table>

<table>
<tr><td>8）当前场景小屋的制作已经完成。执行“File”（文件）→“Save Scene As”（另存为）命令，如图3-217所示。</td><td>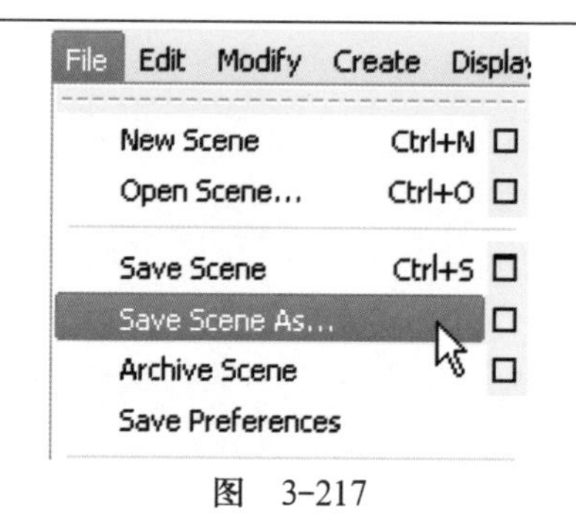

图　3-217</td></tr>
<tr><td>9）在弹出的对话框中的“File name”（文件名称）文本框中输入changjing xiaowu，单击“Save As”（另存为）按钮，如图3-218所示。</td><td>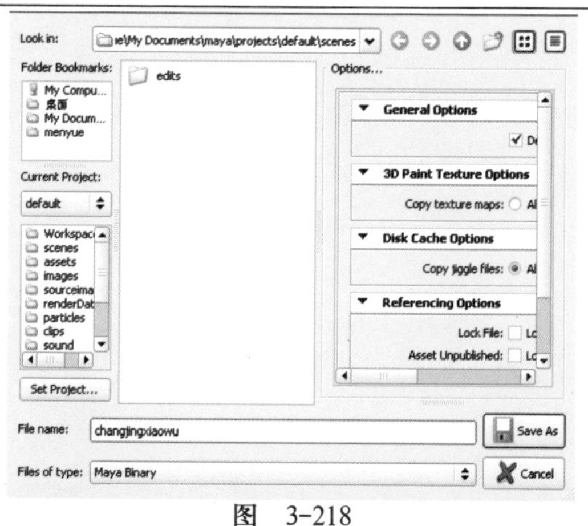

图　3-218</td></tr>
<tr><td>10）最终制作完成模型场景，如图3-219所示。</td><td>
图　3-219</td></tr>
</table>

知识归纳

中国古代建筑的单体与群体组合形式

1．中国古代建筑单体形式

不论殿堂、亭、廊，都由台基、屋身和屋顶3部分组成，各部分之间有一定的比例。高级建筑的台基可以增加到2～3层，并有复杂的雕刻。屋身由柱子和梁枋、门窗组成，如果是楼阁，则设置上层的横向平座（外廊）和平座栏杆。层顶大多数是定型的式样，主要有硬山、悬山、歇山、庑殿和攒尖5种，硬山等级最低，庑殿最高，攒尖主要用在亭上。廊更简单，基本上是一间的连续重复。单座建筑的规格化，到清代达到顶点，《工部工程做法则例》就规定了27种定型形式，每一种的尺度、比例都有严格的规定，上自宫殿下至民居、园林，许多动人的艺术形象就是依靠为数不多的定型化建筑组合而成的。

2. 中国古代建筑群体组合形式

中国古代的单体建筑有十几种名称，但大多数形式差别不大，主要有3种。

1）殿堂，基本平面是长方形，也有少量正方形、正圆形，很少单独出现。

2）亭，基本平面是正方、正圆、六角、八角等形状，可以独立于群体之外。

3）廊，主要作为各个单座建筑间的联系。殿堂或亭上下相叠就是楼阁或塔。

早期还有一种台榭，中心为大夯土台，沿台建造多层房屋，但东汉以后即不再建造。殿堂的大小，正面以间数，侧面以檩（或椽）数区别。汉以前，间有奇数也有偶数，以后即全是奇数，到清代，正面以11间最大，3间最小，侧面以13檩最大，5檩最小。间和檩的间距有若干等级，内部柱网也有几种定型的排列方式。正面侧面间数相等，就可变为方殿，间也可以左右前后错落排列，出现多种变体的殿堂平面。

子任务6　制作场景的材质

本任务是为楼阁、树、栅栏和地面进行材质渲染处理，在贴图绘制时要思考不同类型材质的贴图选择和材质运用，贴图一般采用手绘。材质编辑完毕依次把贴图赋给场景的4个部分。

制作流程

因为场景中的物体很多，所以根据需要先将场景分为4个部分：阁楼、树、栅栏和地面，然后再进行贴图绘制和材质贴图处理。有规划的制作流程是这部分制作要注意的地方。

1）打开模型文件，在材质编辑器中新建4个“Lambert”（兰伯特）材质球，将其分别命名为“Lambert8_wuzi”“Lambert9_shu”“Lambert10_zhalan”“Lambert11_dimian”，如图3-220所示。	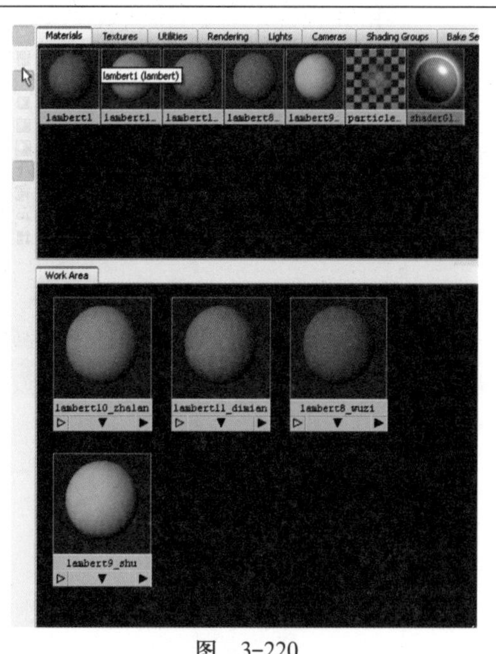 图　3-220

2）按住鼠标滚轮把这4个“Lambert”材质依次赋给场景中的屋子、树、栅栏和地面，如图3-221所示。

图 3-221

3）下面给“Lambert”材质添加贴图纹理。选择视图中的“Lambert8_wuzi”材质球，双击鼠标弹出对话框，如图3-222所示。

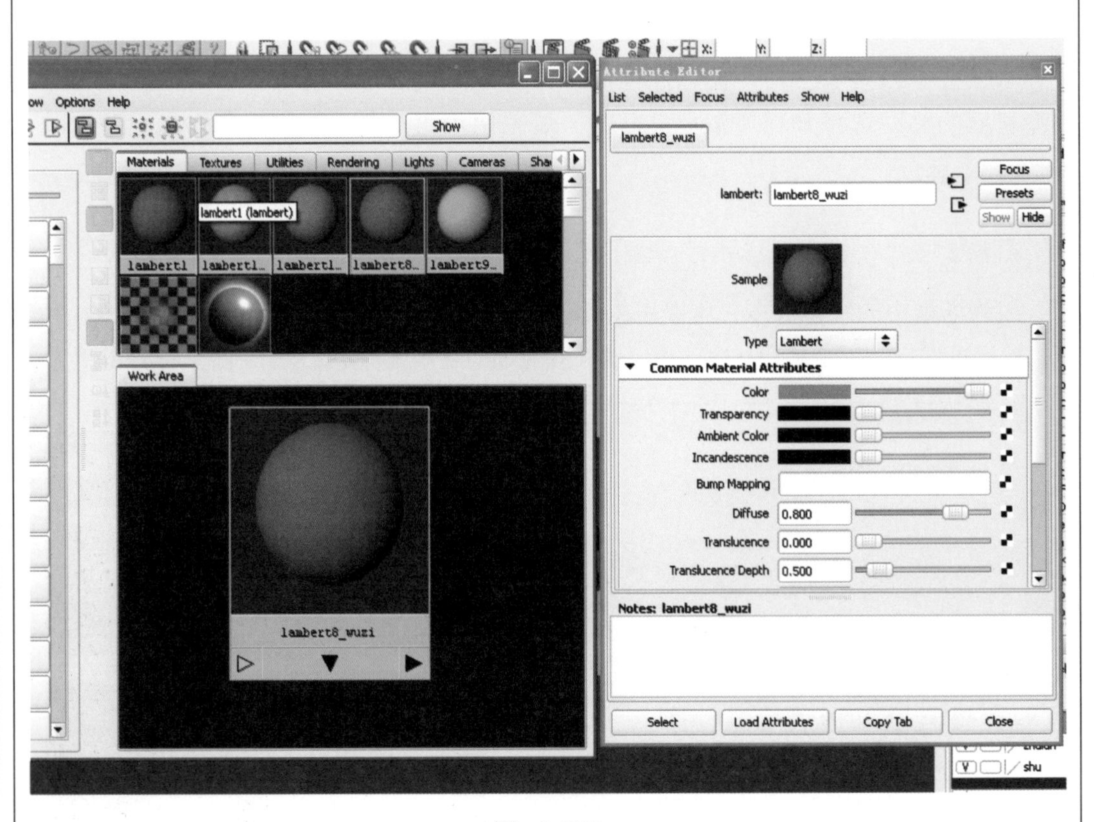

图 3-222

4）双击黑白棋盘格图案，如图3-223所示。

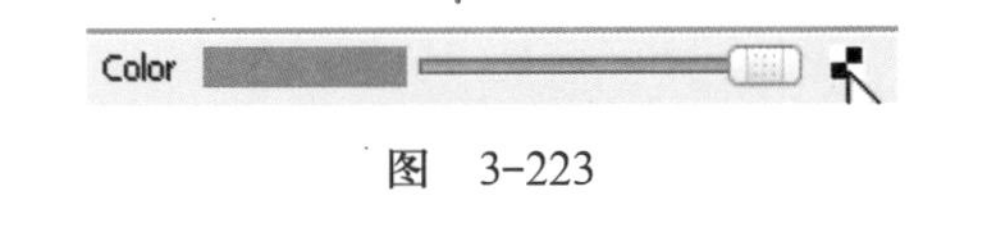

图 3-223

5）在弹出的菜单中选择“File”（文件）命令，如图3-224所示。

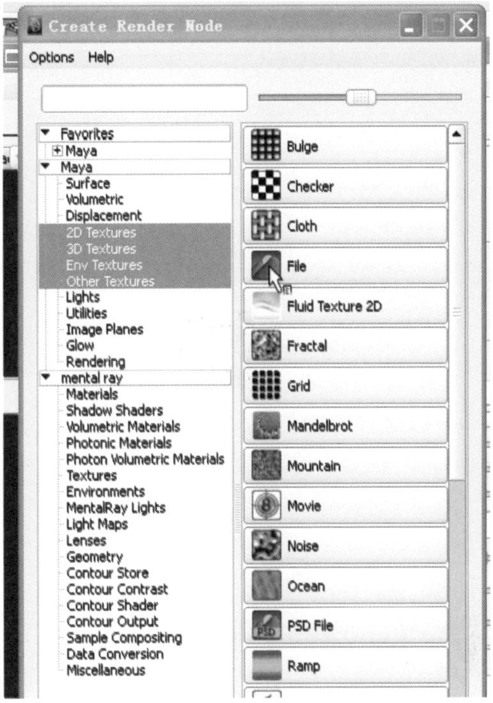

图 3-224

6）“Lambert8_wuzi”材质球已经连接上一个“File”（文件纹理），如图3-225所示。

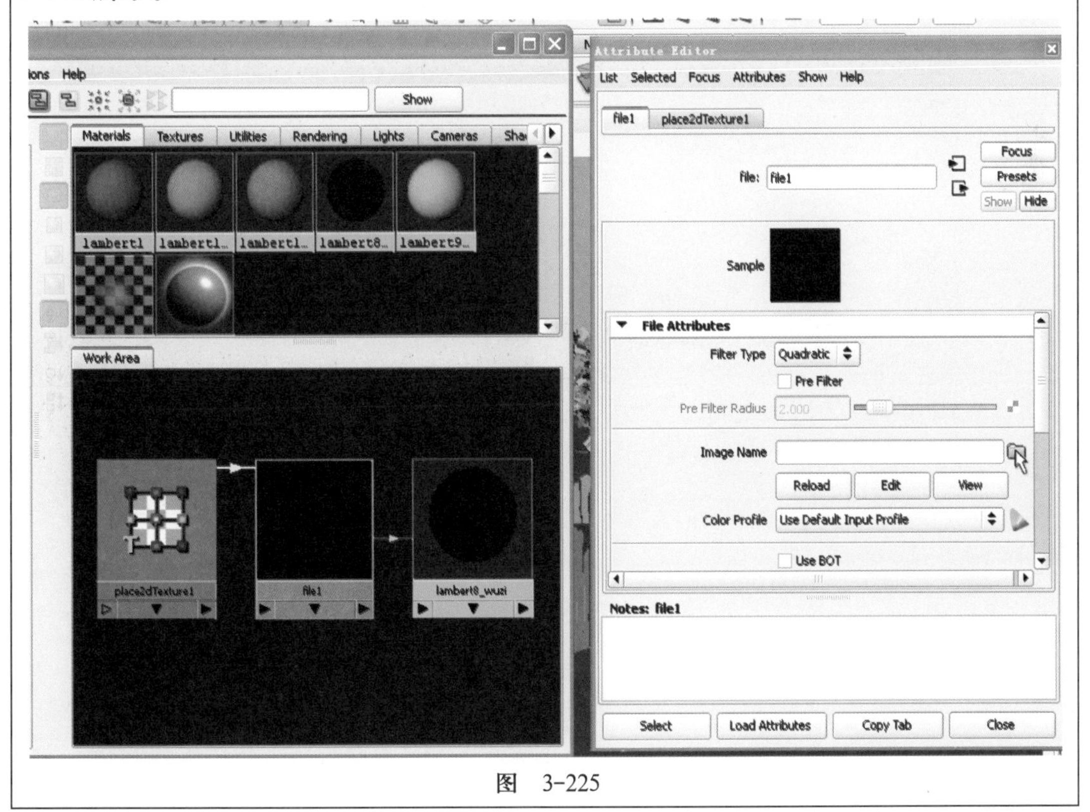

图 3-225

单元3

7）双击“Image Name”（图片名称）后的 ，找到屋子贴图的文件所在的位置，如图3-226所示。

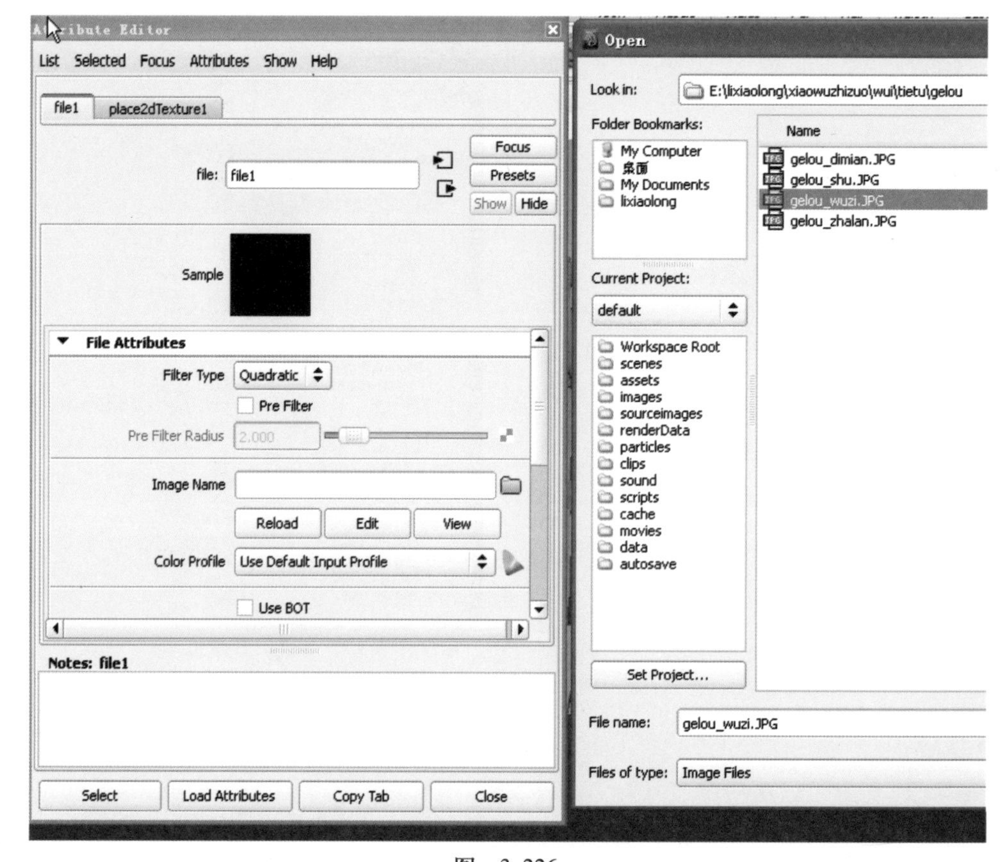

图 3-226

8）把其他材质球的贴图依次赋给模型，如图3-227所示。

图 3-227

知识归纳

树木模型的纹理映射。

首先了解2个最基本属性的概念：材质和纹理。所谓材质就是物体自身材料所决定的一种质感表现。通过质感差异，可以很容易地区分黑色的“棉布”和“皮革”，或者白色的“塑料”和“纸张”。所谓纹理就是物体在基本质感上表现出来的更加丰富的表面特性。例如，树木上的木纹、布料上的图案。自然界物体因为这些属性的差异才显示出不同的特点，这些视觉经验都需要从生活中不断学习积累，这样才能创造完美的效果。

树木模型的纹理映射涉及UV映射的概念。UV是定位2D纹理的坐标点，UV直接与模型上的顶点相对应。模型上的每个UV点都直接依附于模型的每个顶点。位于某个UV点的纹理像素将被映射在模型上此UV所附的顶点上。多边形的UV是一个可编辑的元素，它的优点在于可灵活编辑，缺点是对于复杂的模型需要花费大量的时间来映射和编辑UV。多边形的UV编辑取决于不同的应用目的，当然也有制作人的习惯差异。一般来说最合理的UV分布取决于纹理类型、模型构造、模型在画面中的比例、渲染尺寸、镜头安排等。但有一些基本原则是应该遵循的，通用的一些基本原则如下。

1）UV尽量避免相互重叠（除非有必要）。

2）UV避免拉伸。

3）尽可能减少UV的接缝（即划分较少的UV块面）。

4）接缝应安排在摄像机及视觉注意不到或机构变化大、不同材质外观的地方。

5）保持UV在0～1的纹理空间，并充分利用0～1的纹理空间。

在Maya中编辑UV主要是使用“UV Texture Editor”（UV纹理编辑器），专门用于UV的排列和编辑，是UV编辑的主要工具。通过对多边形UV映射的了解，在开始制作树枝的贴图之前，要先为模型分UV，让贴图能准确对位。在贴图前先影射圆柱体的投影，打开UV编辑器，拆分成平面，剩下的树枝也用同样的方法来拆分UV，如图3-228所示。

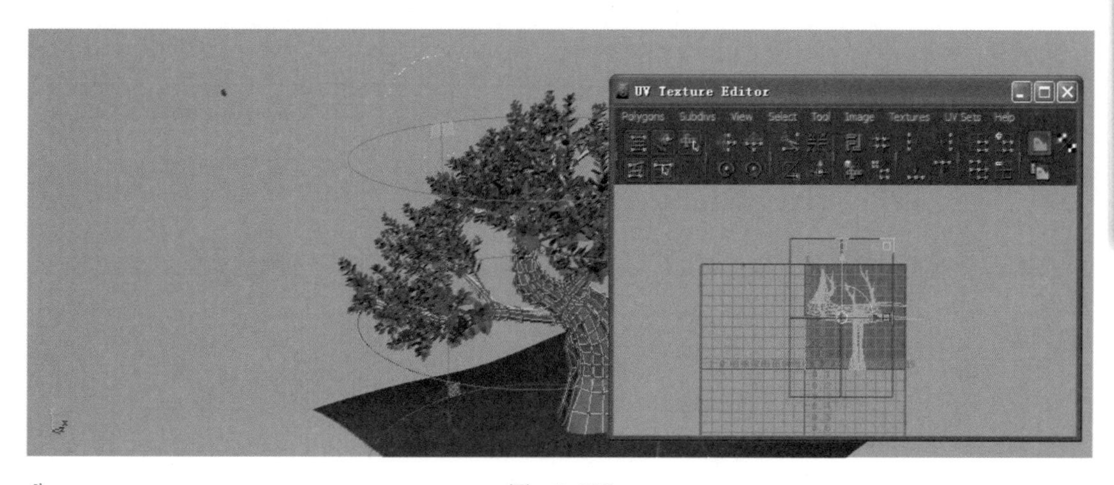

图 3-228

室外场景——桃源镇小院的制作评价表

评价标准	个人评价	小组评价	教师评价
1）能准确理解阁楼的造型特点，正确创建基本物体来搭建场景阁楼的框架部分，符合效果图			
2）能对造型相似的模型进行归类，合理地重复利用基础模型进行调整，模型面做到最少			
3）能使用“Extrude Face”（挤出面）命令制作不规则形体并进行调整，树干比例自然			
4）能使用“Duplicate Face”（复制面）命令对物体拆分并在复制的基础上实现树冠完整造型			

备注：A为能做到；B为基本能做到；C为部分能做到；D为基本做不到。

拓展任务

请独立完成室内场景。确保各物体间的空间位置准确，大小比例符合效果图的要求。尝试编辑不同材质将其赋给场景内的道具。效果如图3-229所示。

图 3-229

任务要求如下。

1）能根据室内设计图进行制作规划，能准确理解室内布局特点，合理搭建室内框架部分。

2）能自主创建新摄像机，设置渲染角度到位。

3）能根据物体造型特点，合理创建相关的基本物体并进行适当编辑，完成各相关室内摆设的制作。

4）能为场景进行简单布光并赋予简单材质。

5）能在制作的基础上掌握小型室内场景的制作技巧，掌握多种道具的建模方式和处理方法，并进一步总结出道具类模型的制作要领。

主要制作步骤如下。

在本场景的搭建过程中依然遵循由大到小、由主到次、由整体到局部的搭建原则。所以在本任务中首先需要架设新摄像机并搭建墙体和地面，确定室内环境的空间关系。接下来结合基本的多边形立方体创建出桌椅、书架的基本造型，并结合"Bevel"（倒角）命令、"Vertex"（顶点）命令和"Insert Edge Loop Tool"（插入循环边工具）等命令具体完成各室内造型的调整。最后完成简单灯光与材质的创建与赋予。

评价指标如下。

1）房间空间构成合理，与效果图相似。

2）室内道具制作符合造型要求。

3）各个道具比例正确，没有破面。

4）材质设置与贴图编辑正确。

单元知识总结与提炼

在本单元中，主要结合两个典型场景的制作，学习了室内、室外场景的架构特点，分析了制作流程以及相关的制作技术。

本单元学习需要明确室内、室外场景建模的基本流程。室内场景的搭建一般遵循由大到小、由主到次、由整体到局部的搭建原则。所以在室内场景任务制作过程中一般应先架设摄像机，通过摄像机视图观察整个室内场景，然后搭建墙体、地面和主梁，确定室内环境的大的空间关系，再具体完成桌椅等摆设与楼梯的制作，保证场景与陈设比例协调。在室外场景的创建过程中，一般遵循由下至上或由上至下、由整体到局部的搭建顺序。场景搭建的常用命令包括"Plane"（平面）、"Box"（盒子）、"Cylinder"（圆柱体）、"Extract（提取）"、"Extrude"（挤出）、"Bevel"（倒角）、"Combine"（结合）、"Merge"（合并）、"Insert Edge Loop Tool"（插入循环边工具）和"Duplicate Face"（复制面）

等，在实例制作中均有详细的讲解和练习。

在材质表现方面，家具等木质材料的反射效果要尽量减弱，类似镜面的反射会带给观看者轻佻和娇柔的感受，影响整体效果的塑造。

场景建模，要对场景的艺术风格进行定位。制作时应通过收集、赏析类似作品和查找历史资料等方式来了解所要搭建场景在建筑外观上的造型特点、建筑结构、群体布局和装饰色彩等特点，对所要完成的任务做到心中有数。另外，还需要对建筑周围的景观进行设计，包括天空、地面、道路、植物等内容，虽然此部分并不要求十分严格，重在氛围的渲染，但是也要注重诸多元素在设计风格上的统一以及搭配上的错落有致。

单元

4

UNIT 4

角色制作

JUESE ZHIZUO

前面学习了小型道具制作和典型场景制作，本单元开始学习动画角色制作。角色建模是三维动画创作中非常重要且制作难度最大的部分。角色是三维作品中以生命形式进行表演活动的主体，担负着演绎故事、推动戏剧情节、揭示人物性格和命运等任务。动画角色并不仅局限于写实的人物，既可以是动物、植物，也可以是源于神话传说、虚幻构思等怪异新奇的形象，通过综合运用变形、夸张、拟人等艺术手法赋予每一个角色感染力与生命力。

角色模型制作要为未来动画制作服务，因此，要充分考虑人体结构、比例。角色的头、躯体、四肢要单独制作，便于骨骼绑定，衣服在人体模型的基础上通过挤出面生成，确保衣服在动画制作过程中不会穿帮。

在本单元中，通过两个典型角色造型的制作任务，进一步学习三维角色的建模方法，了解角色纹理贴图以及材质编辑等方面的内容。角色制作基本流程包括从最基础的创建几何模型开始，逐步挤出头部基本轮廓，然后再添加耳朵和头发等细节。人体一般从头部向下选择相应的面开始挤压，制作人体、四肢等部件，并结合CV曲线创建、调整布线等命令，完成人体各部分细节的制作。服饰的制作在人体模型的基础上仍然采用面片挤压和曲线调节，制作出衣服厚度与衣裤造型。角色模型的制作过程与艺用解剖紧密相关，因此，本单元知识讲解部分详细分析了人体结构比例、结构解剖等知识。

本单元所用的图片、源文件及渲染图，参见光盘中“单元4”文件夹中的相关文件。

单元学习目标

1）掌握角色建模的基本分析方法和制作流程。

2）了解角色头部比例关系，掌握对称建模的基本方法。

3）能分析角色不同部位的结构，根据基本型完成布线合理的模型制作。

4）能正确完成头发、衣服等部件的制作。

5）能把给定的贴图正确赋给角色，并进行贴图处理，完成渲染。

任务1 角色——玩偶模型的制作

任务描述

设计部门将角色模型设计图下发给角色制作组，要求根据设计图制作完成角色建模，如图4-1所示。制作时间3小时。

制作要求：在造型结构方面，参照儿童身体的比例关系，头部做夸张处理。在视觉效果方面，虽然本任务中的角色只是个玩偶，但也要制作出可爱、顽皮的神情，最大限度接近导演设计稿。在质量要求方面，角色布线要合理避免三角面和五角面的出现，材质贴图中注意接缝的处理，接缝应该在比较隐蔽的地方及角色运动不明显的地方，要兼顾到后期的动画制作。学习实践时间建议20课时。

图 4-1

任务分析

角色模型的制作一般遵循先整体后局部的原则，即制作顺序是先头部、再躯干、再四肢、再服饰。在本任务中，将辗迟娃娃分为基本型体、衣服配饰及材质表现3个子任务来完成。在玩偶类角色建模过程中，由于角色造型比较简单，可以不必过多考虑人体比例的结构特点，而是更多地依赖于导演设计稿。本任务从基本几何形建模出发，通过增加布线和面片进行编辑，挤出头部及身体基本轮廓，发型的挤出制作注意面的连贯性。服饰的基本形挤出制作类似前面所学的道具的制作方法，按照从挂坠到项链的顺序制作，完成整体连接，配饰应符合角色比例关系，故参照角色比例进行道具制作。UV材质贴图应用提供的材质贴图，但要注意贴图过程不能穿帮。通过以上几部分制作详细介绍了玩偶类角色建模的基本流程与制作方法。基于任务模型的特点，下面请跟随公司制作人员完成“辗迟娃娃”的模型制作任务。

- 子任务1　制作娃娃的身体与头发
- 子任务2　制作娃娃的服装与项链
- 子任务3　制作娃娃的材质

学习目标

1）能使用基本物体来塑造娃娃的身体部分。

2）能利用基本物体来完成娃娃头发的制作。

3）能使用“Duplicate Special”（特殊复制）命令，快捷简便地制作对称模型。

4）能明白衣领、袖口、裤腿等部位的处理方法——为防止穿帮需要向内挤出一定的厚度。

子任务1　制作娃娃的身体与头发

本任务中对于比较简单的玩偶类角色模型的制作来说，通常先在创建几何模型的基础上挤出人体基本轮廓，然后再逐步添加耳朵和头发。

制作流程

辗迟娃娃的构造相对于人体的构造来说简单了许多，因此，在制作上就可以使用接近于原设形状的“立方体”开始制作头部和身体。本任务中主要学习基于“Cube”（立方体）创建头部及身体基本外形，使用“Duplicate Special”（特殊复制）和“Extrude”（挤出）命令制作耳朵、头发等细节，最后完成娃娃的身体制作。

1）在菜单栏执行“Create”（创建）→“Polygon Primitives”（多边形基本体）→“Cube”（立方体）命令，在场景中创建一个立方体，如图4-2所示。	图　4-2
2）在视窗的原始坐标中心点上，生成了一个立方体，效果如图4-3所示。	图　4-3
3）将立方体进行一次“Smooth”（平滑）处理，执行“Mesh”（网格）→“Smooth”（平滑）命令，使立方体圆滑一个级别，如图4-4所示。	图　4-4
4）执行命令后，视窗中的模型效果如图4-5所示。	图　4-5
5）进入侧视图中，对照设计图将娃娃的头部侧面压扁，如图4-6所示。	图　4-6
6）切换回透视图视窗，将头部一侧的面删除，准备对模型进行“Duplicate Special”（特殊复制），如图4-7所示。	图　4-7

7）在菜单栏中，执行“Edit”（编辑）→“Duplicate Special”（特殊复制）命令，选择□（选项窗口）。在打开的对话框中，选择“Instance”（关联），将X轴的“Scale”（缩放）值改为-1，单击“Apply”（执行）按钮，如图4-8所示。

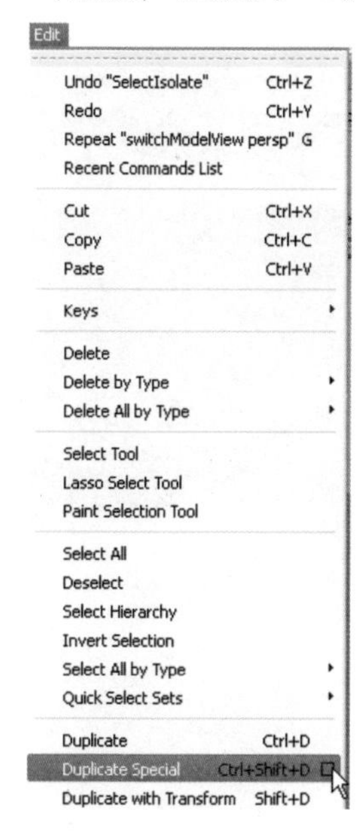

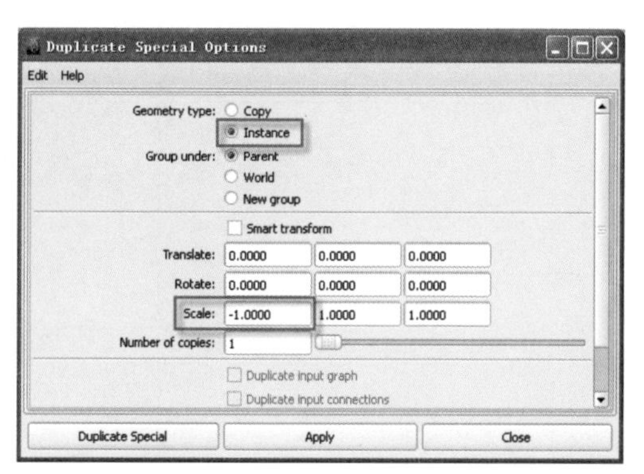

图 4-8

8）执行命令后，生成的另一侧模型，如图4-9所示。

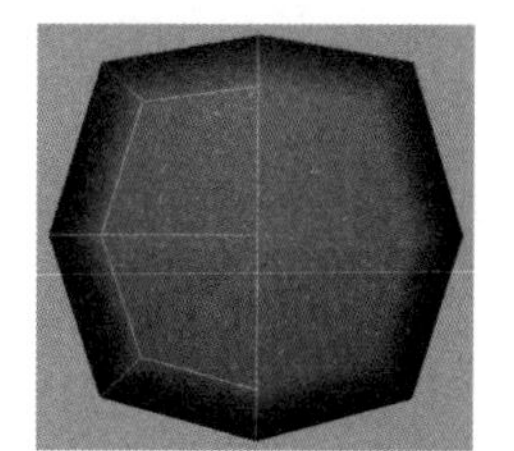

图 4-9

9）为头部添加3条环线，让头部的弧度更顺畅。按<F10>键切换到线层级下，按住<Ctrl>键单击鼠标右键，执行“Edge Ring Utilities”（环形边工具）→“To Edge Ring and Split”（到环形边分割）命令，如图4-10所示。

技法点拨：可以按住<Ctrl+d>键进行普通复制，复制出一个头部，暂时移动至一旁，为后面“头发”的制作预留一个模型，如图4-11所示。特殊复制是<Ctrl+d>，注意d的大、小写要分清。

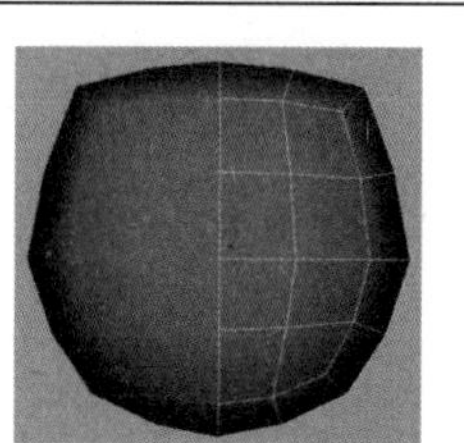

图 4-10

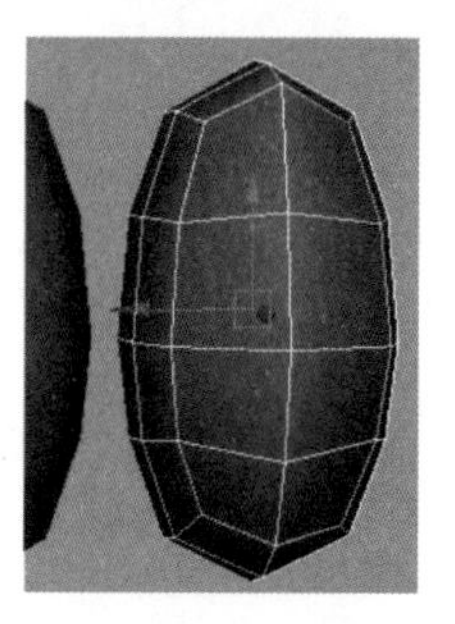

图 4-11

10）制作耳朵的模型部分。选择头部一侧的模型，按住<Shift>键单击鼠标右键，向左拖动执行“Split”（分割）命令，向右拖动执行“Split Polygon Tool”（分割多边形工具）命令，如图4-12所示。

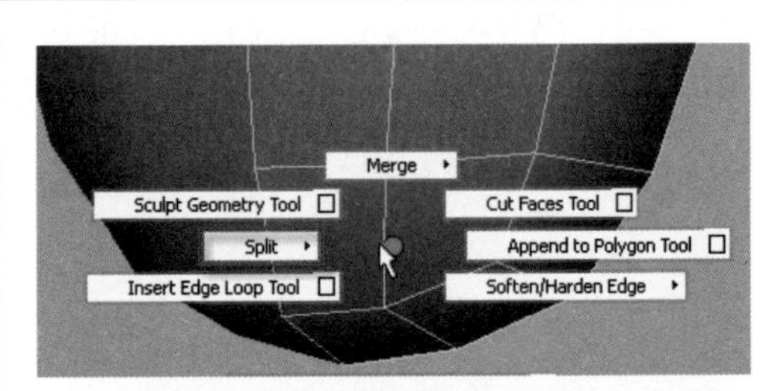

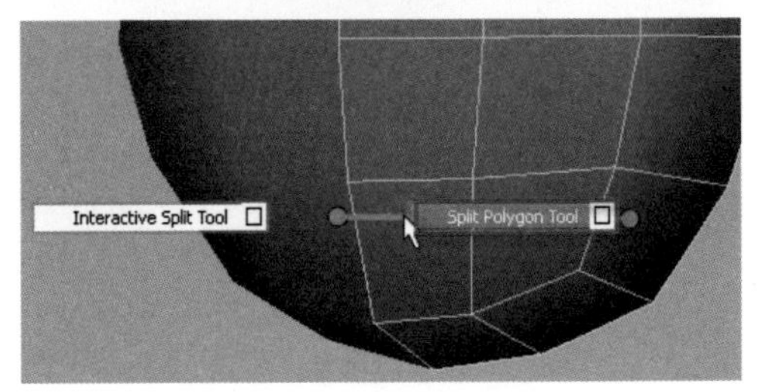

图 4-12

11）执行命令后，在侧视图中，在模型上连续选择，在耳朵的位置生成一圈环线，如图4-13所示。

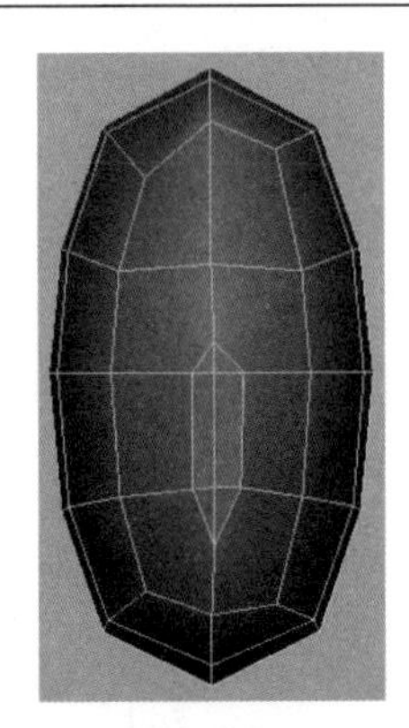

图 4-13

12）执行“Split Polygon Tool”（分割多边形工具）命令，将耳朵周围的五边面改成四边面，如图4-14所示。

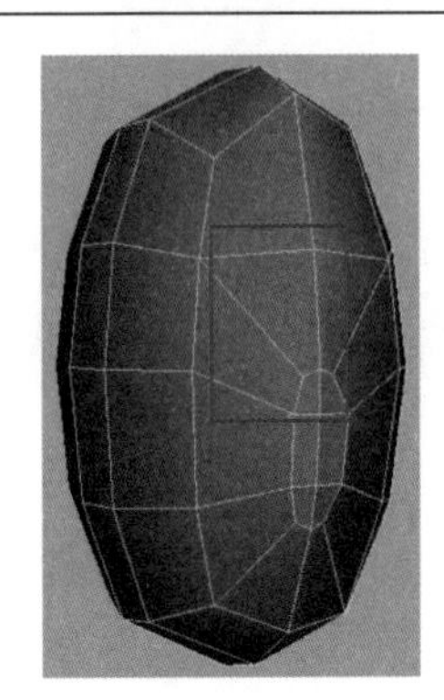

图 4-14

13）选择耳朵位置的六个面，执行“Edit Mesh”（编辑网格）→“Extrude”（挤出）命令，制作耳朵的基本形状，如图4-15所示。

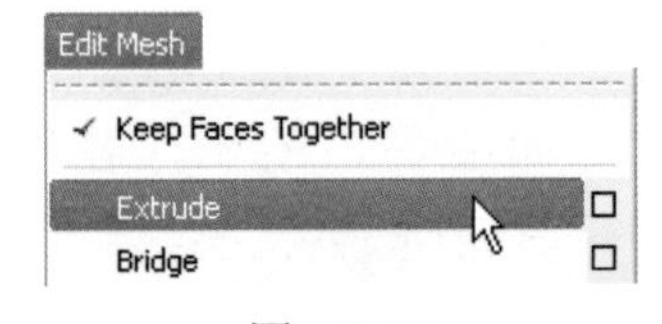

图 4-15

14）执行“Extrude”（挤出）命令后，调整耳朵的形状，如图4-16所示。	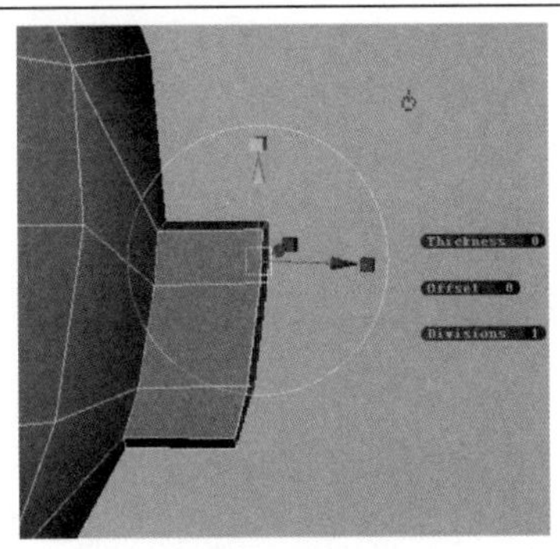 图 4-16
15）在耳朵中间添加一条环线，调节耳朵四周的弧度。选择正面的6个面，向中间挤压一次，让耳朵正面略微凹进去，如图4-17所示。	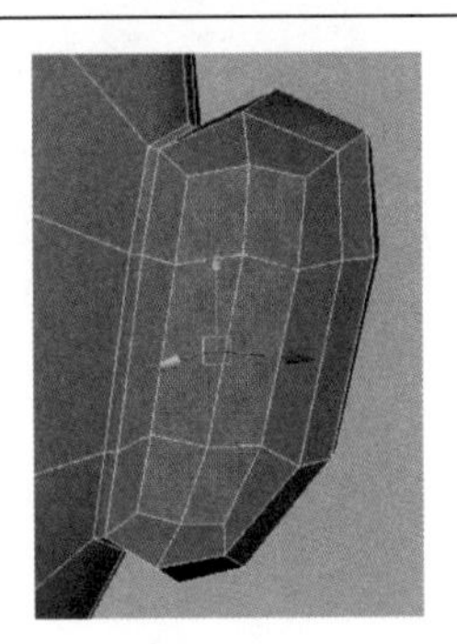 图 4-17
16）制作娃娃的身体部分，创建一个立方体。在通道盒“INPUTS”（输入）选项卡下调整立方体的细分段数，“Subdivisions Width”（宽度细分数）为2，“Subdivisions Height”（高度细分数）为2，如图4-18所示。	 图 4-18
17）将立方体删除一侧，执行“Duplicate Special”（特殊复制）命令，并调整娃娃躯干的基本形状，如图4-19所示。	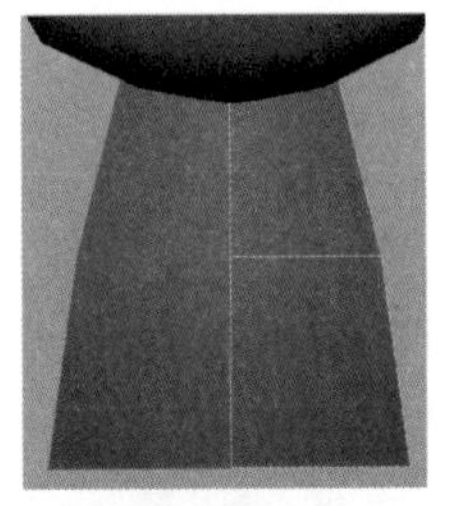 图 4-19
18）选择躯干底部的面，执行“Extrude”（挤出）命令后，挤出腿部，如图4-20所示。	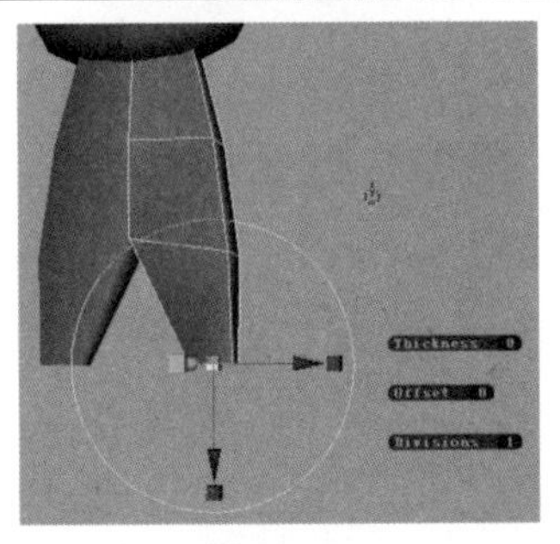 图 4-20

19）添加3圈环线，增加身体的细分级别，让身体圆滑一些，如图4-21所示。	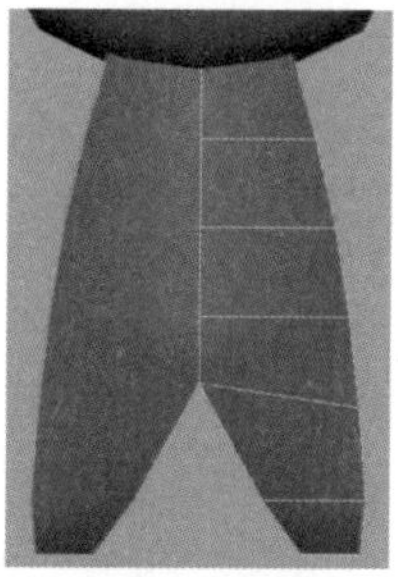 图　4-21
20）在身体正面同样添加一圈环线，继续饱满身体正面的弧度，如图4-22所示。	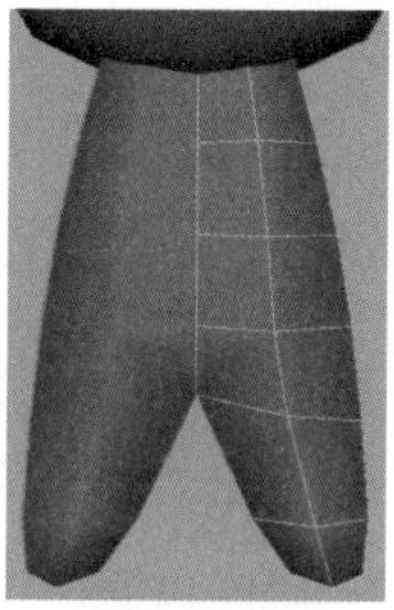 图　4-22
21）使用同样的方法制作出胳膊，插入身体两侧即可，效果如图4-23所示。	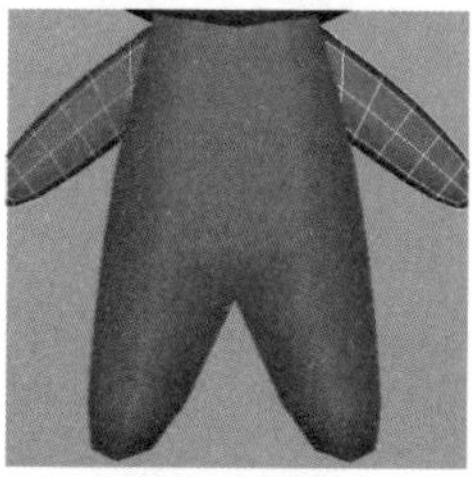 图　4-23
22）制作娃娃头发。将之前制作头部时预留的模型移动回来，删除前部多余的面，把它合理地扣在头部后面，如图4-24所示。	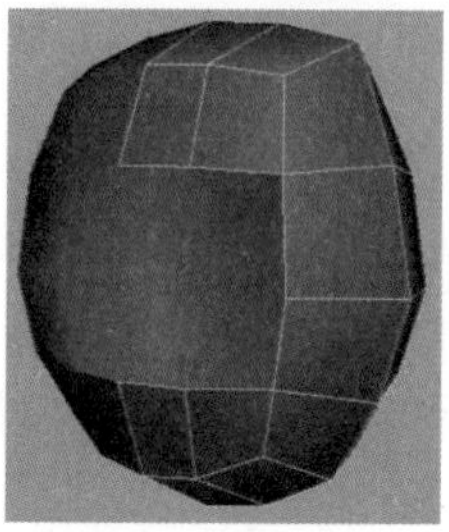 图　4-24
23）适当添加环线，让头发边缘整齐插入头部，防止穿帮，如图4-25所示。	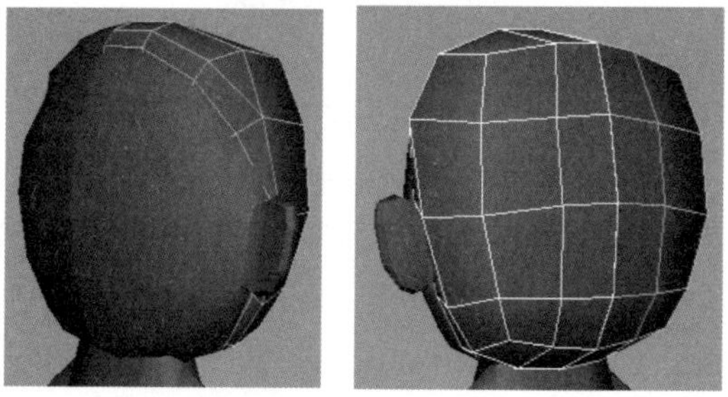 图　4-25

24）在挤出发束前，执行“Edit Mesh”（编辑网格）→“Keep Faces Together”（保持面的连接性）命令，取消其选中状态，使这之后挤出来的面不会连接在一起，如图4-26所示。	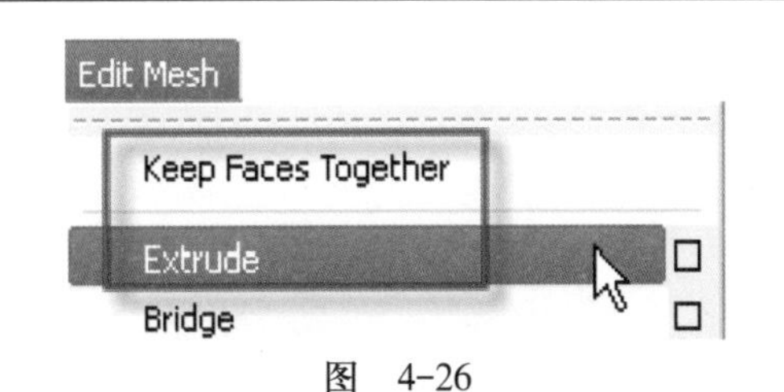 图 4-26
25）选择头发侧面一圈的面，执行“Extrude”挤出命令，效果如图4-27所示。	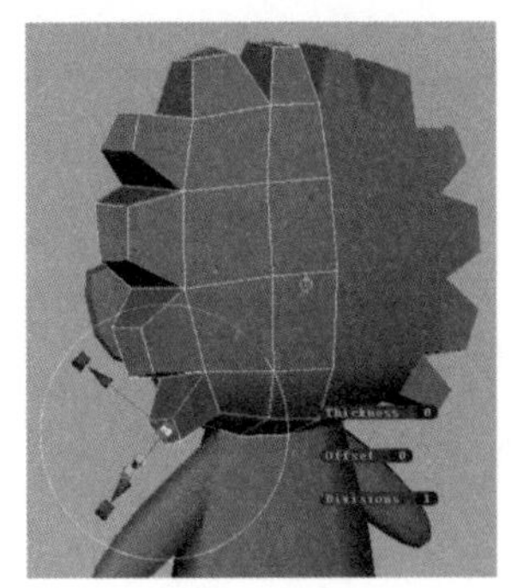 图 4-27
26）调整发束的形状和大小，选中头发轮廓边缘的面，通过缩放工具按照设计图进行调整，如图4-28所示。	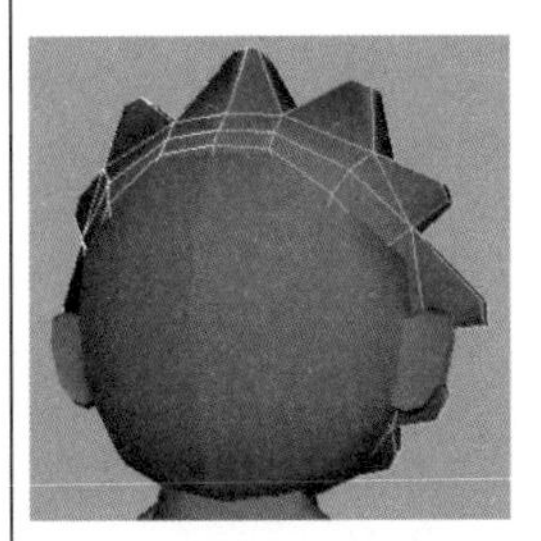 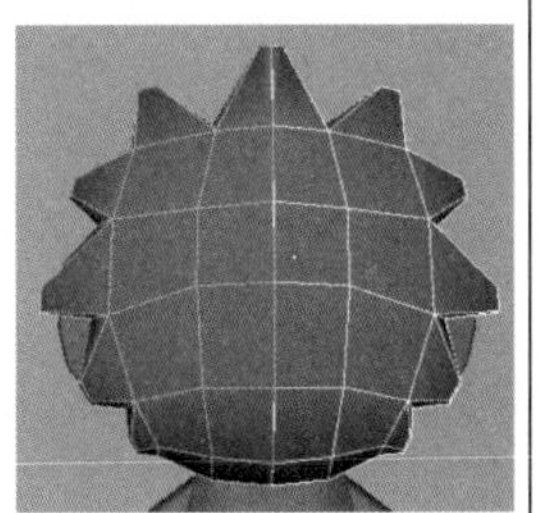 图 4-28
27）使用同样的方法制作头部前面的刘海和后部的头发，如图4-29所示。	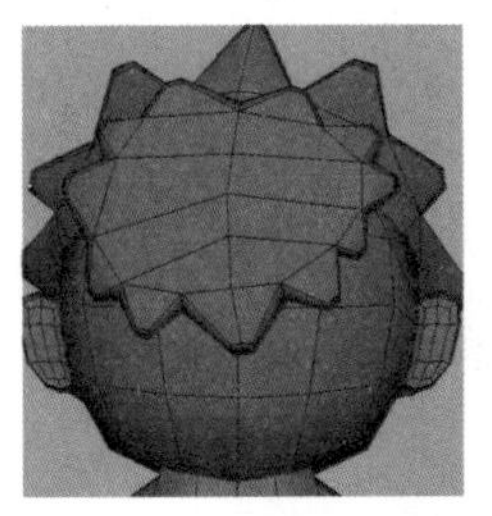 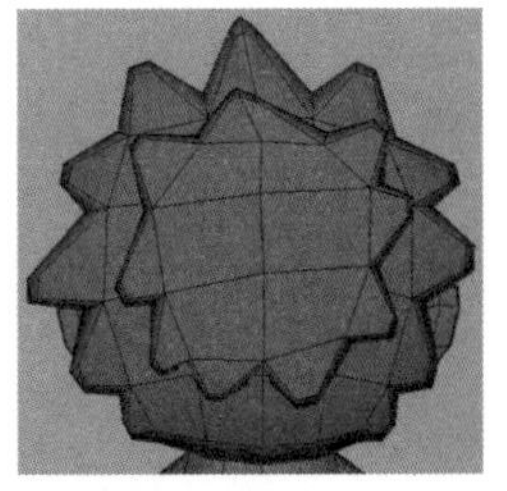 图 4-29
28）按<3>键，在模型平滑两级的模式下，检查模型是否合理，如图4-30所示。	 图 4-30

知识归纳

1．添加环线的方法

为了使模型的布线丰富合理，通常需要为模型添加环线，为模型添加更多细节，从而为下面的造型做好布线准备。添加环线的方法在单元3场景制作中已经进行过初步讲解，现在回顾一下下面3种具体方法。按<F10>键切换到线层级下选中一条线：

1）可以通过按住<Ctrl>键单击鼠标右键，执行“Edge Ring Utilities”（环形边工具）→“To Edge Ring and Split”（到环形边分割）命令加线。

2）可以通过按住<Shift>键单击鼠标右键，执行“Extrude Edge”（挤出边）→“Insert Edge Loop Tool”（插入循环边工具）命令。

3）执行“Edit Mesh”（编辑网格）→“Insert Edge Loop Tool”（插入循环边工具）命令。

2．添加环线实践

通过蜗牛壳的模型制作实例，可以进一步了解添加环线使模型的布线丰富合理，造型更加圆滑细腻的方法。

1）执行“Create”（创建）→“Polygon Primitives”（多边形基本体）→“Cube”（立方体）命令，在场景中创建一个立方体。在顶视图中，通过添加线和移动工具调整形状，如图4-31所示。

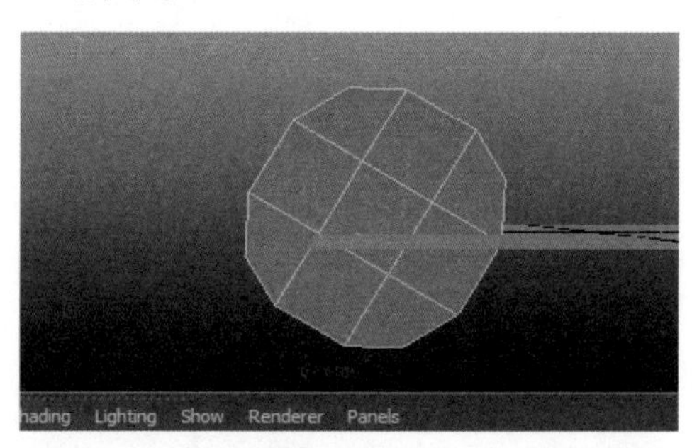

图 4-31

2）选中模型侧面的所有面，拉伸出2个层次，效果如图4-32所示。

3）利用加线工具，绘制出螺旋状，并不断调整位置和形状，可以灵活使用第1）步和第2）步的方法进行反复调整，如图4-33所示。

4）挤出模型后，调整蜗牛壳的形状，通过添加环线使模型的布线丰富合理，造型更加圆滑细腻，如图4-34所示。

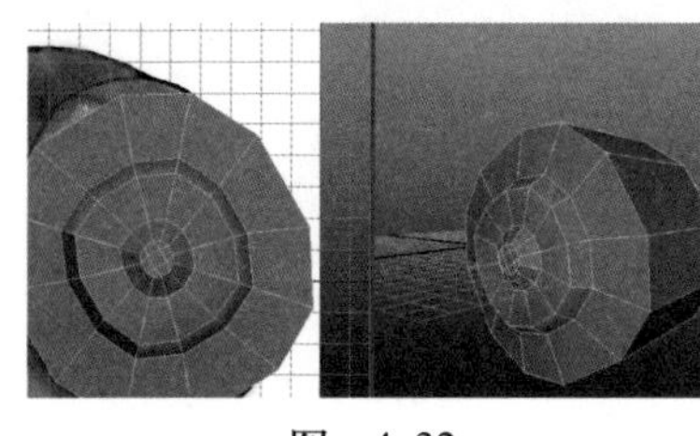

图 4-32

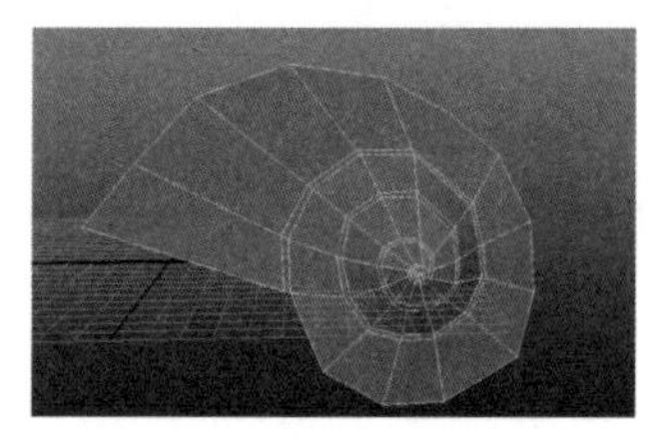

图 4-33

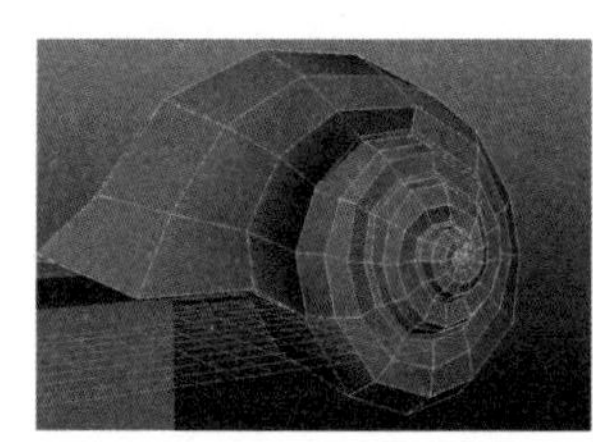

图 4-34

子任务2　制作娃娃的服装与项链

简单服饰的制作，主要是通过基本几何形模型的挤出成型，然后细致调整拓扑布线，并结合CV曲线创建等命令最终完成。

制作流程

本任务中服装制作采用了常用的方法—— 网格编辑功能，对选中网格面进行“Duplicate Face”（复制面）操作，贴近模型产生服装所对应的面，再对这些面经过厚度处理——“Extrude”（挤出）制作出服装效果，最终进行服装服饰的细节处理—— 适当细分模型面等相关编辑命令完成娃娃的服装与项链的制作。

<table>
<tr><td>1）制作服装最常用的办法便是采用复制面命令，所以先选择身体上半部分的面，准备制作上衣，如图4-35所示。</td><td>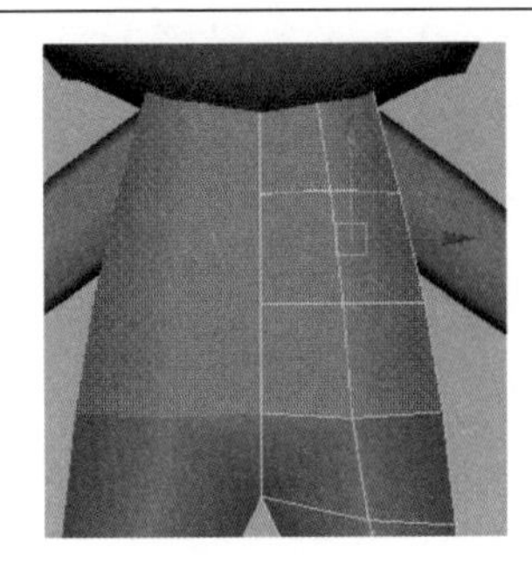
图　4-35</td></tr>
<tr><td>2）执行“Edit Mesh”（编辑网格）→“Duplicate Face”（复制面）命令，如图4-36所示。</td><td>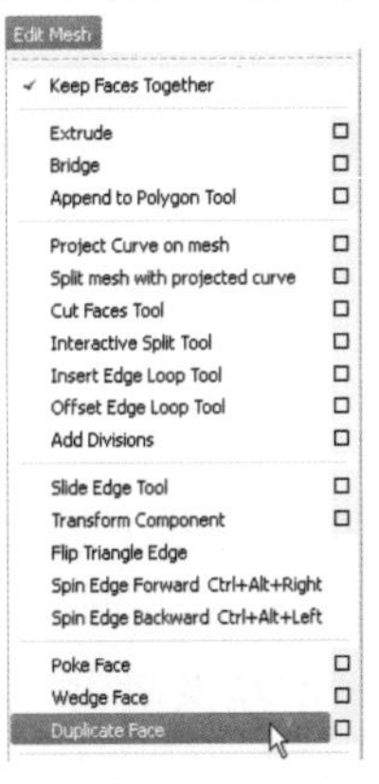

图　4-36</td></tr>
<tr><td>3）选择Z轴方向上的坐标箭头，稍微向外扩大模型，让上衣包围在身体外部，如图4-37所示。</td><td>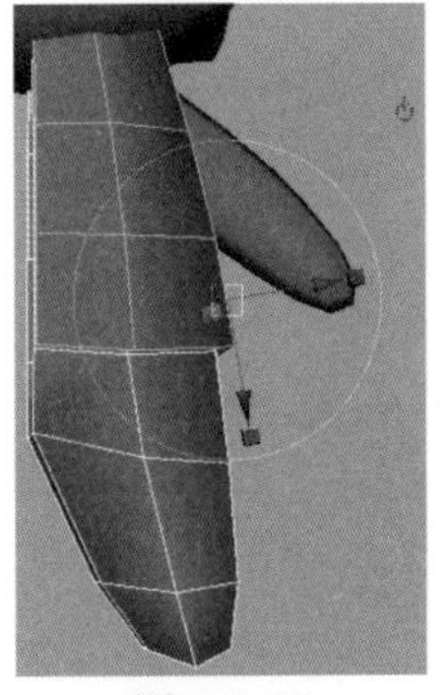
图　4-37</td></tr>
</table>

<table>
<tr>
<td>4）按＜Ctrl+d＞组合键进行普通复制，复制出另一侧的模型，调节衣领和下摆的形状，如图4-38所示。</td>
<td>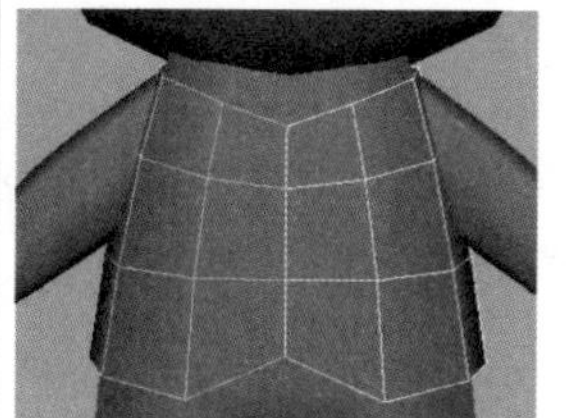 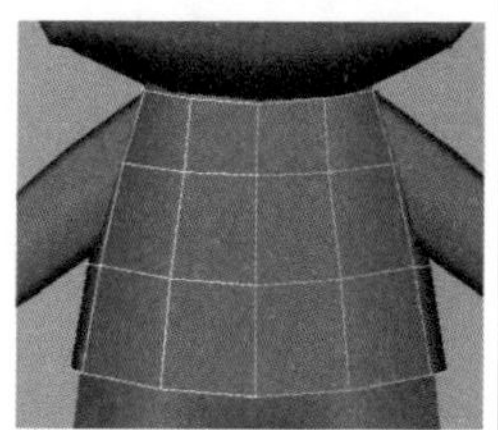
图　4-38</td>
</tr>
<tr>
<td>5）将两侧上衣的模型进行合并。进入线模式，挤出上衣多出来的前片，如图4-39所示。</td>
<td>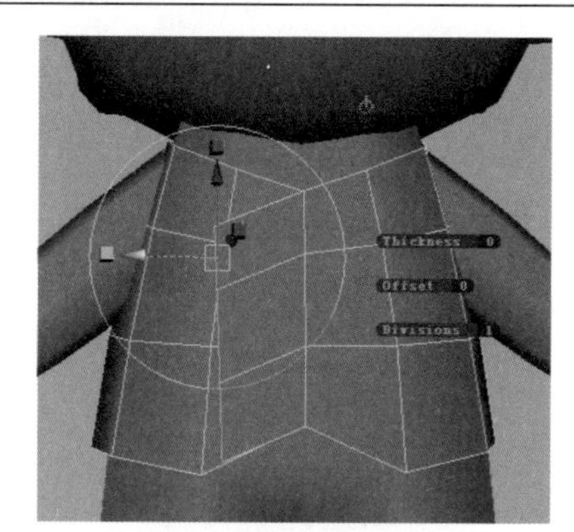

图　4-39</td>
</tr>
<tr>
<td>6）适当细分模型的拓扑线段数，调整衣摆形状，如图4-40所示。</td>
<td>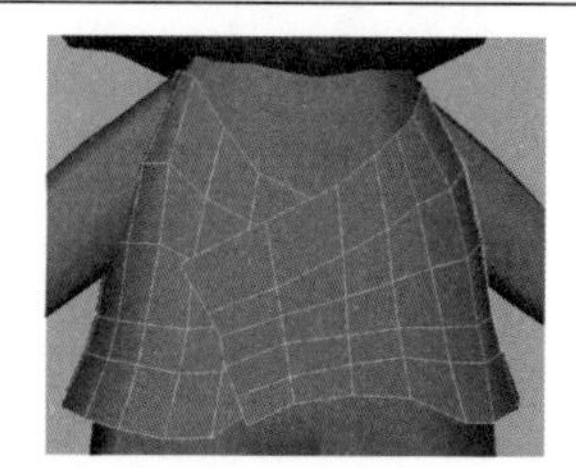
图　4-40</td>
</tr>
<tr>
<td>7）隐藏外衣以外的其他部分，选择上衣边缘的一圈环线，向里挤出2次，制作衣服厚度，防止在某些镜头下衣服会穿帮，如图4-41所示。</td>
<td>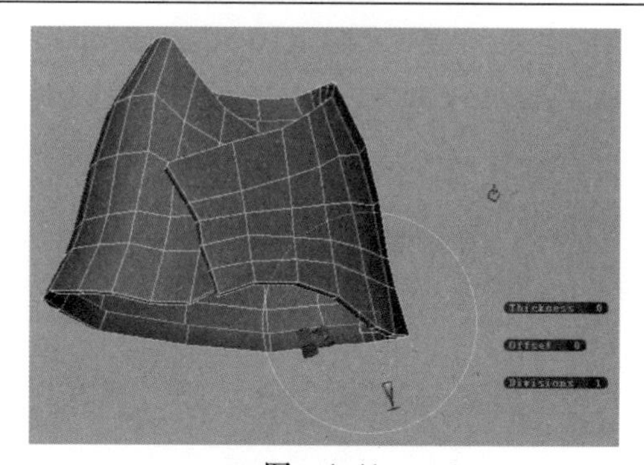

图　4-41</td>
</tr>
<tr>
<td>8）用同样的方法制作出袖子和裤子，效果如图4-42所示。</td>
<td>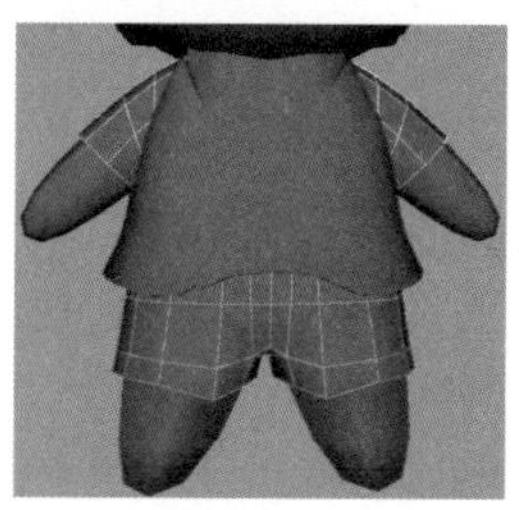
图　4-42</td>
</tr>
</table>

9）将被衣服挡住的身体上的面删除，以节约资源，如图4-43所示。	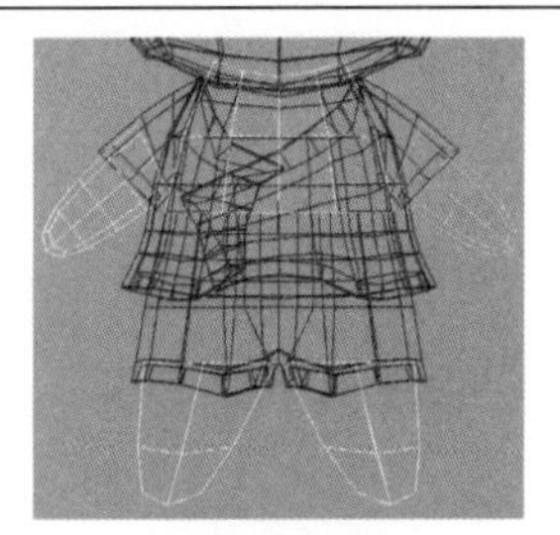 图 4-43
10）娃娃项链的制作。创建一个球体，向前旋转90°，如图4-44所示。	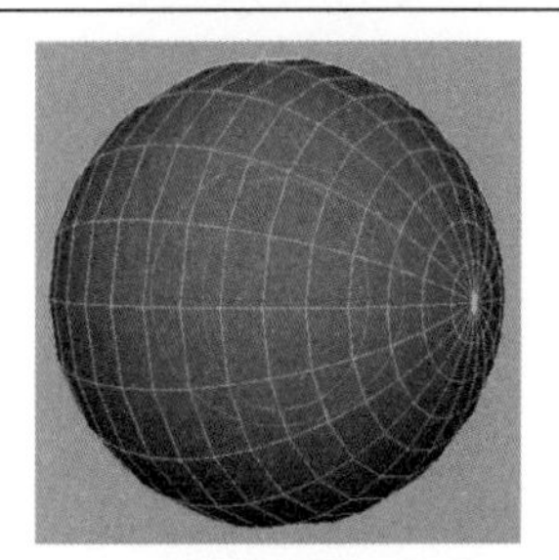 图 4-44
11）在右边通道盒中的“INPUTS”（输入）选项卡下对球体的细分段数进行调整，“Subdivisions Axis”（轴向细分数）为12，如图4-45所示。	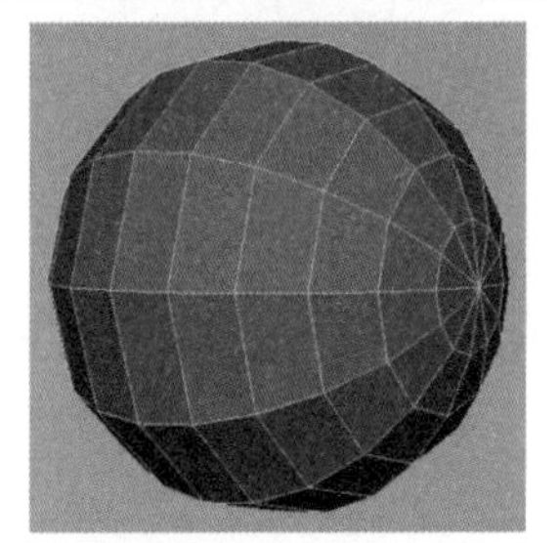 图 4-45
12）在侧视图中，调整球体的形状，压缩成椭圆形，如图4-46所示。	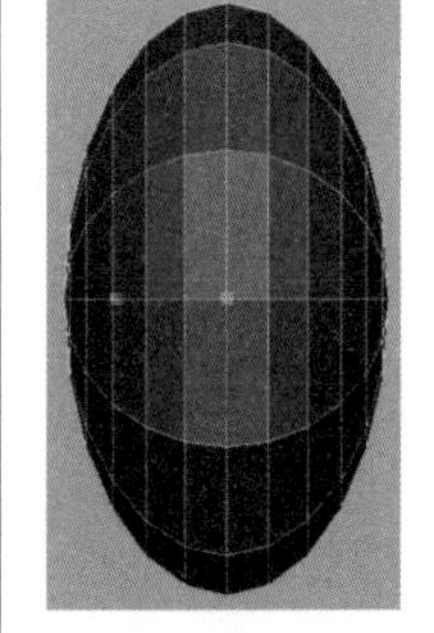 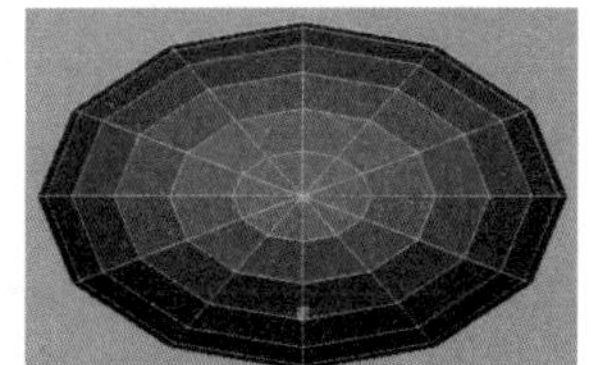 图 4-46
13）创建一个立方体，并进入点模式调节项链环托底部的形状，如图4-47所示。	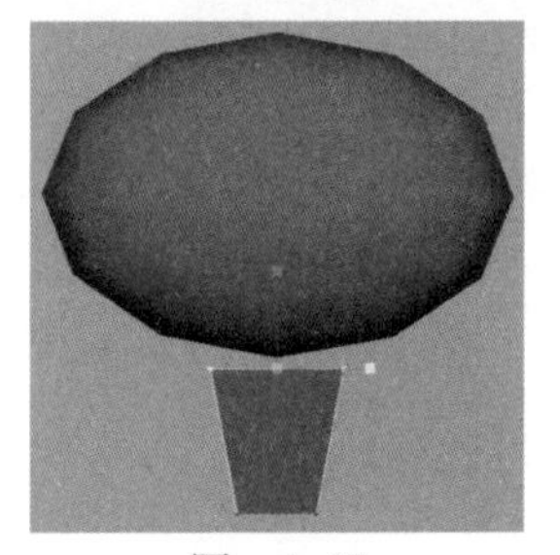 图 4-47

14）在环托底部的正面添加一条环状中线，删除一侧的面，如图4-48所示。

图 4-48

15）给环托底部横向添加一条环线，进入点模式，调节出它的基本形状，如图4-49所示。

技法点拨：在复制出另一侧的模型后，环托底部有一个之前删除的面需要填补上。执行“Edit Mesh”（编辑网格）→“Append to Polygon Tool”（附加到多边形工具）命令，如图4-50所示。

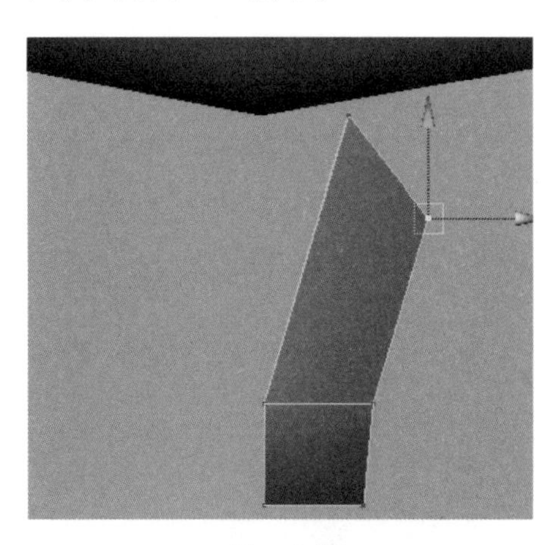
图 4-49

图 4-50

技法点拨：执行命令后，模型的每个边缘都出现一个紫色的箭头图标，如图4-51所示。
选择2个相对的边缘，生成的面为粉红色，如图4-52所示。
按<Enter>键完成面的创建，如图4-53所示。

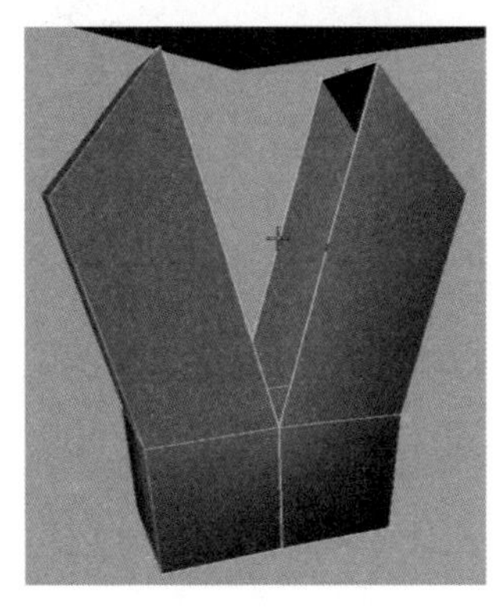
图 4-51

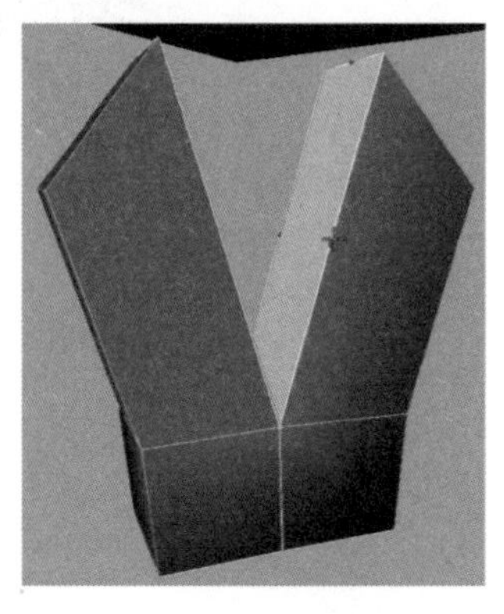
图 4-52

图 4-53

单元4

16）切换至正视图视窗，选择环托底部上端的面，重复执行“Extrude”（挤出）命令6次，生成环托的基本形状，如图4-54所示。	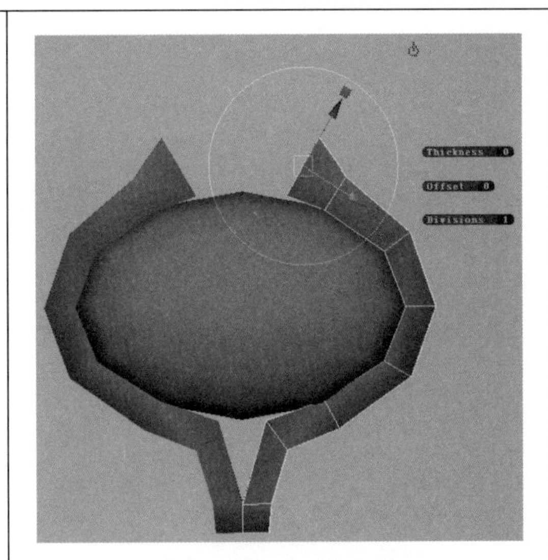 图 4-54
17）为基本形状添加细分段数，增加环托圆滑的弧度，如图4-55所示。	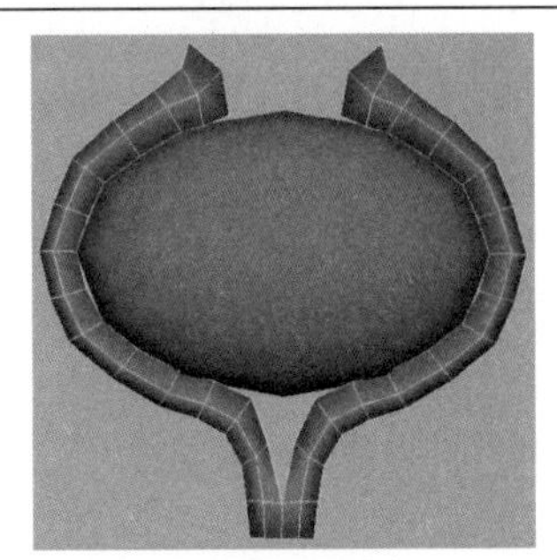 图 4-55
18）将两侧模型合并，并选择环托边棱上的线，执行“Bevel”（倒角）命令，如图4-56所示。	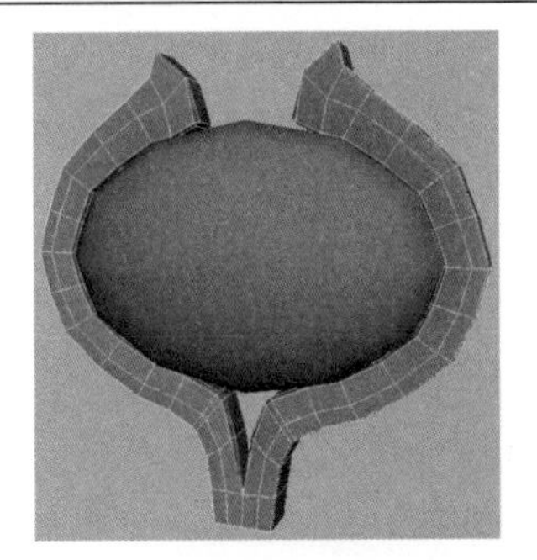 图 4-56
19）创建一个球体，调整大小，摆放到环托的下端，如图4-57所示。	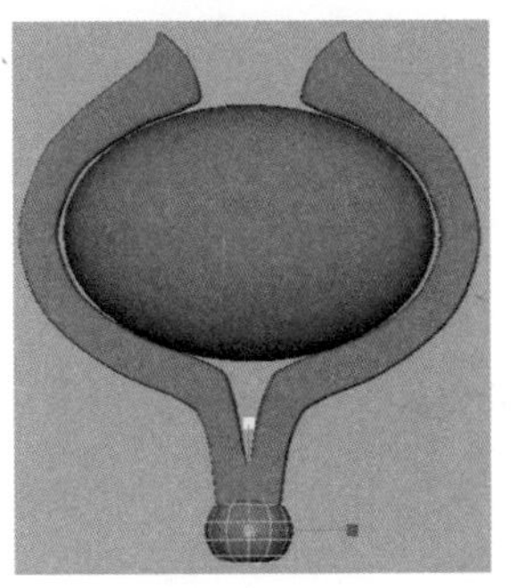 图 4-57

<table>
<tr><td>20）再创建一个圆柱体，删除圆柱体两端的面，并给它中间添加一圈环线，调整形状制作相连的吊坠，如图4-58所示。</td><td>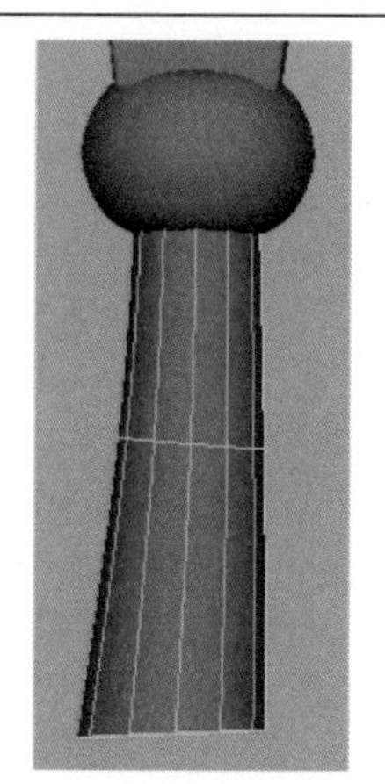
图　4-58</td></tr>
<tr><td>21）选择项链的4个部件，按<Crtl+G>组合键进行打组，摆放到娃娃胸前，调整大小并依据设计图旋转到合适的角度，如图4-59所示。</td><td>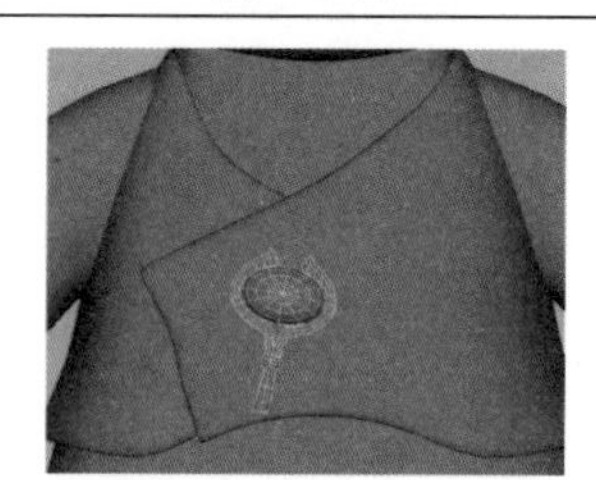
图　4-59</td></tr>
<tr><td>22）制作项链的绳子。执行“Create”（创建）→“CV Curve Tool”（CV曲线工具）命令，如图4-60所示。</td><td>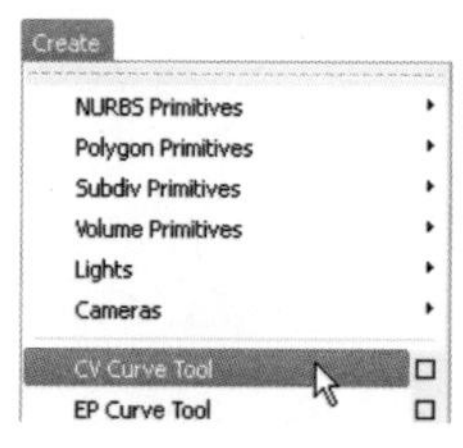

图　4-60</td></tr>
<tr><td>23）进入前视图视窗，对照着项链挂饰和娃娃衣领的位置，连续创建CV曲线，如图4-61所示。
技法点拨：为了使生成的CV曲线转折更顺畅，创建时转折处选择的点可以稍微密集一些。</td><td>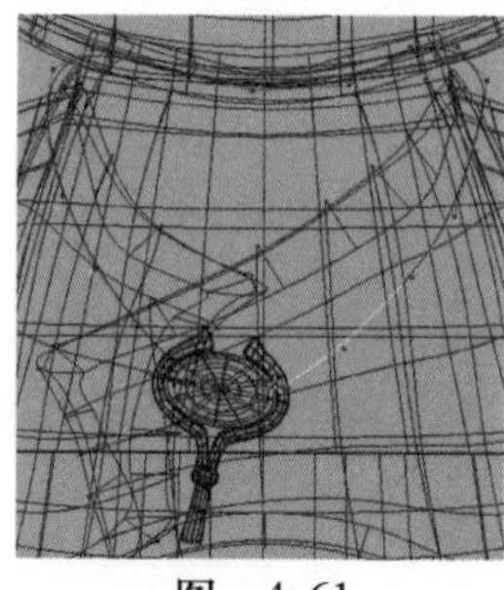
图　4-61</td></tr>
<tr><td>24）CV曲线创建完成后，按<Enter>键生成CV曲线，如图4-62所示。</td><td>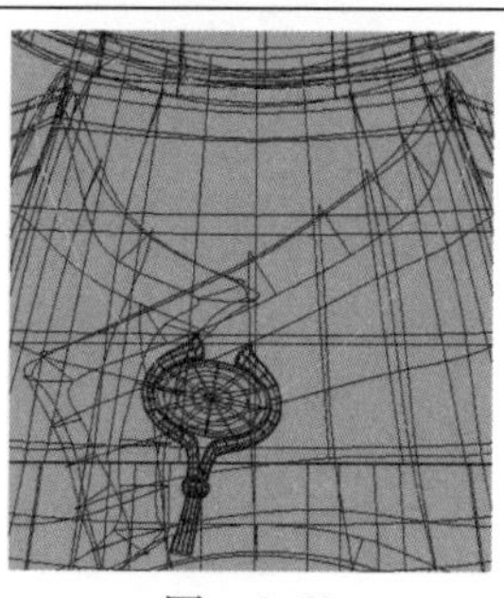
图　4-62</td></tr>
</table>

25）进入点模式，在前视图视窗和侧视图视窗中同时调节CV曲线的形状，要注意绳子挂在娃娃脖子上的形态，如图4-63所示。

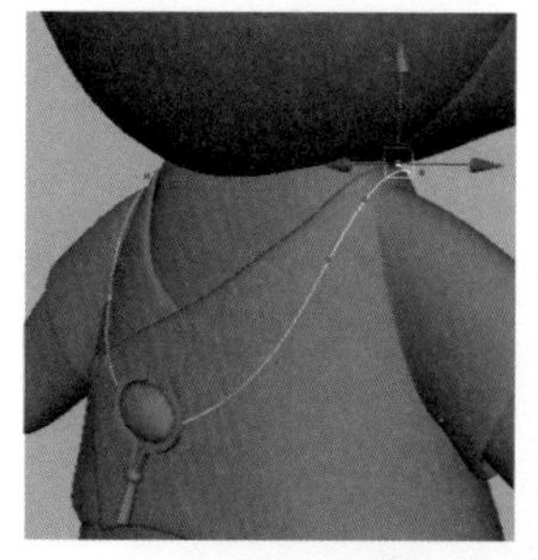
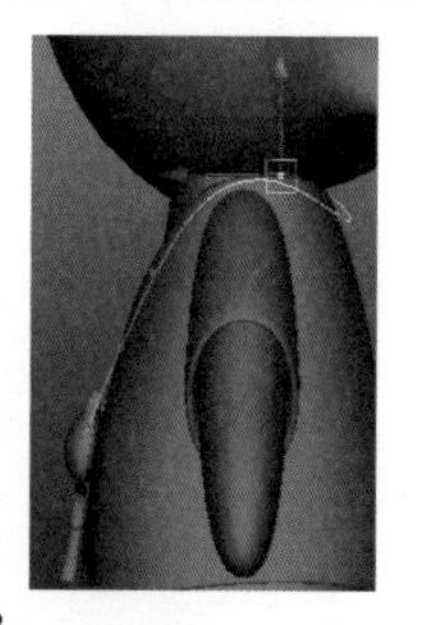

图　4-63

26）创建一个圆柱体，调整其大小即确定绳子的粗细，按住<C>键+鼠标滚轮，将圆柱体吸附到CV曲线的起始端上。旋转圆柱体，让它的端面垂直于CV曲线段，如图4-64所示。

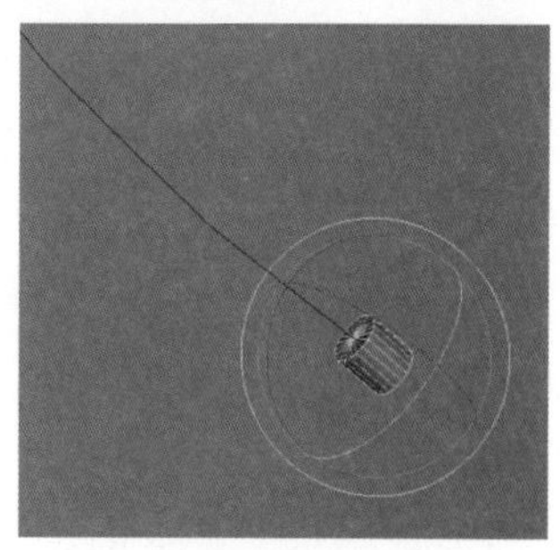

图　4-64

27）要挤出绳子前，同时选择圆柱体上需要挤出的端面和CV曲线，如图4-65所示。

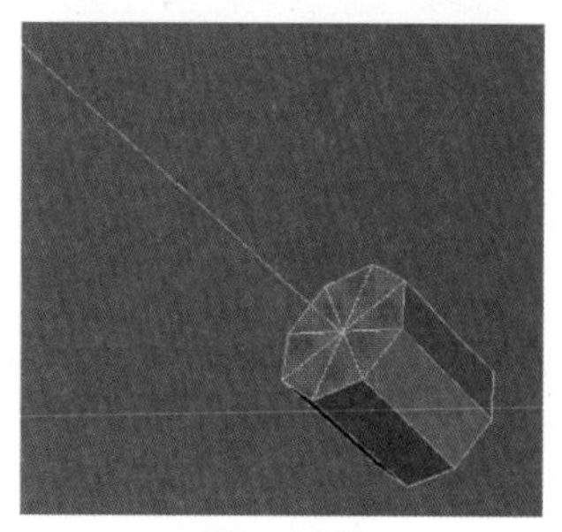

图　4-65

28）执行“Edit Mesh”（编辑网格）“Extrude”（挤出）命令，打开选项窗口，将“Divisions”（分段）改成20，单击“Apply”（生成）按钮，如图4-66所示。

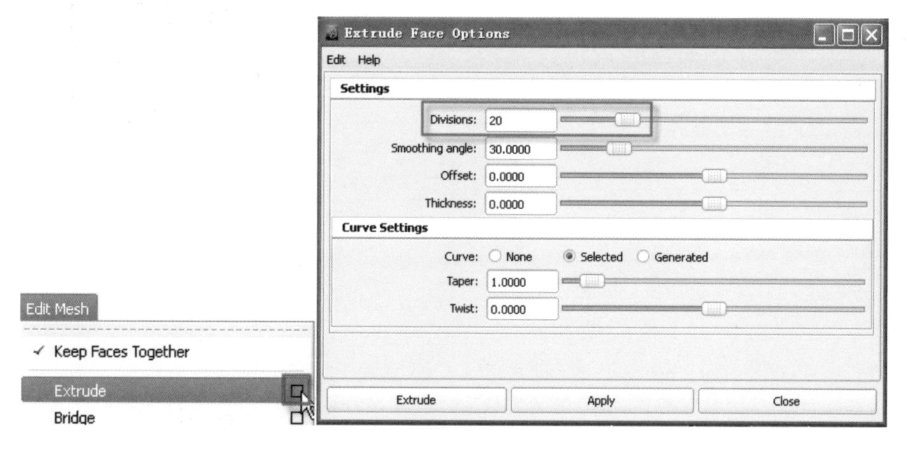

图　4-66

29）执行命令后，项链绳子的效果如图4-67所示。

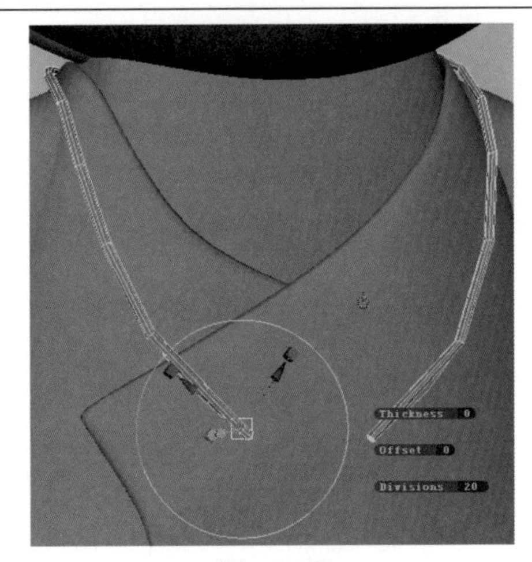

图 4-67

30）此时，选择的CV曲线模型呈紫色，说明模型与CV曲线有关联，也就是说调节CV曲线的形状，模型也会跟着变化，如图4-68所示。

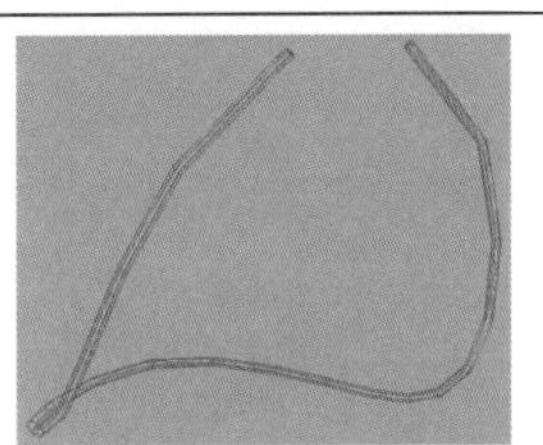

图 4-68

31）选择CV曲线，进入点模式，调节绳子模型的形态，修正扭曲的部分避免穿帮，如图4-69所示。

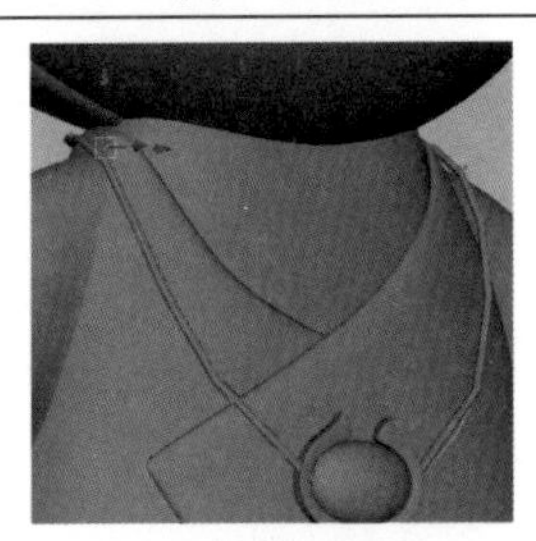

图 4-69

32）绳子模型的形状基本调节好后CV曲线便多余了，可以将其删除。选择绳子模型，如图4-70所示。

技法点拨：此时CV曲线和模型还关联着，如果直接删除CV曲线，则模型也会一起被删除。因此，在删除前需要删除模型历史。

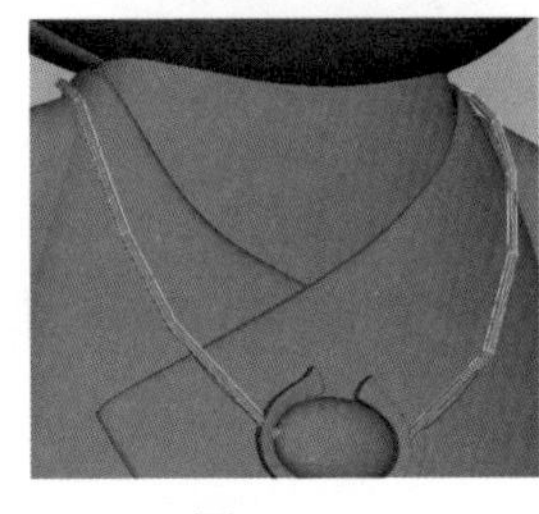

图 4-70

33）执行“Edit”（编辑）→“Delete by Type”（按类型删除）→“History”（历史）命令，如图4-71所示。

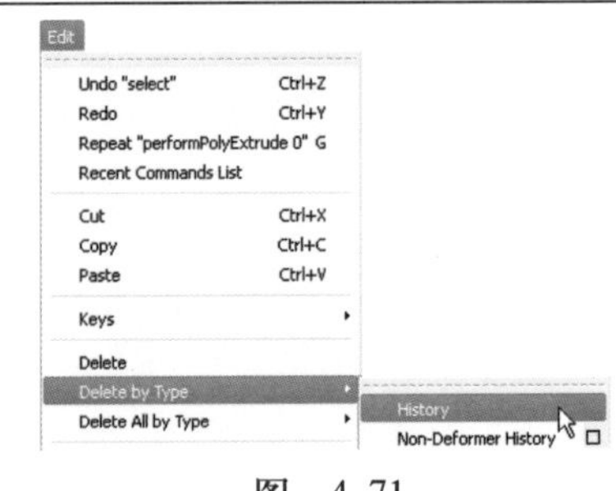

图 4-71

<table>
<tr><td>34）删除模型历史后，选择CV曲线，按<Delete>键删除CV曲线，如图4-72所示。</td><td>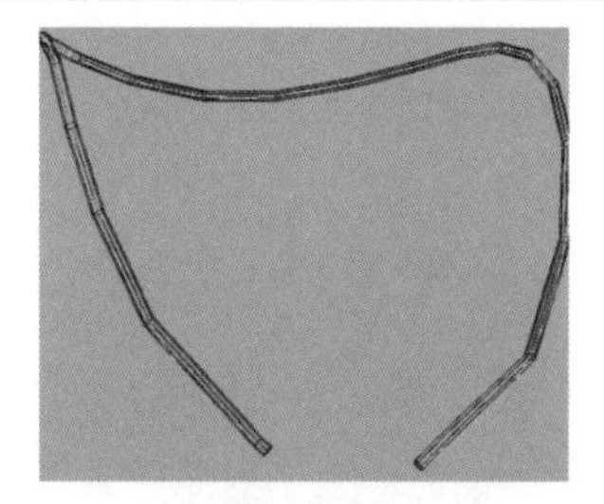
图　4-72</td></tr>
<tr><td>35）按<3>键，在平滑两级的模式下调整绳子的形状，将绳子两头插入吊坠内，如图4-73所示。</td><td>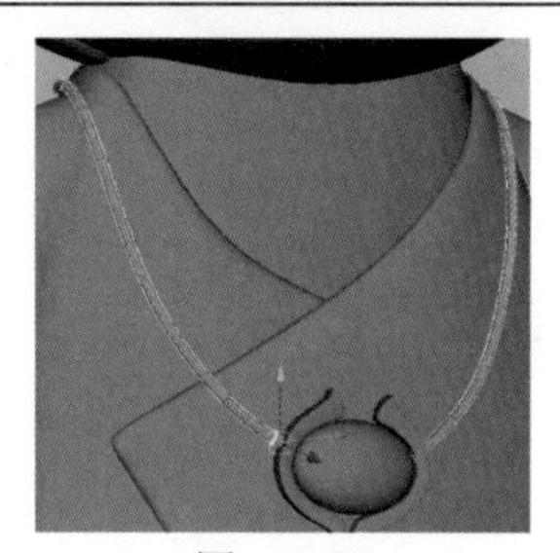
图　4-73</td></tr>
<tr><td>36）此时辗迟娃娃的模型制作完成了。效果如图4-74所示。</td><td>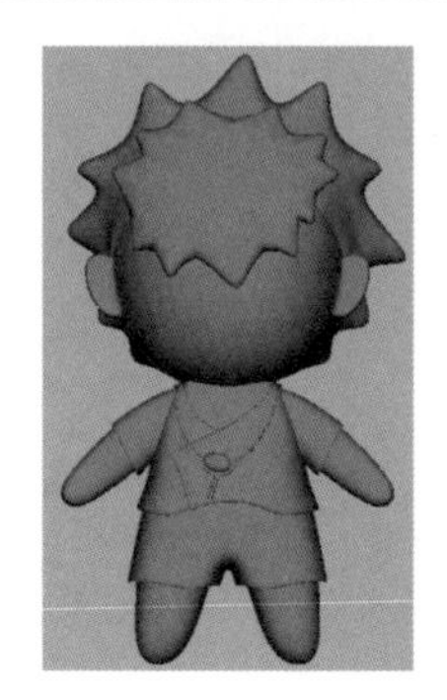 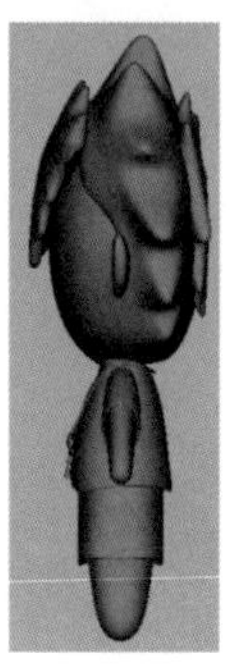
图　4-74</td></tr>
</table>

知识归纳

1. “线”模式的编辑

Maya操控模式下，对模型修改的要求不同，选择的编辑模式也不同。在“线”模式下，可以细分模型，添加拓扑线的细分。拓扑结构可以理解为，在做一个模型的时候，要根据物体的结构来布线。布线顾名思义是线的分布，首先，要根据人体结构进行合理调整，避免三边形面、五边形面的存在。其次，易于“Smooth”（平滑）显示，四边形面可以保证多边形模型“Smooth”（平滑）操作后仍然平滑顺畅，如果有三边形面或者多边形（大于四边）面，则“Smooth”（平滑）操作后会出现一些瑕疵。调整布线时，最好都是四边形面，如果有三边面或者多边形面，则最好将其隐藏在不起眼的地方。再次，易于制作动画，便于运动骨骼的绑定，保证角色模型在运动中的流畅性。基本上满足这3个要求即可。在充分了解人体构造的情况下，就可以很容易达到布线要求了。

2. 调整布线效果图

在线的模式下，可以对模型进行片状挤出变形，合理调整布线，如图4-75所示。

在线的模式下，选中模型上的一条线，按照角色模型要求，挤出线模型，如图4-76所示。

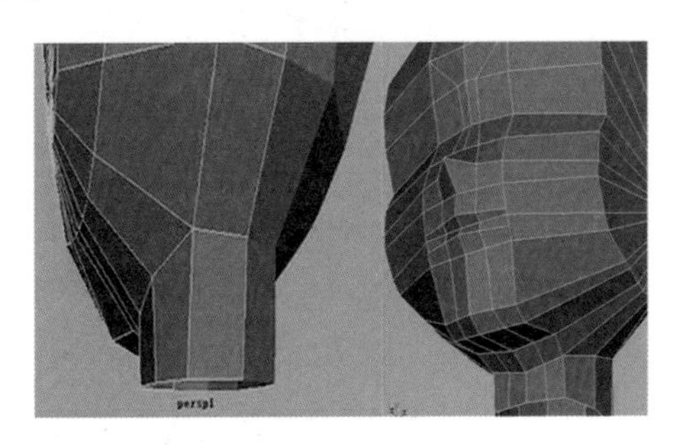

图 4-75

图 4-76

3. 物体的隐藏与显示

在做比较复杂的角色模型时，为了方便细节的修改制作，通常需要暂时隐藏某些局部个体模型。隐藏快捷键如下：

<Ctrl+H>（隐藏选择的）；

<Alt+H>（隐藏不被选择的）；

<Ctrl+Shift+H>（显示上次所选择的物体）；

<Shift+H>（显示所隐藏的）。

注：在“Outline”中选择被隐藏的物体，才可以执行。

比较常用的显示/隐藏命令，请参照图4-77。

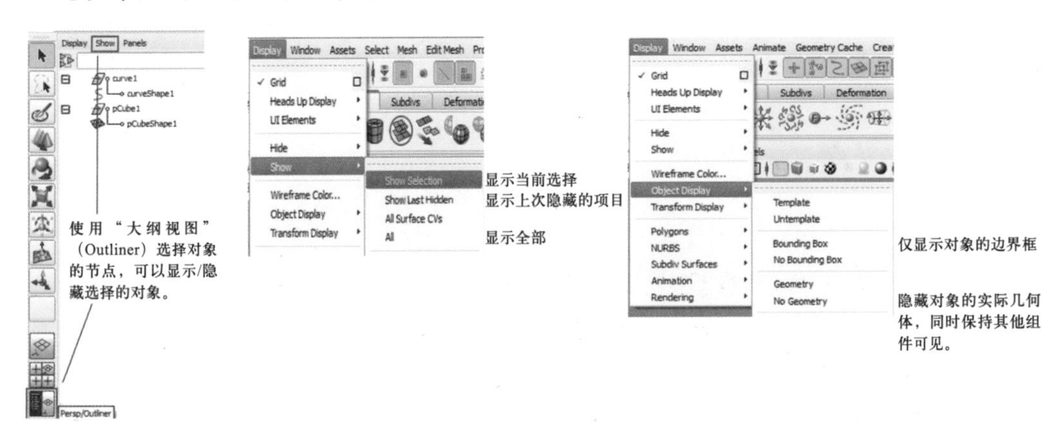

图 4-77

子任务3 制作娃娃的材质

本任务主要是在前两项任务中已经完成的娃娃身体模型及其部件模型的基础上进行材质、渲染的处理。

1）首先制作娃娃头发的材质。打开模型文件，在材质编辑器中新建一个“Lambert”（兰伯特）材质球，选择“Color”（颜色）后面的（输入节点）添加一个“File”（贴图文件），如图4-78所示。	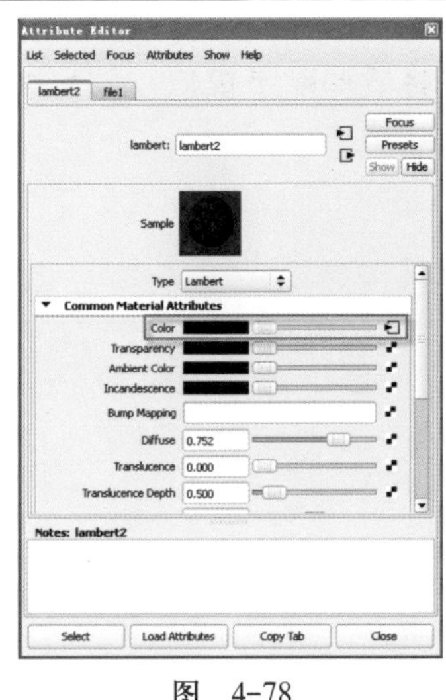 图 4-78

2）选择图标打开文件夹，找到制作好的材质贴图，单击“Open”（导入）按钮打开贴图，如图4-79所示。

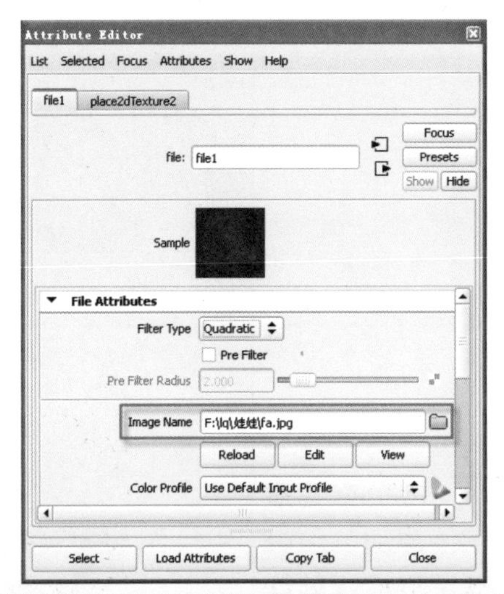

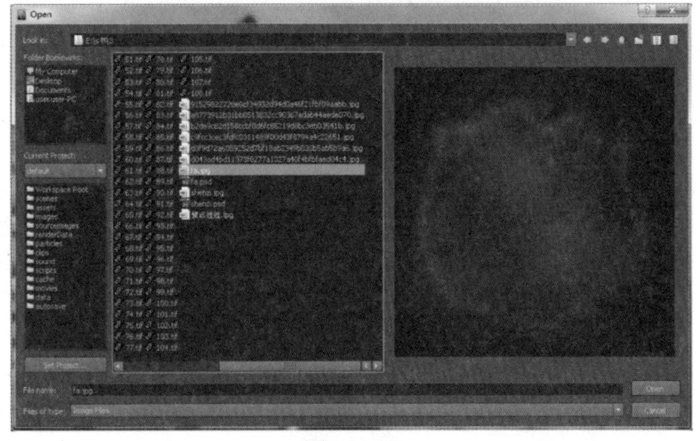

图 4-79

3）将材质球赋予模型，效果如图4-80所示。	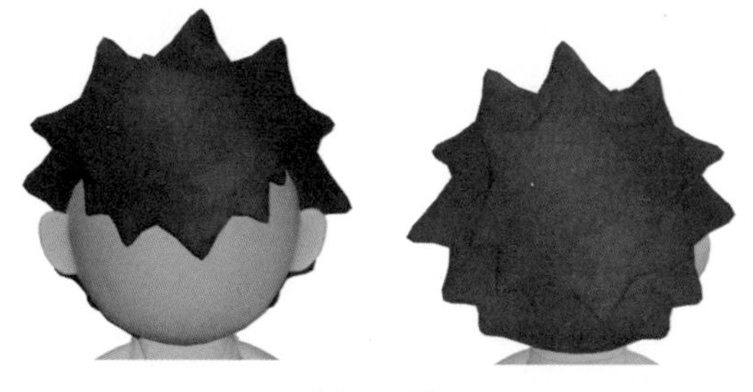 图　4-80
4）执行“Windows”→“UV Texture Editor”（UV纹理编辑器），娃娃身上的材质有部分需要手绘纹理，所以在模型分好UV后将其导出，如图4-81所示。	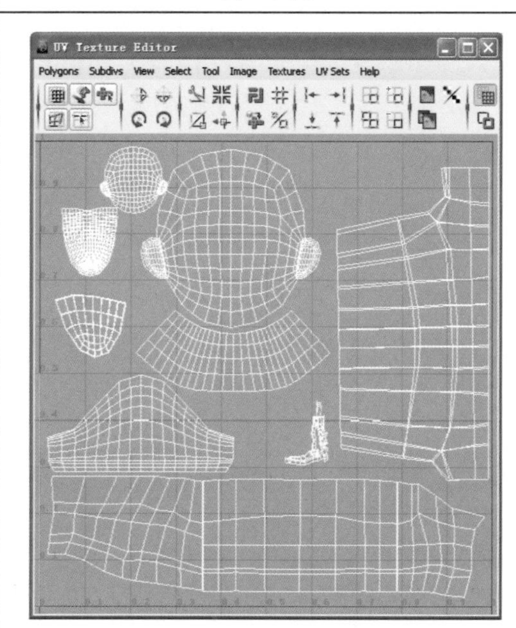 图　4-81
5）在Photoshop中，将UV网格放在第一层，并且将图层混合方式“叠加”改成“正片叠底”，在网格的提示下绘制娃娃的纹理细节，如图4-82所示。	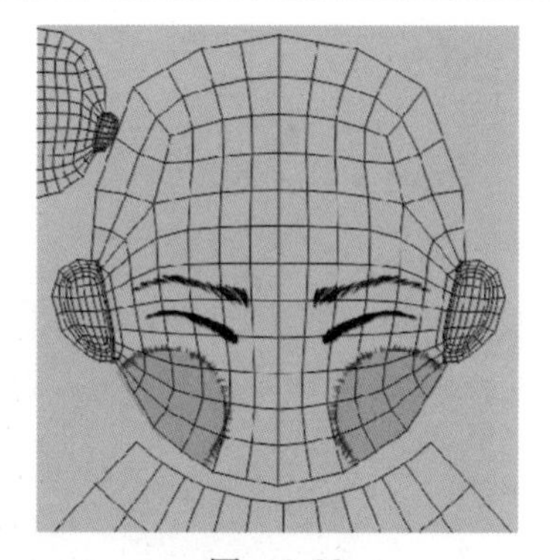 图　4-82
6）回到Maya中，在材质编辑器里再创建一个“Lambert”（兰伯特）材质球，给它添加上绘制好的贴图文件。材质球节点效果如图4-83所示。	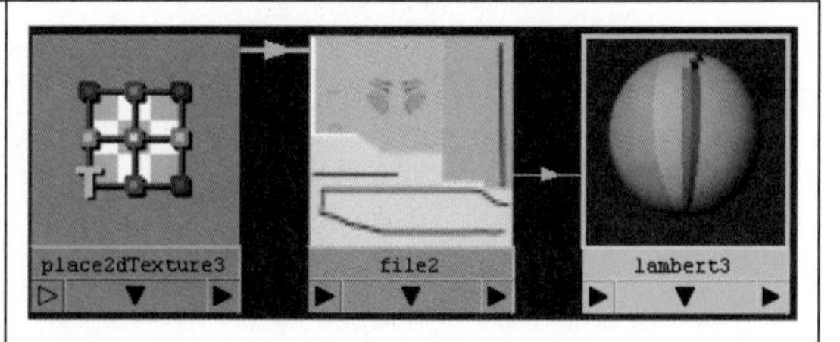 图　4-83

7）最终完成效果如图4-84所示。	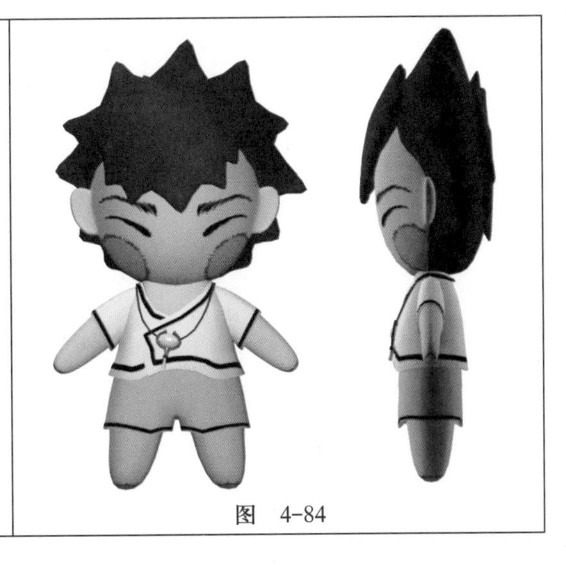 图　4-84

知识归纳

1. UV基础知识

UV是控制一张图片如何映射到模型上。U就是U方向，V就是V方向，U相当于三维中的X轴，V相当于三维中的Y轴，UV是指物体上的布线走向，连起来就是整个物体上的布线。因为图片是二维的，模型是三维的，UV可以正确地让图片铺（映射）在做好的模型上。可以这样理解，UV贴图上的坐标点与三维模型表面上的点是一一对应的，如图4-85所示。

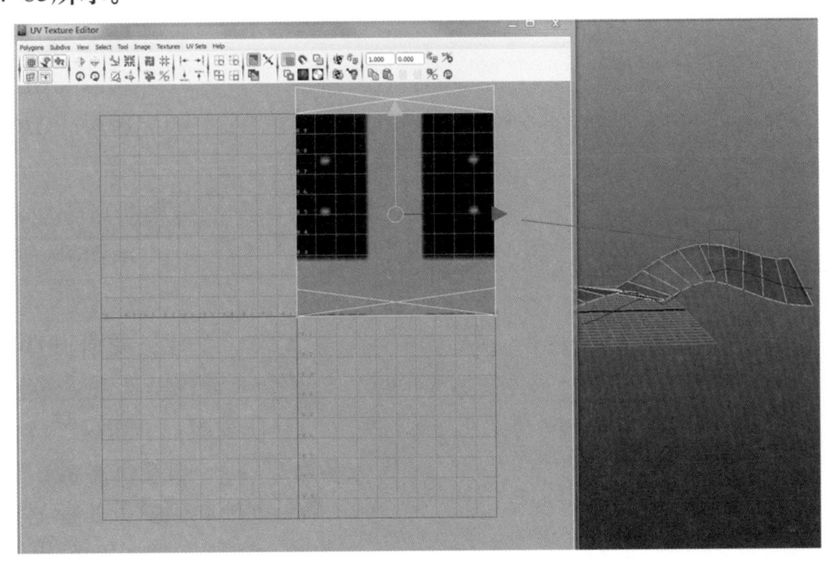

图　4-85

2. UV贴图流程

UV贴图的具体流程如图4-86和图4-87所示。

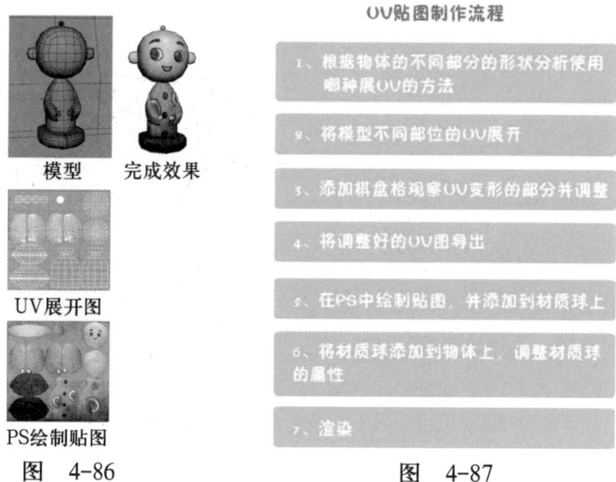

图 4-86　　图 4-87

3．UV贴图命令及窗口

1）在Maya中UV编辑器主要是规划、重整UV，然后导出，便于进一步雕刻和绘制贴图。编辑UV可执行“Windows”（窗口）→“UV Texture Editor”（UV纹理编辑器）命令，如图4-88所示。

2）“UV Texture Editor”（UV纹理编辑器）专门用于UV的排列与编辑，是UV编辑的主要工具，它有自己的窗口菜单与工具条，工具条实现的功能基本上能在菜单中找到，如图4-89所示。

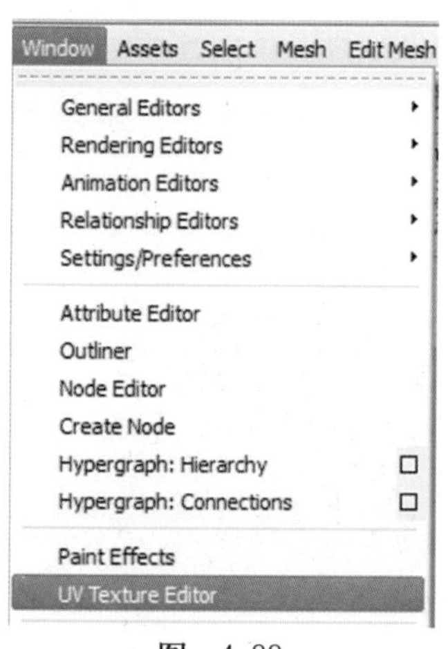

图 4-88

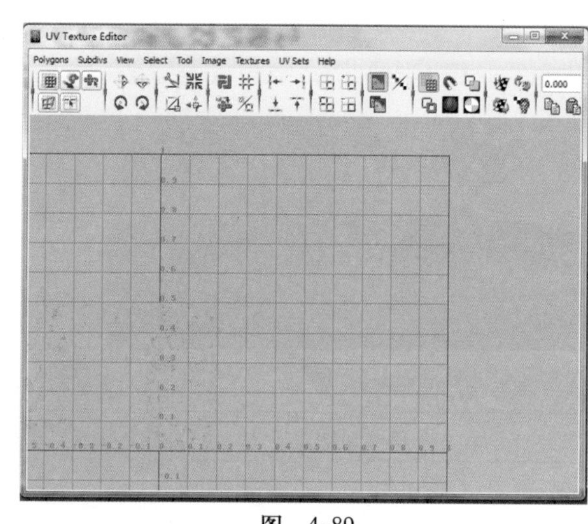

图 4-89

4．UV的通用原则

1）快捷键见表4-1。

表4-1　UV快捷键

功　能	快　捷　键
显示所有的UV	<A>
最大化显示所选择的UV	<F>
缩放视图	<Alt>+鼠标右键
缩放视图	鼠标滚轮
移动视图	<Alt>+鼠标滚轮

2）避免重叠、拉伸。

3）避免接缝过多、减少分块。

4）尽量将UV保持在第一象限。

5）接缝尽量安排在摄像机不容易捕捉到的地方、结构转折大的地方。

5．UV的应用方法

下面的实例将进一步帮助大家理解贴图的应用方法。

1）体验贴图的基本制作流程。首先打开一个已经建好的蜗牛模型，选中蜗牛壳，切换到面级别下，如图4-90所示。

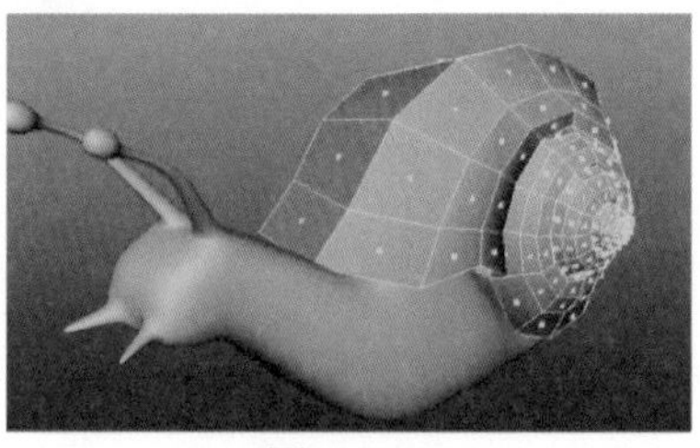

图 4-90

2）执行“Windows”（窗口）→“UV Texture Editor”（UV纹理编辑器）命令打开对话框，将UV图拖曳到黑色框外边，将UV保持在第一象限，如图4-91所示。

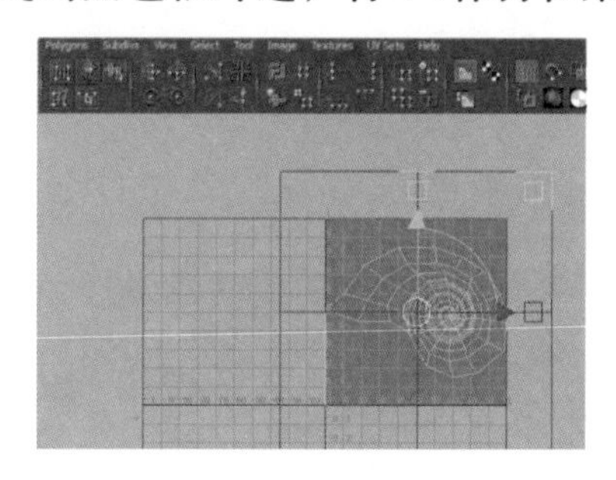

图 4-91

3）使用同样的方法，将蜗牛的触角展开UV，如图4-92所示。

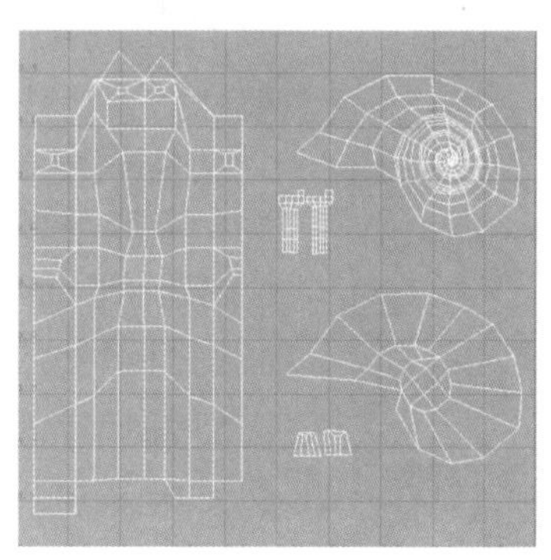

图 4-92

4）将导出的UV图在Photoshop里打开，并在红色线框范围内绘制贴图，如图4-93所示。

5）绘制完成后的效果，如图4-94所示。

6）将贴图附加到材质球上，按<6>键显示材质，效果如图4-95所示。

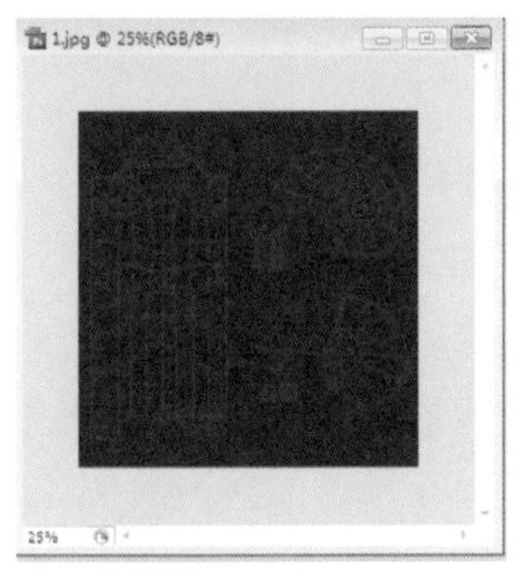

图　4-93

图　4-94

图　4-95

6．外部纹理的绘制

外部纹理的绘制是指将Maya中分好模型的UV图导出后，在Photoshop中绘制纹理贴图，如人的毛发、皮肤等。在Photoshop中创作材质贴图不是在白纸上画这么简单，它更需要绘制者眼手协调地处理好色彩、混合、自定义笔刷及大量的素材元素。绘制外部贴图时应注意以下几点。

1）无损材质的创建方式意味着绘制不同的细节应该在不同的图层上。

2）利用位移滤镜（执行“滤镜”→“其他”→“位移”命令）简单应对无缝材质的创建。

3）巧妙处理材质比例，绘制材质的时候，务必要遵循现实逻辑。

4）灵活应用实拍素材自定义笔刷。

5）图层混合特效可以在材质基础上创建新的色调感觉。

UV图的绘制效果如图4-94所示。

角色——玩偶模型的制作评价表

评价标准	个人评价	小组评价	教师评价
1）能使用基本物体来塑造娃娃的头部、挤出身体，整体比例符合设计图要求			
2）能利用基本物体来完成娃娃头发的制作，与头部结合过渡自然			
3）能使用“Duplicate Special”（特殊复制）命令，快捷简便地制作身体部分的对称模型，并进行合并，没有穿帮现象			
4）能正确处理衣服部件。模型的衣领、袖口、裤腿等部位厚度适中，布线合理清晰			
5）能正确展UV，能将给定的贴图正确赋给角色，并进行贴图处理，完成渲染			

备注：A为能做到；B为基本能做到；C为部分能做到；D为基本做不到。

任务2 角色—— 人物角色模型的制作

任务描述

设计部门将角色模型设计图下发给角色制作组，要求根据设计图制作完成角色建模，如图4-96所示。制作时间8小时。制作要求如下。

在造型结构方面，参照青少年身体的比例关系，头部略作夸张处理。在视觉效果方面，制作模型时注意把握人物角色性格，本任务中的角色平时沉默寡言、个性极强，要制作出她比较冷漠的神情，最大限度接近导演设计稿。在质量要求方面，角色布线要合理避免三角面和五角面的出现，材质贴图中注意接缝的处理，接缝应该在比较隐蔽的地方及角色运动不明显的地方，要兼顾到后期的动画制作。接近真人角色的模型制作要更多地考虑到后期骨骼的绑定和角色的动态表现。学习实践时间建议48课时。

图 4-96

任务分析

在本任务中，将角色模型的制作分为4个子任务来完成。对于写实类的角色建模，因角色造型较复杂，故身体比例、结构解剖等都尽可能地接近真人。在本任务模型制作时要对人体结构解剖知识有所了解，尤其在调整角色布线时会有很大帮助。本任务根据人物角色建模的一般规律，依照头部—— 人体—— 四肢—— 服装的顺序进行挤出建模。头部仍然从基本几何形建模开始，经过布线调整与挤出面形成五官、人体四肢及手部分支等，再经过细致调整布线、细化人物细节，完成角色整体模型制作。材质贴图部分采用学习素材中提供的已经绘制好的角色贴图。

- 子任务1　创建角色头部
- 子任务2　制作角色的耳朵和手
- 子任务3　制作角色的服装与头发
- 子任务4　简单制作角色的材质

学习目标

1）能合理分析人物比例结构，在掌握人体的基本结构后正确布线制作模型。

2）能由基本物体开始塑造写实人物的头、手，熟练使用“Split Polygon Tool”（分割多边形工具）制作特殊结构。

3）能使用“Duplicate Face”（复制面）命令，快捷简便地制作服装，合理处理衣物的结构。

4）能运用基本物体创建角色的饰品。

5）了解头发制作原理，能耐心地完成头发的制作。

子任务1　创建角色头部

头部建模应从立方体开始建立角色模型的头部，在头部轮廓基础上逐步添加耳朵和头发。角色模型的形象相对写实，在制作过程中进行面片编辑时，要注意三庭五眼的面部结构比例，特别是口轮匝肌和眼轮匝肌部分的处理尽量符合肌肉运动规律的要求，避免出现五边形面，以防止后期动画穿帮，动作不流畅，模型外观不平滑，要注意面的收合关系。

制作流程

与任务1类似，角色模型的头部可以从一个立方体开始，通过添加环线、节点不断细化出脸部的细节。模型面部构造比正常人像的五官略微夸张，并且颅腔要做大一些，以便于头发的制作。

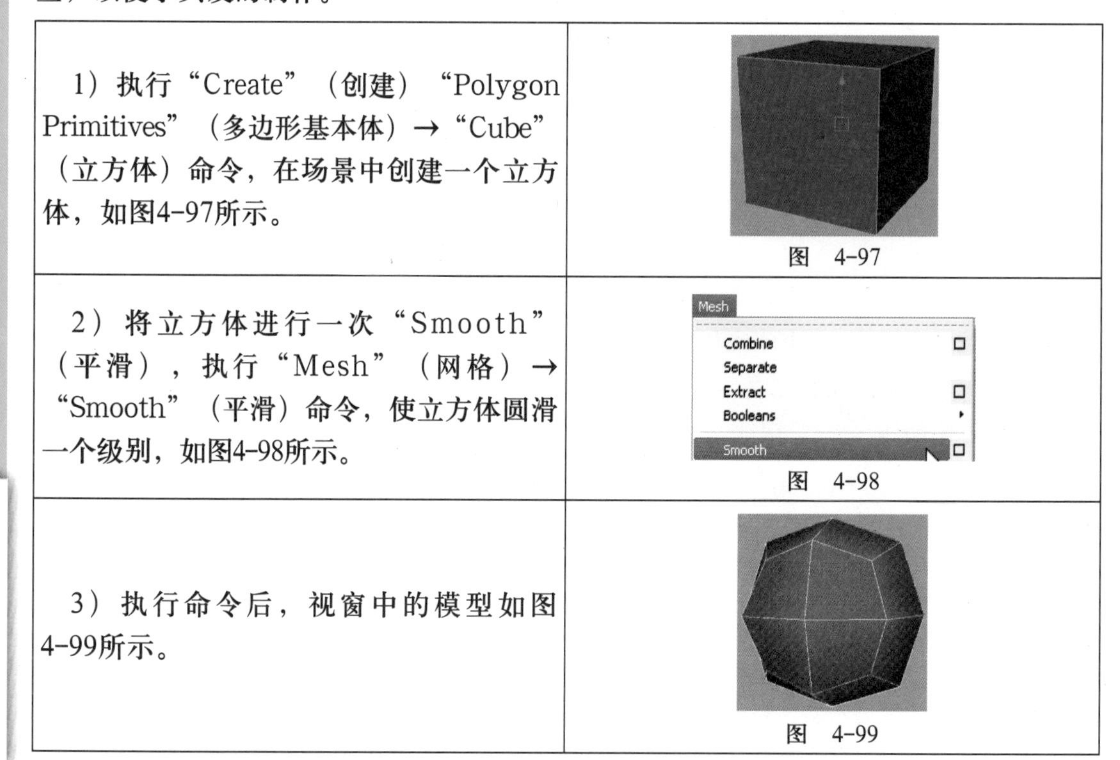

1）执行“Create”（创建）“Polygon Primitives”（多边形基本体）→“Cube”（立方体）命令，在场景中创建一个立方体，如图4-97所示。	图　4-97
2）将立方体进行一次“Smooth”（平滑），执行“Mesh”（网格）→“Smooth”（平滑）命令，使立方体圆滑一个级别，如图4-98所示。	图　4-98
3）执行命令后，视窗中的模型如图4-99所示。	图　4-99

4）分别从正、侧视图视窗中，参照导演设计稿，调整头部形状，如图4-100所示。	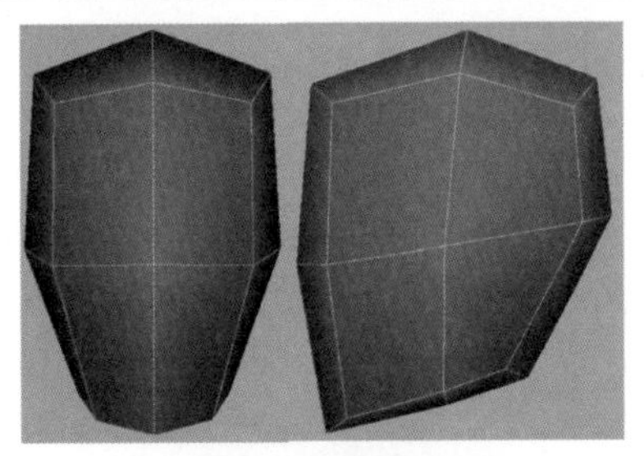 图 4-100
5）将头部一侧的面删除，选择“Duplicate Special”（特殊复制）命令对模型进行复制，如图4-101所示。	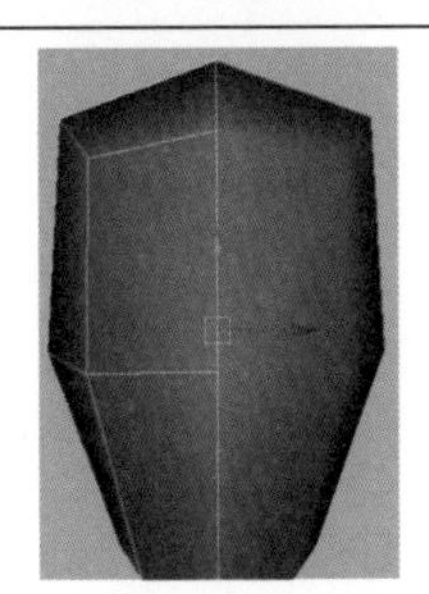 图 4-101
6）在脸的侧面添加一圈环线，定出额头的高度和下巴的位置，如图4-102所示。	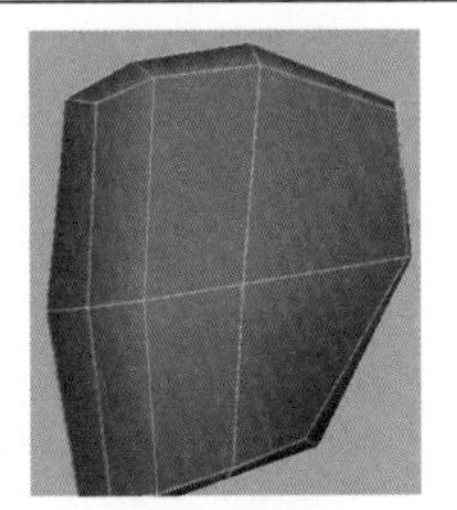 图 4-102
7）选择脖子位置的4个面，重复执行“Extrude”（挤出）命令3次，做出脖子的曲线，如图4-103所示。	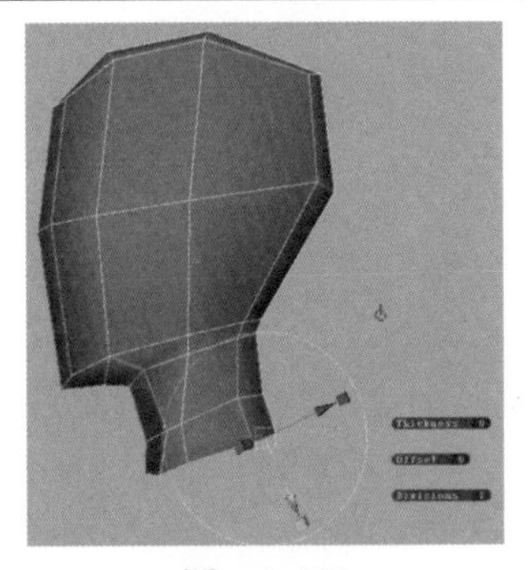 图 4-103
8）在嘴巴的位置添加一圈环线，确定嘴巴的高度和脸颊的宽度，如图4-104所示。	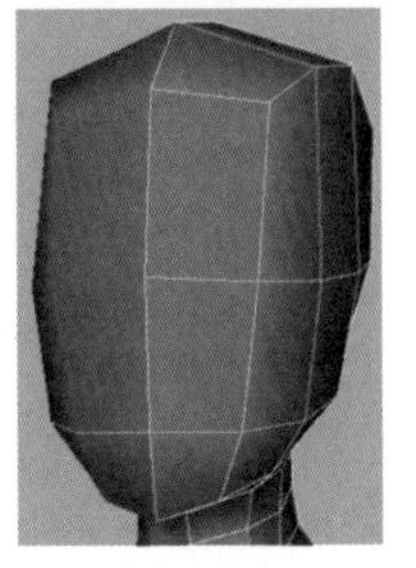 图 4-104

9）在头部正面添加3条环线，确定出鼻子的形状，同时带出眉弓的形状，如图4-105所示。

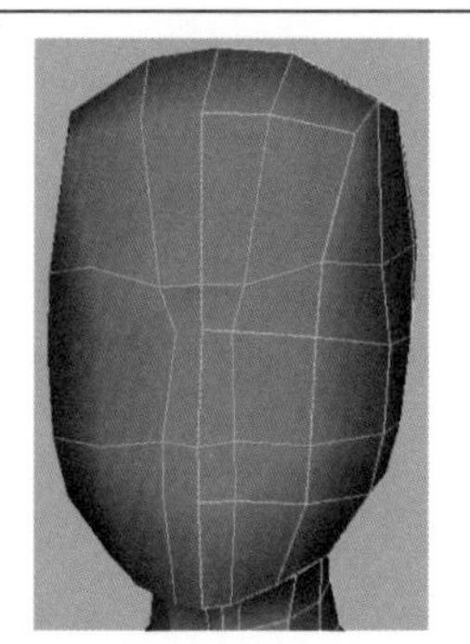

图 4-105

10）选择鼻子上的4个面，执行“Extrude”（挤出）命令，挤出鼻子的高度，如图4-106所示。

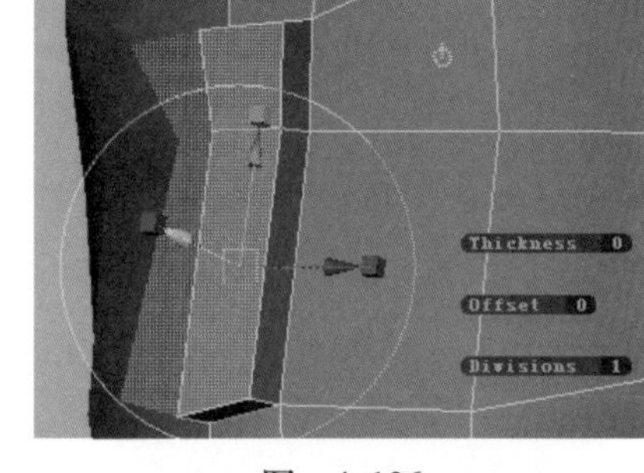

图 4-106

技法点拨：选择一侧头部模型，按<Shift+I>组合键，单独显示模型。将多挤出的3个面删除，如图4-107所示。

同样，选择视窗空白处，按<Shift+I>组合键，恢复显示所有模型。

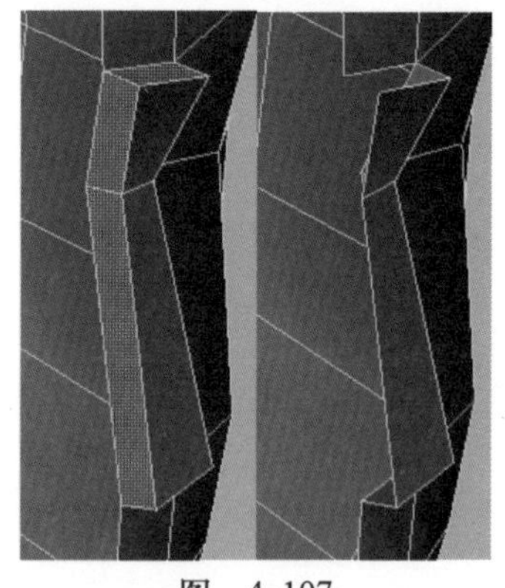

图 4-107

11）鼻根部的面删除后，根据需要合并鼻根的点。执行“Edit Mesh”（编辑网格）→“Merge Vertex Tool”（合并顶点工具）命令，如图4-108所示。

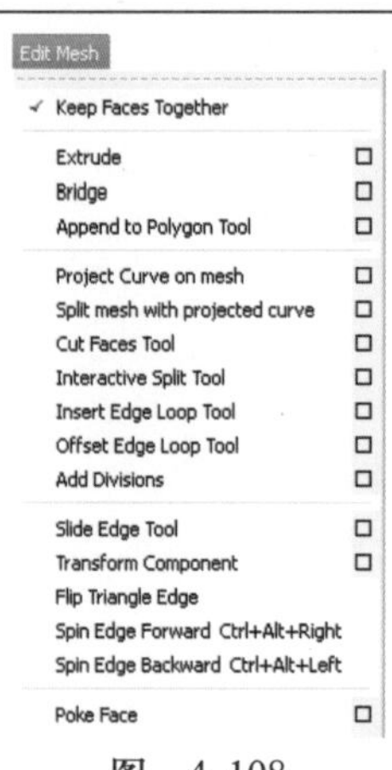

图 4-108

12）选择鼻根外侧的点，出现一个红色的虚线圆圈。拖动鼠标到内侧要合并的点上，2个点之间有一条虚线相连接。释放鼠标后外侧点便向内侧点靠近，完成合并，如图4-109所示。	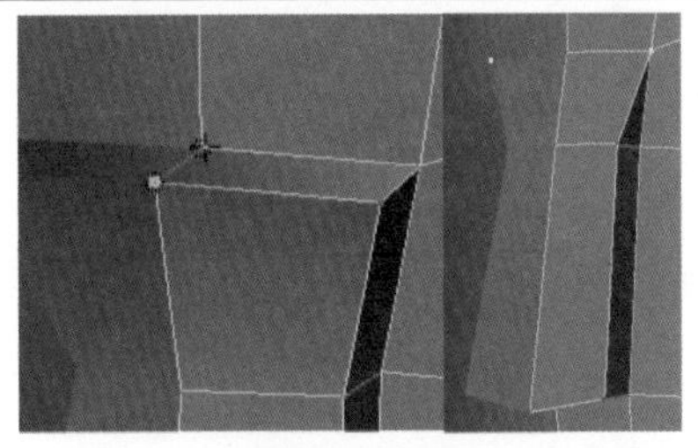 图　4-109
13）分别从正、侧视图视窗中，通过移动命令调节鼻梁的宽度和高度，如图4-110所示。	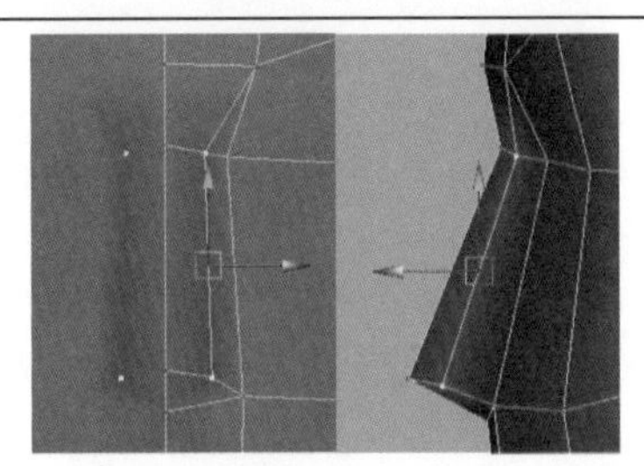 图　4-110
14）在脖子处进行一次改线，按照胸锁乳突肌的走向，将脖子前端的线向前移动，如图4-111所示。	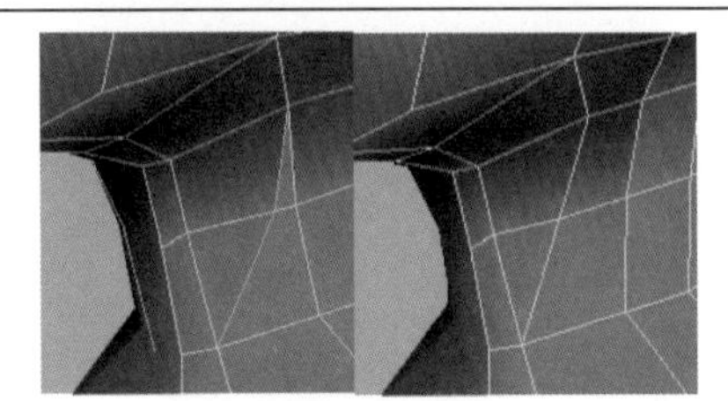 图　4-111
15）制作额头两侧的形状，要进行一次改线。选择“Split Polygon Tool”（分割多边形工具）命令，在脸侧添加一条线，如图4-112所示。	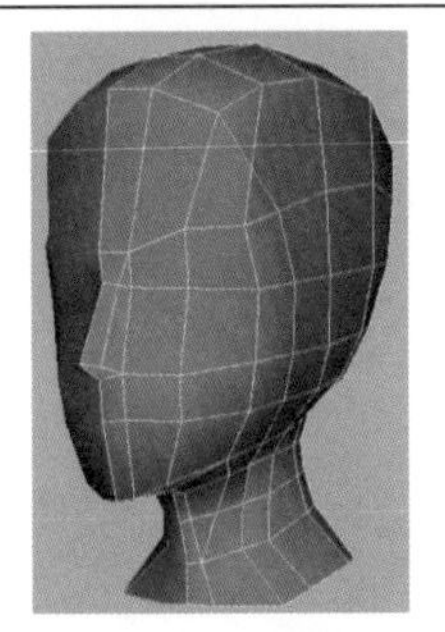 图　4-112
16）删除额头上交叉的一根线段，再选择“Split Polygon Tool”（分割多边形工具）命令，将头顶的线顺到脖子底部，如图4-113所示。	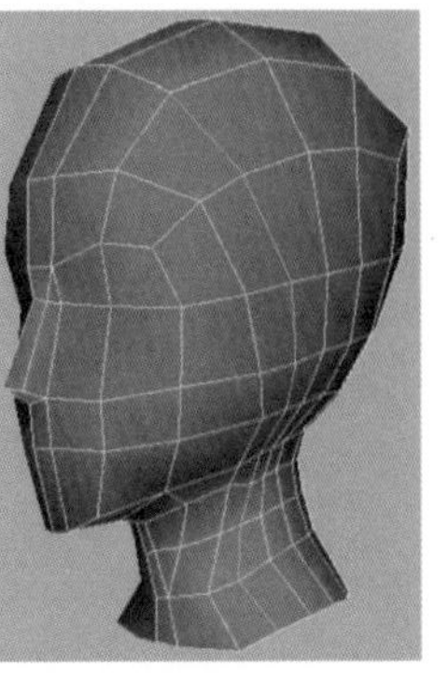 图　4-113

17）在鼻梁中间添加一根拓扑线，调节鼻梁的形状，如图4-114所示。	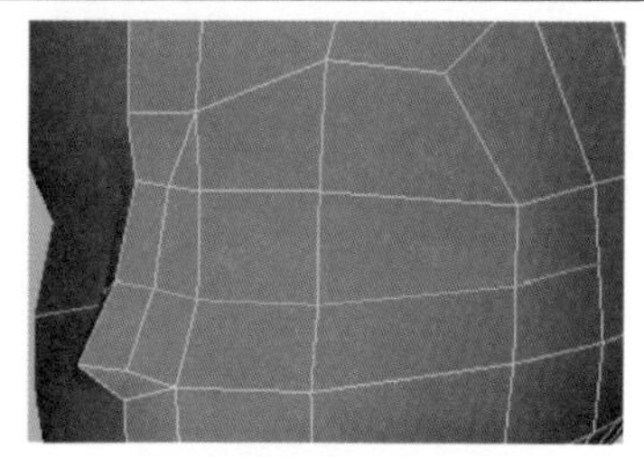 图　4-114
18）从眼眶外侧到下巴底部添加一条线，确定眼眶的大小和颧骨的高度，如图4-115所示。	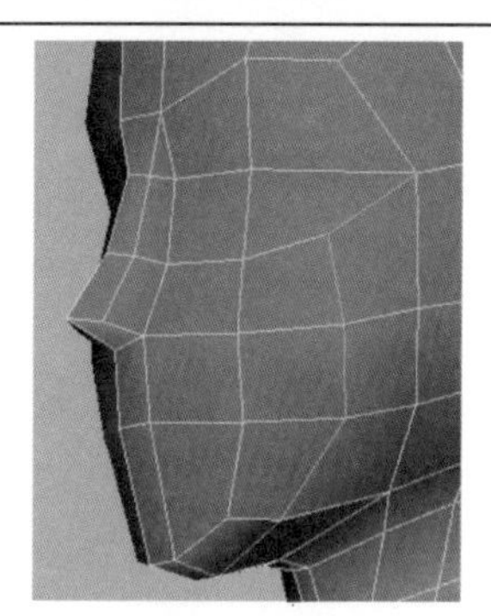 图　4-115
19）选择眼眶位置的4个面，向中间执行“Extrude”（挤出）命令，调整出眼睛的形状，如图4-116所示。	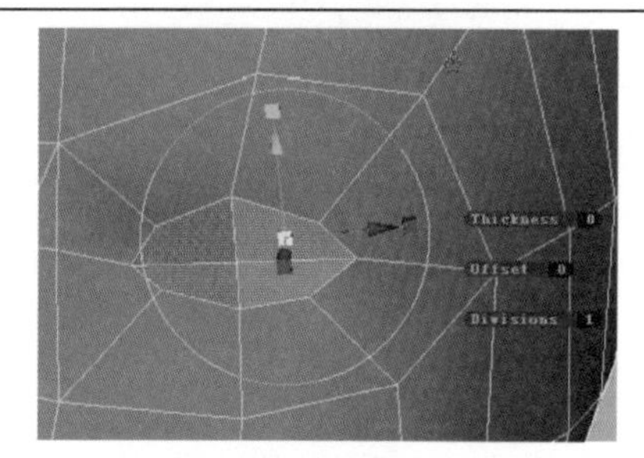 图　4-116
20）将眼睛中间多余的面删除，如图4-117所示。	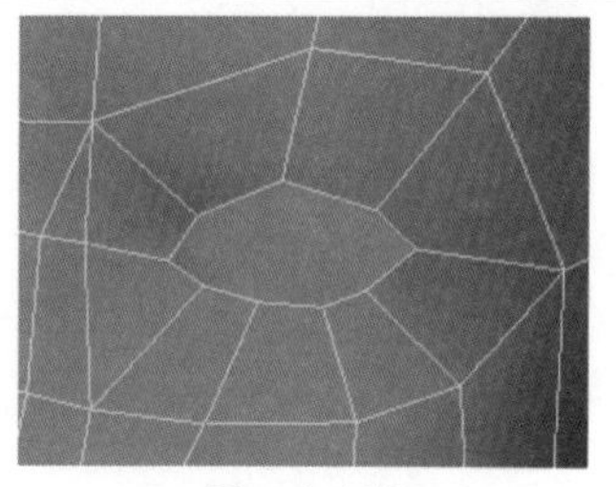 图　4-117
21）从侧面观察，调节下巴的弧度，效果如图4-118所示。	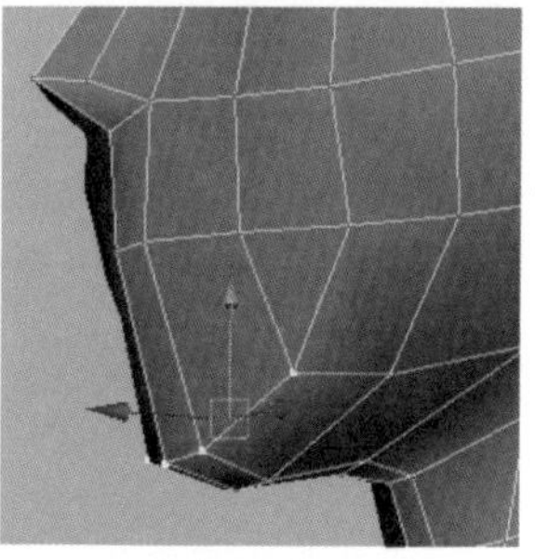 图　4-118

22）从下巴处添加一根线，顺到眼睛底部，让脸部走线更顺畅，如图4-119所示。	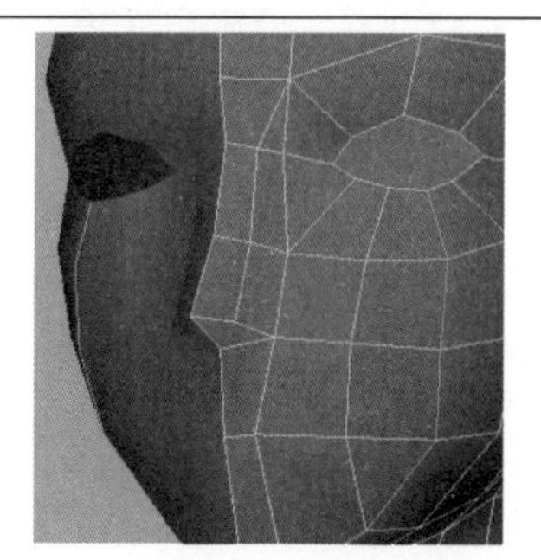 图　4-119
23）选择分割多边形命令，调节出嘴巴形状，如图4-120所示。	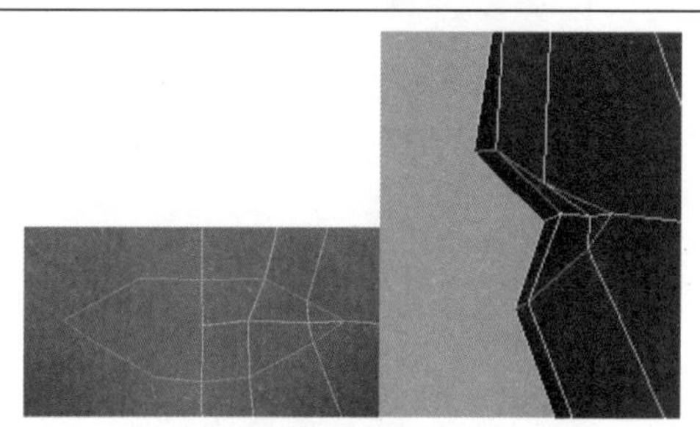 图　4-120
24）在嘴角处向外添加2根拓扑线，破除嘴巴周围的五边面，如图4-121所示。	 图　4-121
25）新建一个球体，从正、侧视图视窗中调整大小和位置，注意避免和脸部的穿帮，效果如图4-122所示。	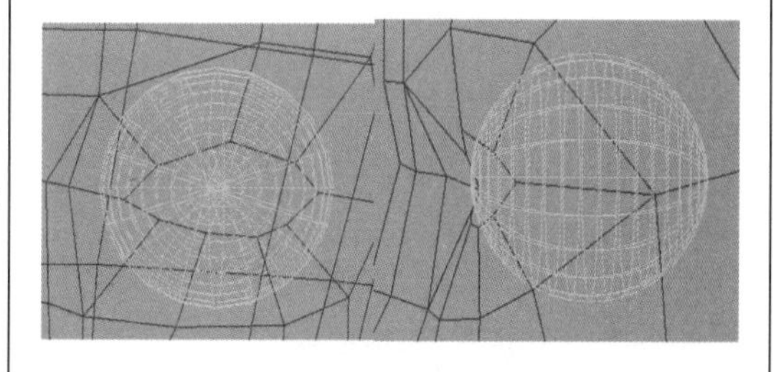 图　4-122
26）在眼睛周围添加环线，稍微调整眼窝的深度，如图4-123所示。	 图　4-123

27）改线，将外眼角和颧骨的线分别延伸至后脑，如图4-124所示。	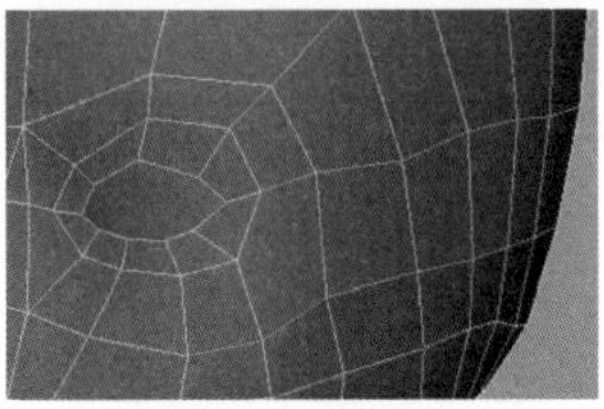 图 4-124
28）选择眼睛位置的环线，向内执行“Extrude”（挤出）命令2次，挤出眼睑厚度，如图4-125所示。	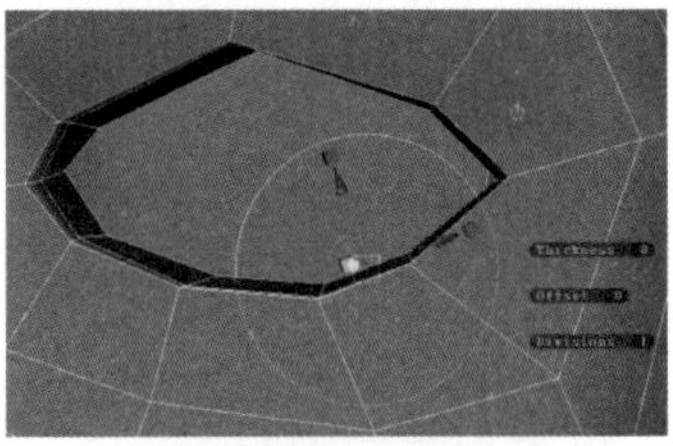 图 4-125
29）在眼睛外围，紧靠眼睛的位置添加一圈环线，加强眼皮边棱的硬度，如图4-126所示。	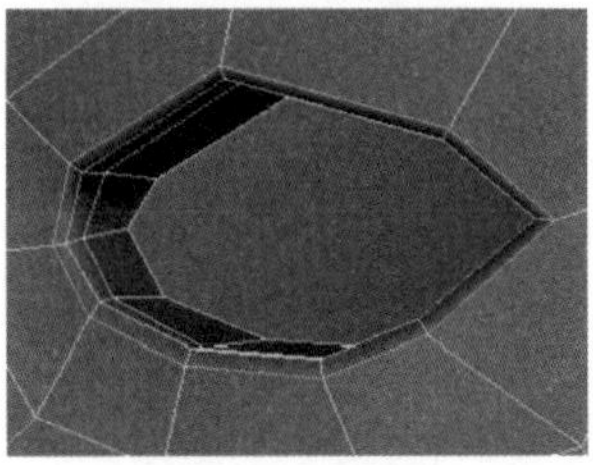 图 4-126
30）从内眼角到鼻梁添加线，调整鼻根高度、加大内眼角，并调节出泪腺的形状，如图4-127所示。	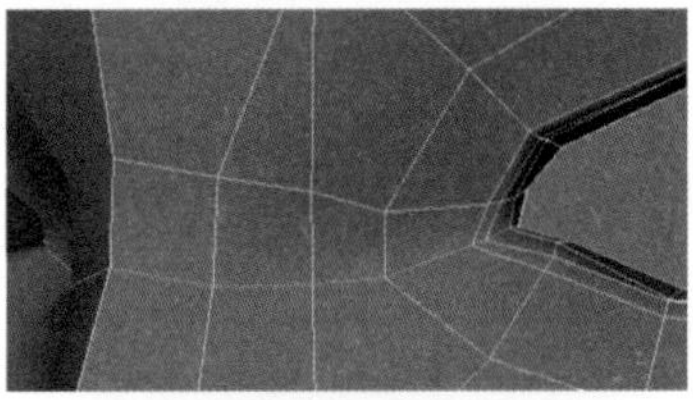 图 4-127
31）在外眼角添加一根拓扑线，固定外眼角形状，如图4-128所示。	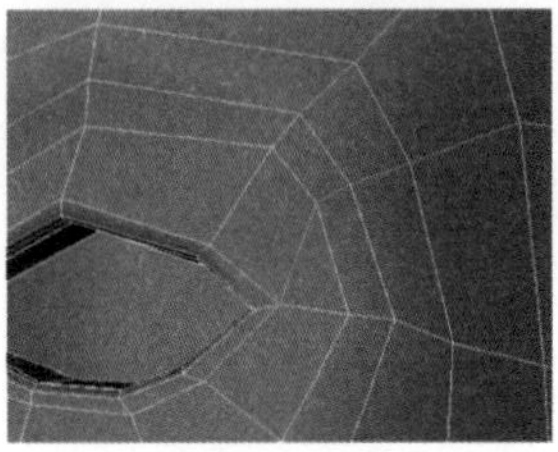 图 4-128
32）在眼眶内侧添加一圈环线，再一次加强眼皮边棱的硬度，如图4-129所示。	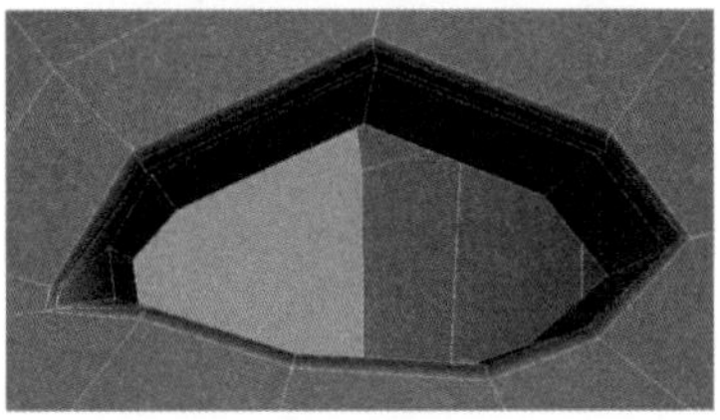 图 4-129

33）在泪腺的位置添加一根线段，固定住泪腺的形状，如图4-130所示。	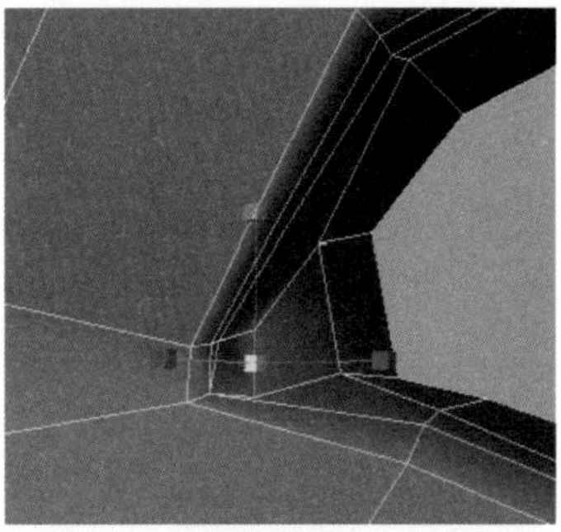 图 4-130
34）按<3>键，在平滑2次的模式下观察眼角形状，如图4-131所示。	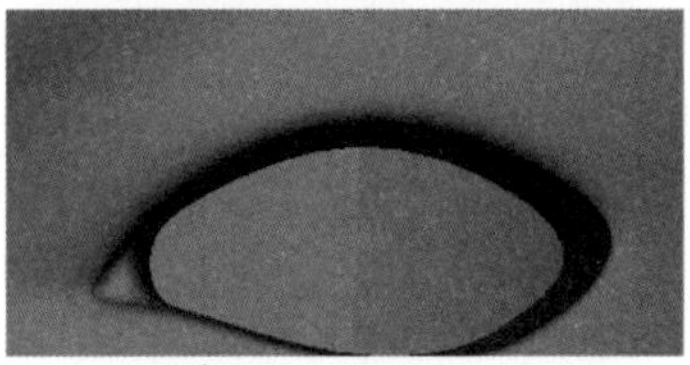 图 4-131
35）在眼眶的位置添加拓扑线，圆滑眼睛周围轮廓的形状，如图4-132所示。	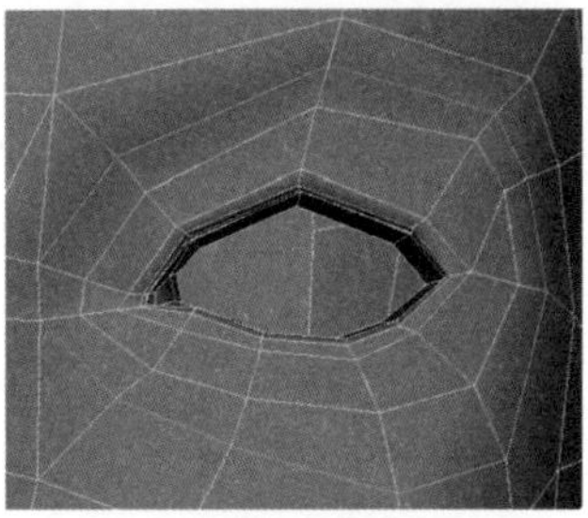 图 4-132
36）删除鼻根部多余的线段，效果如图4-133所示。	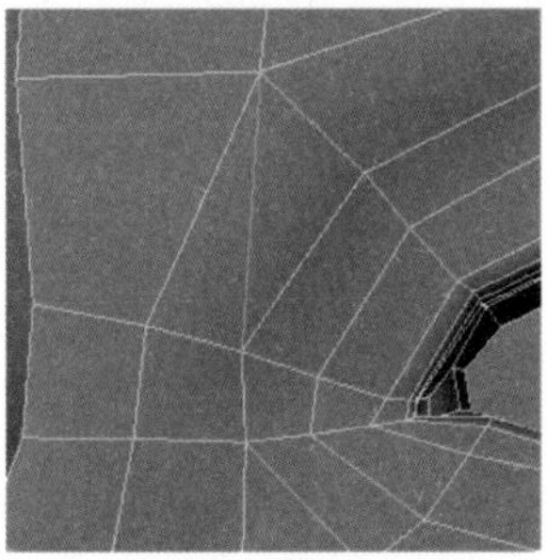 图 4-133
37）选择“Split Polygon Tool”（分割多边形工具）命令，从内眼角到鼻翼添加一根拓扑线，如图4-134所示。	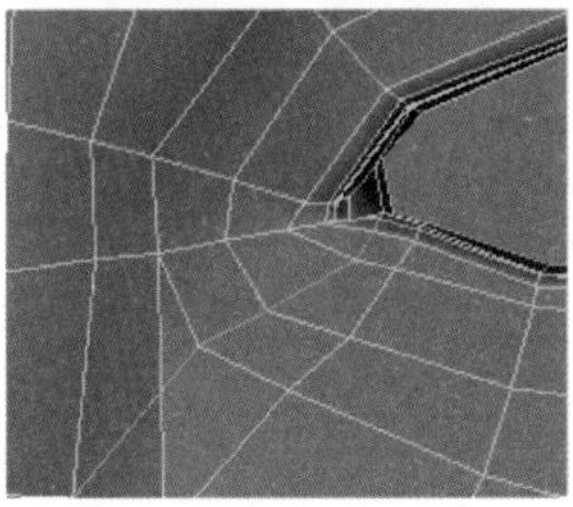 图 4-134

38）在鼻子正面往后脑顺出一根线，将鼻梁加宽，如图4-135所示。	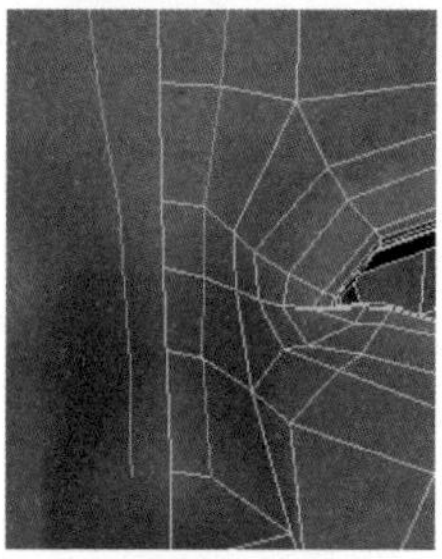 图 4-135
39）在鼻翼上端加线，连接到面部的五角星处，即颧骨位置，如图4-136所示。	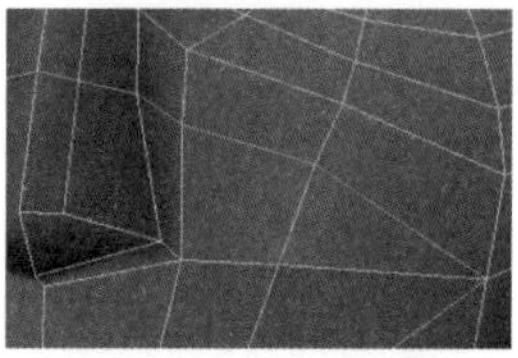 图 4-136
40）更改鼻翼底端的线，沿着口轮匝肌的方向，在嘴巴周围添加环线。删除之前鼻翼底端横向的线，如图4-137所示。	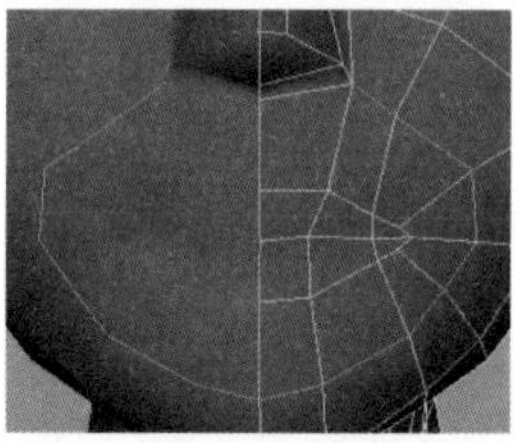 图 4-137
41）选择鼻翼上的2个面，执行“Extrude”（挤出）命令，抬高鼻翼，如图4-138所示。	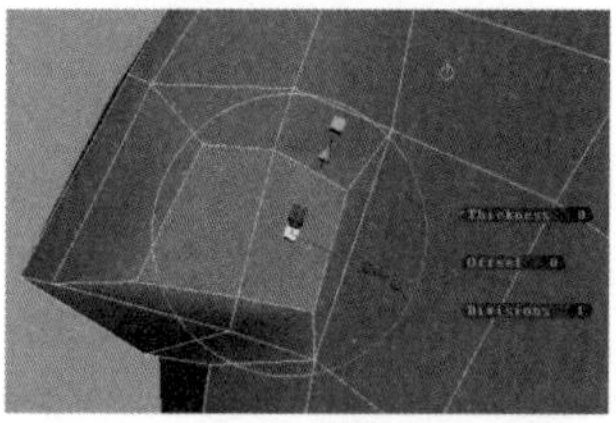 图 4-138
42）将鼻翼底部挤出来的一根线删除，如图4-139所示。	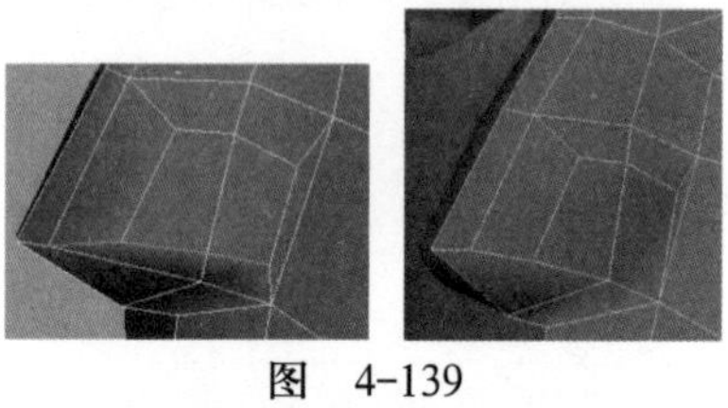 图 4-139
43）选择鼻底的面，重复执行3次“Extrude”（挤出）命令，制作出鼻孔。注意鼻孔的位置离脸部近，鼻头的肉要厚一些，如图4-140所示。	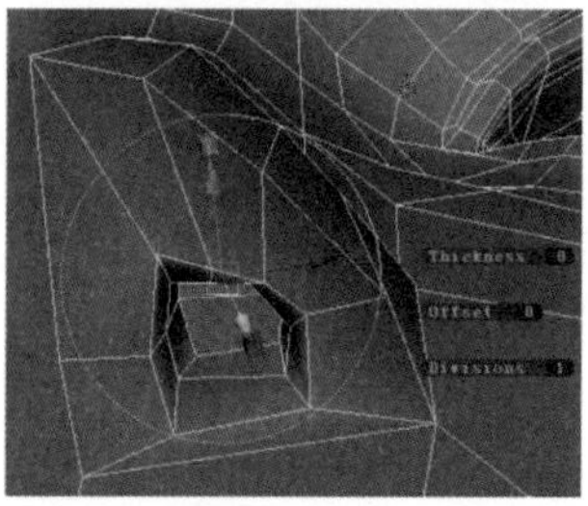 图 4-140

44）同样沿着口轮匝肌的走向，从鼻头至下巴添加环线，调整鼻头、鼻翼和下巴的弧度，如图4-141所示。	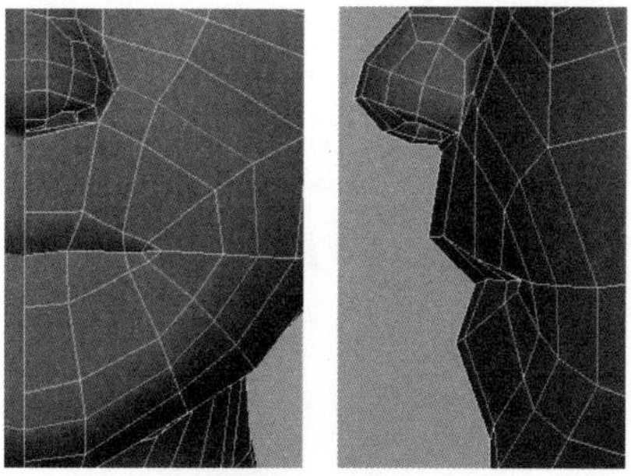 图 4-141
45）更改鼻底的线，让模型保持由四边形面构成，如图4-142所示。	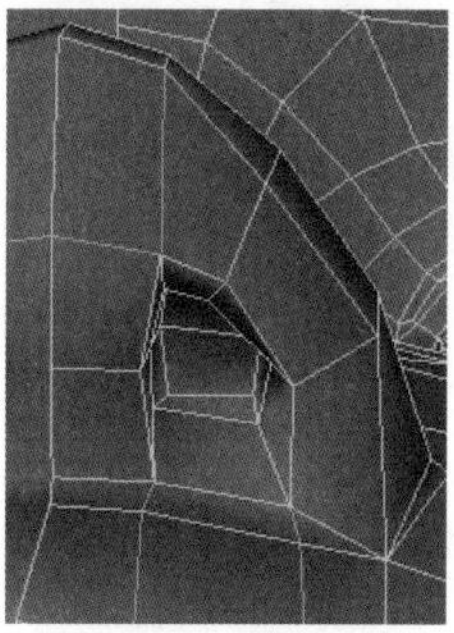 图 4-142
46）删除鼻孔底部的线，准备改线，如图4-143所示。	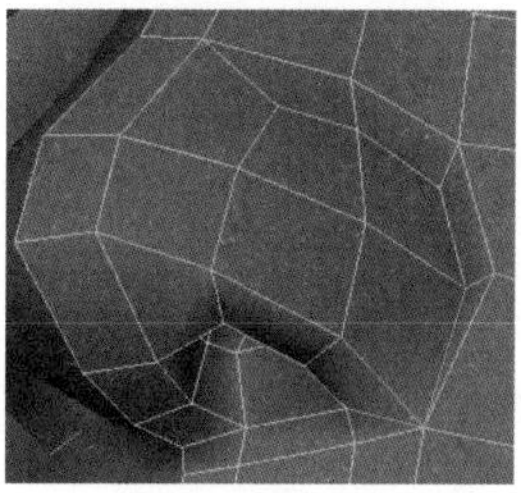 图 4-143
47）在鼻翼外围添加一根线，破除三边形的面，如图4-144所示。	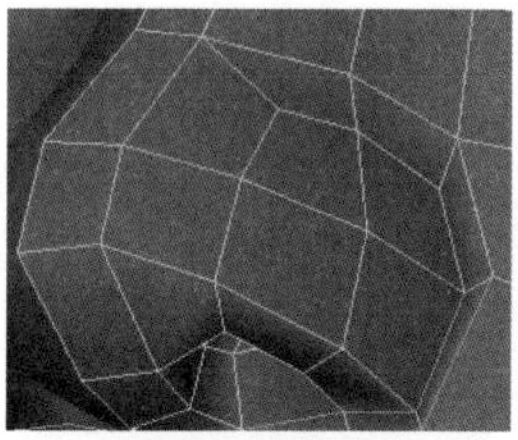 图 4-144
48）进入侧视图视窗，调整点，圆滑鼻底的弧度，如图4-145所示。	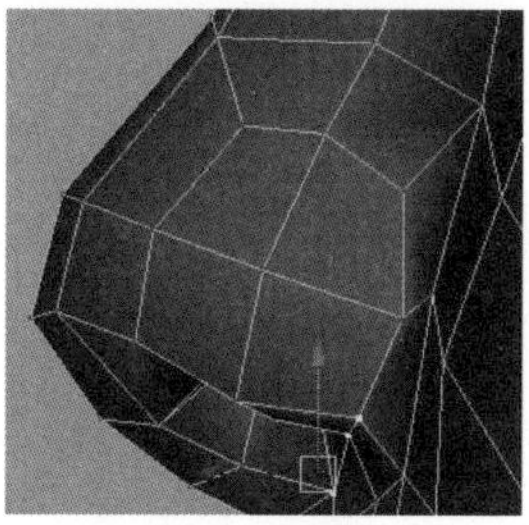 图 4-145

单元4

49）从上嘴唇到下眼睑添加拓扑线，圆滑面颊的弧度，并且调整嘴唇形状，效果如图4-146所示。	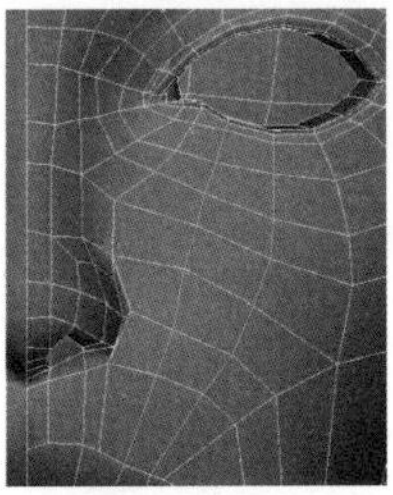 图　4-146
50）在嘴巴外围沿着口轮匝肌方向添加环线，压低下嘴唇的底部，如图4-147所示。	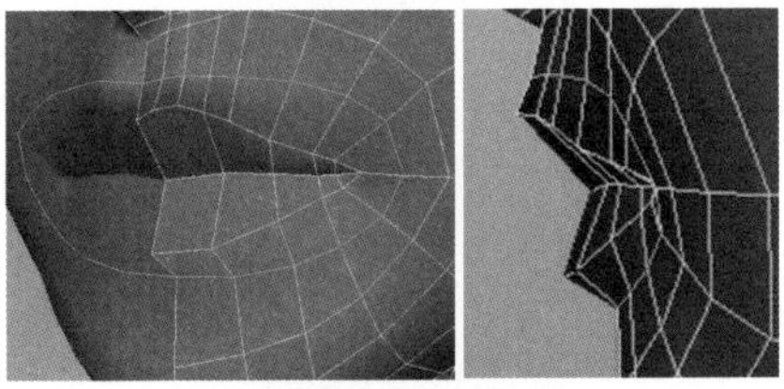 图　4-147
51）从鼻孔向上嘴唇顺线，调整嘴巴中缝线的形状，如图4-148所示。	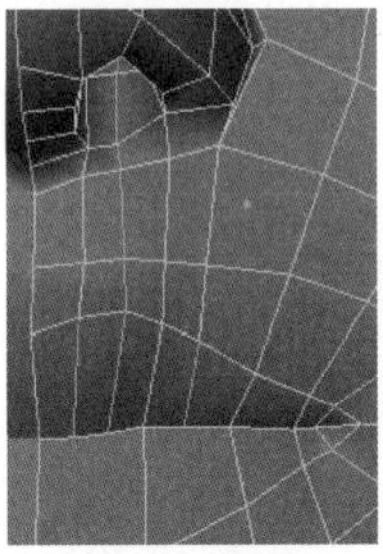 图　4-148
52）在嘴巴中缝添加一圈细密的环线，如图4-149所示。	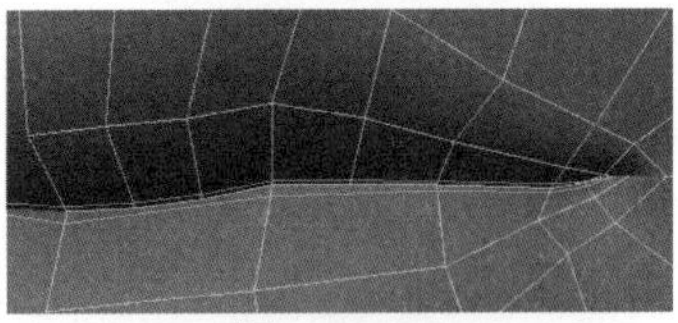 图　4-149
53）删除嘴巴中缝里的面，打开嘴巴，如图4-150所示。	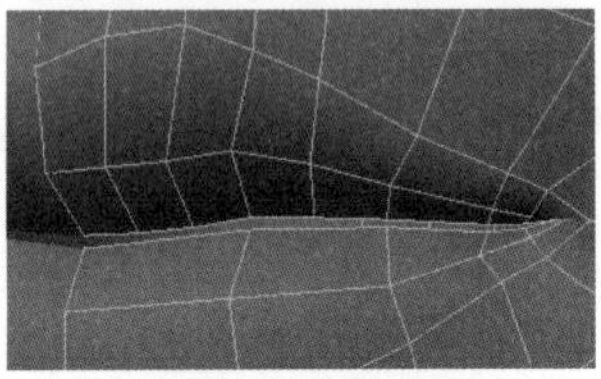 图　4-150
54）选择嘴巴中缝的环线，重复执行3次“Extrude”（挤出）命令，将嘴巴向口腔延伸，如图4-151所示。	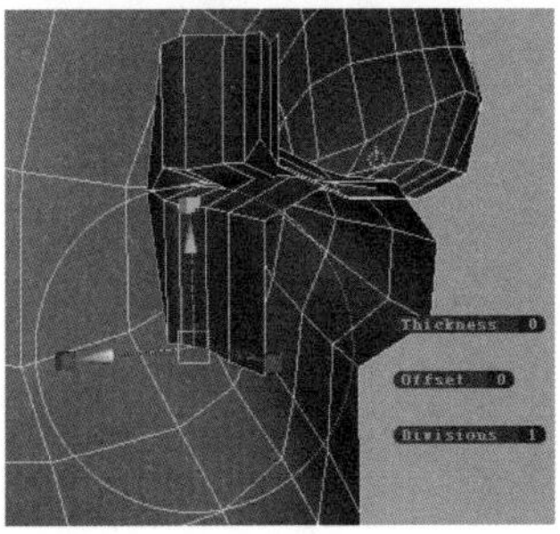 图　4-151

55）将嘴巴内侧的面上下穿插，这样在按<3>键平滑两级的效果下，嘴巴仍能够紧闭，如图4-152所示。	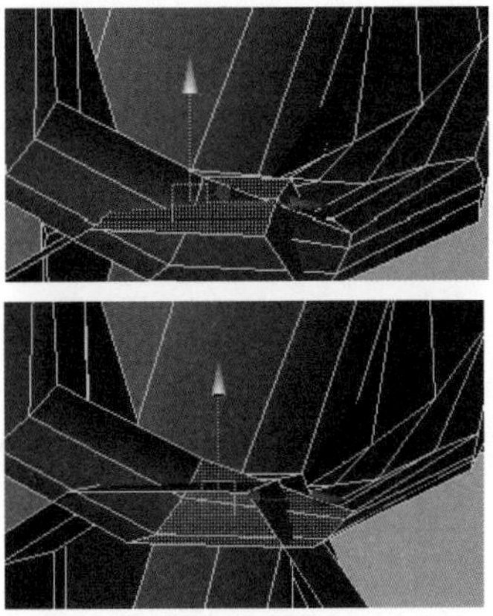 图 4-152
56）按<3>键，平滑嘴唇两级的效果如图4-153所示。	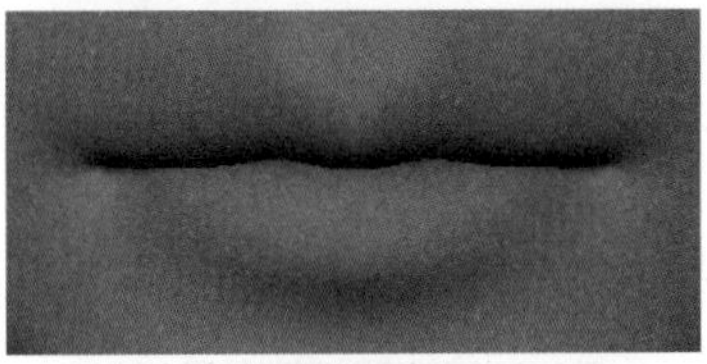 图 4-153
57）向前抬高唇珠的位置，饱满嘴唇中间的高度，如图4-154所示。	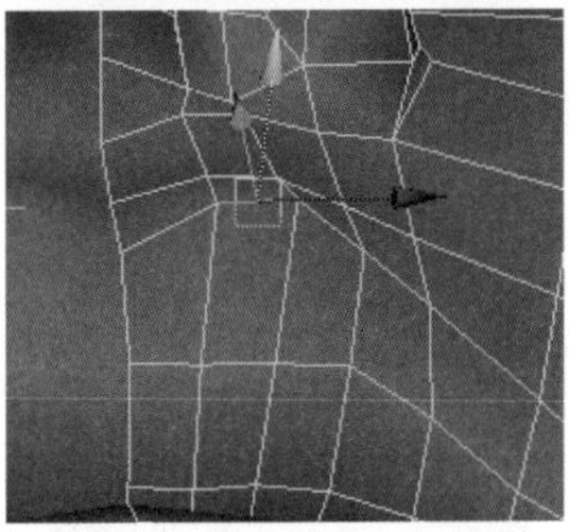 图 4-154
58）调节嘴唇的形状，圆润嘴型，如图4-155所示。	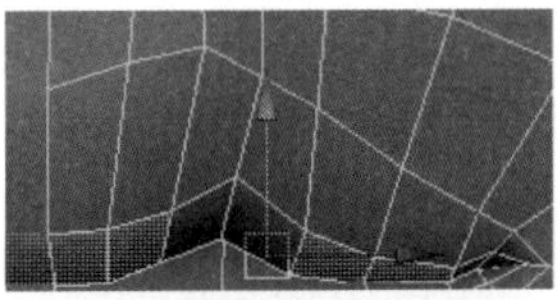 图 4-155
59）在嘴巴外围添加环线，加强唇线硬度，如图4-156所示。	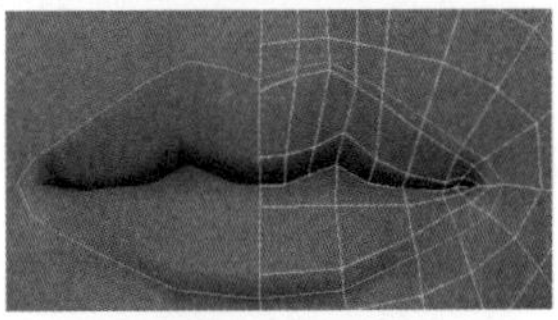 图 4-156
60）在嘴角向后脑添加2根线，增加嘴角细节，如图4-157所示。	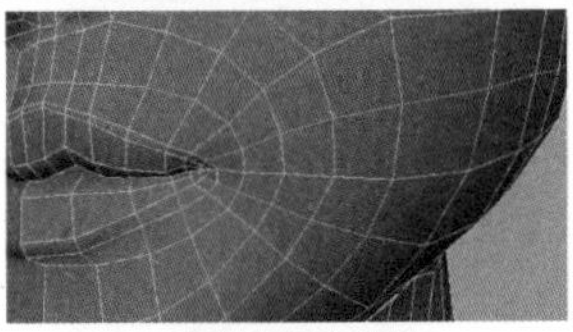 图 4-157

61）按＜3＞键，平滑两级的效果如图4-158所示。	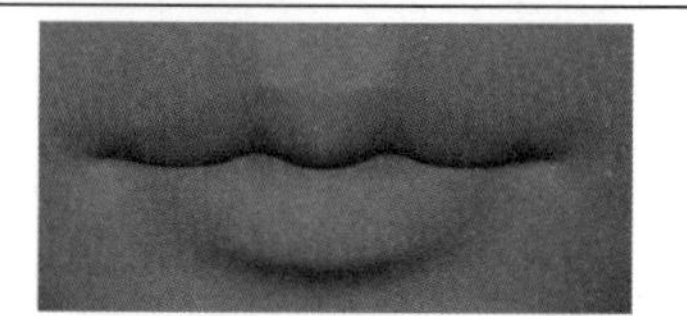 图　4-158
62）角色模型头部制作基本完成，效果如图4-159所示。	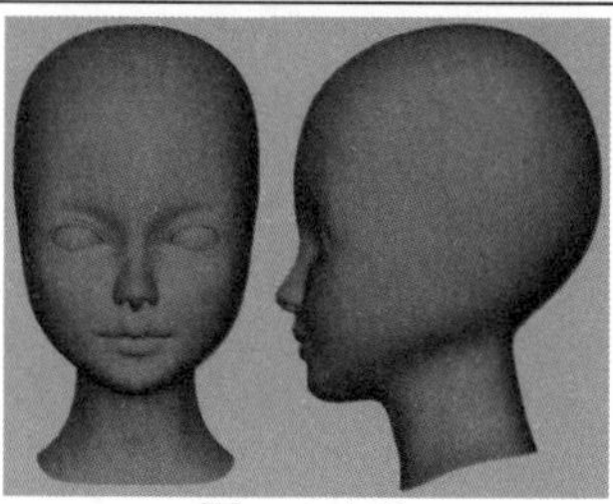 图　4-159

知识归纳

头部解剖基本知识

面部结构解剖图如图4-160～图4-162所示。

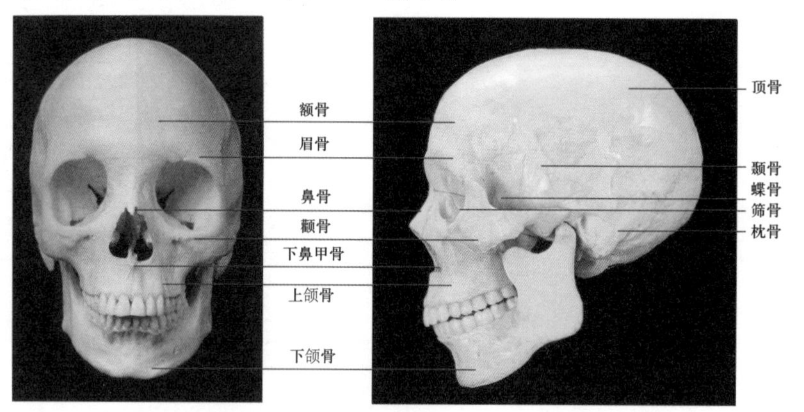

图　4-160

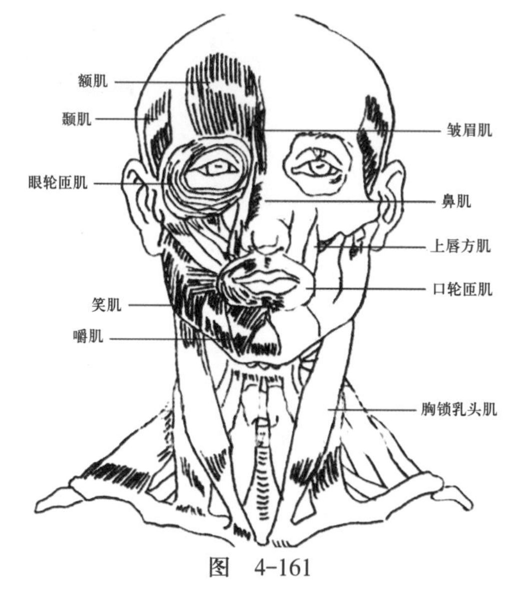

图　4-161

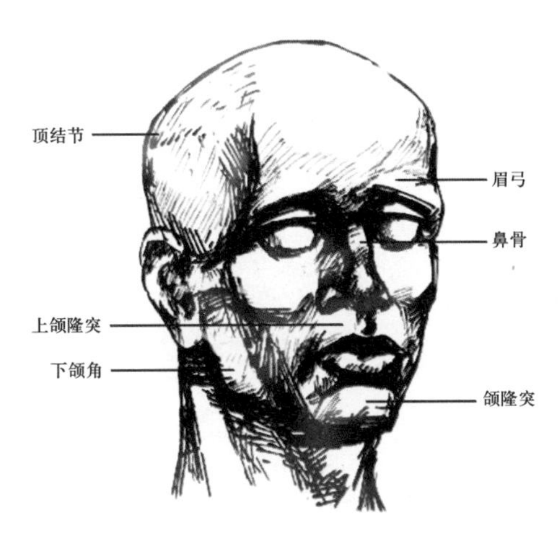

图 4-162

1．角

在颞线的中央，有一个突起的骨点，称为顶结节。两侧顶结节的连线长度是头宽最宽处。对一些哺乳动物来讲，顶结节是生长角的地方。

2．眉

从眼眶上缘向上一个眼眶的高度，左右各有一个骨点，称为“额结节”，往下在眼眶的上缘，左右各有一个隆起，称为“眉弓”。男性的眉弓十分突出，女性较弱，它位于额骨下部的前上方。一般在制作男青年模型的时候都会做成眼神深邃的感觉，关键点就是这个眉弓的结构以及和眼睛、额头的连接走势，如图4-163所示。

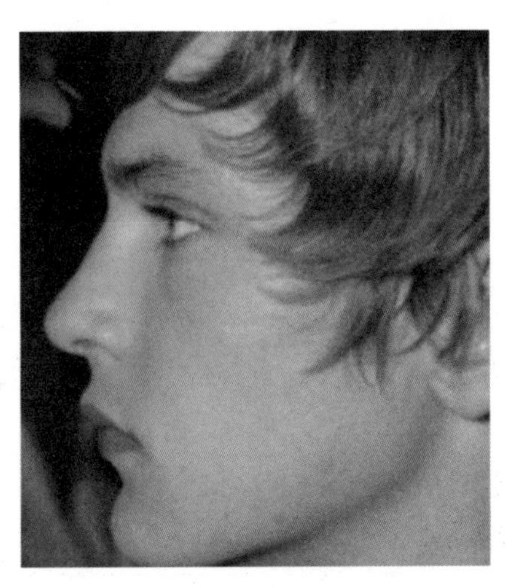

图 4-163

3．眼

眼的外形是由框部（眼眶）、眼球和眼睑（上下眼皮）3个部分组织构成。

眼是建立在眼球的“球体”结构基础之上的，做好了眼球球体结构将使眼睛看起来更加立体。另外，侧面看起来上眼睑要比下眼睑高，如图4-164所示。

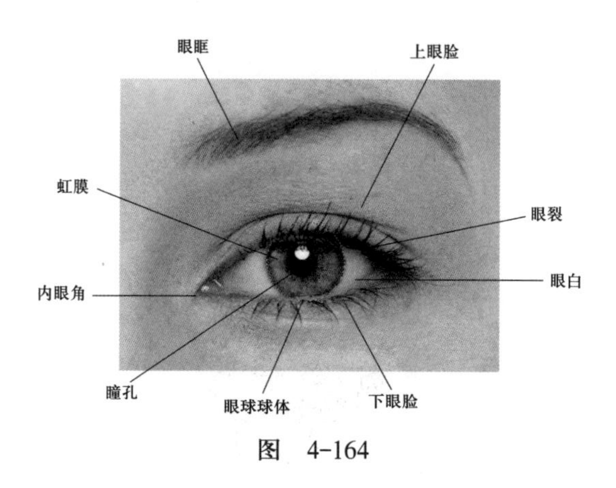

图 4-164

眼睛的具体塑造。

不同的眼型体现不同的人物性格，如圆形的杏眼、妩媚的丹凤眼、桃花眼等。眼部微妙的变化可以体现角色内心的情感变化，是表现独特神韵之所在，所以在制作眼部造型时要格外细致谨慎。但无论如何塑造眼部，首先要记住眼球是圆的，而眼皮是覆盖在眼睛上的薄且均匀的一层皮，如图4-165所示。

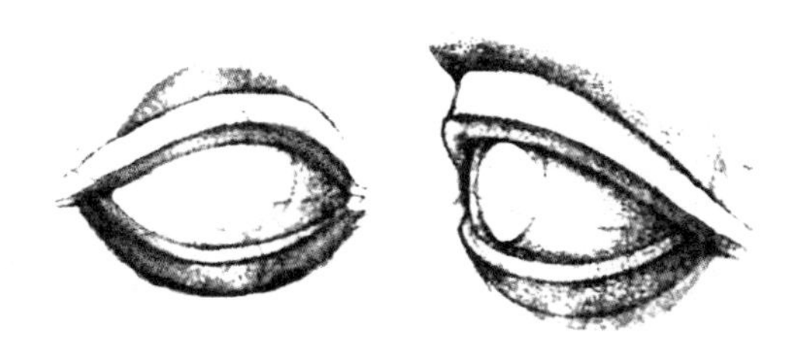

图 4-165

4. 鼻子

鼻子是“气质”的体现。鼻位于脸部中央，上端狭窄，下端宽大。鼻外形可分为鼻根、鼻梁、鼻背、鼻尖、鼻翼、鼻孔和鼻底等部分。鼻骨结构解剖图如图4-166所示。

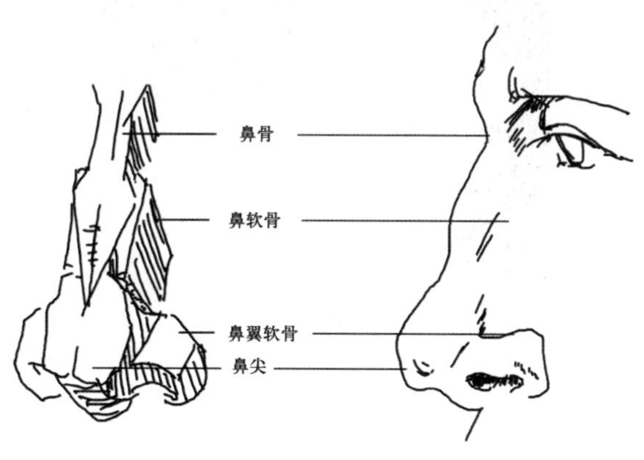

图 4-166

鼻背是一块连接面部的肌肉，愤怒、皱鼻子的表情，就是这块肌肉在起作用。鼻背起到连接鼻子和脸部的作用，会使得鼻子与整个脸部更加和谐。

5．嘴

嘴是最能体现面部感情的地方。五官中，嘴巴是最有发挥空间的地方，尤其是上唇结节和嘴角的弧度以及嘴角。

制作微笑的表情并不是简单地把嘴巴做成U字形，而是使嘴角的肌肉凹陷，唇形拉伸。表情严肃的“n”形嘴的嘴角就很浅，而上唇结节相对突出。嘴的基本结构如图4-167所示。

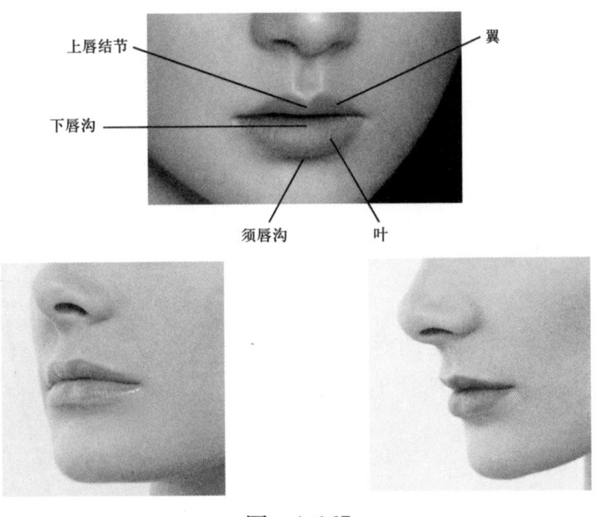

图 4-167

子任务2　制作角色的耳朵和手

本任务中首先要了解耳朵和手部的基本结构，可以提前阅读知识归纳。制作方法主要是通过添加环线命令并结合“Extrude”（挤出）命令制作大结构，运用细分模型相关编辑命令完成角色模型的耳朵和手的细节处理。本任务中的模型结构较为复杂，需要认真思考、细致调整布线。

制作流程

人物的耳朵和手是结构比较复杂、转折起伏变化较多的部位，需要掌握此部位的人体结构并以此结构添加、删除点来调整布线，保证造型的准确性。

1）耳朵主要由耳轮、对耳轮、耳窝、三角窝、耳屏、对耳屏和耳垂构成。制作耳朵时，先由耳轮开始创建。 在侧视图视窗中，新建一个平面，调整大小和拓扑线段数，将它摆放在耳轮脚的位置上，如图4-168所示。	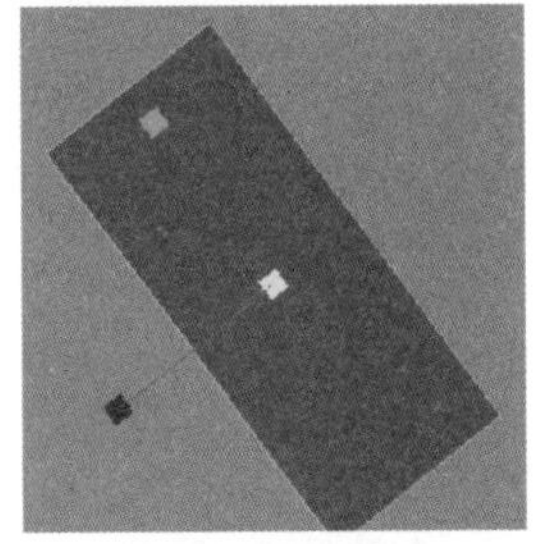 图 4-168

单元4

2）选择平面上端的线，重复执行多次“Extrude”（挤出）命令，将耳轮到耳垂的面创建出来，定下耳朵外轮廓的形状，如图4-169所示。	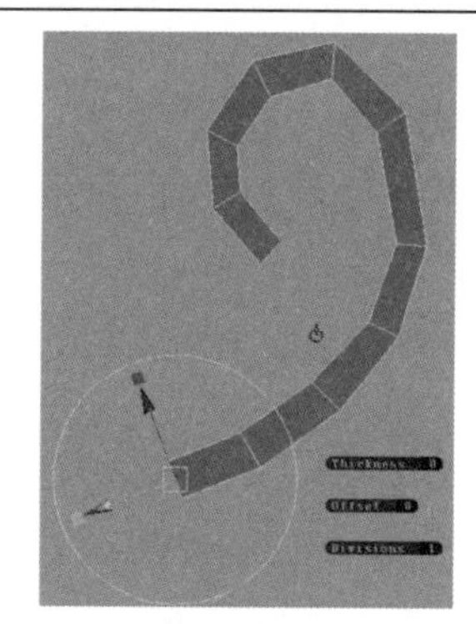 图 4-169
3）进入透视图视窗，将耳轮面冲下方的趋势旋转出来，从侧面调整耳朵的基本形状，如图4-170所示。	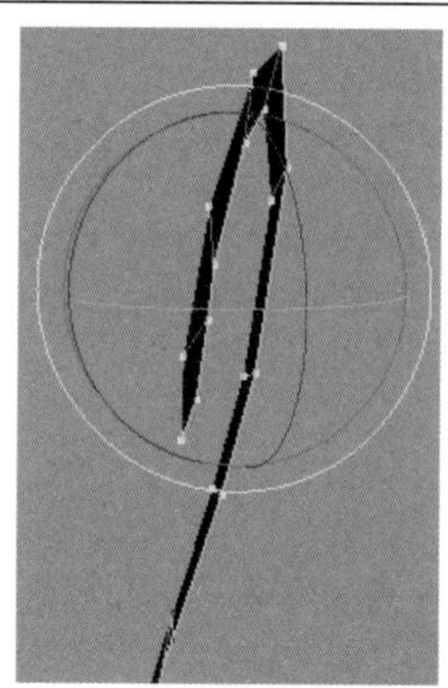 图 4-170
4）选择耳轮上对应着三角窝的2根线，执行“Extrude”（挤出）命令，挤出对耳轮的形状，如图4-171所示。	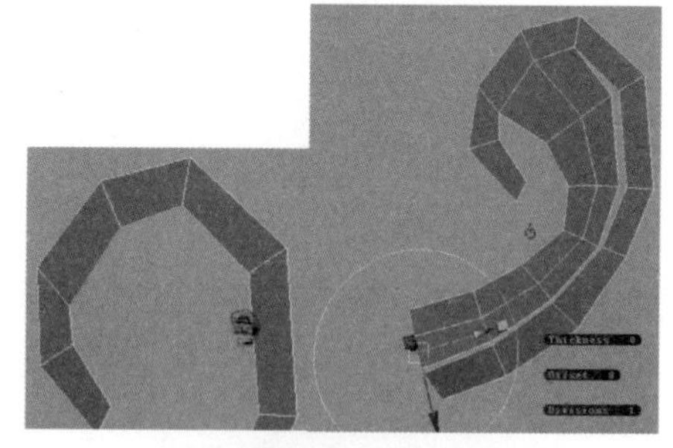 图 4-171
5）将耳轮和对耳轮相邻的点进行合并，如图4-172所示。	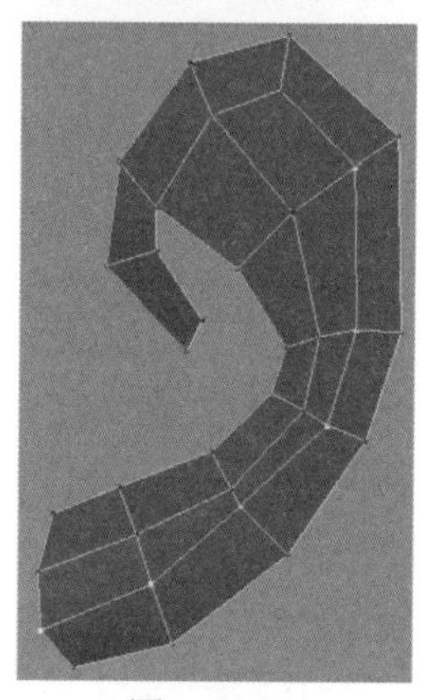 图 4-172

6）选择耳轮脚下端的线，执行“Extrude”（挤出）命令，连接到对面的对耳轮上，如图4-173所示。	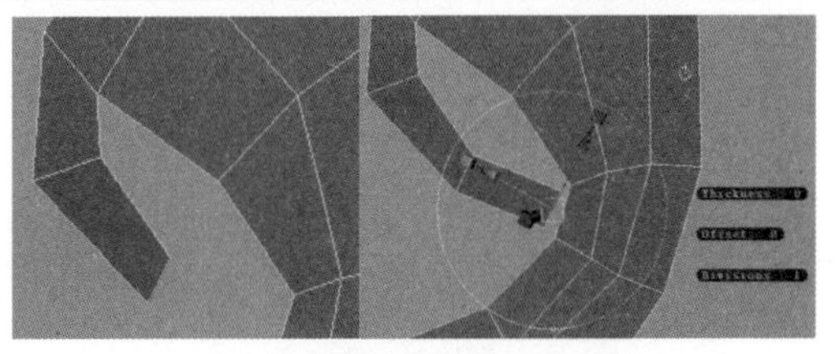 图　4-173
7）将挤出的面与对耳轮的一边进行合并，如图4-174所示。	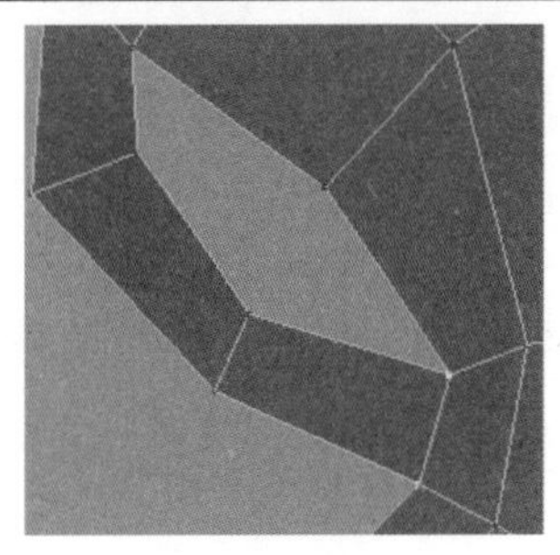 图　4-174
8）此时，模型中生成一个空洞。选择空洞上的环线，执行“Mesh”（网格）→“Fill Hole”（补洞）命令，如图4-175所示。	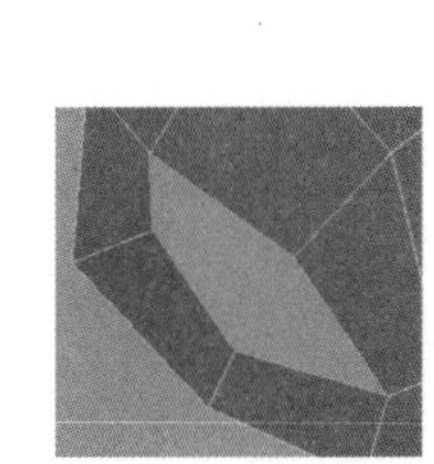 图　4-175
9）选择命令后，模型效果如图4-176所示。	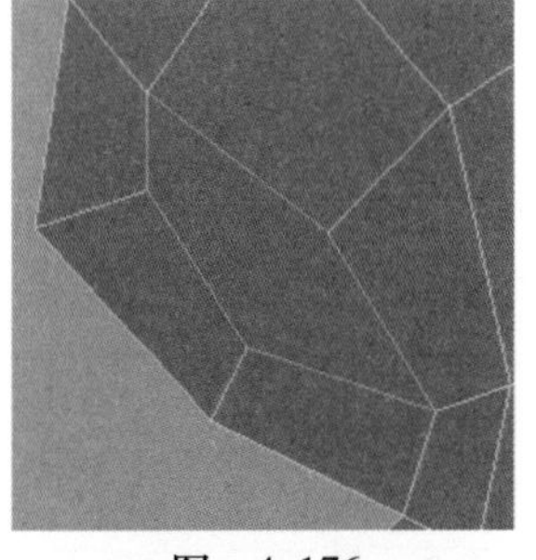 图　4-176
10）给填补好的模型添加一根拓扑线，破除五边面，如图4-177所示。	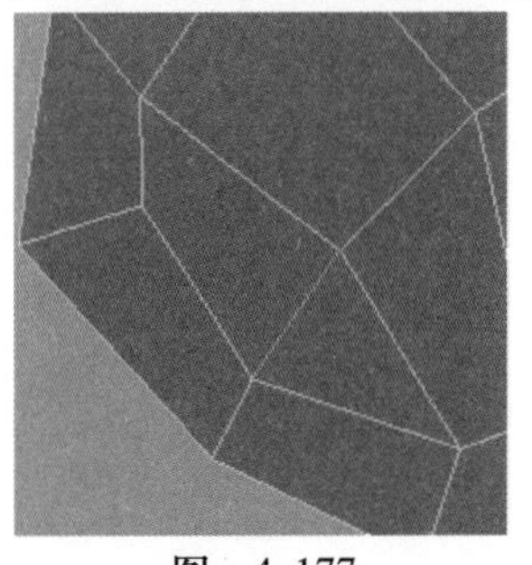 图　4-177

11）在三角窝的位置横向添加拓扑线，并调整出耳轮脚转向耳窝内的走势，如图4-178所示。	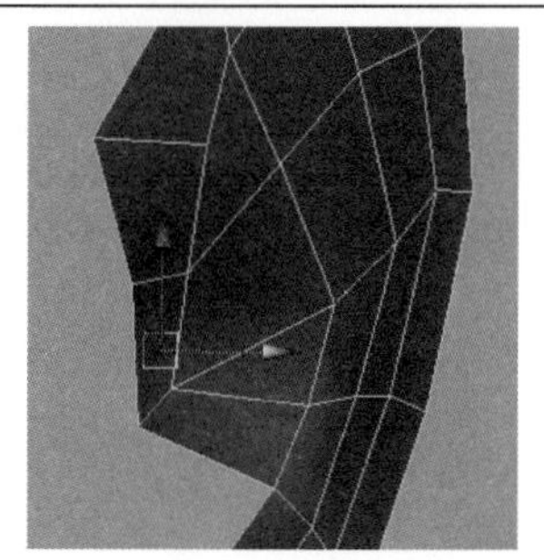 图　4-178
12）选择耳轮上的一根线，执行“Extrude”（挤出）命令，挤出耳屏，如图4-179所示。	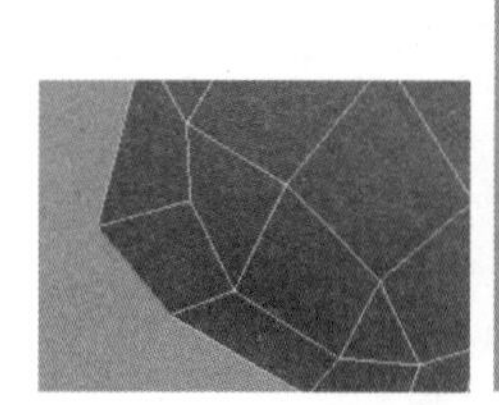 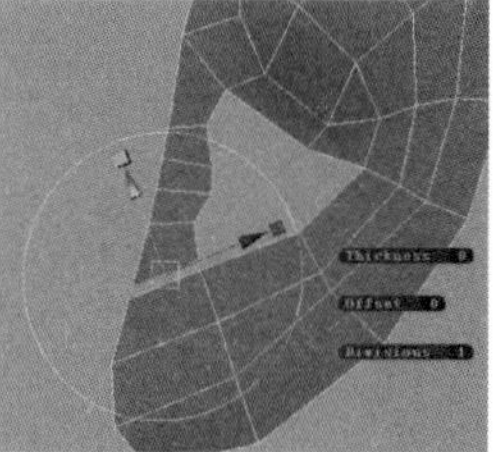 图　4-179
13）将耳屏与耳垂相邻的点合并，如图4-180所示。	 图　4-180
14）选择耳窝上的环线，向内挤出耳孔，如图4-181所示。	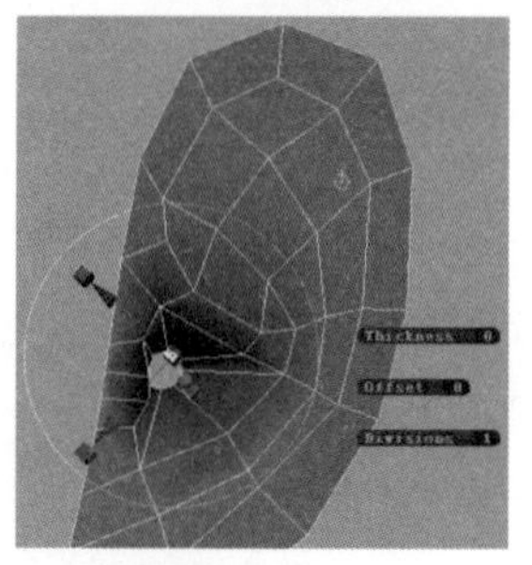 图　4-181
15）给挤出的耳孔添加3段环线，调节出耳孔的形状，如图4-182所示。	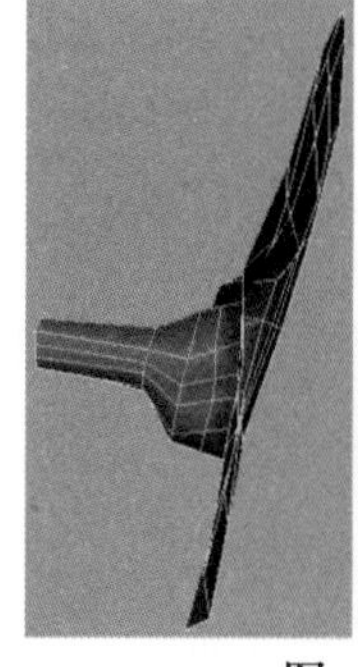 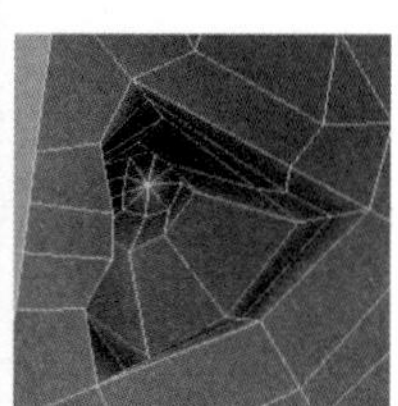 图　4-182

16）在对耳轮与耳轮之间加线，并将其压低，以便分开内耳轮和外耳轮，如图4-183所示。	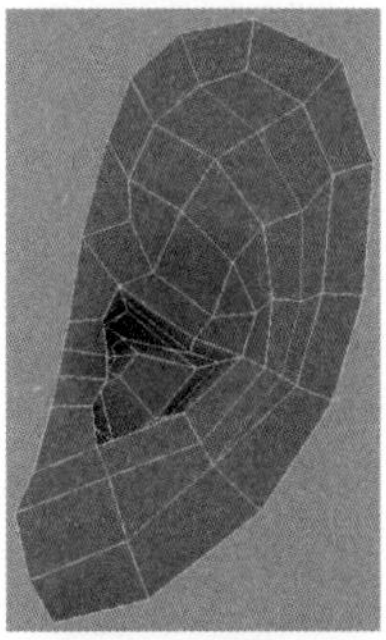 图 4-183
17）在耳窝上部加线，压低耳窝的位置，如图4-184所示。	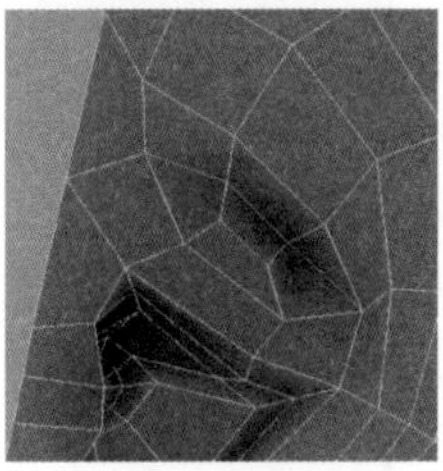 图 4-184
18）在耳轮内侧添加环线，压低环线突出耳轮内侧的深沟，如图4-185所示。	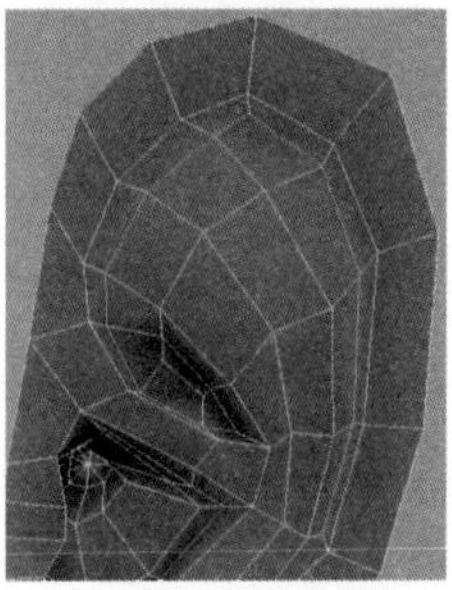 图 4-185
19）在耳轮脚添加线段，增加耳轮脚细节，如图4-186所示。	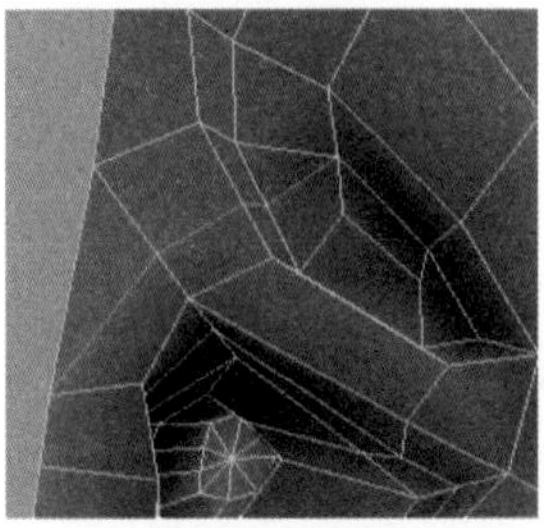 图 4-186
20）选择耳朵外侧的一圈环线，选择3次挤压，创建耳朵厚度，如图4-187所示。	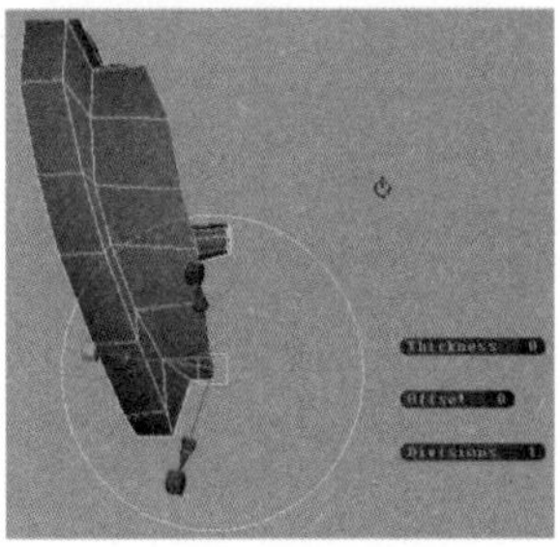 图 4-187

21）耳朵的制作基本完成后，在正、侧视图视窗中，将耳朵摆放到头部合适的位置，如图4-188所示。	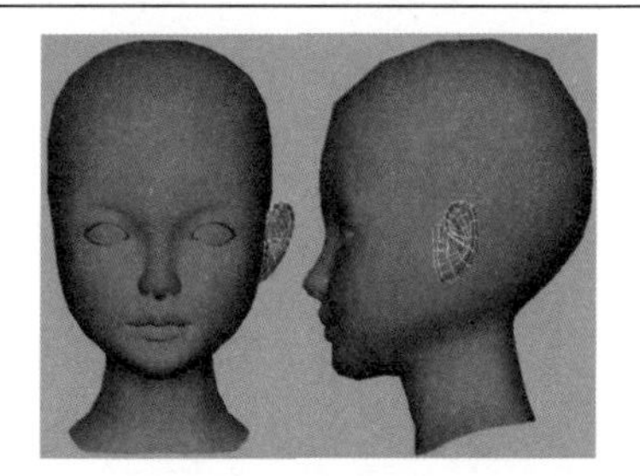 图　4-188
22）删除头部与耳朵相对应的面，将耳朵与头部合并，完成后的效果如图4-189所示。	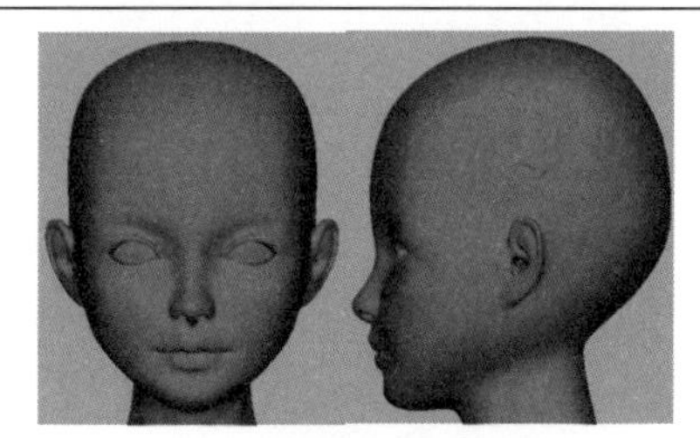 图　4-189
23）制作写实的手。先新建立方体，将其分成4等份，并调整出手掌大致的弧度，如图4-190所示。	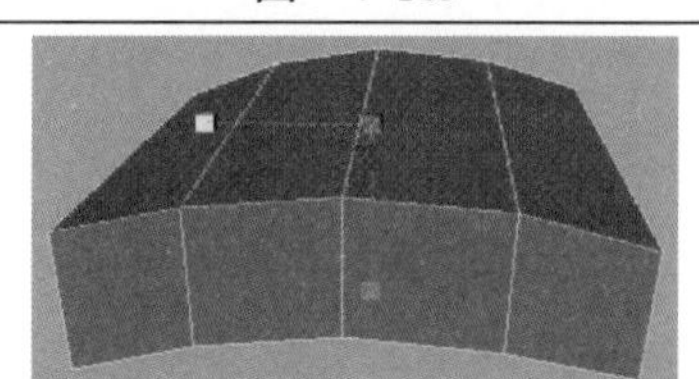 图　4-190
24）删除手腕位置的面，增加手心的厚度，如图4-191所示。	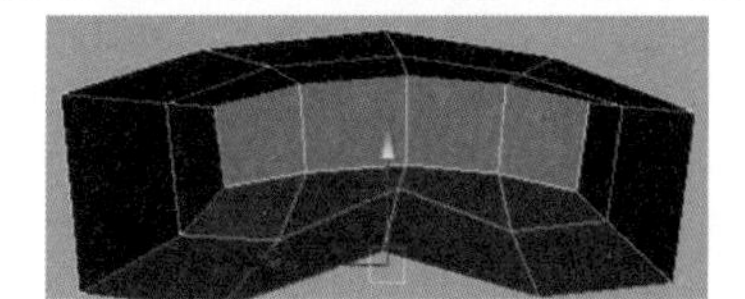 图　4-191
25）选择4个手指的面，分别挤出4根手指，如图4-192所示。	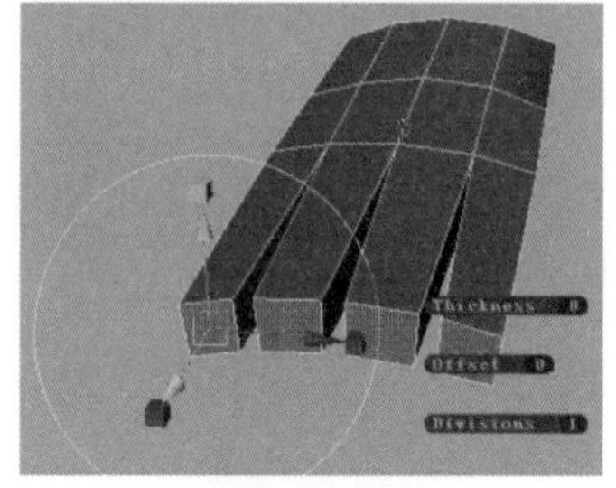 图　4-192
26）缩小指尖的大小，调整指头长度和方向，如图4-193所示。	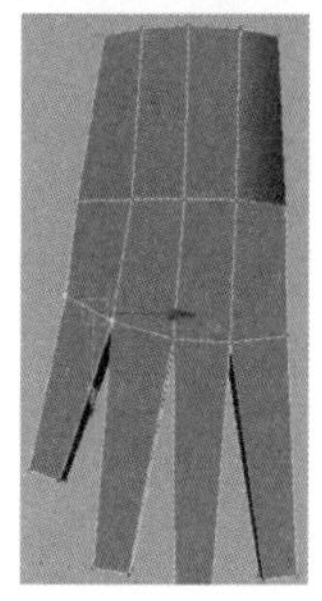 图　4-193

27）大拇指比四指的位置要低一些，选择大拇指根部的2个面挤出大拇指根部，如图4-194所示。	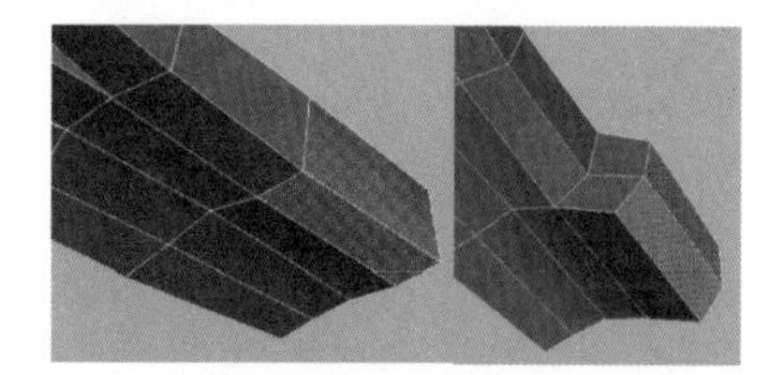 图 4-194
28）在手掌上添加2圈环线，将掌心中拇指和小指的鱼际肌群突起，如图4-195所示。	 图 4-195
29）将大拇指根部的线改线，方便挤出大拇指，如图4-196所示。	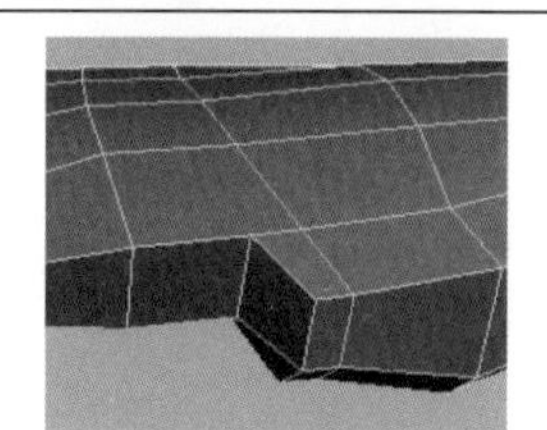 图 4-196
30）在整个手的侧面添加一圈环线，圆滑手指横向的弧度，如图4-197所示。	 图 4-197
31）将食指与中指中间的指缝延伸出来的线顺到手腕，如图4-198所示。	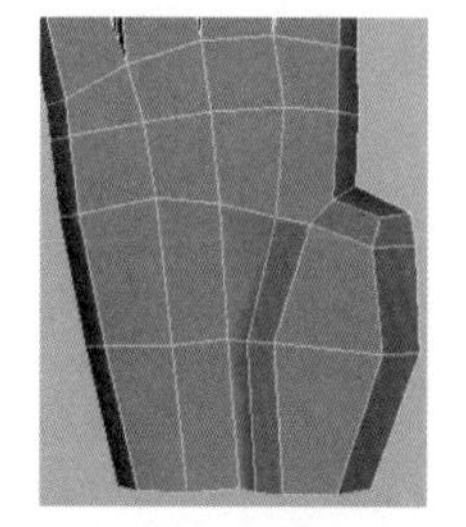 图 4-198
32）执行“Extrude”（挤出）命令，略微向下挤出大拇指，如图4-199所示。	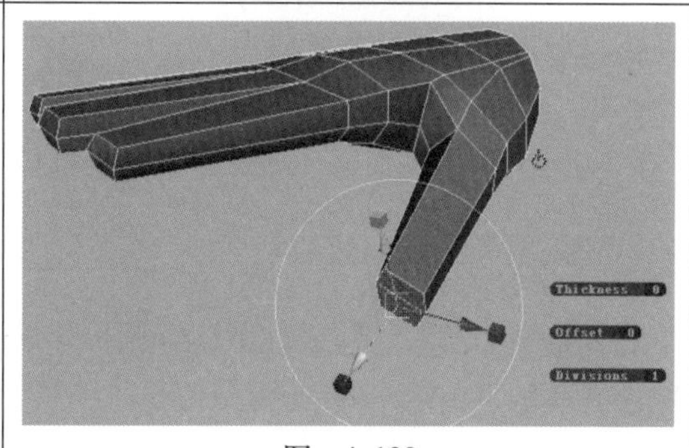 图 4-199

33）在每根手指上添加环线，圆滑手指纵向的弧度，如图4-200所示。

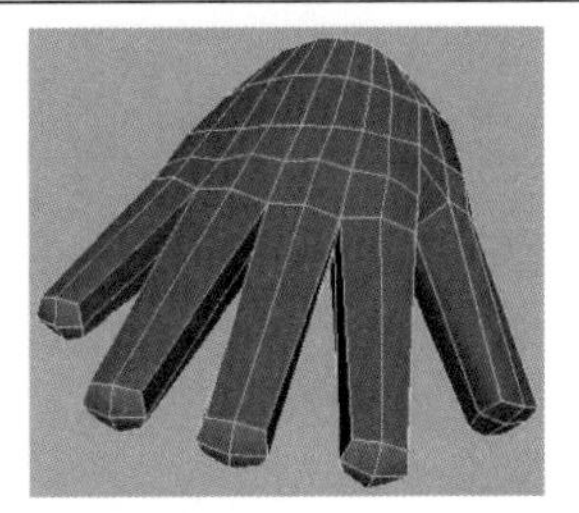
图 4-200

34）制作出3个指缝，效果如图4-201所示。

技法点拨：手指每一根都大致相同，除了大拇指少一个关节外，其余四指布线是一样的，所以只需制作一根手指，复制出其余4根即可。

选择5根手指，选择提取面命令，将它们与手掌分离，如图4-202所示。

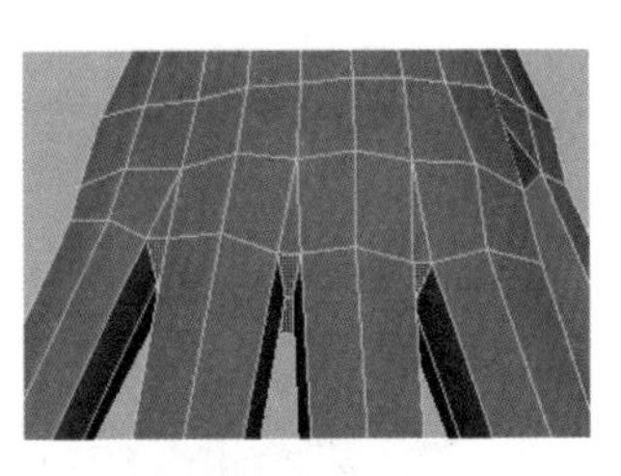
图 4-201

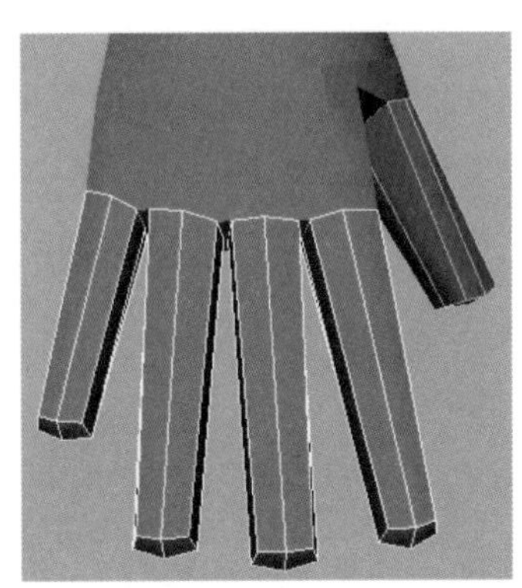
图 4-202

中指的方向与坐标轴一致，方便制作，因此，先制作中指。选择其余四指，在层编辑栏中选择，将它们放入层中，并选择T将层进入线框显示模式，如图4-203所示。

层进入线框显示模式后，模型便无法操作，以避免误操作，如图4-204所示。

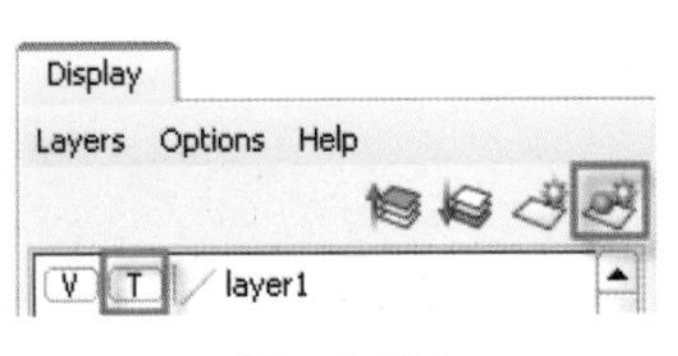

图 4-203

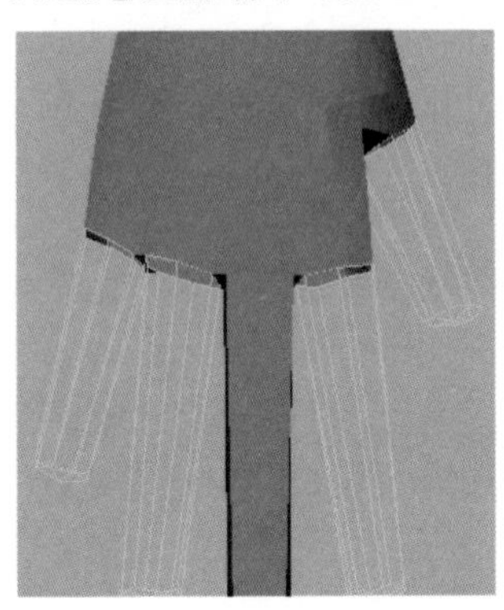
图 4-204

35）制作指节。先添加2圈环线，将手指分成3段，如图4-205所示。

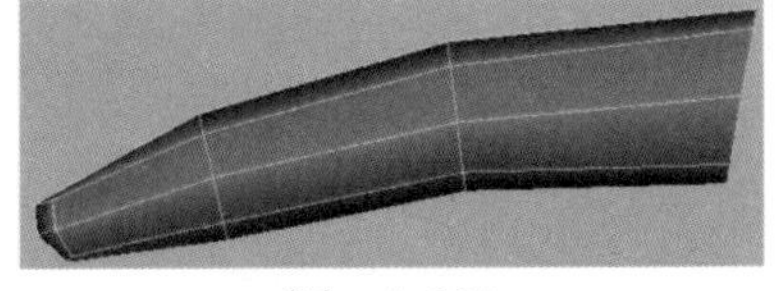
图 4-205

单元4

36）给每个指节添加环线，饱满肌肉的弧度，如图4-206所示。	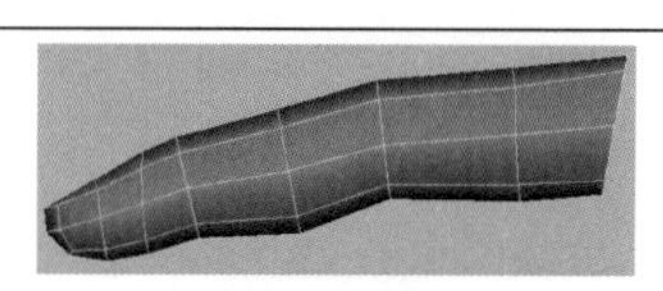 图 4-206
37）在关节两侧分别添加环线，固定关节，方便以后动画的制作，效果如图4-207所示。	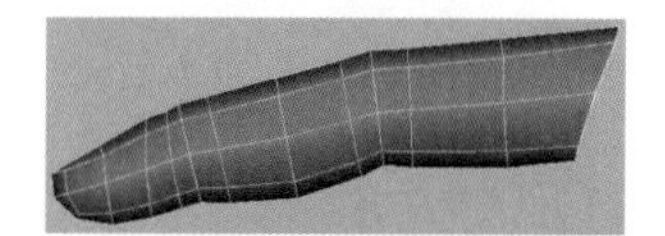 图 4-207
38）制作指甲。选择指甲位置的4个面，先向里执行“Extrude”（挤出）命令，创建甲床，如图4-208所示。	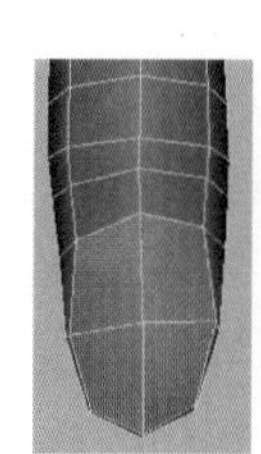 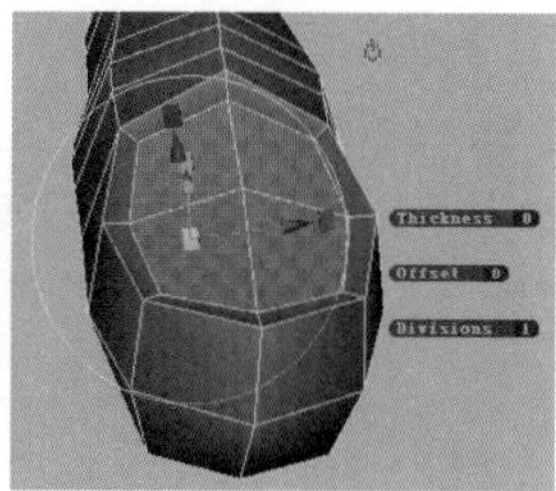 图 4-208
39）重复执行2次“Extrude”（挤出）命令，创建甲面，效果如图4-209所示。	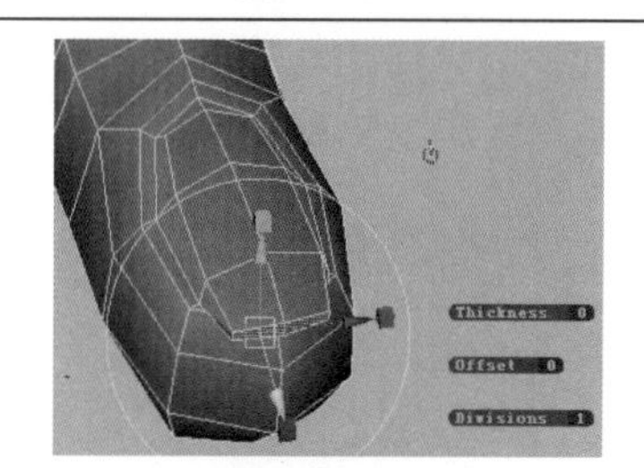 图 4-209
40）复制其余4根手指，摆放到相应的位置后进行合并，如图4-210所示。	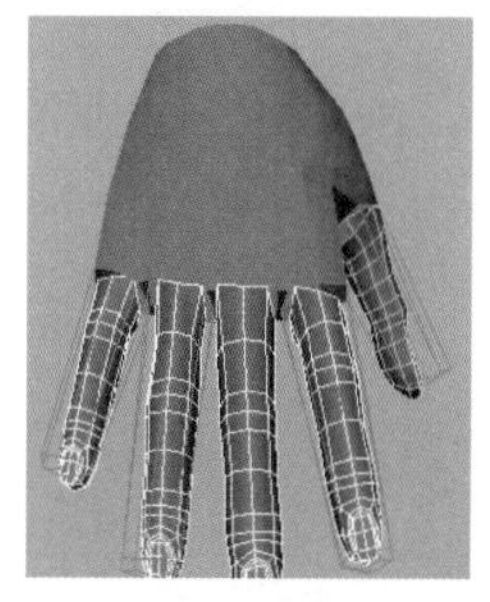 图 4-210
41）在指根部添加环线，固定关节，效果如图4-211所示。	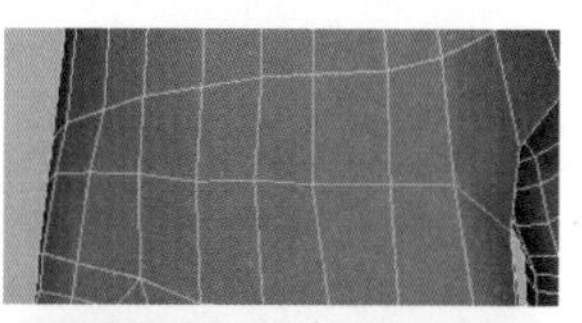 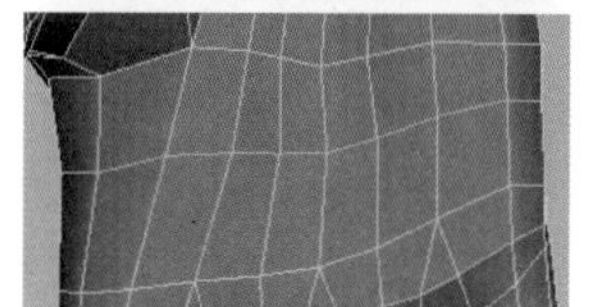 图 4-211

<table>
<tr><td>42）更改拇指根部的线，使线从虎口顺出来，如图4-212所示。</td><td>
图　4-212</td></tr>
<tr><td>43）改线，将拇指根部的线向手掌连接，如图4-213所示。</td><td>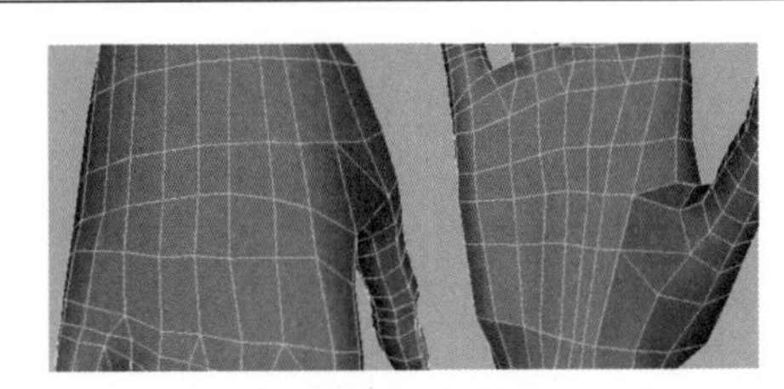
图　4-213</td></tr>
<tr><td>44）执行“Extrude”（挤出）命令，挤出手腕，如图4-214所示。</td><td>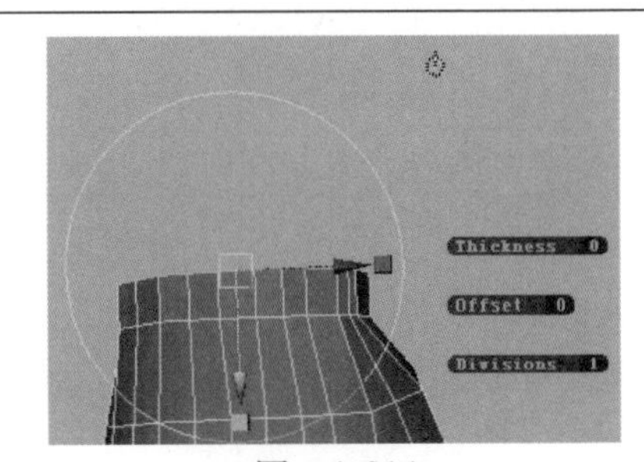

图　4-214</td></tr>
<tr><td>45）在大拇指根部添加3圈环线，固定拇指根部关节，如图4-215所示。</td><td>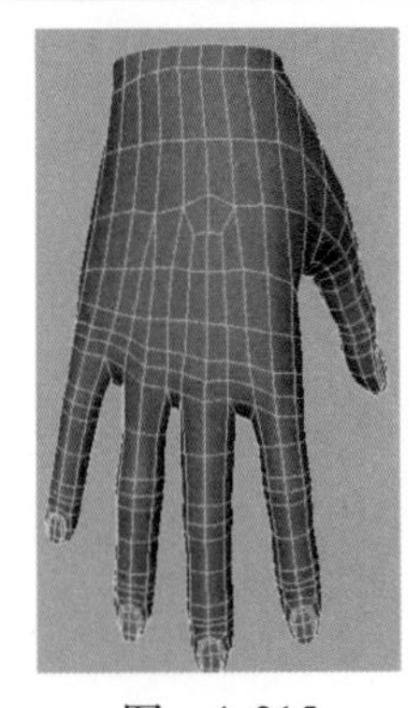
图　4-215</td></tr>
<tr><td>46）调整掌心布线，让布线适合手部肌肉的走向，如图4-216所示。</td><td>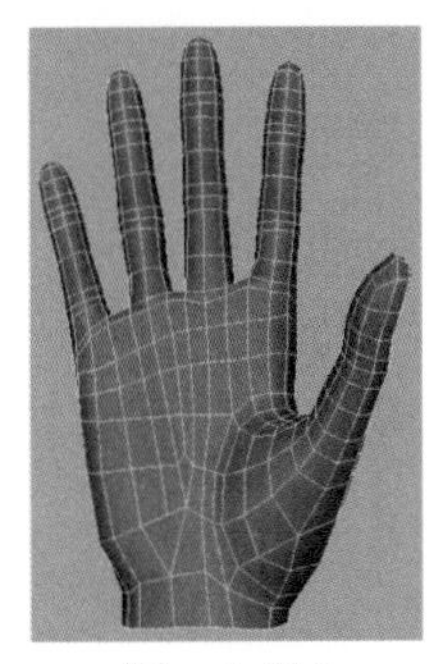
图　4-216</td></tr>
</table>

47）手制作完成后，简单挤出小臂的形状，如图4-217所示。	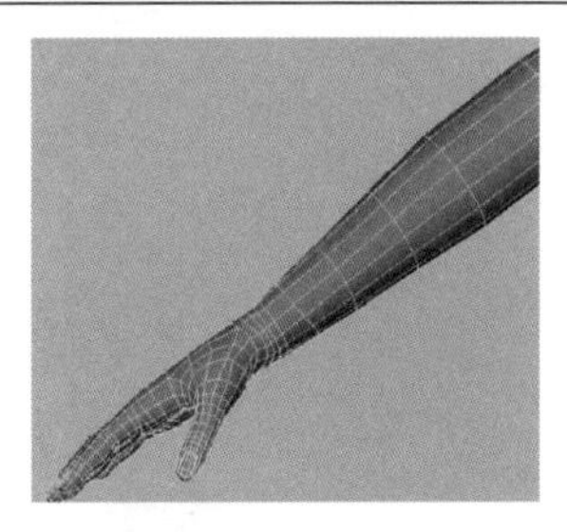 图 4-217

知识归纳

1．耳朵解剖基本知识

人耳朵按结构部位可分为外耳、中耳和内耳3部分。外耳包括耳郭和外耳道，耳郭借韧带、肌肉、软骨和皮肤附着于头颅两侧，除耳垂为脂肪与结缔组织构成而无软骨外，其余均为软骨组织。外耳道起自外耳门，止于鼓膜，外1/3属软骨部，内2/3属骨部。中耳包括鼓室、咽鼓管、鼓窦及乳突4部分。

因为耳朵结构多为软骨组织，所以一般在制作模型时注意加强平滑度柔软度，布线比较复杂。在制作模型之前，首先详细了解耳朵的结构，在调整模型的布线时就会轻松很多，耳部结构如图4-218所示。

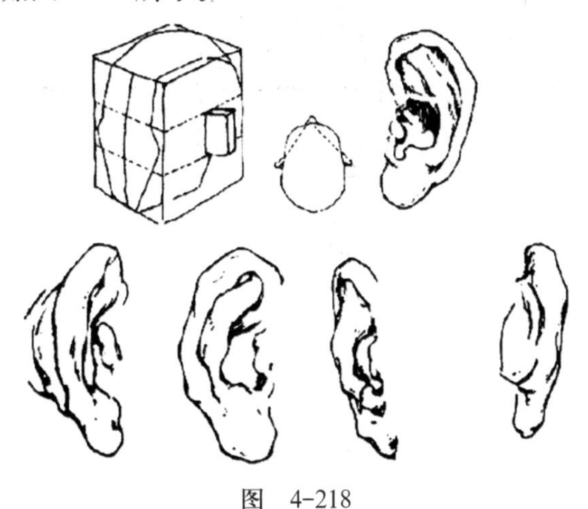

图 4-218

2．手的解剖基本知识

手的比例以及手与腕关节的关系

手部结构包括腕、掌、指3部分。腕部连接手与前臂，腕部骨骼与手的其他骨骼连在一起，形成一个完整的体积结构，腕和手一起活动。前臂的背面、腕、掌和指呈“降阶式”。要注意腕部在运动中的形状变化。手部的比例如下。

1）正面手掌长：正面手的中指长=4∶3。

2）正面手掌长：背面手的中指长=1∶1。

手部结构图、手部比例图分别如图4-219和图4-220所示。

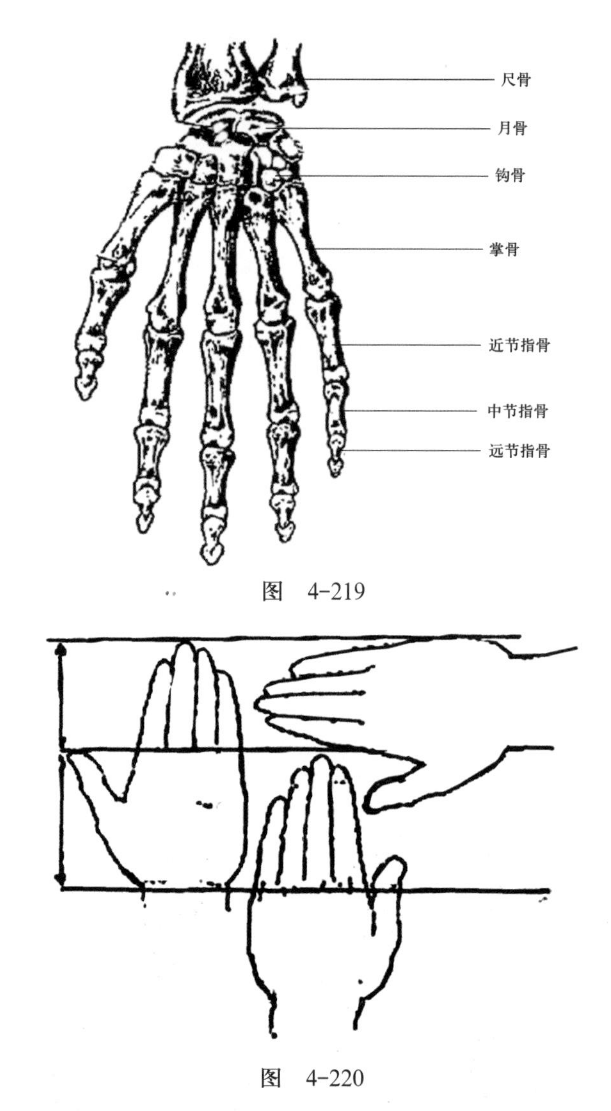

图 4-219

图 4-220

3．如何规范布线

（1）调整布线

在Maya角色的建模中通常采用添加线条的方法来破除三边形面和五边形面，即通常会采用四边形的建模，这是因为四边形面可以保证多边形模型选择“Smooth”（平滑）命令后仍然平滑顺畅，如果有三边形面或者多边形（大于四边）则“Smooth”（平滑）后会出现一些瑕疵。建模布线最好都是四边形面，如果实在改不了四边，则把三边或四边用排线法布到动画幅度小的地方。对模型规范布线是为了满足后期动画的需求，规范布线对骨骼绑定也有一定的帮助，布线杂乱无序还会影响到UV线。

模型的每个部件都要认真调整，必须要遵循最基本的布线要求才能实现，布线尽量用环线，用添加线条的方法来破除三边形面和五边形面布线。

（2）添加线和删除线

添加线和删除线在调整布线中是常用的方法，下面来看看几种方法的具体应用情况。

1）加点加线命令。

执行“Edit Mesh”（编辑网格）→“Interactive Split Tool”（交互式分割工具）命令，然后按<Enter>键，按<F9>键进入点层级下添加点，按<F10>键进入线层级下添加线，命令位置如图4-221所示。

2）插入循环边线。

执行“Edit Mesh”（编辑网格）→“Insert Edge Loop Tool”（插入循环边工具）命令，用它添加可以尽量避免三边形面、五边形面的出现，如图4-222所示。

3）特殊分割线。

执行“Edit Mesh”（编辑网格）→“Offset Edge Loop Tool”（偏移循环边工具）命令，使用率较低，一般是在需要中心对称分割时会用到，如图4-223所示。

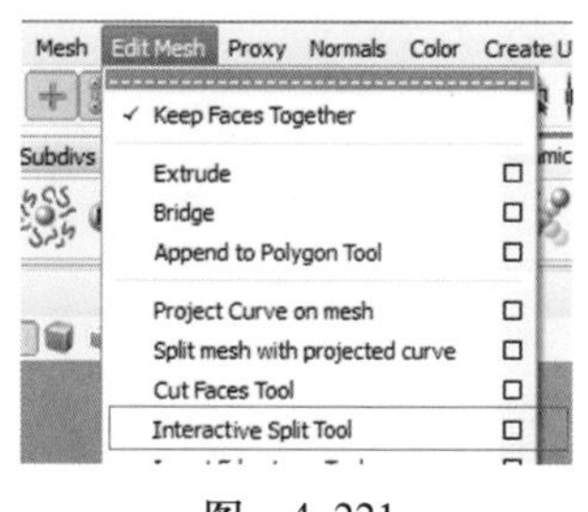

图 4-221

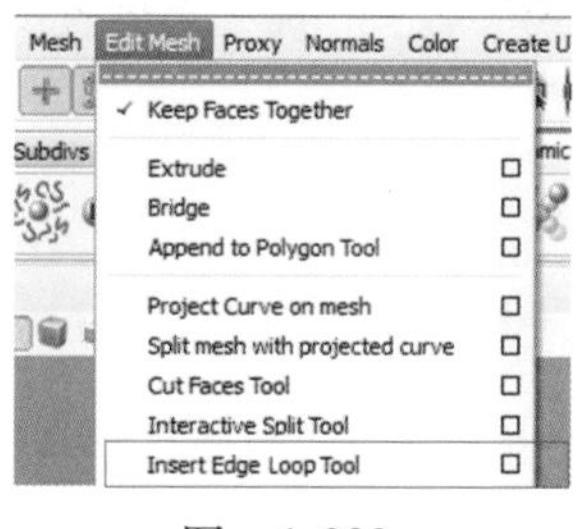

图 4-222

图 4-223

4）添加中分线。

在两段线中间加一条中分线，执行“Edit Mesh”（编辑网格）→“Insert Edge Loop Tool”（插入循环边工具）命令，选中“Multiple Edge Loops”（多重边环绕加线）单选按钮，如图4-224所示。

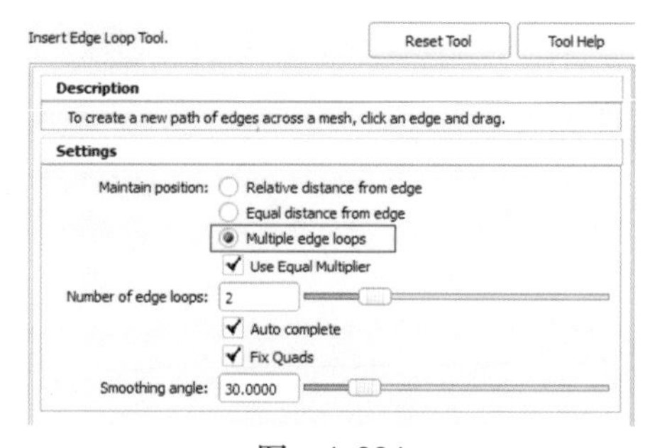

图 4-224

5）删除线。

在一般情况下，按<F10>键进入线层级下选中要删除的线，按<Delete>键即可，如图4-225所示。

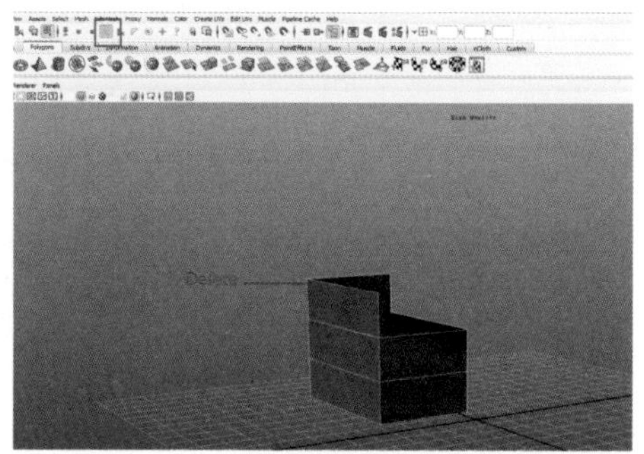

图 4-225

6）完全删除。

执行“Edit Mesh”（编辑网格）→“Delete Edge/Vertex”（删除边/顶点）命令，就能完全删除了，不会有多余的点留下，线也不会被分割，如图4-226所示。

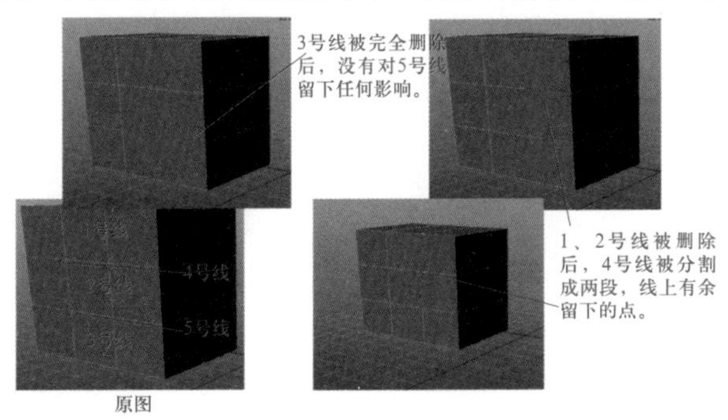

图　4-226

子任务3　制作角色的服装与头发

本任务简单创建身体框架，在框架基础上细化面并进行挤出制作服装。头发制作过程需要细心调整，每条头发面片需要单独编辑，再根据头部结构进行整体归纳，完成头发造型处理。

制作流程

制作服装前要基于头部模型，挤出身体基本轮廓，参照真人身体比例及人物设定原画的造型比例调整模型布线，同时基于身体模型结合“Duplicate Face”（复制面）、“Extrude”（挤出）和移动缩放等命令制作服装细节。

1）首先简单创建出角色模型身体，在身体的基础上制作衣服。选择脖子底部的环线，挤出躯干。删除多余的线，创建基本形体即可，如图4-227所示。	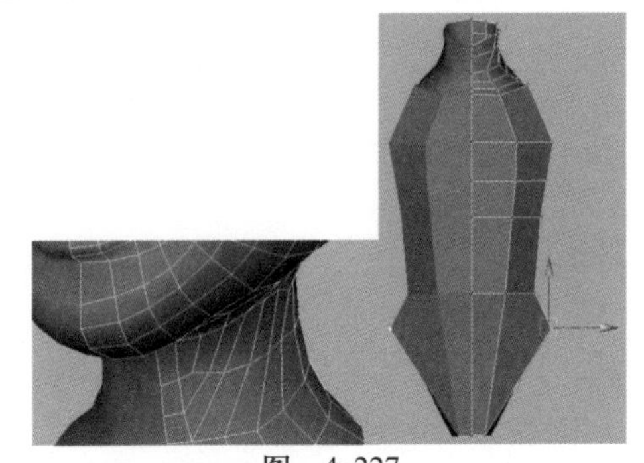 图　4-227
2）在耻骨添加一根拓扑线，预留出两腿之间的距离，调节大腿根部的形状，如图4-228所示。	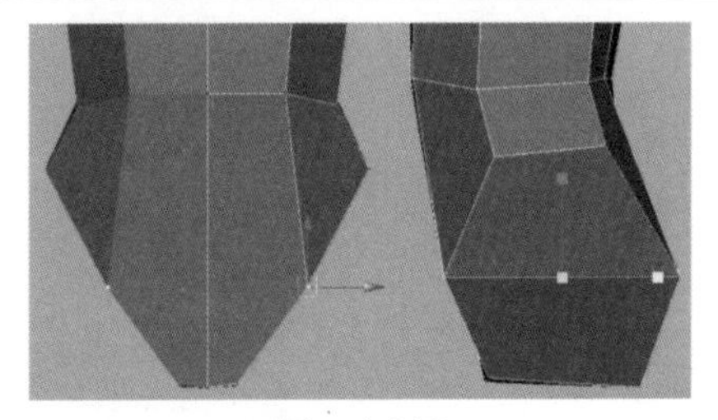 图　4-228

3）在胳膊处也添加一圈环线，效果如图4-229所示。	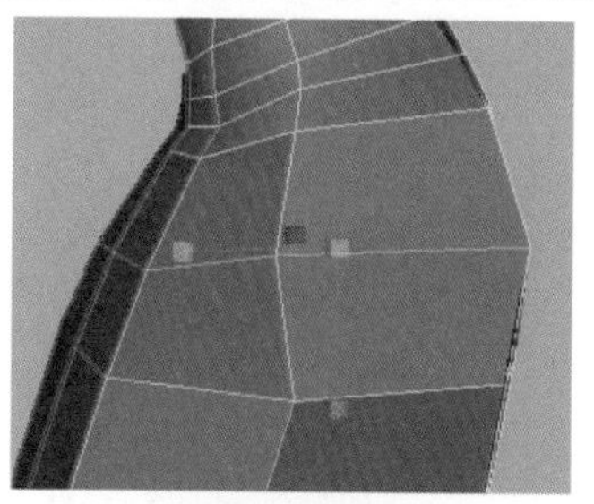 图 4-229
4）在整个躯干侧面添加环线，确定身体最宽的位置，如图4-230所示。	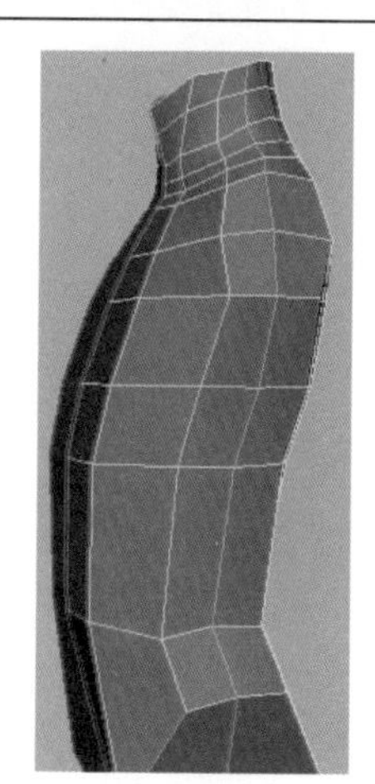 图 4-230
5）选择胳膊处的4个面，重复执行4次"Extrude"（挤出）命令，挤出胳膊，如图4-231所示。	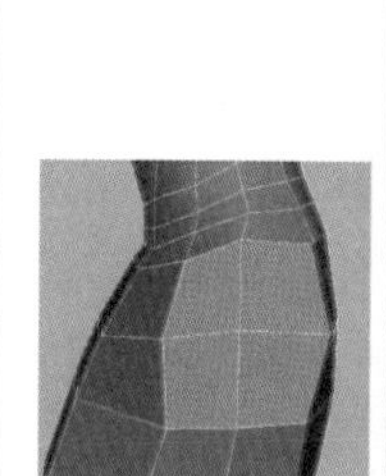 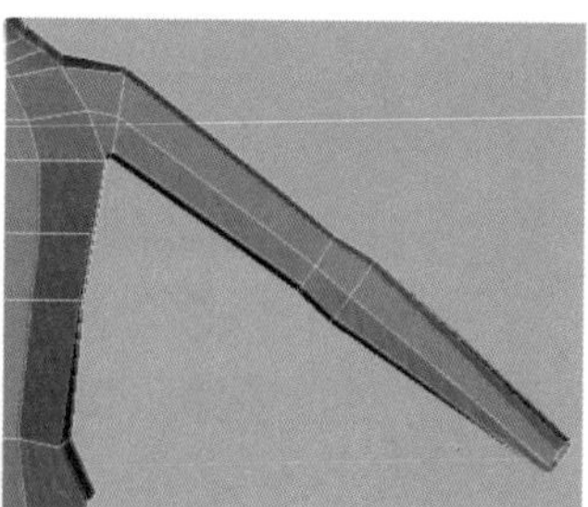 图 4-231
6）因为一般制作人物模型的T Poss（三维站立全身模型成T型）是掌心向下的，所以要将小臂沿逆时针方向稍作旋转，效果如图4-232所示。	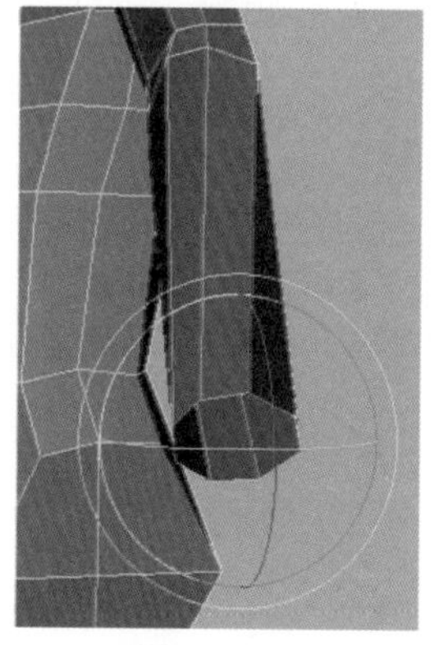 图 4-232

7）选择腿根部的4个面，重复执行4次“Extrude”（挤出）命令，挤出腿部，如图4-233所示。	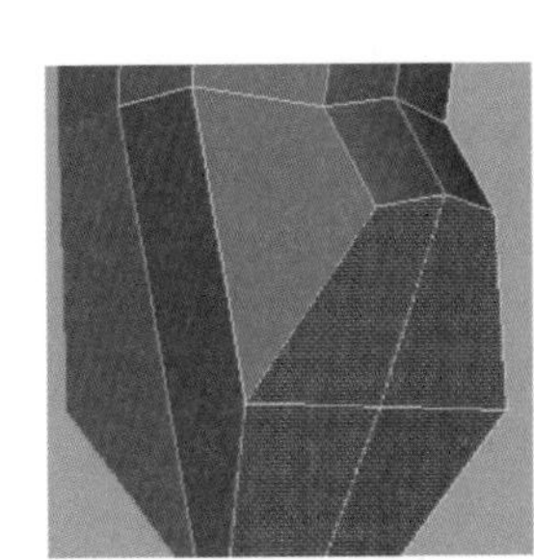 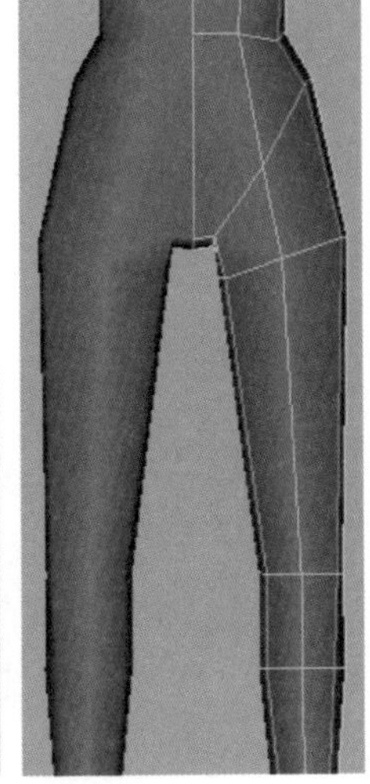 图 4-233
8）制作服装。选择身体上背心所对应的面，准备选择复制面命令，如图4-234所示。	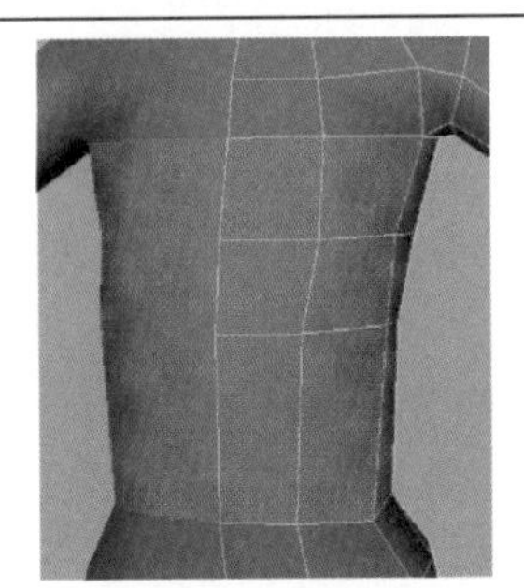 图 4-234
9）选择“Duplicate Face”（复制面）命令，拖动Z轴方向上的坐标轴将衣服放大一些，如图4-235所示。	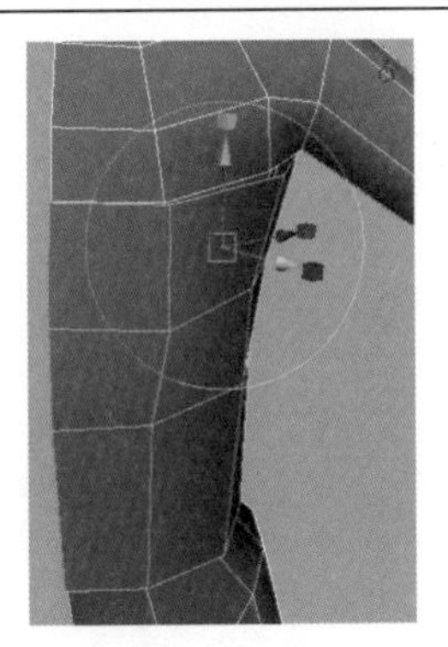 图 4-235
10）在下摆添加3根环线，制作下摆的衣褶，如图4-236所示。	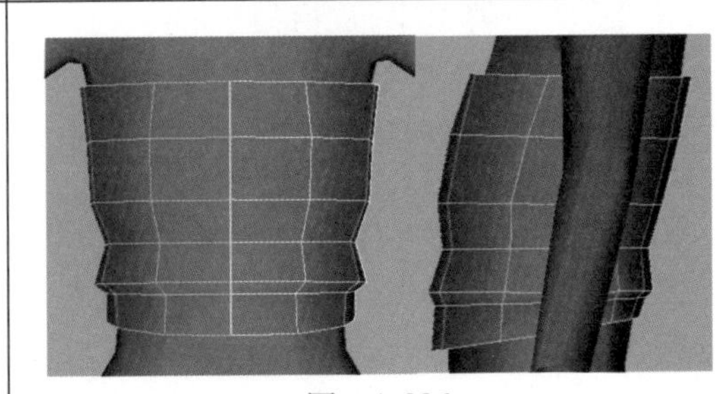 图 4-236

11）在衣褶附近加线，增加衣褶圆滑度，如图4-237所示。	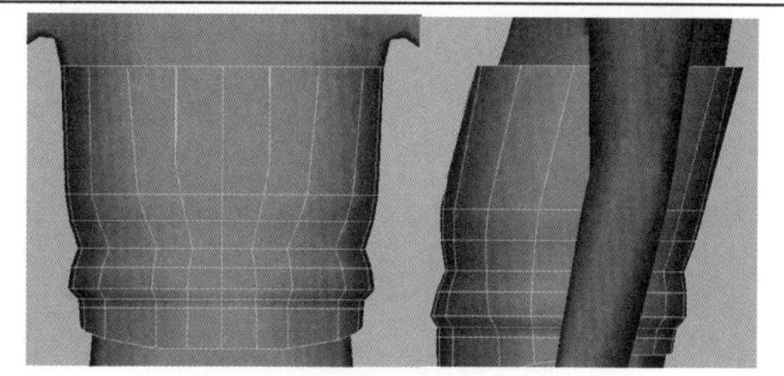 图 4-237
12）制作长裤。同样选择腿上对应长裤的面，选择“Duplicate Face”（复制面）命令，并将其放大一些，如图4-238所示。	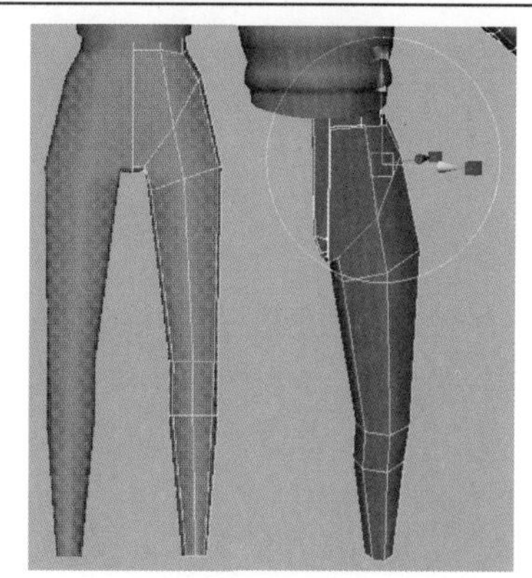 图 4-238
13）为复制出来的模型适当加线，调整出裤子的基本形状，如图4-239所示。	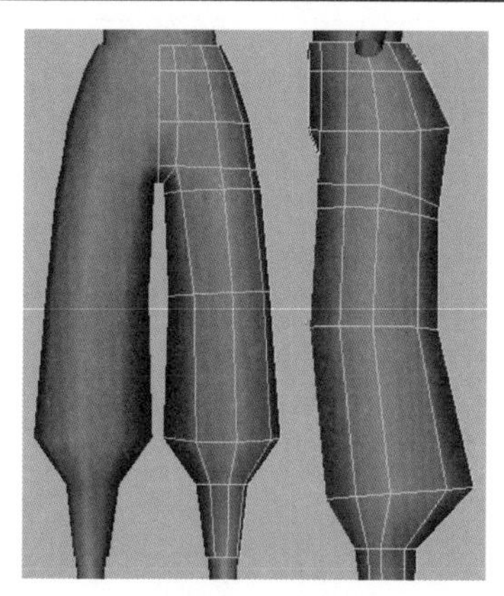 图 4-239
14）继续加线，圆滑裤子的形状，如图4-240所示。	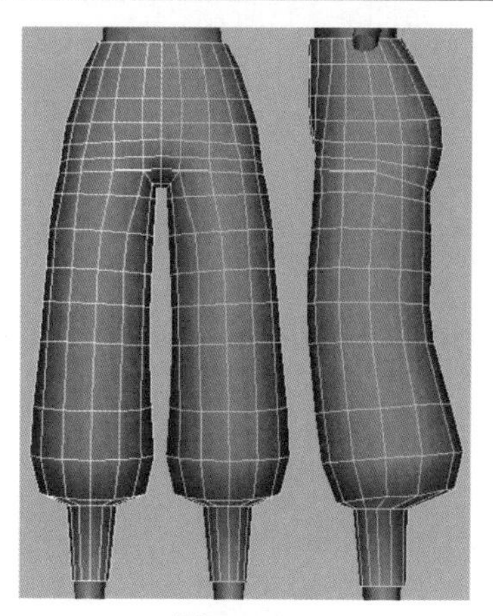 图 4-240

15）选择裤腿的面，选择提取面命令，单独制作金属质感的裤腿，如图4-241所示。	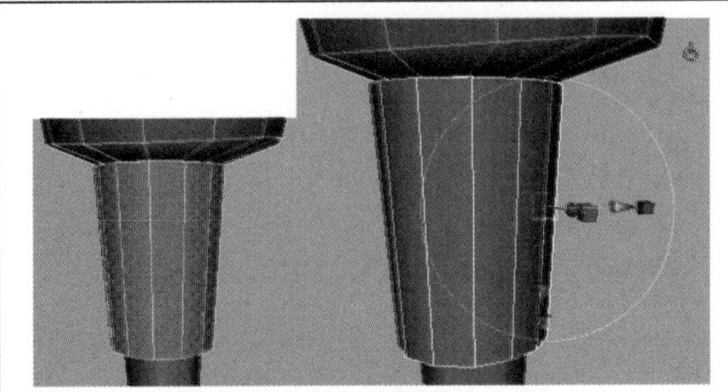 图　4-241
16）为裤腿挤出边棱，完成裤子的制作，如图4-242所示。	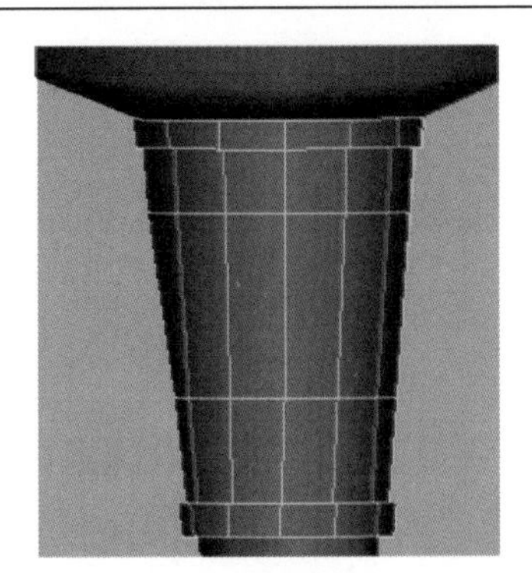 图　4-242
17）上衣的制作方法也大致相同，完成效果如图4-243所示。	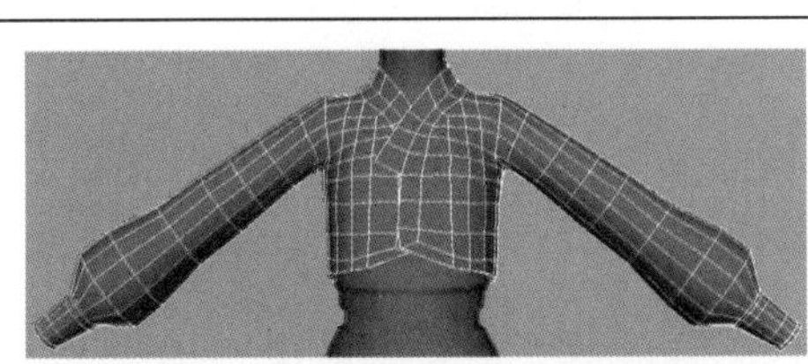 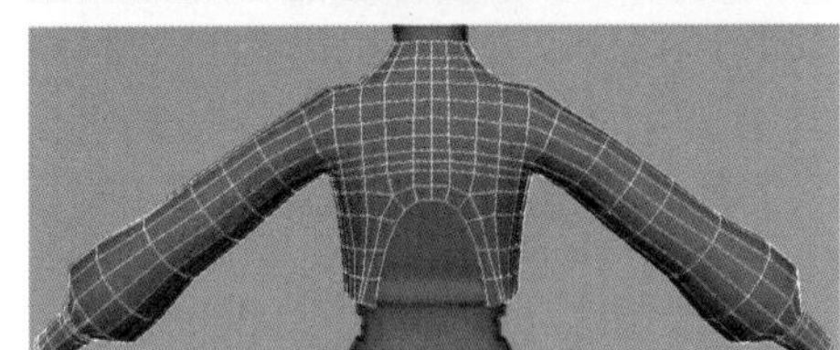 图　4-243
18）制作角色模型身后的吊坠。先创建4个球体，由大到小纵向排列，如图4-244所示。	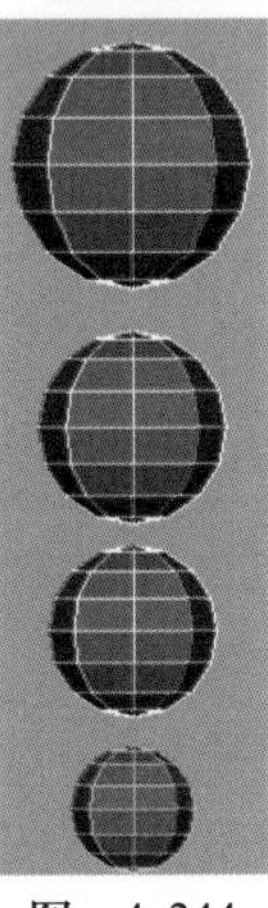 图　4-244

19）制作锁链。创建圆环，一次将它们缩小并旋转90°，插入球体顶部，如图4-245所示。	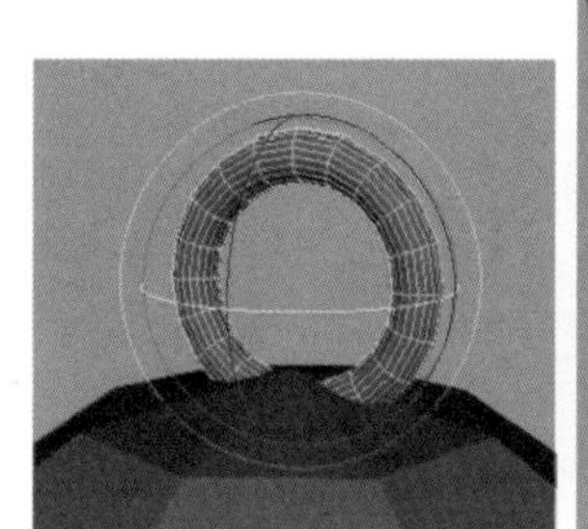  图 4-245
20）制作吊坠头。创建2个面片，让它们十字交叉，制作吊坠头里层，如图4-246所示。	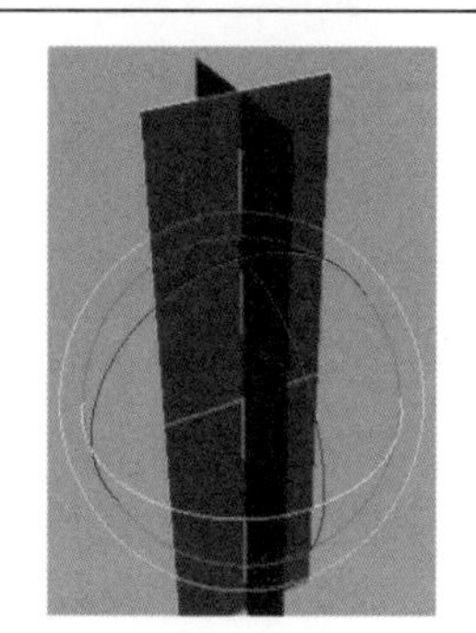 图 4-246
21）创建一个面片，缩小顶端宽度，并让顶端有一个向内扣的弯度，如图4-247所示。	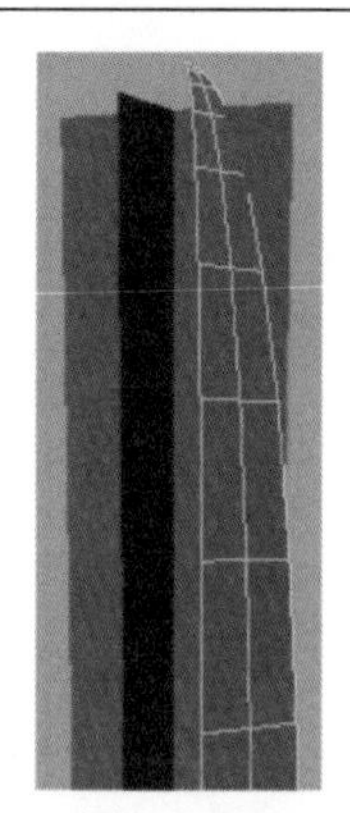 图 4-247
22）复制面片，将其围成一圈，如图4-248所示。	 图 4-248

23）再复制出2层面片，完成吊坠头的制作，如图4-249所示。	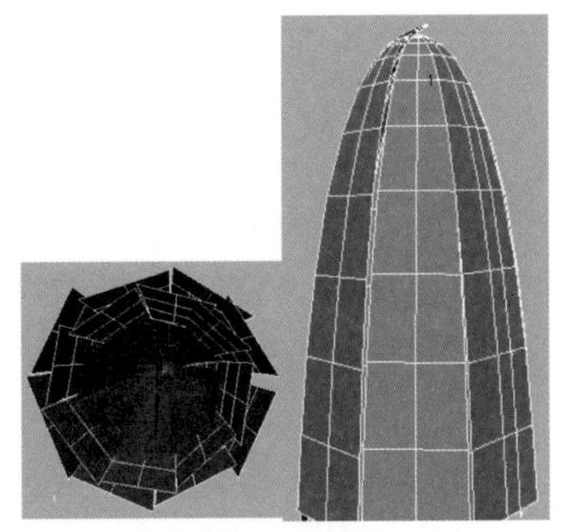 图　4-249
24）吊坠的总体效果如图4-250所示。	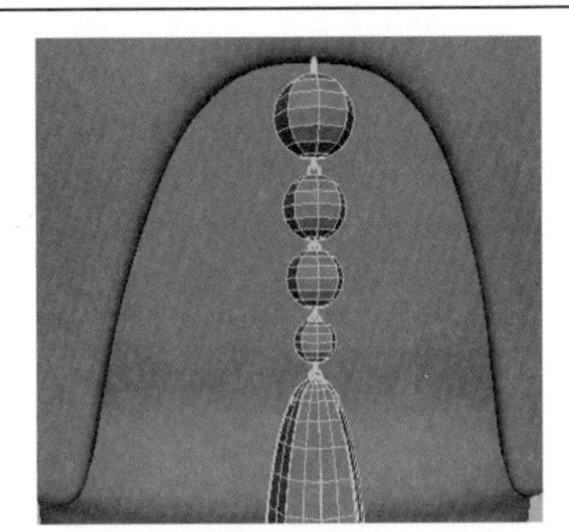 图　4-250
25）角色模型身上的服饰比较简单，在此不再叙述（可参照本单元任务1的服饰制作部分），最终完成效果如图4-251所示。	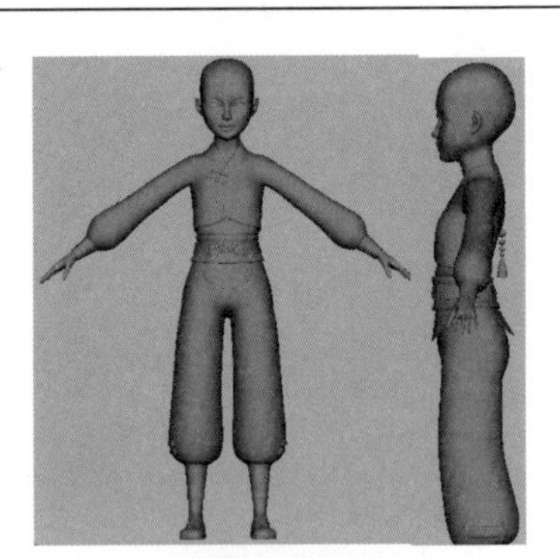 图　4-251
26）制作头发。一组头发是由若干面片组成的，所以先创建面片，适当地调整长度，将面片中间加宽两端缩小，如图4-252所示。	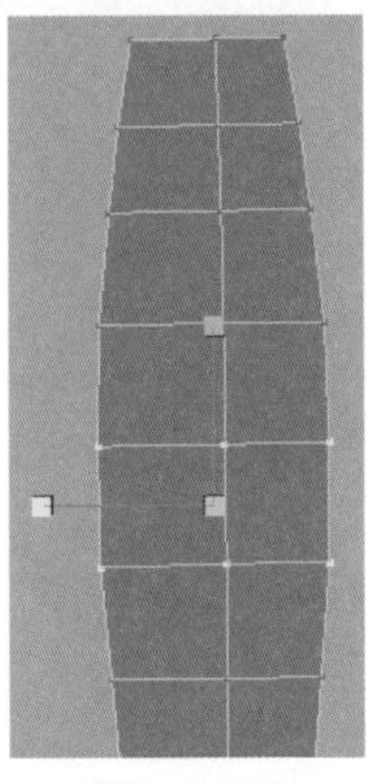 图　4-252

27）角色模型的发型是两侧扎起来的，将发片按照发型的方向摆放，如图4-253所示。	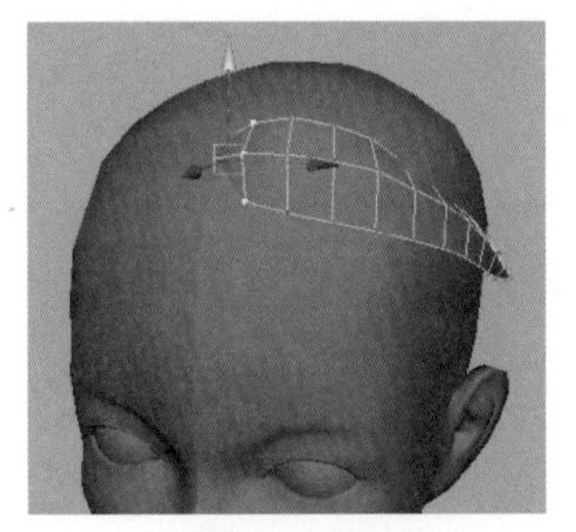 图 4-253
28）复制发片，适当调整发片形状，注意两个发片之间要有穿插。为了防止穿帮露出头皮，总体需要2层发片相互覆盖，如图4-254所示。	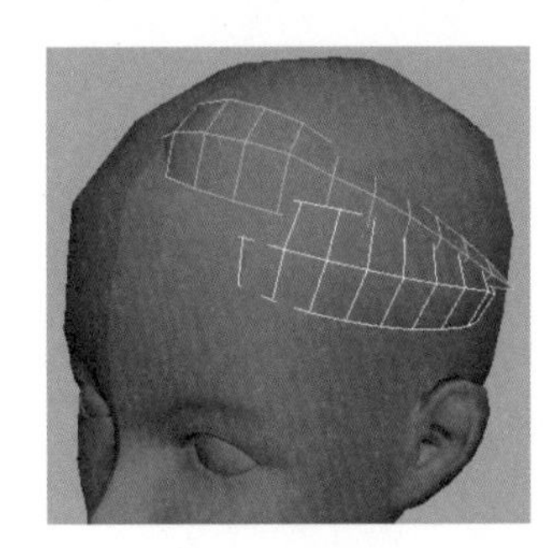 图 4-254
29）头部的基础发片完成效果如图4-255所示。	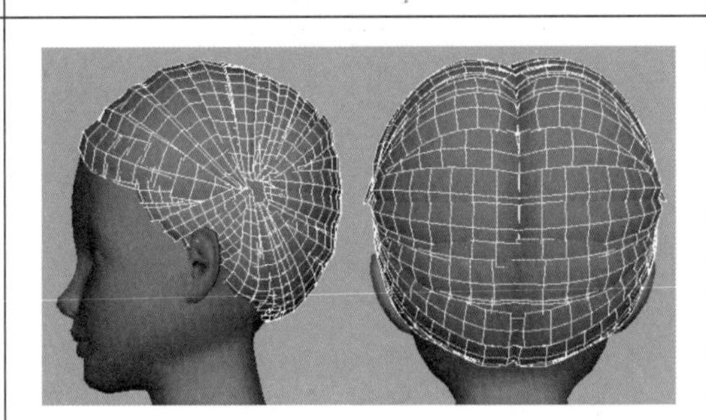 图 4-255
30）前额（刘海）处的发片效果如图4-256所示。	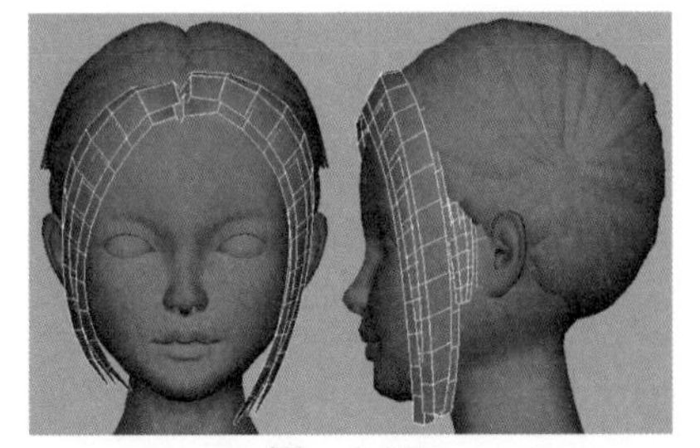 图 4-256
31）后脑勺的碎发也要覆盖3层，如图4-257所示。	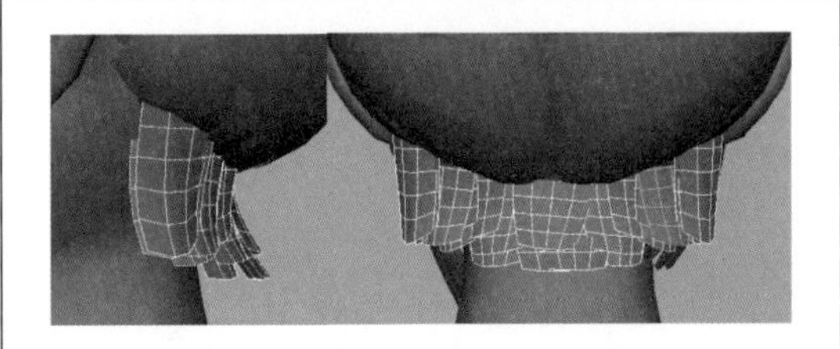 图 4-257

32）角色模型正面刘海的发型比较特殊，需要单独制作。在正视图视窗中，挤出卷翘的刘海，如图4−258所示。	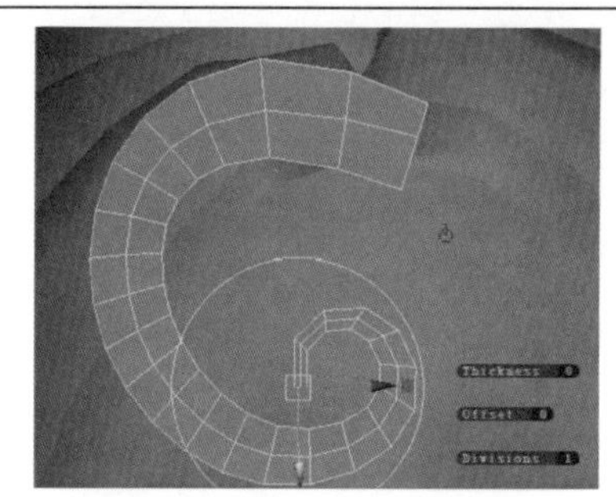 图　4−258
33）将卷翘刘海插入头中，效果如图4−259所示。	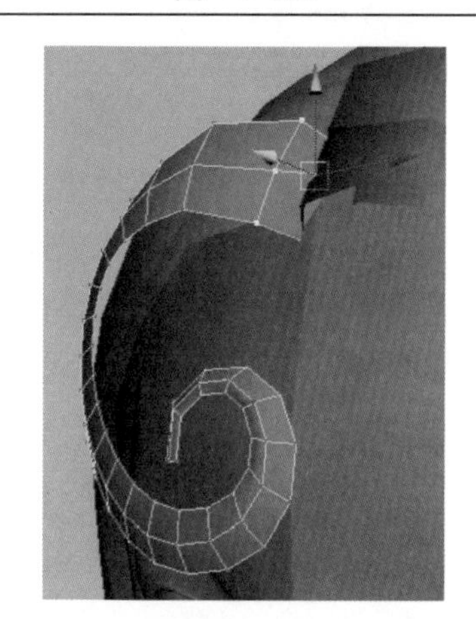 图　4−259
34）要让发片在各个角度都能看清楚，需要再复制出2层发片放在后面，如图4−260所示。	 图　4−260
35）卷翘刘海完成效果如图4−261所示。	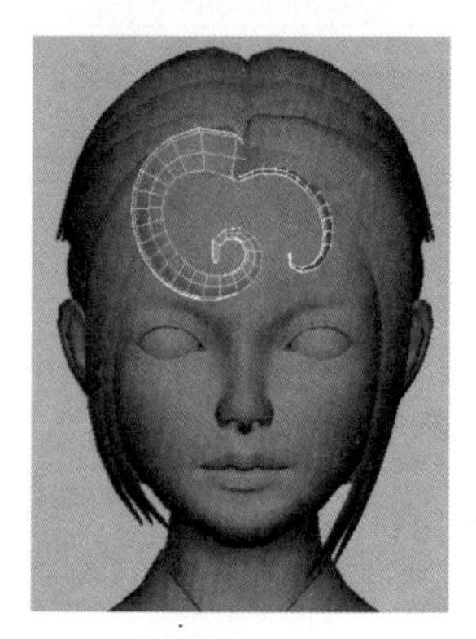 图　4−261

36）制作发团。先将发片完成半圆状，插入基础发片聚拢的位置，如图4-262所示。	 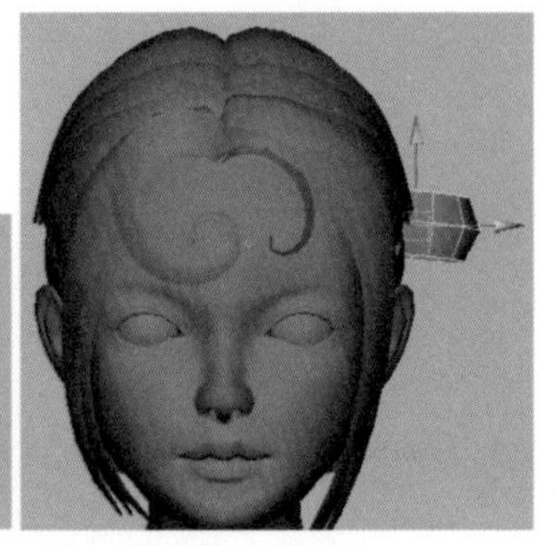 图 4-262
37）复制2个半圆发片，上下旋转，围成团状，如图4-263所示。	 图 4-263
38）再复制一个发片纵向覆盖在发团顶端，如图4-264所示。	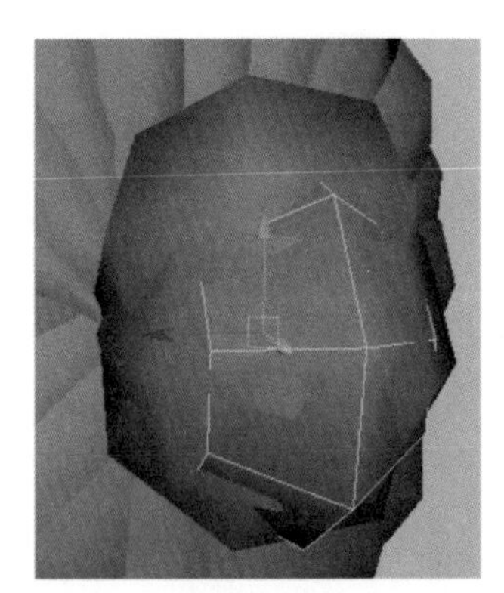 图 4-264
39）新建一个圆环，作为发束摆在发团外圈，如图4-265所示。	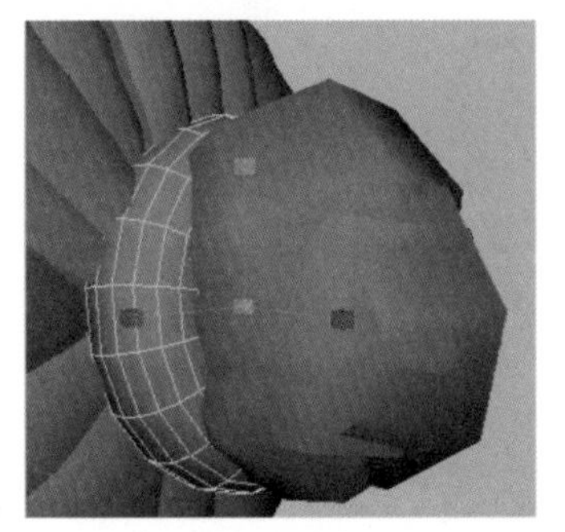 图 4-265

40）头发完成后的整体效果如图4-266所示。	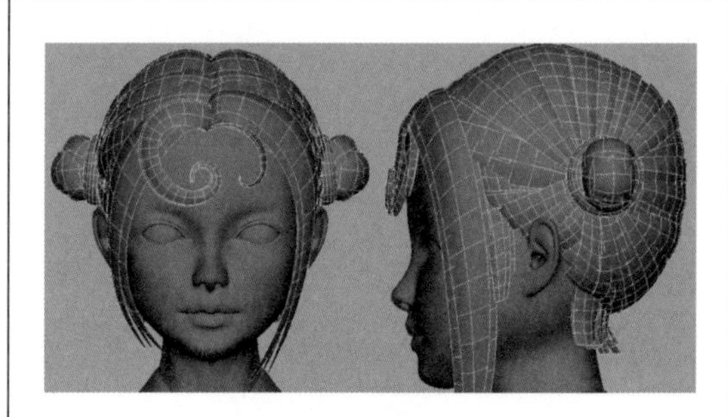 图 4-266
41）角色模型人体部分的创建基本完成，删除身体上被衣服遮挡的多余面，如图4-267所示。	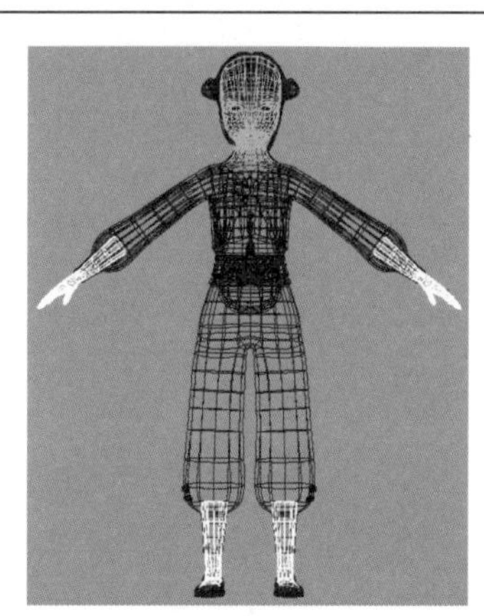 图 4-267
42）角色模型人体部分的最终效果如图4-268所示。	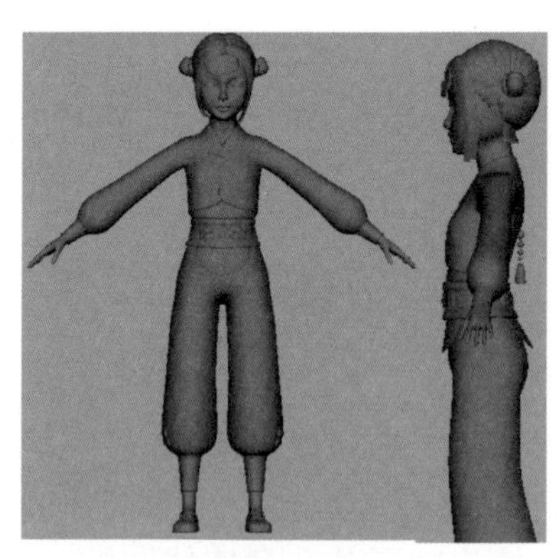 图 4-268

知识归纳

人体解剖基本知识

1．人体基本比例

人体在不同的年龄阶段身体各部分比例是不同的。一般成年人，身高为七个头高（立七），坐姿为五个头高（坐五），蹲姿为三个半头高（蹲三半），立姿手臂下垂时，指尖位置在大腿二分之一处，如图4-269所示。

儿童的身高比例一般为三到四个头高，特点是头部较大，如图4-270所示。

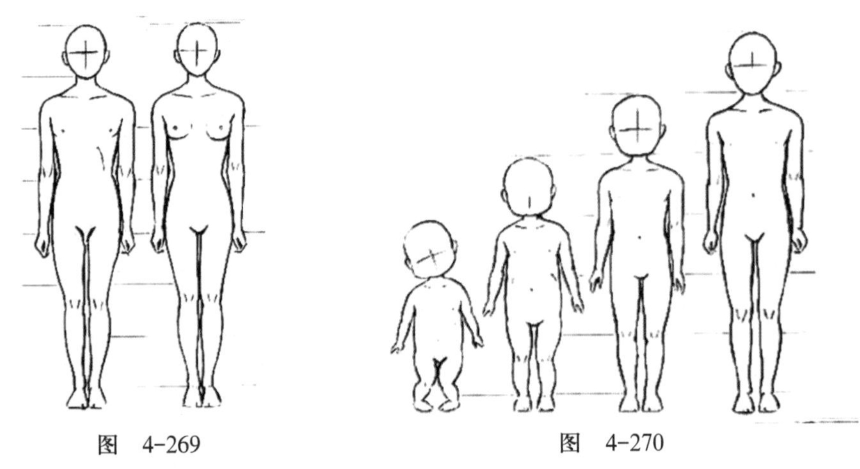

图　4-269　　　　　　　　　　图　4-270

老年人由于骨骼收缩身体比例较成年人略小一些，应注意头部与双肩略靠近一些，腿部稍有弯曲，如图4-271所示。

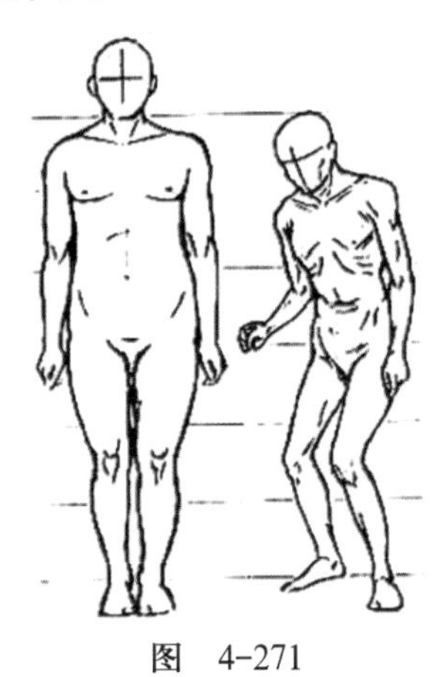

图　4-271

2．人体性别基本特征

男性：男性肩膀较宽，锁骨平宽而有力，四肢粗壮，肌肉结实饱满。

女性：女性肩膀窄，肩膀坡度较大，脖子较细，四肢比例略小，腰细，胯宽，胸部丰满。

女性的特点是全身曲线圆润、柔美，要注意胸部和臀部的刻化。手、胳膊与腿要纤细。胳膊肘的位置在腰部附近，调整人物侧面模型时，要注意表现出关节部位、臀部与大腿根部处的关系，肩膀的位置准确胳膊就显得自然了，如图4-272所示。

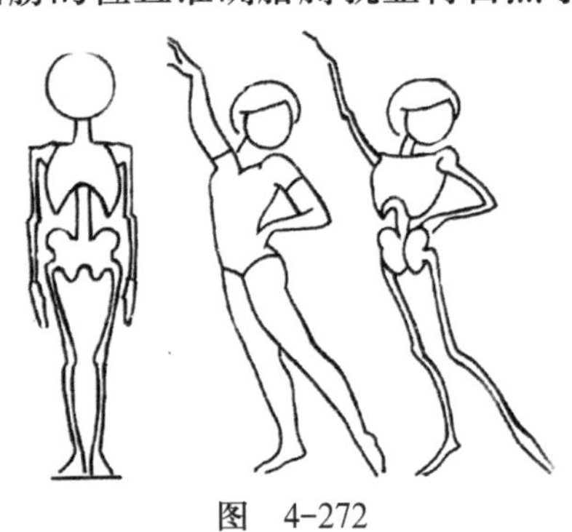

图　4-272

3. 人物造型特点

为了准确制作剧本中的人物造型，就应该掌握不同年龄、不同性别人物的特点。此外，动画角色的魅力很大一部分在于它的夸张，为了让剧情能更深地打动读者，设计人物造型时应尽量做到适度夸张变形，这一点很重要。

不同年龄段的人物特点如下。

婴儿：以饱满的圆形为主，头显得特别大，宽额头，看不到脖子，身长是等分，胳膊、腿、脚要短些。

儿童：头较大，手脚的线条较细而且比较短，五官比较集中。

年轻女性：整体造型比较细腻柔滑，肩部略斜，整体成曲线形，腰部很细，胸部隆起，臀部较大，脚踝较细。

年轻男性：整体造型粗壮有力，肩幅较宽，胸部成扇形，腰比肩窄，脖子较粗，脚厚实有力。

中年女性：要比年轻的女性更强调曲线柔美丰满的感觉，眼睛略小，微胖，脚踝较粗。

中年男性：比年轻男性略胖，不如青年男性更加硬朗，头发较稀疏。

老年女性：弯腰驼背，肩部略斜，膝盖略微弯曲，骨骼较中年时有所收缩。

老年男性：弯腰驼背，两脚分开、有点弯曲，肩部较窄，若再添加拄拐杖等道具就更显老了。

子任务4　简单制作角色的材质

在本任务中，主要完成展UV贴图的绘制、皮肤的材质处理、材质编辑器的应用等。

制作流程

人物模型的材质直接受到皮肤的外部材质绘制影响，正确展UV是贴图效果处理的关键。

1）将文件展开UV后，打开Photoshop绘制人物模型的贴图，如图4-273所示。	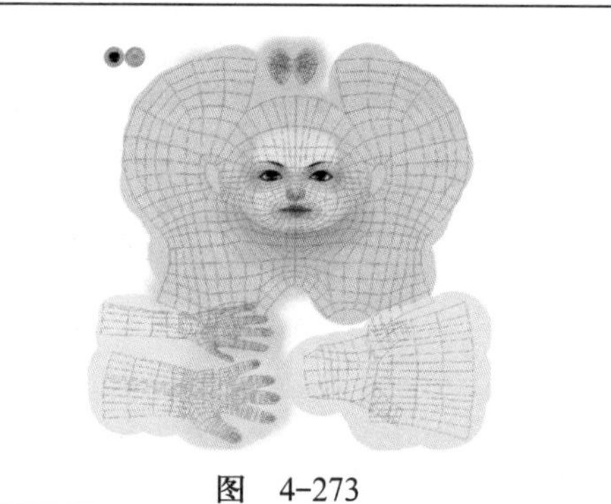 图　4-273

2）打开模型文件，在材质编辑器中新建一个“Lambert”（兰伯特）材质球，选择“Color”（颜色）后面的 ■（输入节点）添加一个“File”（文件）。节点效果如图4-274所示。	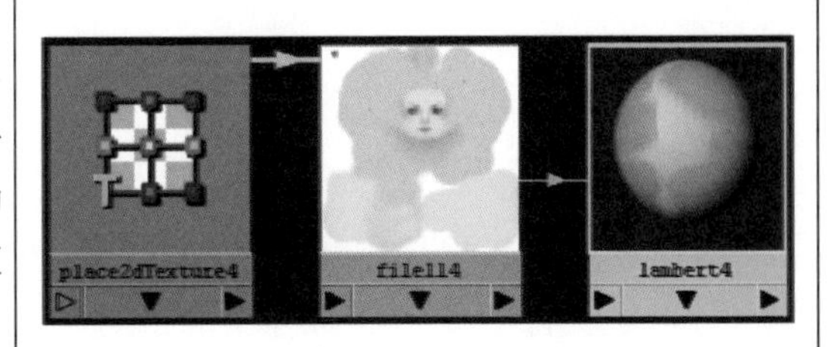 图 4-274
3）角色模型最终完成效果如图4-275所示。	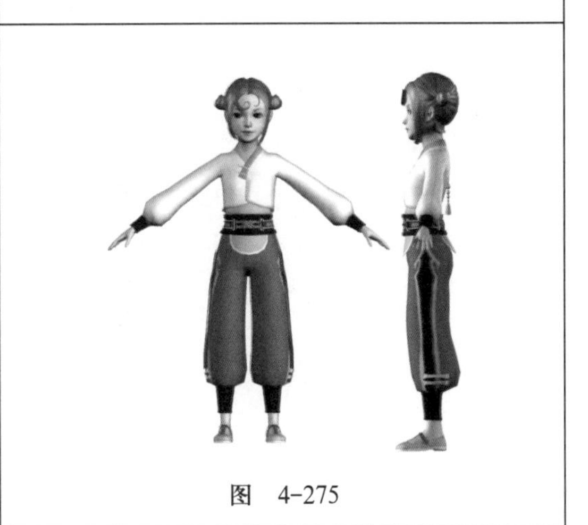 图 4-275

角色——人物角色模型的制作评价表

评价标准	个人评价	小组评价	教师评价
1）能理解设计图，分析人物面部及身体结构，完成头部、五官制作且比例正确			
2）能合理归纳人体与四肢结构及其布线特点，四肢细化建模符合设计要求，关节、骨骼细节处理得当			
3）能熟练使用“Insert Edge Loop Tool”（插入循环边工具）和“Split Polygon Tool”（分割多边形工具）命令快速制作肌肉结构，服装处理完整无穿帮现象			
4）能把握服饰与角色的比例关系，服饰制作精细，结构合理			
5）能根据提供的贴图为角色赋予材质，渲染正确			

备注：A为能做到；B为基本能做到；C为部分能做到；D为基本做不到。

拓展任务

请完成如图4−276中所示男孩子的模型制作。先进行结构分析，将角色进行任务分解，再从头部开始逐渐向下完成人体、四肢、服装和鞋子的制作。具体模型细节参见光盘中“单元4/拓展任务”中男孩项目文件中的模型原文件。

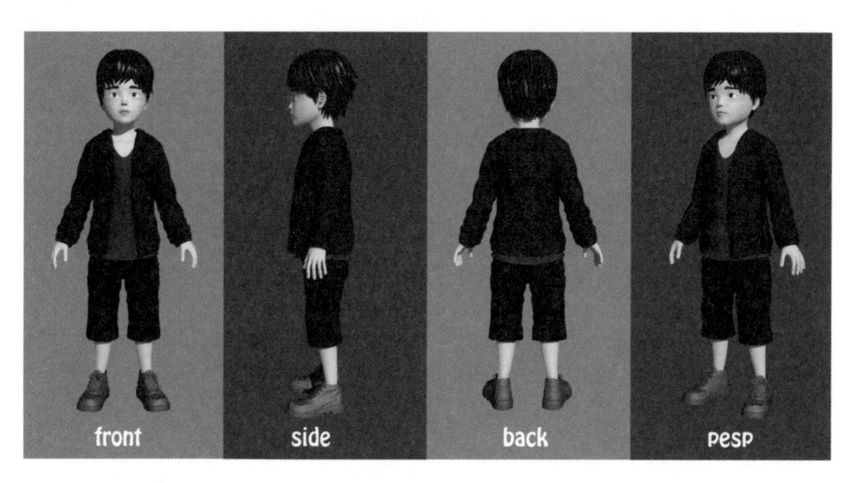

图 4-276

评价指标如下。

1）头部基本型比例结构合理。

2）五官制作布线清晰，没有穿帮现象。

3）头发分布合理，与头部结合紧密，有效衔接。

4）手部、衣服等细节刻画准确。

单元知识总结与提炼

在本单元中，通过2个典型角色模型的制作实例，学习了一般角色模型的制作流程、角色分析方法、人体解剖知识及相关的制作技术。

角色建模首先应抓住角色特征，准确把握儿童、成人、玩偶的不同结构特点，分析布线规律，对于有服饰的角色，还要考虑服装制作艺术要领，服饰与角色的比例关系。角色制作流程遵从自上而下、由内到外的制作规律，先完成角色人体结构基本框架制作，再应用相关命令添加环线、节点，逐步细化模型。

在角色模型制作中，首先创建基本几何形体，依照头部—— 五官—— 躯干—— 四肢—— 服饰的顺序进行挤出建模。制作人体前要基于头部模型，挤出身体基本轮廓，参照真人比例及人物设定原画的造型比例调整模型布线，同时基于身体模型结合

“Duplicate Face”（复制面）、“Extrude”（挤出）和移动缩放等命令制作四肢的细节。

角色制作难点在于对面部结构的把握，准确的五官定位是在艺用解剖基础上完成的，眼眶、口型、鼻子的制作要细致，口轮匝肌和眼轮匝肌部分的处理尽量符合肌肉运动的要求，避免出现三边形面、五边形面，以防止后期动画穿帮，同时要注意面的收合关系和脸部结构线紧紧贴合五官之间的过渡。

人体模型编辑中常用的命令包括“Insert Edge Loop Tool”（插入循环边工具）、“Split Polygon Tool”（分割多边形工具）、“Extrude”（挤出）、“Duplicate Face”（复制面）、“Merge”（合并）和“Delete Edge/Vertex”（删除边/顶点）等，要根据人体结构分支、关节过渡、肌肉变化灵活运用命令组合，保证布线的合理性。穿着衣服的角色模型，躯干和四肢布线要为服装制作做好面线铺垫。

服饰的制作，主要是通过基本几何形模型的挤出成型，然后细致调整拓扑布线，并结合CV曲线创建等命令最终完成，此类道具建模可参考单元2所讲的技术要领制作，但要特别关注服饰与角色的比例关系。

最后，是模型的材质贴图制作。正确展UV和依据人体结构选择贴图坐标，才能保证材质贴图在赋予角色的过程中不会穿帮。本单元为子任务制作提供了完整的贴图文件，主要是在前期任务中已经完成的身体模型及其部件模型的基础上进行材质贴图处理和模型渲染处理。

本单元在每一项子任务完成后的知识归纳中，对于人体结构、面部结构和五官的解剖结构都进行了基本知识的讲解，希望读者利用更多时间加强美术学习，掌握更多解剖知识，对将来精确建模会有很大的帮助。